DIENTES DE GALLINA Y DEDOS DE CABALLO

DRAKONTOS

Director:
JOSÉ MANUEL SÁNCHEZ RON

DIENTES DE GALLINA Y DEDOS DE CABALLO

Reflexiones sobre historia natural

Stephen Jay Gould

Traducción castellana de
Antonio Resines

CRÍTICA
BARCELONA

Primera edición: 1983
Primera edición en esta nueva presentación: junio de 2025

Dientes de gallina y dedos de caballo. Reflexiones sobre historia natural
Stephen Jay Gould

Título original*: Hen's Teeth and Horse's Toes. Further Reflections in Natural History*

© Stephen Jay Gould, 1983

© de la traducción, Antonio Resines, 1983

© Editorial Planeta, S. A., 2025
Av. Diagonal, 662-664, 08034 Barcelona (España)
Crítica es un sello editorial de Editorial Planeta, S. A.

editorial@ed-critica.es
www.ed-critica.es

ISBN: 978-84-9199-784-9
Depósito legal: B. 7.541-2025
Impresión y encuadernación: Arcangel Maggio Europa
Printed in Spain - Impreso en España

PEFC Certificado

Este libro procede de
bosques gestionados
de forma sostenible

PEFC

PEFC/14-38-00305   www.pefc.es

A mi madre,
mujer valerosa,
lechuza sabia

Prólogo

A todo el mundo le encantan los centenarios; somos incapaces de resistir la tentación de celebrar algo limpio y nítido en un mundo deshilvanado y lleno de incertidumbres. Estoy recopilando este tercer volumen de ensayos escogidos* en medio de las festividades mundiales en conmemoración del tercer centenario darwiniano de nuestro siglo. El primero, en 1909, celebró el centenario del nacimiento de Darwin; el segundo, en 1959, el centenario de la publicación de *El origen de las especies*; el tercero, en 1982, el centenario de su muerte. Darwin y la teoría de la evolución han constituido el punto focal de todos mis escritos dentro de esta serie (mi tributo personal a Darwin en su tercer centenario es el ensayo 9 de este volumen). Esta secuencia de centenarios nos ofrece un espléndido epítome de la teoría evolutiva en nuestro siglo, además de aportar algunas ideas acerca de sus éxitos y dificultades actuales.

Los organizadores de la gran celebración de 1909, realizada en la Universidad de Cambridge, tuvieron que ocultar un dato embarazoso al preparar su hagiográfico libro del centenario. Si bien ya no había

* (Los primeros dos volúmenes, *Desde Darwin* y *El pulgar del panda*, fueron publicados, respectivamente, por Hermann Blume en 1983, y por Crítica en 1994.) Una vez más, el origen de casi todos los ensayos es la columna mensual que escribo en la *Natural History Magazine*, titulada *This View of Life*. Tres de los ensayos no proceden de ahí. El número 19 apareció por primera vez en el número de mayo de 1981 de *Discover Magazine*; el ensayo 24 fue escrito para *Junk Food*, publicado por Dial Press, 1980. Escribí el ensayo 17 expresamente para este volumen, como comentario acerca de las críticas que el ensayo 16 ha recibido desde su primera aparición en *Natural History*.

nadie capaz de pensar que pusiera en duda la existencia de la evolución en esta fecha, la propia teoría de Darwin acerca de su mecanismo (la selección natural) no se encontraba en el punto más álgido de su popularidad. De hecho, el año 1909 marcó el clímax de la confusión sobre el mecanismo de la evolución en medio de una absoluta convicción de que había tenido lugar. Un batallador grupo de darwinianos estrictos, encabezado por A. R. Wallace, ya anciano, en Inglaterra y por A. Weismann en Alemania, mantenía aún que prácticamente todos los cambios evolutivos se producían por el poder acumulativo de la selección natural, que llevaba paso a paso a la adaptación a partir de la materia prima aleatoria de la variación genética a pequeña escala. El lamarckismo seguía siendo aún una teoría influyente y aportaba una alternativa a la selección natural para el desarrollo gradual de las adaptaciones: una respuesta orgánica creativa a las necesidades percibidas, acompañada de su transmisión a la descendencia a través de la herencia de los caracteres adquiridos. La genética mendeliana, al ser adecuadamente dilucidada, inclinó la balanza a favor de Darwin; pero en 1909, en sus balbuceantes inicios, no había hecho más que aumentar la confusión al añadir un tercer mecanismo a la ya bulliciosa competencia: la aparición de nuevas especies, de repente, por medio de mutaciones grandes y fortuitas.

Hacia 1959, la confusión había dado paso a un opuesto e indeseable estado de complacencia. El darwinismo estricto había triunfado. El florecimiento de la genética mendeliana había enterrado definitivamente el lamarckismo, ya que el funcionamiento del ADN no deja lugar a mecanismos de herencia para los caracteres adquiridos. La fascinación inicial por las grandes mutaciones había cedido el puesto a la aceptación de que la copiosa y continua variación a pequeña escala tenía también una base mendeliana, y ofrecía una alternativa mucho mejor como materia prima del cambio evolutivo que las mutaciones ocasionales y deletéreas a gran escala. Pero la variación aleatoria a pequeña escala no produce cambios por sí misma y requiere alguna fuerza moldeadora que preserve y sustente su componente favorable. En 1959 prácticamente todos los biólogos evolucionistas habían llegado a la conclusión de que, después de todo, era la selección natural la que aportaba el mecanismo creativo al cambio evolutivo. A los ciento cincuenta años de edad, Darwin había triunfado. Aun así, en la euforia de la victoria, sus discípulos de generaciones posteriores desarrollaron una versión de su teoría mucho más estrecha de lo que Darwin hubiera permitido.

La versión estricta iba mucho más allá de la mera afirmación de que la selección natural es un mecanismo predominante en el cambio evolutivo (proposición que yo, por mi parte, no discuto). Hacía hincapié en un programa de investigación que prácticamente consideraba el organismo como una amalgama de partes, esculpida cada una de ellas casi hasta la perfección por la lenta pero inexorable fuerza de la selección natural. Este «programa adaptacionista» minimizaba la secular verdad de que los organismos son entidades integradas con unas vías de desarrollo limitadas por los mecanismos de la herencia, y no meros fragmentos de arcilla que puedan ser moldeados por las fuerzas selectivas del ambiente en cualquier dirección adaptativa. La versión estricta, que pone el énfasis en las variaciones mínimas, abundantes y aleatorias moldeadas con incalculable pero persistente lentitud por la selección natural, implicaba también que todos los sucesos de la evolución a gran escala (macroevolución) fueran el producto gradual y acumulado de innumerables pasos, cada uno de ellos una diminuta adaptación a un cambio de condiciones en el seno de una población local. Esta teoría «extrapolacionista» negaba toda independencia a la macroevolución e interpretaba todos los sucesos evolutivos a gran escala (origen de diseños básicos, tendencias a largo plazo, mecanismos de extinción y sucesión en la fauna) como una microevolución lentamente acumulada (el estudio de los cambios a pequeña escala en el seno de las especies). Finalmente, los defensores de la versión estricta buscaban la fuente de todo cambio en las luchas adaptativas entre organismos individuales, negando así una condición causal directa a otros niveles de la amplia jerarquía de la naturaleza con sus «individuos», tanto por debajo del nivel de los organismos (los genes, por ejemplo), como por encima (especies, por ejemplo). En pocas palabras, esta versión estricta ponía el énfasis en el cambio gradual y adaptativo producido por una selección natural que actuaba exclusivamente sobre los organismos.

En el segundo centenario, algunos expertos llegaron incluso a declarar que la inmensa complejidad de la evolución había producido una interpretación final. Un seguidor de la versión estricta comentó en un famoso ensayo: «Naturalmente, persisten diferencias de opinión sobre cuestiones relativamente secundarias y quedan aún muchos detalles por cubrir, pero ahora probablemente se han conseguido los requisitos esenciales para la explicación de la historia de la vida».

Ahora, en el tercer centenario, la teoría darwiniana disfruta de un magnífico estado de salud. La confianza en el mecanismo básico de la selección natural supone una infraestructura teórica y un punto de acuerdo básico que nos lleva más allá de la pesimista anarquía de 1909. Pero las limitaciones impuestas por una versión estricta excesivamente celosa, tan populares en 1959, están perdiendo consistencia. Los excitantes descubrimientos de la biología molecular y del estudio del desarrollo embrionario han vuelto a poner de relieve la integridad de la forma orgánica, apuntando hacia modos de cambio diferentes de la alteración acumulativa y gradual ensalzada por los darwinianos estrictos. El estudio directo de las secuencias de fósiles también puso en entredicho las inclinaciones gradualistas (el modelo del «equilibrio puntuado», de una estasis a largo plazo en el seno de las especies y un origen geológicamente rápido de nuevas especies) y estableció la idea de una jerarquía explicativa al identificar las especies como agentes discretos y activos de la evolución (del mismo modo que la biología molecular, en la dirección opuesta, descubrió procesos evolutivos a niveles génicos que resultan «invisibles» a los organismos; véase el ensayo 13).

No obstante, irónicamente, el comienzo de la década de 1980 ha sido testigo también de un debate radicalmente diferente y perverso acerca de la evolución, confundido con frecuencia por el gran público con otros debates acerca de mecanismos evolutivos. Me refiero, por supuesto, al renacimiento, por motivos políticos, de la pseudociencia a la que sus seguidores denominan «creacionismo científico»: un literalismo estricto del Génesis disfrazado de ciencia con el cínico propósito de eludir la Primera Enmienda de la Constitución estadounidense y obtener por mandato legislativo la inclusión de puntos de vista religiosos particulares (y minoritarios) en los programas de estudios de la enseñanza pública. Al igual que en 1909, no existe persona pensante ni científico alguno que dude del hecho básico de que la vida evoluciona. Los intensos debates acerca de cómo se produce la evolución nos descubren a la ciencia en su aspecto más excitante, pero no ofrecen solaz alguno (solo falsa munición tras una distorsión premeditada) a los fundamentalistas estrictos.

Esta peculiar yuxtaposición de debates radicalmente diferentes, que ostensiblemente abordan el mismo tema, me trae a la memoria o bien las dos óperas de Wagner acerca de concursos de canciones, *Tannhäuser* y *Los maestros cantores*, la una sublime, la otra cómica; o bien las dos películas de Spielberg acerca de sucesos insólitos en los suburbios durante el verano de 1982, *E.T.* y *Poltergeist*, la una gozosa, la otra siniestra. Pero la vida es un continuo solapamiento de lo profano y lo sagrado, y... ¿a quién le interesa que sea de otra manera?

La presente colección de ensayos acerca de la evolución nació en el seno de estas tensiones. Aborda tanto la controversia puramente política, que no intelectual, provocada por los creacionistas modernos (sección quinta) como los fascinantes debates que se están produciendo hoy en día en el seno de la teoría evolutiva. Discuto, por ejemplo, el papel de las alteraciones en el desarrollo embrionario como posible mecanismo de transformaciones evolutivas rápidas (sección tercera); el azar como fuente de cambio evolutivo, y no simplemente como su materia prima (ensayo 26); la evolución a niveles jerárquicos tanto por encima como por debajo del nivel tradicional darwiniano de los organismos (ensayo 13), y las limitaciones del desarrollo y la herencia como argumentos en favor de la integridad de los organismos y en contra de una visión de la adaptación excesivamente atomista y determinista (sección tercera, pero es también un tema relevante en los ensayos 3, 10 y 29).

Una tensión, en última instancia más importante (la que hace que la evolución sea un tema tan excitante, y no solo para los científicos), es la que opone a estas vivaces controversias que nos dividen el enorme poder unificador y la gran extensión de la propia teoría evolutiva. Según he ido explorando las argumentaciones, he ido también escribiendo acerca de una visión de la vida que, desde los tiempos de Darwin, ha transformado el concepto que tenemos de nosotros mismos y del mundo que nos rodea. Las «grandes» preguntas acerca de la historia de la Tierra y de la vida que la ocupa nos ofrecen un camino para explorar el pensamiento de científicos ejemplares del pasado, y nos ayudan a comprender el propio proceso de la ciencia incluso en los momentos en que se la ha cultivado mejor (sección segunda). (Si los lectores sacan como conclusión tras su lectura que la ciencia trafica en cuestiones que tienen respuesta, y no en todos los fascinantes sueños de la mente humana, comprenderán también por qué el creacionismo moderno no es una ciencia.) La infiltración de cuestiones evolutivas en debates políticos ostensiblemente alejados de ellas (sección quinta) demuestra tanto el gran alcance de esta forma de ver la vida, como la inseparable relación de las cuestiones científicas y sociales. El punto de vista amplio y distintivo que surge de la teoría evolutiva podría engrandecer nuestro concepto de la ciencia y de las explicaciones en general, destacando las contingencias históricas y los cambios impredecibles (pero sensatos vistos en retrospectiva), frente al mundo predecible y regular que predica el estereotipo de la llamada ciencia «dura». Hago una exploración bastante exhaustiva de este tema, pero queda abordado fundamentalmente en el ensayo 4 (el único que probablemente debería leerse dos veces, en el caso de que el lector considere cualquiera de los ensayos digno de tal atención).

Estas cuestiones son todas abstractas; pero mi forma de sacarlas a colación sigue siendo el recurso a los peculiares y misteriosos detalles de la naturaleza. Nunca he sido capaz de sentirme excesivamente entusiasmado por las teorías incorpóreas. Por ello, cuando me apetece explorar el poder explicativo de la teoría evolutiva (sección primera) escribo acerca de aparentes singularidades resueltas por el punto de vista darwiniano: peces pescadores machos enanos unidos parasíticamente a las hembras; avispas que paralizan insectos para que sus larvas puedan disfrutar de un festín viviente; jóvenes aves que matan a sus hermanos expulsándolos fuera de un círculo de guano que hace las veces de «nido», y ácoros machos que atraviesan su ciclo vital en una fracción del tiempo del que disponen las hembras. Otros ensayos abordan cuestiones generales a través de misterios particulares: ¿por qué son los genitales de las hembras de hienas manchadas exactas contrapartidas del pene y el escroto del macho?; ¿por qué ningún gran animal se desplaza sobre ruedas?; ¿cómo puede inducirse a las gallinas a que desarrollen dientes, cuando hace más de cincuenta millones de años que no se han formado en ninguna ave?; ¿cómo pueden algunas moscas desarrollar patas en la boca? (y discuto el caso de un mosquito «inerme» que sufre esta deformación); ¿por qué coincidió la desaparición de los dinosaurios con la extinción de al menos un 25 % de las familias de invertebrados marinos?; ¿las cebras son blancas con franjas negras, o negras con franjas blancas, y qué regla general enlaza sus diversos tipos de rayas? Llego incluso a pensar que tras mi artículo acerca de las menguantes barritas Hershey existe una idea generalizable, pero no intentaré defenderla. El puro humor (o el interés en alcanzarlo) también tiene su lugar.

Darwin, en su tercer centenario, se sentiría realmente satisfecho del vigor de su criatura, que tan grande y tan fuerte se ha hecho. También daría la bienvenida a los legítimos debates de gran alcance que rodean su teoría, ya que la ausencia de todo dogmatismo es la más clara impronta de un gran científico. En el primer centenario, en 1909, William Bateson (véase el ensayo 11), tal vez el menos darwiniano de todos los participantes, le rindió el más alto tributo escribiendo lo que sigue: «Lo que más honraremos en él será el poder creativo, por medio del cual inauguró una línea de descubrimientos de variedad y extensión inacababbles, y no sus logros concretos».

Primera parte

Rarezas razonables

1

Peces grandes, peces pequeños

Alfred, lord Tennyson, no conocido precisamente por sus puntos de vista igualitarios, decía esto acerca de los méritos relativos de cada uno de los sexos:

> La mujer es el hombre inferior, y todas
> sus pasiones, comparadas con las mías,
> son como la luz de la luna frente a la luz del sol, y
> como el agua ante el vino.*

Esta estrofa posiblemente no representa una opinión meditada de Tennyson, ya que el protagonista de *Locksley Hall* acababa de perder a su amada a manos de un competidor y dice estas palabras durante un gran rapto poético de amargura. No obstante, una lectura literal (que las mujeres son más pequeñas que los hombres) sería aceptada por la mayoría de nosotros como un hecho general en la naturaleza, no como una trampa sexista. Y, por consiguiente, la mayoría de nosotros estaríamos equivocados.

Los machos humanos son, por supuesto, generalmente más grandes que las hembras humanas, y la mayor parte de los mamíferos que nos son familiares siguen el mismo patrón (pero véase el ensayo 11). No obstante, las hembras son más grandes que los machos en la mayor parte de las especies animales; y, probablemente, en su inmensa mayoría. Para empezar, la mayor parte de las especies animales son insectos,

---

* [*Woman is the lesser man, and all / thy passions, matched with mine, / Are as moonlight unto sunlight, and / as water unto wine.*]

y los insectos hembra son normalmente de mayor tamaño que los machos de su propia especie. ¿Por qué son los machos más pequeños?

Hace justamente cien años se propuso una respuesta muy divertida con toda seriedad (como pude averiguar en la columna «Hace cincuenta y cien años» del *Scientific American* de enero de 1982). Un tal M. G. Delaunay argumentaba que las razas humanas podían ser clasificadas en orden a su rango por medio de la posición social relativa de las hembras. Las razas inferiores padecían bajo el dominio de las hembras, los machos dominaban las razas superiores, mientras que la igualdad entre los sexos caracterizaba las razas de rango medio. Como apoyo colateral a tan singular tesis, Delaunay planteaba que las hembras son más grandes que los machos en los animales «inferiores» y más pequeñas en los animales «superiores». Así, la existencia de un número mayor de especies en las que las hembras son mayores que los machos no suponía amenaza alguna para la idea general de la superioridad del macho. Después de todo, son muchos los que sirven, pero pocos los que gobiernan.

El razonamiento de Delaunay es casi demasiado precioso como para estropearlo con refutaciones, pero probablemente valga la pena mencionar que el caso paradigmático de un grupo «superior» con macho de mayor tamaño (el de los mamíferos) es bastante menos sólido de lo que la mayoría de la gente cree (véase Katherine Ralls en la Bibliografía). Desde luego, en una gran parte de las especies de mamíferos los machos son más grandes que las hembras, pero Ralls encontró un sorprendente número de especies en las que la hembra era de mayor tamaño, ampliamente dispersas a todo lo largo del abanico de la diversidad de los mamíferos. Doce de veinte órdenes y veinte entre ciento veintidós familias contienen especies en las que la hembra es mayor que el macho. En algunos grupos importantes, la norma es que la hembra sea de mayor tamaño: los conejos y las liebres, una familia de murciélagos, tres familias de ballenas, un importante grupo de focas y dos tribus de antílopes. Ralls nos recuerda también que, dado que los rorcuales azules son los animales más grandes que jamás hayan existido y, dado que las hembras son más grandes que los machos en las ballenas, el animal más grande de todos los tiempos es sin duda una hembra. La ballena más grande jamás medida de modo fiable llegaba a los 28 metros y era una hembra.

La distribución esporádica de hembras de mayor tamaño en el seno del mundo taxonómico de los mamíferos ilustra la conclusión general más importante a la que podemos llegar acerca del tamaño relativo de los sexos. Los datos observados no sugieren tendencia general o universal que asocie la predominancia de uno u otro sexo con la complejidad anatómica, la edad geológica o el supuesto estadio evolutivo. Más bien, el tamaño relativo de los sexos parece reflejar una estrategia evolucionada para cada circunstancia particular; una reafirmación de la idea de Darwin de que la evolución es fundamentalmente la historia de la adaptación a ambientes locales. En esta perspectiva, no podemos por menos que esperar el esquema habitual de hembras de mayor tamaño. Las hembras, como productoras de huevos, son normalmente más activas que los machos en la cría de su descendencia. (En las especies que disponen de machos que cuidan la prole, como los caballitos de mar y varios peces que incuban en la boca, estos deben recibir los huevos directamente de una hembra o recogerlos activamente una vez depositados.) Incluso en las especies que no ofrecen ningún cuidado por parte de los progenitores, los óvulos deben ir equipados de nutrientes, mientras que los espermatozoides son poco más que ADN desnudo equipado de un mecanismo de desplazamiento. Los huevos, de mayor tamaño, requieren más espacio y un cuerpo más grande para producirlos.

Si las hembras suministran la nutrición esencial para el crecimiento embrionario o larvario, podríamos preguntarnos cuál es la razón de la existencia de los machos. ¿Para qué molestarse con el sexo si un solo progenitor puede hacerse cargo del aprovisionamiento esencial? La respuesta a este viejo dilema parece encontrarse en la naturaleza misma del mundo de Darwin. Si la selección natural impulsa la evolución preservando las variantes favorecidas de un espectro aleatoriamente distribuido en torno a un valor medio, entonces una ausencia de toda variación hace descarrilar el proceso, puesto que la selección natural no hace nada directamente y tan solo puede escoger entre las alternativas que se le presenten. Si toda la descendencia consistiera en fotocopias de un único progenitor, no presentaría variación genética alguna (a excepción de escasas nuevas mutaciones) y la selección no podría actuar eficazmente. El sexo genera una enorme cantidad de variación al mezclar el material genético de dos organismos en cada descendiente. Aunque solo fuera por esto, tendremos machos dando vueltas a nuestro alrededor durante mucho tiempo aún.

Pero, si la función biológica de los machos no va más allá de la contribución de un poco de ADN esencialmente desnudo, ¿por qué tanto esfuerzo para crearlos? ¿Por qué en la mayor parte de los casos son casi tan grandes como las hembras, están dotados de órganos complejos y son perfectamente capaces de llevar una vida independiente? ¿Por qué las industriosas abejas habrían de continuar produciendo las grandes, y en buena medida inútiles, criaturas macho, tan apropiadamente llamadas zánganos?

Estas preguntas serían difíciles de responder si la evolución estuviera orientada hacia el bien de la especie o de grupos mayores. Pero la teoría de la selección natural de Darwin mantiene que la evolución es fundamentalmente una lucha entre organismos individuales por transferir más genes propios a las sucesivas generaciones. Dado que los machos son esenciales (como argumentábamos antes) se convierten en agentes evolutivos por derecho propio; no están diseñados en beneficio de su especie. Como agentes independientes, se suman a la lucha a su modo y manera; y estas formas de sumarse a la lucha favorecen en ocasiones un mayor tamaño. En muchos grupos, los machos combaten (literalmente) por el acceso a las hembras, y los pesos pesados a menudo disfrutan de ciertas ventajas. En animales más complejos puede hacer aparición la vida social, convirtiéndose en algo cada vez más elaborado. Esa misma complejidad puede llegar a hacer necesaria la presencia y la participación activa de más de un progenitor en la crianza de los descendientes, y los machos obtienen un papel biológico que trasciende la mera función de inseminador.

Pero ¿qué ocurre en las situaciones ecológicas que no favorecen el combate ni hacen necesario el cuidado de los progenitores? Después de todo, la frase relativa a la biología más famosa de Tennyson (su descripción de la ecología de la vida como «la naturaleza, con uñas y dientes tintos en sangre») no se aplica en todos, ni siquiera en la mayoría de los casos. La «lucha por la supervivencia» de Darwin es una metáfora que no tiene por qué implicar un combate abierto. La lucha en pos de la representación genética en la siguiente generación puede adoptar multitud de formas. Una estrategia habitual imita el lema de las elecciones fraudulentas: «Vote temprano y vote a menudo» (sustituyendo «fornique» por «vote»). Los machos apegados a esta táctica no tienen necesidad evolutiva de un tamaño o una complejidad superiores a las indispensables para localizar a una hembra con la mayor rapidez posible y quedarse a su alrededor. En tales casos, podríamos esperar vernos frente a machos en su estado ínfimo (una situación que podría haberse generalizado si la evolución operara en bien de la especie), un pequeño dispositivo dedicado exclusivamente a la producción y suministro de esperma. La naturaleza, siempre tan bien dispuesta, nos ha proporcionado algunos ejemplos de lo que, de no haber sido por gracia de la selección natural, podría haber sido mi sino.

Consideremos una especie muy dispersa en un área tan amplia que, solo en raras ocasiones, sería posible que los machos se encontraran junto a una hembra. Supongamos también que las hembras, como adultos, se mueven muy poco o nada: pueden vivir ancladas al substrato (por ejemplo, las bellotas de mar); pueden vivir como parásitos dentro de otro animal o pueden alimentarse cazando al acecho y con cebo en lugar de perseguir a sus presas. Y supongamos, finalmente, que el medio que las rodea pueda mover de un lado para otro con facilidad a animales de pequeño tamaño, como ocurre en los océanos con sus corrientes y su elevada densidad (véase el libro de M. Ghiselin, *The Economy of Nature and The Evolution of Sex* para una discusión acerca de este fenómeno). Dado que los machos tienen poca propensión para las batallas literales, al tener que encontrar una hembra inmóvil, y ya que el medio en el que viven puede ofrecerles transporte (o al menos colaborar con él), ¿por qué habrían de ser grandes? ¿Por qué no encontrar rápidamente una hembra siendo aún pequeño y joven y limitarse a adherirse a ella como una simple fuente de esperma? ¿Por qué trabajar y alimentarse y volverse grande y complejo? ¿Por qué no explotar a la hembra que se alimenta? Toda la descendencia de esta seguirá siendo del macho al cincuenta por ciento.

De hecho, esta estrategia es bastante común, aunque poco apreciada por los mamíferos conscientes de una condición diferente, entre los invertebrados marinos que o bien viven a grandes profundidades (donde la comida es escasa y las poblaciones son de muy baja densidad), o se sitúan en lugares muy dispersos difíciles de localizar (como ocurre en muchos parásitos). Aquí nos encontramos a menudo con el no va más de la expresión de la tendencia más común en la naturaleza: que las hembras sean más grandes que los machos. Estos se convierten en enanos, a menudo de menos de una décima parte de la longitud de las hembras, y desarrollan un cuerpo fundamentalmente adaptado para localizar hembras: una especie de mecanismo de entrega de esperma.

Por ejemplo, una especie de *Enteroxenos*, un molusco parásito que vive dentro del intestino de los cohombros de mar (holoturias: equinodermos emparentados con los erizos y las estrellas de mar) fue inicialmente descrito como hermafrodita, dotado de órganos sexuales de macho y hembra. Pero J. Lutzen, de la Universidad de Copenhague, descubrió hace poco que el «órgano masculino» es, de hecho, el producto degenerado de un organismo macho enano e independiente, que localizó a la hembra y se adhirió a ella permanentemente. La hembra de *Enteroxenos* se ancla al esófago de la holoturia por medio de un pequeño tubo ciliado. El macho enano encuentra el tubo, penetra en el cuerpo de la hembra, se adhiere a un determinado lugar y acto seguido pierde virtualmente la totalidad de sus órganos, a excepción, claro está, de los testículos. Tras la penetración del macho, la hembra rompe su conexión tubular con el esófago de su patrón, eliminando así toda posibilidad de entrada de cualquier futuro macho. (Un darwiniano estricto —yo no lo soy— prediciría que el macho ha desarrollado algún mecanismo para romper, o hacer que la hembra rompa, esta conexión tubular, asegurándose así la paternidad de toda la descendencia de la hembra. Pero no existe aún evidencia alguna que confirme o rechace esta hipótesis.)

Mientras un fenómeno tan poco reconfortante resida en invertebrados poco conocidos e «inferiores», los partidarios de la superioridad del macho que buscan un falso apoyo en la naturaleza pueden no sentirse excesivamente inquietos. Pero me encanta disponer de la oportunidad de narrar una historia similar acerca de un grupo de vertebrados magníficamente apropiados: peces pescadores abisales del orden Ceratioideos (un gran grupo con once familias y casi cien especies).

Los peces pescadores ceratioideos disfrutan de todos los prerrequisitos necesarios para la evolución de machos enanos como sistema de entrega de esperma. Viven a grandes profundidades en mar abierto, en su mayor parte entre los 1.000 y 3.000 metros de profundidad, donde la alimentación es escasa y las poblaciones muy dispersas. Las hembras han liberado la primera espina de la aleta dorsal, desplazándola hacia delante sobre su voluminosa cabeza. Hacen colgar un señuelo del extremo de esta espina y literalmente pescan con él. Agitan y balancean el cebo mientras flotan inmóviles en medio del mar. Los rapes y otros peces pescadores emparentados con estos, que viven en aguas menos profundas o en los fondos marinos, a menudo desarrollan estructuras miméticas complejas para sus señuelos: trozos de tejido que parecen lombrices o incluso un pez (véase el ensayo 3 en *El pulgar del panda*). Los ceratioideos viven muy por debajo de la profundidad a la que llega la luz en el agua de mar. Su mundo es un mundo de oscuridad total y, por consiguiente, deben aportar ellos mismos la luz para atraer a sus presas. Sus señuelos resplandecen con una luminiscencia producida por unas glándulas luminiscentes: una trampa mortal para la presa y, tal vez, un foco de atracción para los machos enanos.

En 1922, B. Saemundsson, un biólogo pesquero islandés, capturó una hembra de *Ceratias holbolli* de 66,4 cm de longitud. Para su sorpresa, encontró dos pequeños peces pescadores de tan solo 5,15 y 5,33 cm adheridos a la piel de la hembra. Asumió, naturalmente, que eran crías, pero se sintió sorprendido por su forma degenerada: «A primera vista —escribió— pensé que estos jóvenes no eran más que trozos desgarrados de piel que habían quedado sueltos». Había otro detalle que le sorprendió aún más: aquellos pequeños peces estaban tan firmemente sujetos que sus labios habían quedado sellados en torno a un trozo de tejido de la hembra que llegaba hasta bien entrada su garganta. Saemundsson no dio con otra forma de expresar lo que veía más que a través de una analogía, obviamente inadecuada, con los mamíferos: «Los labios quedan sellados y adheridos a una papila blanda o "teta" que sobresale, al parecer, del abdomen de la madre».

Tres años más tarde, el gran ictiólogo británico C. Tate Regan, por aquel entonces conservador de peces, y posteriormente jefe del Museo Británico (Historia Natural), resolvió el dilema de Saemundsson. Los «jóvenes» no eran crías, sino machos enanos sexualmente maduros adheridos permanentemente a la hembra. Al ir estudiando Regan los detalles de la unión entre el macho y la hembra, descubrió el dato asombroso que desde entonces ha sido celebrado como una de las mayores rarezas de la historia natural: «En el punto de unión del macho y la hembra existe un amalgamiento total [...] Sus sistemas vasculares son continuos». En otras palabras, el macho ha dejado de funcionar como organismo independiente. Ya no se alimenta, puesto que su boca está sellada a la epidermis de la hembra. Los sistemas vasculares del macho y la hembra se han unido y el diminuto macho depende totalmente de la sangre de la hembra para su nutrición. Regan escribe acerca de una segunda especie que presenta hábitos similares: «Es imposible determinar dónde acaba un pez y dónde empieza el otro». El macho se ha convertido en un apéndice sexual de la hembra, una especie de pene incorporado. (Tanto la literatura técnica como la divulgativa, a menudo se refieren al macho fusionado llamándole «parásito». Pero yo me resisto. Los parásitos viven a expensas de su huésped. Los machos fusionados dependen de las hembras para su nutrición, pero a cambio le ofrecen el más precioso de los dones biológicos: el acceso a la siguiente generación y la oportunidad de una continuidad evolutiva.)

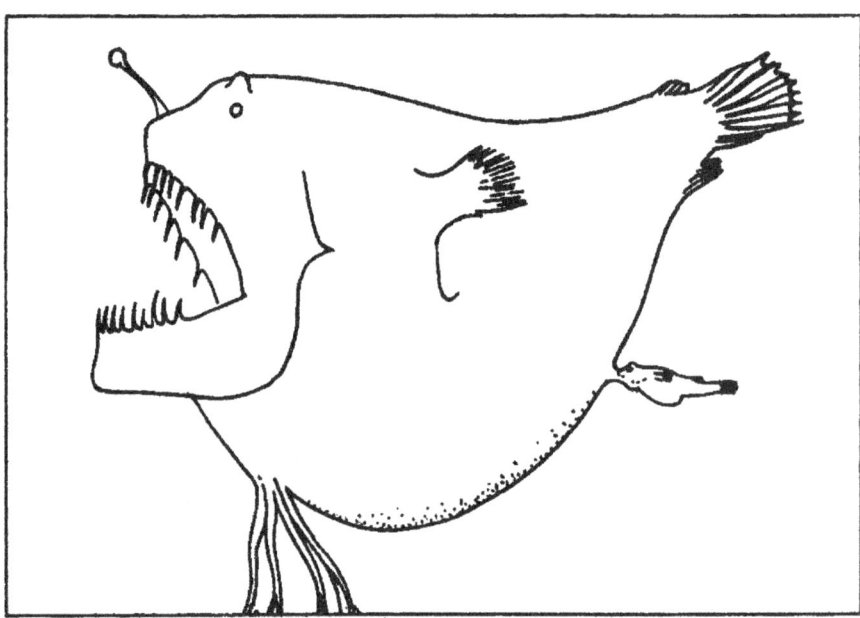

1. Un pez pescador macho (a la derecha), de alrededor de 4 cm de longitud, se fusiona con una hembra de 25 cm de su misma especie (reproducido de *Natural History*).

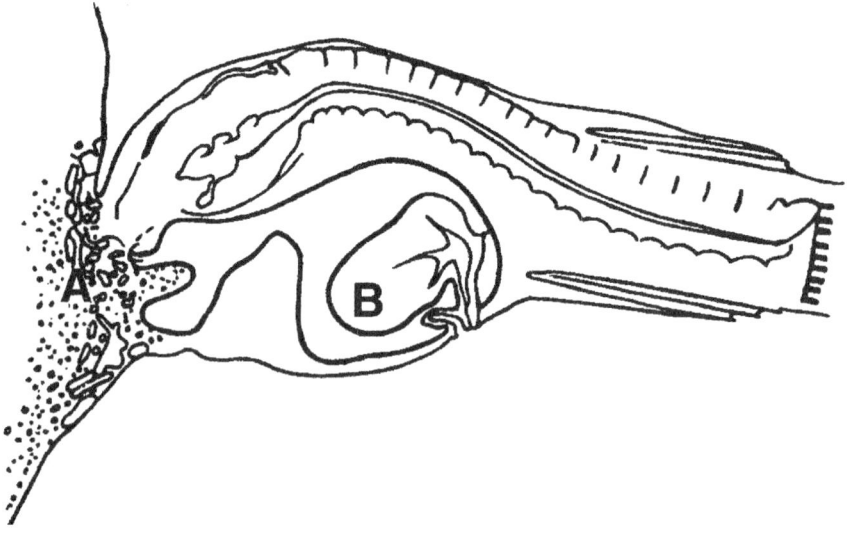

2. Sección longitudinal simplificada que muestra un pez pescador macho adherido a una hembra. Los dos peces comparten tejidos (A), y el testículo del macho (B) ha aumentado de tamaño (reproducido de *Natural History*).

El grado de incorporación de los machos se ha visto exagerado en la mayor parte de las versiones de divulgación. Aunque los machos fusionados prescinden de su independencia vascular y pierden o reducen una serie de órganos ya innecesarios (los ojos, por ejemplo), siguen siendo algo más que simplemente un pene. Su propio corazón debe bombear la sangre que la hembra le suministra, y siguen respirando con sus propias agallas y eliminando materias de desecho con sus propios riñones. Regan escribe acerca de un macho firmemente adherido:

> El macho, aunque en gran medida no sea más que un apéndice de la hembra y dependa totalmente de ella para su nutrición, conserva a pesar de todo una cierta autonomía. Probablemente sea capaz de cambiar su posición en alguna medida moviendo la cola y las aletas. Respira, puede tener unos riñones funcionales y extrae de la sangre ciertos productos de su propio metabolismo conservándolos en forma de pigmento [...] Pero tan perfecta y compleja es la unión entre marido y mujer, que uno puede estar prácticamente seguro de que sus glándulas genitales maduran simultáneamente. Y tal vez no sea demasiado aventurado pensar que la hembra probablemente pueda controlar la descarga de semen del macho, asegurándose de que se produzca en el momento adecuado para la fecundación de sus óvulos.

No obstante, por muy autónomos que sean, los machos no han afinado excesivamente en busca de una optimización darwiniana, ya que no han desarrollado ningún mecanismo para excluir la fusión de otros machos. A menudo hay varios machos implantados sobre una única hembra.

(Ya que estamos criticando la exageración de algunas narraciones populares, permítaseme una divagación tangencial para poner de relieve uno de mis motivos favoritos de irritación. Para mis descripciones utilicé la información básica obtenida en libros técnicos, pero empecé leyendo varias versiones de divulgación. Todas las versiones escritas para el público no científico hablan de los machos fusionados como de la curiosa historia *del* pez pescador, del mismo modo que a menudo oímos hablar acerca *del* mono que saltaba de árbol en árbol, o de *la* lombriz que excava túneles en la tierra. Pero si la naturaleza nos da alguna lección, lo hace proclamando la diversidad de la vida. No existen esas abstracciones que son *la* almeja, *la* mosca o *el* pez pescador. Los peces pescadores ceratioideos representan casi un centenar de especies y cada una de ellas presenta sus propias peculiaridades. Los machos fusionados no han aparecido en todas las especies. En algunas, los machos se adhieren temporalmente, presumiblemente en la época de la puesta, pero jamás se fusionan. En otras, algunos se fusionan y otros maduran sexualmente conservando su independencia corporal. Existen aún otras en las que la fusión es obligatoria. En una especie de estas últimas jamás se ha encontrado una hembra sexualmente madura desprovista de macho, y es posible que el estímulo de las hormonas masculinas constituya un requisito necesario para la maduración.

Estos ejemplares de fusión obligada se han convertido en el paradigma de las descripciones populares *del* pez pescador, pero no representan la mayoría de las especies de ceratioideos. Me quejo porque estas abstracciones carentes de significado transmiten impresiones gravemente falseadas acerca de la naturaleza. Exageran enormemente la discontinuidad de la naturaleza, convirtiendo las formas extremas en falsos paradigmas de todo un grupo, y rara vez mencionan las especies estructuralmente intermedias que a menudo viven felices y son abundantes. Si todos los peces tuvieran tan solo machos totalmente independientes o completamente fusionados, ¿cómo podríamos llegar a imaginarnos siquiera la transición evolutiva hacia el singular sistema sexual *del* pez pescador? Pero la abundancia de etapas estructuralmente intermedias —adherencia temporal o fusión de solo algunos machos— nos transmite un mensaje evolutivo. Estos intermedios estructurales modernos no son, por supuesto, antecesores de hecho de las especies totalmente fusionadas, pero sí trazan a grandes rasgos una senda evolutiva; del mismo modo que Darwin estudió los ojos simples de las lombrices y las conchas de peregrino para averiguar cómo una estructura tan compleja y aparentemente perfecta como el ojo de los vertebrados podía desarrollarse a través de una cadena de formas intermedias. En cualquier caso, el lema de la naturaleza es el de la diversidad exuberante; jamás debería verse oscurecido por abstracciones descuidadas.)

Los machos de los ceratioideos se embarcan en su peculiar curso vital en un momento temprano de su vida. En su forma larvaria se alimentan normalmente y viven independientes. Tras un período de rápido cambio, o metamorfosis, los machos de las especies de fusión obligada no desarrollan sus canales alimentarios más allá, y jamás se alimentan de nuevo. Sus dientes normales desaparecen y conservan y exageran el desarrollo de tan solo unos pocos dientes fusionados en los extremos de la boca: inútiles para la alimentación, pero bien adaptados para atravesar y aferrar la piel de una hembra. Adelgazan y se vuelven más estilizados, con una cabeza afilada, cuerpo comprimido y una fuerte aleta caudal propulsora; en pocas palabras, una especie de torpedo sexual.

Pero ¿cómo hacen para encontrar hembras esas diminutas partículas de materia conyugal en medio de un océano infinito? La mayor parte de las especies debe utilizar claves olfativas, un sistema que, en los peces, a menudo está exquisitamente desarrollado, como en el caso de los salmones que retornan al hogar, que son capaces de oler su arroyo natal. Estos machos de ceratioideos desarrollan, tras la metamorfosis, unas gigantescas fosas nasales; en relación con el tamaño del cuerpo, algunos ceratioideos tienen unos órganos nasales de mayor tamaño que los de cualquier otro vertebrado. Otra familia de ceratioideos no desarrolla grandes fosas, pero los machos tienen unos ojos enormemente engrandecidos y sin duda se guían por la fantasmal luz de las hembras pescadoras (cada especie tiene un modelo diferente de iluminación, y probablemente los machos reconozcan a las hembras que les corresponden). El sistema no es totalmente infalible, ya que el ictiólogo Ted Pietsch encontró hace poco un macho de una especie adherido a una hembra de una especie diferente; un error fatal en términos evolutivos (aunque los dos peces no se habían fusionado y tal vez hubieran podido separarse más adelante si la celosa ciencia no les hubiera capturado y preservado *in flagrante delicto*).

Aquí sentado moviendo los dedos de los pies y de las manos con mi gloriosa independencia (y con los dos centímetros de ventaja que le saco a mi esposa), me siento tentado (pero debo resistirme) a aplicar los estándares de mi tan querida autonomía y a sentir lástima por el pobre macho fusionado. Su vida puede no ser gran cosa en términos humanos, pero permite que varias especies de peces pescadores sigan existiendo en un ambiente extraño y difícil. Y, en cualquier caso, ¿quién puede juzgar? En algún sentido apocalípticamente freudiano, ¿qué macho sería capaz de resistir la fantasía de una vida en forma de pene con corazón, profunda y permanentemente enclavado en el seno de una mujer que cubriera todas sus necesidades? En todo caso, estos peces pescadores representan tan solo la expresión extrema del modelo más común en la naturaleza: machos de pequeño tamaño cumpliendo un papel evolutivo como fuentes de esperma. ¿No expresarán, pues, una generalidad a través precisamente de su exageración de ella? Los raros somos nosotros, los machos humanos.

Dejo, pues, a los peces pescadores fusionados con cierto respeto reverencial. ¿Acaso no han descubierto y establecido como su modo de vida lo que según Shakespeare «debería conocer todo hijo de hombre sabio», que «los viajes terminan en encuentros de amantes»?*

---

* *[... every wise man's son doth know... / journeys end in lovers meeting...]*

2

La naturaleza amoral

Cuando el Muy Honorable y Reverendo Francis Henry, conde de Bridgewater, murió en febrero de 1829, dejó 8.000 libras en su testamento para respaldar una serie de libros «acerca del poder, la sabiduría y la bondad de Dios tal y como se ponen de manifiesto en la Creación». William Buckland, primer geólogo académico oficial de Inglaterra y posteriormente decano de Westminster, fue invitado a desarrollar y redactar uno de los nueve tratados Bridgewater. En él discutió el problema más acuciante de la teología natural: si Dios es benevolente y la Creación exhibe su «poder, sabiduría y bondad», entonces ¿por qué nos vemos rodeados de dolor, sufrimiento y una crueldad aparentemente insensata dentro del mundo animal?

Buckland consideraba que el principal desafío a un mundo idealizado, en el que el león pudiera convivir con la oveja, lo constituía la depredación de las «razas carnívoras». Resolvió el problema de un modo para él satisfactorio, argumentando que los carnívoros incrementan de hecho «el agregado del gozo animal» y «disminuyen el del dolor». La muerte, después de todo, es rápida y relativamente indolora; a las víctimas se les ahorran los horrores de la decrepitud y la senilidad, y las poblaciones no agotan su suministro de alimentos, lo que redundaría en gran pena para todos. Dios sabía lo que hacía cuando hizo los leones. En un mal disimulado rapto de entusiasmo, Buckland concluye:

> La asignación de la muerte por acción de los carnívoros como terminación natural de la existencia animal parece ser, por consiguiente, en lo que a sus principales resultados se refiere, un acto de benevolencia; detrae mucho de la cantidad agregada de la muerte universal; disminuye, y prácticamente

aniquila, en toda la creación animal, la miseria de la enfermedad, y las lesiones accidentales y la muerte lenta; e impone unos límites tan saludables al incremento excesivo del número que la existencia de alimentos se mantiene en una relación perpetuamente favorable respecto a su demanda. El resultado es que la superficie de la tierra y las profundidades de las aguas están perpetuamente atestadas de seres animados, y los placeres de sus vidas son coextensivos a su duración; y a todo lo largo del breve día de existencia que les es asignado cumplen con gozo la tarea para la que fueron creados.

Tal vez encontremos un cierto encanto divertido hoy día en estas palabras de Buckland, pero este tipo de argumentaciones son las primeras que abordaron «el problema del mal» para muchos de los coetáneos de Buckland: ¿cómo podía un Dios benevolente crear un mundo tan lleno de carnicería y derramamiento de sangre? Aun así, este argumento no abolía totalmente el problema del mal, ya que la naturaleza incluye en su seno multitud de fenómenos mucho más horribles a nuestros ojos que la simple depredación. Sospecho que no hay nada capaz de invocar una mayor revulsión en todos nosotros que la destrucción lenta de un huésped por un parásito interno: la ingestión gradual bocado a bocado, desde el interior. No se me ocurre otro modo de explicar por qué *Alien*, una película de horror de categoría C, carente de inspiración, puede haber obtenido tanto éxito. Aquella simple secuencia en la que el señor Alien aparecía como un bebé parásito saliendo del cuerpo de un hospedador humano era a la vez repulsiva y asombrosa. Nuestros antecesores del siglo XIX parecían compartir nuestros sentimientos. La mayor amenaza para su concepción de una deidad benevolente no era la simple depredación, sino una muerte lenta por acción de un parásito. El caso más clásico, ampliamente tratado por todos los grandes naturalistas, invocaba la llamada mosca icneumónida. Buckland había soslayado la cuestión principal.

La «mosca icneumónida», que tanta preocupación había causado a los teólogos naturales, era de hecho un animal compuesto que presentaba los hábitos de una enorme tribu. Los Icneumonoideos son un grupo de avispas, no moscas, que incluye más especies que todos los vertebrados juntos (las avispas, junto con las hormigas y las abejas, constituyen el orden Himenópteros; las moscas, con sus dos alas —las avispas tienen cuatro—, forman el orden Dípteros). Además, a menudo se citaban muchas avispas no icneumónidas de similares hábitos, por los mismos siniestros motivos. Así pues, la famosa historia no implicaba tan solo una única especie aberrante (tal vez una perversa infiltración del reino de Satán), sino cientos de miles: una amplia porción de lo que no podía por menos que ser creación de Dios.

Los icneumónidos, como la mayor parte de las avispas, normalmente viven su fase adulta en estado libre, pero atraviesan su vida larvaria como parásitos que se alimentan del cuerpo de otros animales, casi invariablemente miembros de su propio *phylum*: los Artrópodos. Las víctimas más comunes son las orugas (larvas de mariposas y polillas), pero algunos icneumónidos prefieren los pulgones y otros atacan a las arañas. La mayor parte de los patrones son parasitados cuando son aún larvas, pero también son atacados algunos adultos, y hay multitud de icneumónidos diminutos que inyectan su puesta directamente en el huevo de su patrón.

Las hembras de vuelo libre localizan un patrón apropiado y pasan a convertirlo en una fábrica de alimentos para sus propios descendientes. Los parasitólogos hablan de ectoparasitismo cuando el huésped no invitado vive sobre la superficie del patrón, y de endoparasitismo cuando el parásito vive dentro de él. (El ovipositor, un delgado tubo que se extiende hacia atrás a partir del extremo posterior de la avispa, puede ser muchas veces más largo que la propia avispa.) Normalmente, el patrón no se ve afectado de un modo inmediato, al menos así es hasta que los huevos eclosionan y las larvas de icneumónido inician su siniestra tarea de excavación interior.

Entre los ectoparásitos, no obstante, muchas hembras ponen sus huevos directamente sobre el cuerpo del patrón. Dado que un patrón activo no tendría dificultades para desalojar el huevo, la madre icneumónida a menudo inyecta simultáneamente una toxina que paraliza inmediatamente a la oruga o la víctima escogida. La parálisis puede ser permanente y la oruga sigue viviendo, inmovilizada, con el agente de su futura destrucción instalado sobre su abdomen. El huevo se abre, la indefensa oruga da un respingo, la larva de avispa atraviesa la piel y empieza con su banquete macabro.

Dado que una oruga muerta y en descomposición no le serviría de nada a la larva, ésta come según un método que no puede por menos que recordarnos, según nuestra inapropiada y antropocéntrica interpretación, la antigua pena impuesta en Inglaterra en los casos de traición: el descuartizamiento, con su objetivo explícito de extremar hasta lo posible el tormento, manteniendo a la víctima viva y consciente. Al extraer el verdugo del rey las entrañas de su cliente y quemarlas hacía lo que la larva de icneumónido al devorar, lo primero de todo, los cuerpos grasos y los órganos digestivos, manteniendo viva a la oruga y conservando intacto el corazón y el sistema nervioso central. Finalmente, la larva pone punto final a su trabajo y mata a su víctima, dejando tras de sí la vacía cáscara de la oruga. ¿Puede acaso sorprendernos que fueran los icneumónidos, y no las serpientes o los leones, la principal amenaza a la benevolencia divina en la época del apogeo de la teología natural?

Al pasar revista a la bibliografía de los siglos xix y xx dedicada a los icneumónidos, lo que más me divirtió fue la tensión entre el reconocimiento intelectual de que las avispas no debían ser descritas en términos humanos y la incapacidad literaria o emocional para evitar las categorías habituales de la literatura épica y narrativa, el dolor y la destrucción, el vencedor y la víctima. Parecemos estar atrapados en las estructuras míticas de nuestras propias sagas culturales, perfectamente incapaces, incluso en nuestras descripciones básicas, de utilizar un lenguaje que no esté formado por las metáforas de la batalla y la conquista. No somos capaces de exponer este rincón de la historia natural en un lenguaje que no sea el de la historia, combinando el horror sórdido y la fascinación, y normalmente terminamos por admirar la eficiencia del icneumónido y no por sentir pena por la oruga.

En la mayor parte de las descripciones épicas, me parece detectar dos motivos básicos: el forcejeo de la presa y la implacable eficiencia de los parásitos. Aunque aceptamos que podemos estar siendo testigos de poco más que un instinto automático o una reacción fisiológica, aun así, describimos la defensa del patrón como si fuera una lucha consciente. Así, los pulgones patean y las orugas pueden retorcerse violentamente al intentar las avispas insertar en ellos sus ovipositores. La pupa de la mariposa ortiguera (a la que normalmente se considera una criatura inerte, que espera en silencio convertirse de patito feo en cisne) puede contorsionar su región abdominal tan violentamente que las avispas atacantes se ven arrojadas al aire. Las orugas de *Hapalia*, al verse atacadas por la avispa *Apanteles machaeralis*, se dejan caer bruscamente de las hojas sobre las que se encuentran, quedando colgadas en el aire por un hilo de seda. Pero la avispa puede correr a lo largo del hilo e insertar sus huevos a pesar de todo. Algunos patrones son capaces de encapsular el huevo inyectado por medio de células sanguíneas que se acumulan y endurecen, asfixiando así al parásito.

J. H. Fabre, el gran entomólogo francés del siglo xix que, aún hoy, continúa siendo el historiador natural preeminentemente literario de los insectos, realizó un estudio especial sobre las avispas parásitas y escribió con un antropocentrismo sin reparos acerca de la lucha de las víctimas paralizadas (véanse sus libros *La vida de los insectos* y *Las maravillas del instinto*). Describe algunas orugas parcialmente paralizadas que se agitan tan violentamente cada vez que se acerca un parásito que las larvas de la avispa deben alimentarse con grandes precauciones. Se sujetan por medio de un hilo de seda al techo de su nido y descienden sobre una parte segura y expuesta de la oruga:

> La queresa está comiendo: con la cabeza hacia abajo excava en el fláccido abdomen de una de las orugas. Al más mínimo indicio de peligro en el grupo de orugas, la larva se retira [...] Y vuelve a trepar hasta el techo donde la agitada multitud no puede alcanzarla. Al volver la paz se desliza hacia abajo de nuevo [por su hilo de seda] y regresa al banquete con la cabeza sobre las viandas y su parte trasera elevada y dispuesta para la retirada en caso necesario.

En otro capítulo describe la suerte de un grillo paralizado:

> Uno puede ver cómo el grillo, atacado en lo más vivo, mueve en vano sus antenas y sus estilos abdominales, cómo abre y cierra sus vacías mandíbulas, e incluso cómo mueve una pata, pero la larva está a salvo y penetra en busca de sus órganos vitales con impunidad. ¡Qué terrible pesadilla para el paralizado grillo!

Fabre descubrió incluso cómo alimentar a las víctimas paralizadas poniendo un jarabe de agua y azúcar en sus partes bucales, y que así demostraban que permanecían vivas, que sentían y (por implicación) que se sentían agradecidas por todo lo que paliara su inevitable destino. Si Jesús, inmóvil y sediento en la cruz no recibió de sus torturadores más que vinagre, Fabre, al menos, podía hacer que el final fuera agridulce.

El segundo aspecto de la cuestión, la implacable eficiencia de los parásitos, nos lleva a la conclusión opuesta: una reticente admiración por los vencedores. Decubrimos su habilidad en la captura de peligrosos patrones que en ocasiones son muchas veces mayores que ellos. Las orugas pueden ser una presa fácil, pero las avispas psammocáridas prefieren a las arañas. Tienen que insertar sus ovipositores en un lugar seguro y preciso. Algunas dejan a la araña paralizada en su propia madriguera. *Planiceps hirsutus*, por ejemplo, parasita a una araña de tapadera californiana. Busca pozos de arañas en las dunas, después excava en la arena de la vecindad para alterar el hogar de la araña y hacerla salir. Cuando la araña sale, la avispa ataca, paraliza a su víctima, la arrastra de vuelta a su propio pozo, cierra y sujeta la trampilla del mismo y deposita un único huevo sobre el abdomen de la araña. Otros psammocáridos son capaces de arrastrar una pesada araña a un grupo de celdillas de arcilla o de barro previamente dispuesto. Algunas amputan las patas de la araña para que su transporte sea más sencillo, otras vuelven volando sobre el agua, arrastrando una araña flotante sobre la superficie.

Algunas avispas se ven obligadas a batallar con otros parásitos por la posesión del cuerpo de un patrón. *Rhyssella curvipes* es capaz de detectar las larvas de las avispas de la madera a mucha profundidad dentro de los alisos, y de taladrarlos hasta llegar a su víctima potencial por medio de su afilado ovipositor. *Pseudorhyssa alpestris*, un parásito emparentado con el anterior, no puede taladrar la madera ya que su delgado ovipositor solo tiene unos salientes cortantes bastante rudimentarios. Localiza los orificios taladrados por *Rhyssella*, inserta su ovipositor, y pone un huevo en el patrón (ya convenientemente paralizado por *Rhyssella*) justo al lado del huevo depositado por su pariente. Los dos huevos se abren casi al mismo tiempo, pero la larva de *Pseudorhyssa* tiene una cabeza más grande y unas mandíbulas mucho mayores. *Pseudorhyssa* destruye a la larva de *Rhyssella*, de menor tamaño, y pasa a devorar un banquete muy bien preparado.

Pronto, rápidamente y a menudo, son algunos otros conceptos invocados cuando se alaba la eficiencia de las madres. Muchos icneumónidos no esperan siquiera a que sus patrones se desarrollen hasta el estado larvario, sino que parasitan directamente el huevo (las larvas de avispas pueden entonces consumir el propio huevo o penetrar dentro de la larva en desarrollo). Otras simplemente se mueven deprisa. *Apanteles militaris* puede depositar hasta setenta y dos huevos en solo un segundo. Otras son irreductiblemente persistentes. La hembra de *Aphidius gomezi* produce hasta mil quinientos huevos y puede parasitar hasta seiscientos pulgones en un solo día de trabajo. En una extraña variante del concepto de «a menudo», algunas avispas se permiten la poliembrionía, una especie de supergemelos iterados. Un único huevo se divide en células que llegan a producir hasta quinientos individuos. Dado que algunas avispas poliembriónicas parasitan orugas que son mucho más grandes que ellas y llegan a poner hasta seis huevos en cada una de ellas, pueden llegar a desarrollarse hasta tres mil larvas en el interior de cada patrón, y alimentarse de él. Estas avispas son endoparásitos y no paralizan a sus víctimas. Las orugas se retuercen de un lado para otro, no de dolor (sospecho), sino simplemente en respuesta a la conmoción inducida por los miles de larvas de avispa que se alimentan dentro de ella.

La eficiencia materna es con frecuencia comparada con la aptitud de las larvas. Ya he mencionado el mecanismo que siguen de devorar, lo primero de todo, las partes menos esenciales, manteniendo así al patrón vivo y fresco hasta su misericordioso fin. Una vez que la larva digiere hasta el último bocado comestible de su víctima (aunque solo sea para evitar la posterior contaminación de su hogar por la corrupción de los tejidos que pudieran quedar) puede aún utilizar la cáscara exterior de su patrón. Un parásito de pulgones abre un agujero en la parte inferior de la cáscara de su víctima, adhiere el esqueleto a una hoja por medio de unas secreciones pegajosas de sus glándulas salivares, y después teje un capullo para atravesar la fase pupal dentro del exoesqueleto del pulgón.

Al utilizar un lenguaje antropocéntrico, inapropiado para este paseo a lo largo de la historia natural de los icneumónidos, he pretendido poner de relieve precisamente por qué estas avispas llegaron a ser una amenaza de primer orden para la teología natural, la anticuada doctrina que intentaba inferir la esencia de Dios a partir de los productos de la Creación. En su mayor parte, he utilizado ejemplos del siglo XX, pero todos los temas eran conocidos y habían quedado puestos de relieve por grandes teólogos naturales del siglo XIX. ¿Cómo conseguían entonces casar los hábitos de estas avispas con la bondad de Dios? ¿Cómo superaban este dilema que ellos mismos habían elaborado?

Las estrategias para lograrlo eran tan variadas como las gentes que las practicaban; tan solo compartían la aceptación necesaria de una doctrina apriorística: nuestros naturalistas *sabían* que la benevolencia de Dios tenía que estar oculta en alguna parte, tras todas aquellas historias de aparente horror. Charles Lyell, por ejemplo, en la primera edición de su trascendental *Principios de geología* (1830-1833), decidió que las orugas planteaban una amenaza tal para la vegetación que cualquier cortapisa natural que se les opusiera no podía por menos que hablar de la bondad de una deidad creadora, ya que las orugas destruirían la agricultura del hombre «si la Providencia no pusiera en acción causas capaces de mantenerlas dentro de sus límites».

El reverendo William Kirby, rector de Barham y principal entomólogo británico, optó por ignorar el problema de las orugas y se concentró, por el contrario, en la virtud del amor materno exhibido por las avispas al proveer tan cuidadosamente para sus crías.

> El gran objetivo de la hembra es descubrir un nido apropiado para sus huevos. En busca de él se mantiene continuamente en movimiento. ¿Acaso la oruga de una mariposa o una polilla constituye una comida apropiada para sus hijos? Inmediatamente la vemos descender sobre las plantas en las que más habitualmente se encuentran, la vemos recorrerlas cuidadosamente examinando cada hoja, y, una vez localizado el desafortunado objeto de su búsqueda, la vemos insertar el aguijón en la carne, depositando un huevo [...] El activo icneumónido no repara en peligros y no desiste hasta que su bravura y prestancia han asegurado la supervivencia de uno de sus futuros descendientes.

A Kirby esta solicitud le pareció tanto más notable dado que la hembra avispa jamás verá a su hijo ni disfrutará de los placeres de la maternidad. No obstante, y a pesar de todo, el amor la impulsa hacia el peligro:

> Una gran proporción de ellas están condenadas a morir antes de que sus descendientes abran los ojos a la vida. Pero en estas no queda extinta la pasión [...] Cuando se es testigo de la solicitud con la que proveen para la seguridad y el mantenimiento de sus futuros descendientes, difícilmente podemos negarles que sientan amor por una progenie que están destinadas a no conocer jamás.

Kirby también tuvo buenas palabras para las voraces larvas, alabándoles su paciencia al comer selectivamente con el fin de mantener viva a la oruga. ¡Ay, si todos velásemos por nuestros recursos con tan exquisito cuidado!

> En esta operación extraña y aparentemente cruel hay una circunstancia que resulta especialmente notable. La larva del icneumónido, si bien a diario, tal vez durante meses, va devorando el interior de la oruga y, aunque finalmente la devora prácticamente en su totalidad, con excepción de la piel y los intestinos, evita cuidadosamente, durante todo este tiempo, lesionar los órganos vitales, ¡como si fuera consciente de que su propia existencia depende de la del insecto del que se está alimentando! [...] ¿Qué impresión nos produciría un caso similar entre los cuadrúpedos? Si, por ejemplo, un animal [...] apareciera alimentándose del interior de un perro, devoran-

do tan solo aquellas partes que no resultan esenciales para la vida, dejando cuidadosamente indemnes el corazón, las arterias, los pulmones y los intestinos, ¿acaso no consideraríamos semejante caso un perfecto prodigio, una especie de autocontrol instintivo casi milagroso? [Las tres últimas citas proceden de la última edición predarwiniana de Kirby y Spence, *An introduction to Entomology*, 1856.]

Esta tradición de buscar significados morales en la naturaleza no vio su fin con el triunfo de la teoría evolutiva en 1859, pues la evolución podía ser considerada como el método escogido por Dios para poblar nuestro planeta, por lo que la naturaleza podía aún estar repleta de mensajes éticos. Así, St. George Mivart, uno de los críticos evolutivos más eficaces de Darwin y un católico devoto, argumentaba que «muchas personas amables y excelentes» se habían visto confundidas por los sufrimientos aparentes de los animales por dos motivos. En primer lugar, sea cual fuere el dolor, «el sufrimiento físico no es conmensurable con el mal moral». Dado que las bestias no son agentes morales, sus sentimientos no pueden acarrear ningún mensaje ético. Pero, en segundo lugar, por si nuestras sensibilidades viscerales estuvieran aún excitadas, Mivart nos asegura que los animales deben sentir poco, si es que sienten algo, de dolor. Utilizando un argumento racista muy popular por entonces (que los pueblos «primitivos» sufren mucho menos que las personas avanzadas y cultas) Mivart extrapolaba más allá siguiendo la escalera de la vida hasta un reino de un nivel de dolor muy limitado. El sufrimiento físico, según él,

depende en gran medida de la condición mental del sufriente. Solo puede existir en estado de consciencia y solo alcanza su punto álgido en los hombres con más alto nivel de organización. Al autor le ha sido asegurado que las razas humanas inferiores parecen menos agudamente sensibles al sufrimiento físico que los seres humanos más cultivados y refinados. Así pues, solo en el hombre puede darse un grado intenso de sufrimiento, ya que es solo en él donde existe esa recuperación intelectual de momentos pasados y esa anticipación de eventos futuros, que en gran parte constituyen la amargura del sufrimiento. El latigazo momentáneo, el dolor presente que las bestias soportan, si bien es perfectamente real, es, no obstante, e indudablemente, incomparable en cuanto a su intensidad con el sufrimiento que se produce en el hombre a través de su alta prerrogativa de la autoconsciencia [de *On the Genesis of Species*, 1871].

Hizo falta la intervención del propio Darwin para desbancar esta antigua tradición, y actuó del modo discreto tan característico de su enfoque intelectual radical acerca de prácticamente la totalidad de las cosas. Los icneumónidos también preocupaban mucho a Darwin y en una carta dirigida a Asa Gray, fechada en 1860, decía:

Admito que no logro ver tan claramente como otras personas, y bien que me gustaría, pruebas de la existencia de un designio y de bondad a nuestro alrededor. Me parece que existe demasiada miseria en el mundo. No consigo convencerme de que un Dios benefactor y omnipotente pudiera haber creado intencionadamente los icneumónidos para que se alimenten dentro de los cuerpos vivos de las orugas, o que un gato pueda jugar con los ratones.

De hecho, se había expresado con más pasión en su carta a Joseph Hooker en 1856: «¡Qué libro podría escribir un capellán del diablo acerca de los torpes, derrochadores, insensatos, rastreros y horriblemente crueles trabajos de la naturaleza!».

Esta honesta aceptación, que la naturaleza es a menudo (según nuestros esquemas) cruel, y que todos los intentos previos de hallar una bondad oculta detrás de cada cosa no representan más que una forma especial de rogativa, puede llevarnos en dos direcciones. Se puede mantener el principio de que la naturaleza contiene mensajes morales, pero invirtiendo la perspectiva habitual y pasando a afirmar que la moralidad consiste en comprender los senderos de la naturaleza y en hacer exactamente lo contrario. Thomas Henry Huxley planteó esta argumentación en su famoso ensayo *Evolution and ethics* (1893):

La práctica de lo que constituye éticamente lo óptimo (lo que denominamos bondad o virtud) implica una línea de conducta que, en todos sus aspectos, se opone a aquello que lleva al éxito en la lucha cósmica por la existencia. En lugar de una autoafirmación sin escrúpulos, exige el autocontrol; en lugar de empujar a un lado o pisotear a los competidores, requiere que el individuo no se limite a respetar, sino que ayude a su prójimo [...] Repudia una teoría de la existencia propia de gladiadores [...] Las leyes y los preceptos morales se orientan a reprimir el proceso cósmico.

La otra argumentación, radical en tiempos de Darwin, pero más familiar hoy en día, considera que la naturaleza es simplemente tal y como la encontramos. Nuestra incapacidad de discernir ningún bien universal no supone una falta de visión o de ingenio, sino que meramente demuestra que la naturaleza no contiene mensajes morales enmarcados en términos humanos. La moralidad es un tema para filósofos, teólogos, estudiosos de humanidades, de hecho, para todo ser pensante. Las respuestas no aparecerán de una lectura pasiva de la naturaleza; no surgen, ni pueden hacerlo, de los datos proporcionados por la ciencia. El estado factual del mundo no nos enseña cómo debemos, con nuestra capacidad para el bien o para el mal, alterarlo o preservarlo del modo más ético.

El propio Darwin se inclinaba hacia este punto de vista, aunque no podía, como hombre de su tiempo, abandonar por completo la idea de que las leyes de la naturaleza podrían de algún modo reflejar designios superiores. Él reconocía claramente que las manifestaciones específicas de aquellas leyes (gatos que juegan con ratones y larvas de icneumónidos devorando orugas) no podían incorporar ningún mensaje ético, pero de algún modo deseaba que pudieran existir unas leyes superiores desconocidas «con los detalles, ya sean buenos o malos, en manos de aquello que podríamos llamar azar».

Dado que los icneumónidos son un detalle, y que la selección natural es una ley que regula detalles, la respuesta al primitivo dilema de por qué existe tanta crueldad (en nuestros términos) en la naturaleza no puede ser otra que la de que no existe respuesta; y que plantear la pregunta «en nuestros términos» es totalmente inapropiado en un mundo natural que ni ha sido hecho para nosotros, ni está gobernado por nosotros. Simple y llanamente, ocurre. Es una estrategia que da buenos resultados para los icneumónidos y que la selección natural ha programado en su repertorio de conducta. Las orugas no sufren para enseñarnos nada; simplemente les han ganado por la mano, de momento, en la carrera de la evolución. Tal vez desarrollen un juego de defensas adecuado en algún momento del futuro, sellando así la suerte de los icneumónidos. Y tal vez, de hecho, probablemente, no lo hagan.

Otro Huxley, el nieto de Thomas, Julian, habló en favor de esta posición, usando como ejemplo (en efecto, lo han adivinado ustedes) a los ubicuos icneumónidos:

La selección natural, aunque parecida a los molinos de Dios porque muele fino y muele lento, tiene pocos atributos más a los que una religión civilizada pudiera llamar divinos [...] Sus productos pueden ser estética, moral o intelectualmente tan repulsivos para nosotros como pueden ser atractivos. No tenemos más que pensar en la fealdad de una *Sacculina* o un cisticerco, en la estupidez de un rinoceronte o un estegosaurio, en el horror de una hembra de santateresa devorando a su pareja o un puñado de crías de icneumónidos devorando lentamente una oruga.

Si la naturaleza es amoral, entonces la evolución no puede ofrecernos ninguna teoría ética. El supuesto de que podría hacerlo ha respaldado toda una panoplia de males sociales, que los ideólogos falazmente imponen sobre la naturaleza a partir de sus propias creencias; especialmente destacable entre ellas serían la eugenesia y el (mal llamado) darwinismo social. Darwin no solo despreció todo intento de descubrir una ética antirreligiosa en la naturaleza, sino que también planteó expresamente su desconcierto personal acerca de cuestiones tan profundas como el problema del mal. Tan solo unas pocas frases después de invocar a los icneumónidos, y en palabras que expresan tanto la modestia de este hombre espléndido como la compatibilidad, a través de la falta de contacto, entre la ciencia y la verdadera religión, Darwin le escribió a Asa Gray:

> Siento muy dentro de mí que toda esta cuestión es excesivamente profunda para el intelecto humano. Igual podría un perro especular acerca de la mente de Newton. Que cada hombre confíe y crea en lo que pueda.

Post scriptum

Michele Aldrich me envió una referencia literaria aún mejor que las que encontré yo. Mark Twain, en una mordiente pieza satírica llamada «Little Bessie Would Assist Providence», hace la crónica de una conversación entre una madre y su hija en la que la hija insiste en que un Dios benevolente jamás hubiera permitido que su pequeño amigo «Billy Norris cogiera el tifus», tolerando que otros injustos desastres cayeran sobre personas decentes, mientras la madre le aseguraba que debía existir una buena razón para todo aquello. La última respuesta de Bessie, que como verán pone sumariamente fin al ensayo, invoca a nuestros viejos amigos los icneumónidos:

> Míster Hollister dice que las avispas cogen arañas y las incrustan en sus nidos en el suelo (¡vivas, mamá!) y allí viven y sufren días y días y días, y las

avispitas hambrientas todo el rato masticándoles las patas y comiéndoles la tripa para hacerlas buenas y religiosas y alabar a Dios por sus infinitas bondades. A mí me parece que míster Hollister es adorable y muy bueno, porque cuando le pregunté si él sería capaz de tratar a una araña de semejante manera, me contestó que antes se condenaría; y después él... ¡mamá querida, te has desmayado!

James W. Tuttleton, presidente del Departamento de Inglés de la Universidad de Nueva York, me envió un asombroso poema de Robert Frost que parece un comentario acerca de la última afirmación de Darwin de que el azar puede regular lo pequeño, aun en el supuesto de que pudieran hallarse propósitos en lo grande. ¿Y vemos acaso verdaderos propósitos en lo grande? El poema lleva por título, simplemente, «Designio»:

Encontré una araña virolenta, gorda y blanca,
sobre una consuelda blanca, sosteniendo una polilla
como un fragmento blanco de rígido satén—
caracteres surtidos de muerte y plaga
mezclados presto para empezar bien la mañana.
Como los ingredientes de un caldo de brujas—
una araña como un copo de nieve, una flor como una espuma,
y alas muertas llevadas como una cometa de papel.
¿Qué tenía esta flor que ver con ser blanca,
la inocente y azul consuelda del borde del camino?
¿Qué llevó a la pareja araña a esta altura,
y luego dirigió a la blanca polilla allá en la noche?
¿Qué cosa sino el designio de la oscuridad para aterrar?—
si es que el designio gobierna en una cosa tan pequeña.*

Me sentí muy impresionado por la imagen de la araña como un copo de nieve, la flor como una espuma, la polilla como un par de alas bidimensionales. Formas tan dispares, y sin embargo todas blancas y todas

---

* *[I found a dimpled spider, fat and white, / On a white heal-all, holding up a moth / Like a white piece of rigid satin cloth— / Assorted characters of death and blight / Mixed ready to begin the morning right, / Like the ingredients of a witches' broth— / A snowdrop spider, a flower like a froth, / And dead wings carried like a paper kite. // What had that flower to do with being white, / The wayside blue and innocent heal-all? / What brought the kindred spider to that height, / Then steered the white moth thither in the night? / What but design of darkness to appall?— / If design govern in a thing so small.]*

unidas en un mismo punto para su destrucción. ¿Por qué? O, según leemos en las últimas dos líneas, ¿podemos siquiera plantear este interrogante? En mi opinión no podemos, y considero que esta revelación es el aspecto más liberador de la revolución de Darwin.

3

El anillo de guano

La primera vez que salí a la mar como aterrorizada criatura urbana que jamás se había montado en nada más grande que una barca de remos, un viejo marinero (y hombre de la Armada) me comentó que podría trazar una ruta a través de aquella *aqua incognita* si recordaba nada más que una sencilla regla de la vida y el trabajo a bordo de un barco: si se mueve, salúdalo; si no se mueve, píntalo.

Si analizamos por qué semejante afirmación tiene carácter de broma (si bien no demasiado graciosa) en nuestra cultura, nos vemos obligados a citar la incongruencia que supone el situar un modelo tan «insensato» para la toma de decisiones en el interior de un cráneo humano. Después de todo, la esencia de la inteligencia humana es su flexibilidad a la hora de captar contextos nuevos y complejos; en pocas palabras, nuestra capacidad para emitir (lo que llamamos) juicios, en lugar de actuar según los dictados de unas reglas rígidas preestablecidas. Somos, como ha afirmado Konrad Lorenz, «especialistas de la no especialización». No nos comportamos como máquinas con sencillos conmutadores «sí» y «no», activados invariablemente por partículas concretas de información presentes en nuestro ambiente inmediato. Nuestro esclarecido marinero, al margen del éxito que pueda tener en su combate contra el óxido o eludiendo el calabozo, no se atiene a un estilo humano de inteligencia.

Y, no obstante, este modelo inflexible representa de hecho el estilo de inteligencia adoptado con gran éxito por la mayor parte del resto de los animales. Las decisiones de los animales suelen ser síes o noes perfectamente unívocos activados por unas señales muy definidas, no sutiles opciones basadas en la evaluación de un *Gestalt* complejo.

Muchas aves, por ejemplo, son incapaces de reconocer a sus propias crías y, en consecuencia, se guían por la regla: cuida lo que hay dentro del nido; ignora lo que haya fuera. El etólogo británico W. H. Thorpe escribe: «La mayor parte de las aves, si bien pueden dedicar gran atención a sus crías estando en el nido, son totalmente insensibles a esas mismas crías si, como resultado de algún accidente, se encuentran fuera del nido o del territorio inmediato a este».

Esta norma rara vez plantea dilemas evolutivos a las aves, dado que los objetos que hay en su nido suelen ser sus propias crías (portadoras de su herencia darwiniana de genes compartidos). Pero este estilo inflexible de inteligencia puede ser explotado y puesto al servicio de fines inicuos por otras especies. Los cucos, por ejemplo, ponen sus huevos en los nidos de otras aves. Un cuco recién nacido, normalmente mayor y más vigoroso que los verdaderos propietarios del nido, a menudo expulsa de éste a sus compañeros, que mueren rogando frenéticamente que les den alimento, mientras sus progenitores siguen la norma: ignorarles porque se encuentran en una localización inapropiada, y alimentan al joven cuco en su lugar. Podemos eliminar intelectualmente nuestra tendencia al antropomorfismo, pero no podemos eliminarlo de nuestras reacciones estéticas. Debo confesar que no existe escena de actividad orgánica alguna que me ponga más frenético en contra de la injusticia del mundo que la visión de un padre adoptivo, una vez muertas sus crías por el intruso, alimentando de forma solícita a un pedigüeño parásito que puede llegar a medir varias veces su tamaño (los cucos a menudo escogen a sus huéspedes, y sus pollos pueden ser más grandes que sus padres adoptivos).

Durante un reciente viaje a las islas Galápagos, encontré otro ejemplo, interesantemente distinto, de aves que desvían esta regla común hacia sus propios fines. En esta ocasión tanto la víctima como el bienhechor son hermanos, y el resultado final, aunque condena a morir a los hermanos más débiles, es una mayor ventaja evolutiva para las estirpes familiares.

Los piqueros de las Galápagos (junto con sus primos, los alcatraces) forman una familia pequeña (nueve especies), pero ampliamente distribuida, de aves marinas, los Sólidos. (Todo y más de lo que quiera saber acerca de los sólidos podrá encontrarlo el lector en la magnífica monografía de J. Bryan Nelson, *The Sulidae: Gannets and Boobies* [Los Sólidos: alcatraces y piqueros], 1978.) Las referencias más antiguas del *Oxford English Dictionary* indican que los piqueros recibieron su nom-

3. Un piquero patiazul incuba un huevo en el interior del anillo de guano que delimita su «nido». Galápagos, isla Seymour (fotografía de Duncan M. Porter).

bre poco halagador,* no por el característico andar anadeante de una de sus principales exhibiciones, en la que se desplazan con sus grandes pies hacia afuera y la cabeza erguida en una conducta denominada «apuntar al cielo», sino por su notable mansedumbre, que permitía a los pescadores (preocupados tan solo por destruir) cogerlos fácilmente.

En las islas Galápagos habitan tres especies de súlidos: el piquero patirrojo, el piquero patiazul y el piquero enmascarado. El piquero patirrojo pone un único huevo en un nido convencional construido cerca de las copas y los bordes de árboles y arbustos. Por contraste, su primo, que frecuenta a un pedicuro natural marcadamente diferente, el piquero patiazul, pone sus huevos en el suelo y no construye un nido propiamente dicho. En su lugar, delimita el área de nidada de un modo notable y eficaz: expulsa guano (excrementos de ave para todos los que no

---

* En castellano esta disquisición no tiene sentido, pero sí en inglés, idioma en el que a los piqueros o alcatraces tropicales se les llama *boobies*, que puede traducirse, entre otras cosas, por tontos o bobalicones. Curiosamente, el término deriva del castellano *bobo*, pero en este idioma se reserva el epíteto de pájaros bobos a los Esfenisciformes, mal llamados pingüinos. (*N. del r.*)

sean ornitólogos y no hayan leído *007 contra el Dr. No*) en todas direcciones, produciendo así un anillo simétrico de color blanco como indicador simbólico de la posición de su nido.

Dentro de este anillo pone sus huevos la hembra patiazul, y no uno (como otros muchos piqueros), sino entre uno y tres huevos. En lo que supone su más espectacular descubrimiento, Nelson ha explicado el comportamiento reproductivo y la ecología de los piqueros al relacionar la producción de huevos y descendencia con la calidad y estilo de la alimentación de sus progenitores. Los piqueros que recorren largas distancias (de hasta 500 kilómetros) para localizar fuentes de alimento escasas, tienden a poner un único huevo de gran tamaño, del que sale un pollo muy resistente capaz de sobrevivir a los grandes intervalos entre comida y comida. Por otra parte, si las fuentes de alimentación son abundantes, seguras y están próximas, estas aves ponen más huevos y crían más descendientes. En el extremo de esta tendencia nos encontramos con el piquero peruano, con su puesta de entre dos y cuatro huevos (tres de media) y su capacidad para criar a todos los pollos hasta su madurez. Los piqueros peruanos se alimentan de las abundantísimas anchovetas que habitan sus aguas locales, peces que pueden llegar a estar tan densamente apretados en el océano como en las latas que pueden convertirse en su hogar póstumo.

El piquero patiazul se encuentra entre estas dos tendencias. Es un ave que se alimenta cerca de la costa, pero sus fuentes de alimentación no tienen ni la riqueza ni la predecibilidad de los cardúmenes de anchovetas. Por consiguiente, las condiciones varían drásticamente de una generación a otra. El piquero patiazul ha desarrollado, por lo tanto, una estrategia flexible basada en la explotación que hacen los descendientes de más edad del estilo intelectual de sus padres: decisiones afirmativas o negativas provocadas por señales simples. Si los tiempos son buenos, los padres pueden llegar a poner hasta tres huevos, criando con éxito los pollos resultantes; en los años malos pueden poner también dos o tres huevos, y todos los pollos pueden hacer eclosión, pero solo uno de ellos podrá sobrevivir. La muerte de los compañeros de nido (o más bien de anillo) no es el azaroso resultado de una lucha sin esperanza por alimentar a los tres pollos con una cantidad insuficiente de alimento, sino un asunto altamente sistemático basado en el asesinato indirecto a manos del hermano mayor.

Me acordé del chascarrillo acerca de la pintura y los saludos mientras observaba piqueros patiazules en la isla Española, en las Galápagos. Sus anillos de guano cubren la superficie volcánica en multitud de lugares, obstaculizando a menudo las estrechas sendas que deben recorrer los visitantes de estas bien protegidas islas. Los progenitores se sientan sobre sus huevos y sus pollos, ignorando aparentemente a los grupos de visitantes que se quedan boquiabiertos, gesticulan y les apuntan con cámaras fotográficas a pocos centímetros de su territorio. Aun así, noté, en principio por accidente, que toda intrusión en un anillo de guano alteraba el comportamiento de las aves adultas, que pasaban de una indiferencia absoluta a una agresión directa. Atravesar el anillo con el dedo de un pie provocaba una inmediata escandalera de chillidos, posturas agresivas y picoteos. Unos cuantos experimentos hechos sobre la marcha me llevaron a la conclusión provisional de que la frontera es un círculo invisible que se encuentra justamente en medio del anillo. Podía hacer avanzar la punta del pie con cuidado a través de la parte exterior del anillo sin que esto produjera efecto alguno. Pero al ir desplazándola hacia delante, tan lentamente como me era posible, atravesaba invariablemente un punto central con lo que se producía la ya mencionada reacción del progenitor de manera inmediata.

Tres horas más tarde, averigüé de boca de nuestros magníficos guías y del popular libro de Bryan Nelson (*Galápagos: Islands of Birds*), cómo los hijos mayores explotan este comportamiento de sus progenitores. Y antropomorfistas como somos todos, la explicación me produjo un escalofrío de asombro y disgusto. (La ciencia, en gran medida, consiste en dar relieve a la primera reacción y suprimir la segunda.) La hembra de piquero patiazul pone sus huevos con intervalos de varios días, y estos eclosionan en el mismo orden en que han sido puestos. El pollo que nace primero es, por lo tanto, más grande y considerablemente más fuerte que su o sus compañeros de nido. Cuando la comida es abundante, los padres alimentan a todas las crías adecuadamente y el primogénito no molesta a sus hermanos menores. Pero cuando la comida es escasa y solo pueden sobrevivir uno o dos pollos, las acciones de los hermanos más jóvenes evocan (no sabemos cómo) un comportamiento diferente por parte del hermano o la hermana mayor. El mayor se limita a empujar a sus hermanos menores al exterior del anillo de guano. Como mamíferos humanos, nuestra primera reacción podría ser: ¿y qué? Los hermanos más jóvenes no sufren daño físico y acaban a tan solo unos pocos centímetros del anillo, donde sus progenitores escucharán sin duda sus chillidos de protesta y sus agitados movimientos, con lo que no tardarán en recogerlos.

Pero un piquero padre no hace tal cosa, ya que actúa como nuestro marinero proverbial, basándose en una norma de «lo uno o lo otro», invocando, como criterio único, el movimiento. Los piqueros padre actúan de acuerdo a una norma: si hay un pollo dentro del anillo, hay que cuidarlo; si está fuera, hay que ignorarlo. Incluso si por casualidad el pollo atinara a penetrar en el anillo, sería rechazado con la misma vehemencia dirigida a la punta de mi pie.

Vimos un pollo en la isla Española agitándose a tan solo un palmo de distancia del anillo a la vista del padre, que estaba dentro de él, sentado (en una actitud que tendemos a considerar de afecto maternal) sobre el triunfante hermano mayor (que, eso sí, no parecía sonreír satisfecho). Todos y cada uno de nosotros anhelábamos poder reponer al pollo, pero la fe en la no interferencia debe ser respetada, aunque duela. Porque si entendemos este sistema correctamente, tal masacre de inocentes constituye una hecatombe que persigue el éxito de los linajes que la practican. Los pollos más crecidos solo expulsan a sus hermanos cuando no hay comida suficiente para criarlos a todos. Una lucha por parte de los padres para intentar criarlos a todos con poca comida probablemente llevaría a la muerte de todos ellos.

La regla de «alimentar a los de dentro, ignorar o rechazar a los de fuera» no puede representar toda la complejidad del comportamiento social de los piqueros en época de nidificación. Después de todo, la mayor parte de las aves son «igualitaristas» notables en lo que a la división del trabajo entre los sexos se refiere, y los piqueros macho son casi tan atentos como las hembras a la hora de incubar tanto los huevos como los pollos. Dado que cada sesión de incubación dura alrededor de un día, los piqueros deben permitir a su pareja transgredir la santidad del anillo de guano para intercambiar sus papeles de cuidador y aprovisionador. Aun así, la regla básica sigue en pie; no se anula, sino que más bien es dejada de lado por una serie de señales específicas y reconocidas que actúan como boleto de admisión. K. E. L. Simmons, que trabajó en la isla de Ascensión con el piquero pardo, emparentado con aquellos, ha descrito la amplia serie de llamadas y rituales de aterrizaje que utiliza la pareja que regresa para obtener la admisión en su territorio. Pero cuando un adulto viola el territorio no vigilado de un ave no emparentada con él (como hacen a menudo para obtener material para nidos a bajo coste), entra «tan silenciosa e inconspicuamente» como le es posible.

Si los pollos pudieran ejecutar los gestos correspondientes, también ellos podrían obtener acceso al anillo. De hecho, aprenden estas señales al ir creciendo, y más les vale, ya que los pollos más adultos empiezan a salir del nido en cuanto obtienen la suficiente movilidad para emprender viajes, a las cuatro o cinco semanas de edad. (En opinión de Nelson, salen del nido fundamentalmente en busca de sombra cuando ambos padres están buscando comida. La insolación es una causa importante de muerte entre los pollos de alcatraces.) Pero los piqueros recién salidos del huevo exhiben tan solo unas pocas pautas de comportamiento (poco más que gestos de solicitud de alimento y ocultación del pico, o de aplacamiento, como ha demostrado Nelson) y las señales para obtener acceso al anillo no se encuentran entre ellas.

La tercera especie de las Galápagos, el piquero blanco o enmascarado, actúa según un sistema aún más rígido, pero obedece las mismas reglas que su primo de patas azules. Los piqueros enmascarados son cazadores de grandes distancias que se alimentan fundamentalmente de peces voladores. Según la máxima de Nelson, no deberían ser capaces de criar más de un pollo. En ocasiones, ponen solo un huevo, pero normalmente ponen dos en cada lugar de nidada. En este caso, la «reducción de la nidada» (por utilizar una jerga un tanto eufemística) se vuelve obligatoria. El pollo mayor siempre expulsa a su hermano menor fuera del nido, y ocasionalmente lo pisotea hasta la muerte dentro del mismo. A primera vista, este sistema parece no tener sentido. Los piqueros patiazules, cualesquiera que sean nuestras reacciones emocionales negativas, y por inapropiadas que estas sean, utilizan al menos el asesinato de los hermanos como mecanismo para ajustar el número de pollos a un suministro variable de alimentos.

¿Por qué perversa lógica deben los piqueros enmascarados producir dos huevos, aunque jamás críen más de un pollo que, invariablemente, queda señalado con la marca de Caín? Nelson argumenta de forma convincente que las puestas de dos huevos representan una adaptación en favor de un incremento en el éxito de la crianza de *un* pollo. Las causas de muerte, tanto en los huevos como en los pollos recién nacidos, son numerosas, siendo los hermanos empeñados en el asesinato tan solo uno de los muchos peligros a los que deben enfrentarse los pollos de piquero. Los huevos se rajan o ruedan fuera del nido; los diminutos recién nacidos mueren fácilmente de insolación. El segundo huevo puede representar una especie de seguro contra la muerte del primer pollo. Un primer pollo sano cancela automáticamente la póliza de seguros, pero la inversión añadida puede beneficiar a los padres como garantía digna del dispendio producido por la puesta de un segundo huevo (después de todo, no tendrán que gastar demasiada energía alimentando un segundo pollo innecesario). En el atolón de Kure, en el archipiélago de las Hawai, por ejemplo, las puestas de dos huevos tuvieron por resultado la aparición de un adulto en el 68 % de los nidos examinados en el transcurso de tres años. Pero las puestas de un solo huevo llegaban a producir un adulto solamente en un 32 % de los casos.

Los biólogos evolutivos, debido a su largo entrenamiento y sus ya arraigados hábitos, tienden a discutir fenómenos tales como el fratricidio de los piqueros en lenguaje adaptativo: ¿cómo puede representar un comportamiento, que, a primera vista, parece dañino e irracional, una adaptación cuidadosamente elaborada por la selección natural en beneficio de los individuos en lucha? De hecho, he utilizado (de modo poco característico en mí) el lenguaje convencional en este ensayo, ya que los trabajos de Nelson me han convencido de que el fratricidio es una adaptación darwiniana para maximizar el éxito de los padres en la crianza del mayor número posible de pollos permitido por la cantidad de alimento disponible.

Pero me siento muy incómodo al atribuir el estilo de comportamiento básico, que permite el fratricidio como manifestación específica, tan solo a la adaptación, aunque también se haga así habitualmente. Hablo aquí del modo básico de inteligencia que permite que funcione el fratricidio: el sistema del marinero (el del primer párrafo) basado en decisiones de sí-no activadas por señales muy específicas. John Alcock, por ejemplo, en un importante texto actual (*Animal Behavior, An Evolutionary Approach*, 1975) argumenta una y otra vez que este estilo intelectual común es, por sí mismo y en general, una adaptación elaborada directamente por la selección natural en busca de respuestas óptimas en los ambientes fundamentales: «Las respuestas programadas están muy extendidas —escribe— porque los animales que basan su comportamiento en señales relativamente sencillas proporcionadas por objetos importantes de su ambiente tienen muchas probabilidades de hacer aquello que es biológicamente correcto».

(Nada menos que S. A. R. el príncipe Felipe, duque de Edimburgo, ha escrito en el prefacio al popular libro de Nelson acerca de las aves de las Galápagos lo siguiente en relación con el apabullante poder de la selección natural: «El proceso de la selección natural ha controlado hasta el más mínimo detalle de cada rasgo del individuo y del grupo al que pertenece». No cito este pasaje tendenciosamente para ganar una discusión, tomando una posición que yo no acepto con el fingido sello de la aprobación real, sino más bien para indicar lo ampliamente que el lenguaje del adaptacionismo estricto ha traspasado el círculo de los profesionales, incorporándose a los escritos de los aficionados bien informados.)

Como planteaba en el caso del fratricidio y los anillos de guano, estoy dispuesto a considerar cualquier manifestación específica del estilo intelectual de mi marinero como una adaptación. Pero no puedo, como afirma Alcock, considerar el estilo en sí mismo más que como el producto optimizado de una selección natural sin constricciones. El cerebro más pequeño, y los circuitos neurales más limitados de los animales no humanos, deben imponer, o al menos favorecer, modos intelectuales diferentes a los nuestros. Estos cerebros de menor tamaño no tienen por qué ser considerados adaptaciones directas a ninguna condición prevaleciente. Más bien, representan limitaciones estructurales heredadas que limitan el abanico de adaptaciones específicas elaboradas dentro de su órbita. El estilo del marinero es una limitación que permite que los piqueros reduzcan sus nidadas al explotar un repertorio otológico basado en reglas inflexibles y disparadores sencillos. Tal sistema no funcionaría en los seres humanos, ya que los progenitores no dejan de reconocer a sus hijos tras un sencillo y pequeño cambio de localización. En las sociedades humanas que practican el infanticidio (por razones ecológicas que a menudo son muy similares a aquellas que inducen el fratricidio en los piqueros), la acción de los padres debe verse impuesta o avalada por normas sociales explícitas o tradiciones religiosas veneradas, y no simplemente por querer deshacerse de la criatura.

Posiblemente, las aves hayan desarrollado originalmente el cerebro, con su tamaño característico, como adaptación a la vida en un linaje ancestral hace más de doscientos millones de años; el estilo de inteligencia del marinero puede ser una consecuencia no adaptativa de este diseño heredado. Y, no obstante, este estilo ha sido el que ha marcado las fronteras de su comportamiento desde entonces. Cada comportamiento individual puede ser una preciosa adaptación, pero debe estar elaborado en el seno de una limitación dominante. ¿Qué es más importante: la belleza de la adaptación o la limitación, que la obliga a seguir un sendero permisible? No podemos y no tenemos por qué escoger, ya que ambos factores definen una tensión esencial que regula toda evolución.

Las fuentes de la forma orgánica y del comportamiento son múltiples e incluyen al menos tres categorías primarias. Acabamos de discutir solo dos: las adaptaciones inmediatas configuradas por la selección natural (la explotación del estilo intelectual de los progenitores por parte de los pollos de piquero, que lleva a una eliminación fácil de los compañeros de nido); y unas consecuencias potencialmente no adaptativas de diseños estructurales básicos que actúan como limitación sobre las vías de adaptación (el estilo intelectual de las decisiones sí-no basadas en disparadores sencillos).

En una tercera categoría, nos enfrentamos a adaptaciones ancestrales definidas hoy en día, de diferente modo, por los descendientes. Nelson ha demostrado, por ejemplo, que los piqueros refuerzan el vínculo de la pareja a través de una compleja serie de comportamientos muy ritualizados que incluyen la recolección de objetos y su ofrecimiento a la pareja. En los piqueros que ponen sus huevos en el suelo, este comportamiento constituye claramente una reliquia de las acciones que tiempo atrás sirvieron para recoger los materiales necesarios para la elaboración de los nidos, ya que algunos de los detallados movimientos utilizados para la construcción de nidos en algunas especies emparentadas persisten, mientras que otros han desaparecido. Las áreas de puesta de los piqueros enmascarados están repletas de trozos de ramas esparcidos y otros materiales de nidificación, que los adultos recogen para sus mutuas exhibiciones y que después deben barrer al exterior del anillo de guano, con lo que quedan inutilizados sobre el suelo. He resaltado estos curiosos cambios de función en varios ensayos más (véanse el 4 y el 11), porque son la prueba fundamental de la evolución: formas y acciones que solo tienen sentido a la luz de una historia previa y heredada.

Cuando me pregunto cómo tres orígenes tan dispares pueden llevar a las estructuras armónicas que los organismos representan, templo mi asombro recordando la historia de los lenguajes. Considere el lector la amalgama que cualquier idioma representa: vestigios, préstamos, fusiones. Y con todo, los poetas siguen creando objetos de belleza. Los senderos históricos y los usos actuales son aspectos diferentes de un tema común. Los senderos son intrincados más allá de todo lo imaginable, pero solo los viajeros entusiastas siguen con nosotros.

4

Vidas rápidas y cambios caprichosos

El triunfo póstumo es algo hueco, por reconfortante que resulte en abstracto. Nanki-Poo rechazó las insinuaciones de Ko-Ko* para que se sometiera a una ceremoniosa decapitación en público en lugar de suicidarse en privado: «Habrá una procesión, bandas, marcha fúnebre, repicar de campanas [...] después, cuando todo haya terminado, habrá un regocijo general, y fuegos artificiales al entrar la noche. Tú no los verás, pero ahí estarán de todos modos». Y jamás podré comprender por qué los antropólogos punteros del siglo XIX en Norteamérica, J. W. Powell y W. J. McGee, se empeñaron en una apuesta a ver cuál de los dos tenía el cerebro más grande, duda que habría de resolverse tras una autopsia a la muerte de los apostantes, momento en el que poco gozo podría suministrar la victoria.

Aun así, acabo de hacer una apuesta estúpida con una entusiasta practicante de la marcha atlética: que ninguna mujer ganará la maratón de Boston en el transcurso de lo que me quede de vida. Puede que pierda esta apuesta, pero creo que no será así. A pesar de todo, si una mayor velocidad media en la carrera se encuentra entre las pocas, insignificantes, pero germinas diferencias biológicas existentes entre el hombre y la mujer, tan solo puedo decir en mi defensa, frente a las probables acusaciones de que me regodeo en ello (en cuanto a la abstracción que yo represento, pero no, ¡ay de mí! en cuanto a mi persona: yo tardo ocho minutos en recorrer, medio asfixiado, la milla), que lo lamento muy sinceramente; con todo gusto cambiaría esta inútil ventaja por el más precioso beneficio de la condición de hembra: varios años de vida media más.

---

* Personajes de *El Mikado*, opereta cómica de W. S. Gilbert y A. Sullivan. (*N. del r.*)

No sé si en la naturaleza la vida media más corta del macho constituye una norma general; y si, por consiguiente, deberíamos añadir a un tamaño medio menor (véase el ensayo 1) otro violento ataque biológico contra el *machismo*,* pero acabo de enterarme (gracias a Martin L. Adamson) de un caso extremo muy instructivo.

En 1962, James H. Oliver Jr. siguió de cerca el ciclo biológico de un ácaro que parasita los capullos de lombrices de tierra. Tanto los machos como las hembras de *Histiostoma murchiei* atraviesan una fase de huevo y tres fases juveniles antes de acceder al estado adulto a través de una muda. Por su parte, la hembra intercala una fase adicional (eufónicamente denominada hipopo) entre la segunda y la tercera fase preadultas. Las hembras se desarrollan a un ritmo cómodo para criaturas de tan pequeño tamaño. Sin contar con el hipopo, el paso de huevo a adulto, y atravesando fases que comparten con los machos, transcurre en un período de entre una y tres semanas. El hipopo adicional puede extender mucho la vida de la hembra, ya que estos animales buscan e infectan otros capullos exclusivamente en el transcurso de su vida hipopal (los machos siempre se quedan en casa). El hipopo puede, ante todo, permanecer en estado de letargo durante largos períodos, en el seno del cascarón de la etapa juvenil anterior, a la espera, por así decirlo, de condiciones favorables para emerger y mudarse a otro capullo. Cuando el hipopo finalmente emerge puede llegar a vivir mucho tiempo, desplazándose de un lado a otro en su propio capullo (y en ocasiones cayendo de nuevo en el letargo) o lanzándose a la busca de un nuevo hogar.

Los machos, por el contrario, atraviesan esas mismas fases (a excepción del hipopo) con una celeridad que debería inspirar a Bill Rodgers cuando suba trabajosamente a Heartbreak Hill el próximo Día del Patriota.** «Los machos adultos —escribe Oliver— han sido vistos copulando con su propia madre a los tres o cuatro días de su puesta en forma de huevos», y mueren al poco de este episodio de regocijo incestuoso. ¿Por qué esta notable diferencia en la esperanza de vida de los dos sexos? Y ¿tiene acaso algo que ver con los edípicos hábitos de estos ácaros? La respuesta parece encontrarse en una detallada observación de la insólita biología de la reproducción de estos parásitos.

---

* En castellano en el original. (*N. del r.*)
** Aniversario de la batalla de Lexington (19 de abril de 1775), fiesta oficial en Massachusetts y Maine. (*N. del r.*)

Cuando un hipopo encuentra un capullo nuevo, pone entre dos y nueve huevos en el plazo de dos días tras su transformación en adulto, y sin necesidad de fertilización. Todos estos huevos se transforman en machos, que son la única fuente de esposos potenciales. ¿Qué mejor razón para el rápido desarrollo de los machos podríamos encontrar? Las hembras de la mayor parte de las especies tienen que buscarse marido. Estos ácaros los fabrican a partir de la nada y después esperan. Los machos de *Histiostoma murchiei* son poco más que fuentes de esperma; cuanto antes puedan actuar, tanto mejor.

A los dos días de su incestuoso apareamiento, la hembra empieza a poner huevos de nuevo, y puede invertir en la tarea entre dos y cinco días, llegando a producir hasta quinientos descendientes, esta vez todas hembras.

Al resolver un problema (la velocidad diferencial en el desarrollo en los distintos sexos) tan solo nos hemos topado con una pregunta aún más curiosa: en primer lugar, ¿cómo es posible que funcione este sistema?; ¿cómo puede una hembra sin aparear, sola en un capullo nuevo, producir una generación de maridos, y por qué la siguiente generación está formada exclusivamente por hembras?

La respuesta a esta pregunta más amplia reside en el insólito estilo de determinación del sexo de estos ácaros. En la mayor parte de los animales, tanto los machos como las hembras tienen los cromosomas por parejas, y la condición de una pareja determina el sexo del portador. Las hembras humanas, por ejemplo, tienen dos grandes cromosomas sexuales (designados Xx), mientras que los machos tienen un cromosoma grande (X) y uno pequeño (Y) en su pareja determinante. Todos los óvulos no fecundados llevan un X, mientras que los espermas pueden llevar, indistintamente, un X o un Y. Cada uno de nosotros debe su sexo a la buena suerte de un espermatozoide entre los millones emitidos en una eyaculación. Los animales que presentan pares de cromosomas en ambos sexos son llamados diploides.

Algunos animales utilizan un sistema diferente de determinación del sexo. Las hembras son diploides, pero los machos tienen tan solo un cromosoma por cada par de la hembra, y son llamados haploides (es decir, la mitad del número diploide). Los machos, en otras palabras (y por irónico que esto pueda parecer), se desarrollan a partir de huevos no fertilizados, y carecen de padre. Los huevos fertilizados producen hembras diploides. Los animales que nacen por este sistema reciben el nombre de haplodiploides (porque los machos son haploides y las hembras diploides).

Histiostoma murchiei es haplodiploide. Por ello, la hembra sin aparear que encuentra un nuevo capullo da lugar a una generación de machos a partir de huevos no fertilizados, y una subsiguiente generación de hembras a partir de la relación incestuosa resultante.

La haplodiploidía, un fascinante fenómeno rico en implicaciones, ha circulado por estos ensayos en varios contextos diferentes a lo largo de años. Ayudaba a explicar el origen de los sistemas sociales en las hormigas y las abejas (véase el ensayo 33 en *Desde Darwin*), y subyace a los hábitos de un ácaro macho que fertiliza a varias de sus hermanas en el interior del cuerpo de su madre, muriendo antes de «nacer» (ensayo 6 en *El pulgar del panda*). También circula ampliamente por todo el reino animal. Se han hallado especies haplodiploides entre los rotíferos, los nematodos, los ácaros y en cuatro órdenes separados de insectos —los Tisanópteros (trips), los Homópteros (pulgones, cigarras y sus afines), los Coleópteros (escarabajos) y los Himenópteros (hormigas, abejas y avispas)—. Estos grupos no están estrechamente emparentados, y sus antecesores comunes supuestos eran diploides. Así pues, la haplodiploidía ha surgido independientemente (y a menudo en multitud de ocasiones) en el seno de cada grupo. Aunque la mayor parte de estos grupos contienen tan solo unas pocas especies haplodiploides entre una multitud de especies diploides, los Himenópteros, con más de 100.000 especies descritas, son exclusivamente haplodiploides. Ya que los vertebrados disponen únicamente de unas 50.000 especies, como nos recuerda Oliver, nuestra chauvinista impresión de que la haploidiploidía es algo curioso o escaso debería ser revisada. Al menos un 10 % de todas las especies animales descritas son haplodiploides.

En el transcurso de la última década, la haplodiploidía ha figurado prominentemente en las noticias (tanto de orden general como científicas) por su papel en una ingeniosa explicación darwiniana de un viejo misterio biológico: el origen de la sociabilidad en los Himenópteros, y en especial la existencia de unas castas de «obreras» estériles, invariablemente compuestas de hembras, en las hormigas y las abejas. Dado que la sociabilidad evolucionó en varias ocasiones en el seno de los Himenópteros, el sistema inmutable de castas de hembras estériles exige una explicación de orden general. El problema, visto desde una perspectiva más general, resulta aún más desconcertante: ¿por qué en un mundo presumiblemente darwiniano, repleto de organismos que actúan solo en función de su propio éxito reproductivo, habrían de «renunciar a» su propia reproducción grandes cantidades de hembras para ayudar a su madre (la reina) a producir más hermanas?

La ingeniosa explicación se basa en las peculiares asimetrías en la relación genética entre los sexos en los animales haplodiploides. Tanto en los animales diploides como en los haplodiploides, las madres transmiten la mitad de su material genético (un juego de cromosomas por cada óvulo) a cada descendiente. Por consiguiente, están emparentadas por igual (en la mitad de su ser genético) tanto con los hijos como con las hijas. Una hembra de una especie diploide comparte también, aproximadamente, la mitad de sus genes tanto con sus hermanos como con sus hermanas. Pero una hembra de una especie haplodiploide comparte las tres cuartas partes de sus genes con sus hermanas y tan solo la cuarta parte con sus hermanos por los siguientes motivos: considérese un gen cualquiera (una copia en un único cromosoma) en el caso de las hermanas. ¿Qué probabilidad existe de que sea compartido por un hermano? Si el gen pertenece a un cromosoma paterno, el hermano tiene una probabilidad cero de compartirlo, dado que carece de cromosomas paternos. Si el gen pertenece a un cromosoma materno, tiene un 50 % de probabilidades de compartirlo con una de sus hermanas, ya que o bien recibió el mismo cromosoma de su madre, o recibió el otro miembro de la pareja. Así pues, sumando todos los genes, la relación de parentesco entre hermano y hermana oscila entre el cero (en el caso de los genes paternos de las hembras, necesariamente ausentes en los machos) y el 50 % (para los genes maternos), es decir, un 25 %.

¿Cuál es entonces la probabilidad de que dos hermanas compartan el mismo gen? Si el gen es paterno, ambas hermanas deberán compartirlo, ya que los padres tienen tan solo un juego de cromosomas y pasan la totalidad de su programa genético a sus hijas. Si es un gen materno, las probabilidades son del 50 % por el mismo motivo que se plantea en el caso de los hermanos. La relación genética total entre hermanas será, por consiguiente, la media entre el 100 % (en el caso de los genes paternos) y el 50 % (para los genes maternos): un 75 %.

Las hembras están, pues, más íntimamente relacionadas con sus hermanas (en sus tres cuartas partes) que con sus madres (la mitad) o su descendencia potencial (también la mitad). Si el imperativo darwiniano lleva a los organismos a maximizar el número de sus propios genes en las generaciones futuras, entonces las hembras obtendrán mejores resultados ayudando a su madre a criar hijas (como hacen las obreras estériles) que produciendo su propia descendencia. Así, la asimetría de las relaciones genéticas en los haplodiploides puede explicar tanto por qué las castas de obreros en los Himenópteros sociales están formadas invariablemente por hembras, como por qué este estilo de sociabilidad ha evolucionado en multitud de ocasiones entre los Himenópteros, pero no en la mucho más abundante variedad de organismos diploides. (Como siempre, nuestro complejo mundo nos ofrece una excepción: los termes diploides que, al menos, incluyen tanto machos como hembras en sus castas de obreros.)

Esta explicación de un antiguo misterio ha despertado tal interés entre los biólogos que en algunos trabajos se observa la subrepticia aparición de una sutil inversión de la causalidad. La propia existencia de la haplodiploidía se relaciona con fuerza y elegancia a la evolución de la sociabilidad, y casi nos vemos obligados a creer que este modo de determinación sexual surgió «para», o al menos en el contexto de, la maravillosa organización social de las hormigas y las abejas. No obstante, una breve reflexión nos permite ver que no puede ser así, por dos razones.

En primer lugar, *todos* los himenópteros son haplodiploides, pero tan solo unas cuantas estirpes del grupo han desarrollado sistemas sociales complejos (la mayor parte de himenópteros son avispas asociales o mínimamente sociales). El antecesor común de los himenópteros actuales debió ser haplodiploide, pero con seguridad no era totalmente social, ya que la compleja sociedad de las muy variadas abejas y hormigas se ha desarrollado como un invento filético o tardío en varios linajes independientes. La causalidad debe ir en dirección opuesta. La haplodiploidía no tiene *por objeto* la sociabilidad, a menos que el futuro sea capaz de controlar el pasado. Por el contrario, la haplodiploidía surgió por algunas otras razones y posteriormente, por buena e imprevista fortuna, permitió el desarrollo de este modo de vida social maravillosamente complejo y de notable éxito. Pero ¿qué otras razones? Y ello me lleva, finalmente, al objeto de este ensayo, al motivo fundamental de la fascinación que siento por *Histiostoma murchiei* y, de modo más inmediato, a la segunda cuestión.

En segundo lugar, cuando consideramos el contexto ecológico habitual de la haplodiploidía en un abanico amplio de animales que podrían haberla desarrollado directamente (no limitándose a su cooptación para una utilización diferente), aparece un esquema interesante. *Histiostoma murchiei* comparte su modo de vida con los ácaros que mueren antes de nacer, y con otros muchos animales haplodiploides en grupos lejanamente emparentados: todos ellos son «colonizadores», especies que sobreviven buscando recursos escasos pero ricos, reproduciéndose después todo lo deprisa que pueden, cuando un golpe de infrecuente buena suerte premia su búsqueda (la inmensa mayoría de los hipopos de *Histiostoma* mueren antes de encontrar un capullo fresco de lombriz de tierra). La haplodiploidía aporta varias ventajas a este arriesgado enfoque de la supervivencia. Una colonización con éxito no requiere dos migraciones por separado de machos y hembras, ni siquiera que una única hembra emigrante sea fecundada antes de que comience su búsqueda de una nueva fuente de alimentos. Cualquier hembra no apareada, incluso sexualmente inmadura, se convierte en origen potencial de nuevas colonias, ya que puede dar origen por sí misma a una generación de machos y posteriormente aparearse con ellos para dar lugar a una generación de hembras, que es la estrategia desarrollada por *Histiostoma*.

Cuando los colonizadores localizan una fuente rica pero efímera, la haplodiploidía puede aumentar la velocidad de aparición de nuevas generaciones al permitir que las hembras fecundadas controlen la proporción sexual en su descendencia. Como planteaba en mi ensayo acerca de la «muerte antes del nacimiento» (véase *El pulgar del panda*), cuando los hermanos se aparean con las hermanas, la siguiente generación se verá poblada por un mayor número de descendientes si las madres pueden dedicar la mayor parte de su limitada energía reproductiva a la procreación de hembras, produciendo tan solo un número mínimo de machos (a menudo con uno es suficiente). Un macho puede fecundar multitud de hembras, y la tasa reproductora de una población se ve limitada por el número de óvulos disponibles, no por el de espermatozoides; ¿por qué hacer entonces un gran número de machos superfinos? En teoría este principio está muy bien, pero la mayor parte de los animales no pueden controlar con facilidad la relación entre los sexos de su descendencia. A pesar de las rogativas y las oraciones pidiendo hijos varones, tan frecuentes en muchas sociedades humanas sexistas, las niñas siguen reafirmando su derecho a la vida (y su tasa de natalidad) en alrededor de un 50 %.

Pero muchos haplodiploides pueden controlar la proporción sexual de su descendencia. Si las hembras almacenan espermatozoides en su cuerpo después del apareamiento, todos aquellos huevos que no entren en contacto con el área de almacenamiento se transformarán en machos, mientras que aquellos que entren en contacto con ella se convertirán en hembras. Los ácaros haplodiploides con proporciones sexuales muy desiguales producen a menudo una puesta de huevos femeninos, cortando justamente al final el suministro de esperma para añadir a la puesta uno o dos machos.

Todo este complejo de rasgos interrelacionados (un estilo de vida colonizador, recursos raros y efímeros, una reproducción rápida y la facilidad de producir nuevas generaciones en lugares extraños) parece definir el contexto original de ventaja para la haplodiploidía. Si asumimos, tan solo como hipótesis, que la haplodiploidía surge normalmente como adaptación a la vida en este mundo incierto, entonces deberá ser interpretada como un accidente afortunado, en lo que se refiere a su posterior utilidad en la evolución de la vida social en las hormigas y las abejas.

Ahora bien, ¿qué podría ser más diferente, en nuestro modo biológico de pensar, que la azarosa vida de una hembra colonizadora solitaria (cuya descendencia difícilmente puede convertirse en social sobre la base de un sustento que no dura más de una o dos generaciones) y la complejidad, la estabilidad y la organización de las sociedades de hormigas y abejas? ¿Acaso no resulta extremadamente peculiar que la haplodiploidía, que constituye prácticamente un prerrequisito necesario para la evolución de las sociedades de himenópteros, apareciera originalmente, con toda probabilidad, como una adaptación a un estilo de vida diametralmente opuesto (al menos en sus implicaciones metafóricas)? Si consigo convencer al lector de que esto no resulta en absoluto peculiar, sino un ejemplo de un principio básico que distingue la biología evolutiva de un estereotipo común acerca de la ciencia en general, este ensayo habrá tenido éxito.

Es un error evidente, aunque lamentablemente habitual, el asumir que la utilidad actual de un determinado rasgo permita inferir los motivos de su origen evolutivo. La utilidad presente y su origen histórico constituyen temas diferentes. Todo rasgo, al margen de cómo o por qué hizo su primera aparición, queda disponible para su cooptación a otros papeles, a menudo notablemente distintos. Los rasgos complejos están preñados de potencialidades; su uso concebible no queda confinado a su función original (confieso que he utilizado una tarjeta de crédito para forzar una puerta). Y estos desplazamientos evolutivos en la función pueden ser tan caprichosos e impredecibles como vastos son los potenciales de complejidad. Ocurre de continuo; prácticamente define la maravillosa indefinición del proceso evolutivo.

Las aletas equilibradoras de los peces se convirtieron en las extremidades propulsoras de los vertebrados terrestres, mientras que la cola propulsora se convirtió en un órgano que a menudo colabora en el mantenimiento del equilibrio. El hueso que articulaba la mandíbula superior de un pez ancestral con su cráneo se convirtió en el hueso que transmite el sonido en los oídos de los reptiles. Dos huesos que articulaban las mandíbulas de estos reptiles se convirtieron entonces en los otros dos huesos transmisores de sonido del oído medio de los mamíferos. Cuando vemos lo espléndidamente que funcionan el estribo, el yunque y el martillo en la audición del hombre, ¿quién podría imaginar que uno de los huesos primitivamente suspendía una mandíbula del cráneo, mientras que los otros dos articulaban las mandíbulas? (Dicho sea de paso, antes de que las mandíbulas llegaran siquiera a aparecer por evolución, todos estos huesos sustentaban los arcos branquiales de un pez sin mandíbulas ancestral.) Así, un modo de determinación del sexo que pudo originalmente servir de ayuda a una hembra colonizadora solitaria se convirtió, aparentemente, en la base de unos sistemas sociales con los que solo puede rivalizar en complejidad el nuestro.

Según vamos profundizando y alejándonos cada vez más en el tiempo, el número de hechos impredecibles va en aumento. He discutido lo caprichoso de una desviación funcional en apoyo de la sociabilidad mediante un sistema sexual que probablemente hiciera su aparición como ayuda a la colonización. Pero ¿qué hay de la razón de más alcance de la imperfección e impredecibilidad de nuestro mundo: los límites estructurales impuestos por rasgos desarrollados para otras funciones? Los sistemas sociales, como los de las hormigas y las abejas, podrían ser enormemente ventajosos para un sinnúmero de otros animales. Pero no evolucionan, en gran medida, por lo difícil que resulta ponerlos en marcha en los organismos diploides (solo los termes han tenido éxito), mientras que los himenópteros haplodiploides los desarrollan una y otra vez. Y dando aún otro paso atrás (prometo detenerme aquí), ¿qué hay de las limitaciones impuestas a la evolución de la propia haplodiploidía? La haplodiploidía puede ser una adaptación magnífica para una multitud de ecologías, pero no siempre es fácil de desarrollar.

Asumiendo que los haplodiploides surgen normalmente de diploides, ¿qué es lo que hace falta para convertir a un animal haploide en un macho? Bajo determinados sistemas diploides de determinación del sexo, no es fácil que puedan desarrollarse machos haploides. Un ser humano haploide no sería macho, ya que un único cromosoma X induce el desarrollo de una hembra estéril. Pero otros diploides tienen un sistema de determinación sexual llamado Xx-XO, en el que las hembras tienen dos cromosomas X y los machos tienen un solo cromosoma X sin Y que lo acompañe (si bien todos los demás cromosomas aparecen en parejas). En tales sistemas, tal vez podría desarrollarse con facilidad un macho haploide. (El sistema Xx-XO no es un requisito indispensable para la haplodiploidía, ya que unas modificaciones más complejas pueden producir haploides machos a partir de otros modos de determinación diploide del sexo.)

En pocas palabras, los modos de determinación del sexo limitan la haplodiploidía, ésta limita la sociabilidad, y la sociabilidad requiere un caprichoso desplazamiento en el significado adaptativo de la haplodiploidía. ¿Qué clase de orden podemos encontrar en la evolución, en medio de semejante maraña de límites impuestos sobre un mundo sensiblemente perfecto y predecible?

Habrá quienes se sientan tentados de extraer un mensaje casi místico de este tema: que la evolución impone una inefable incognoscibilidad a la naturaleza. Me gustaría rechazar enfáticamente semejante implicación: el conocimiento y la predicción son fenómenos distintos. Otros tal vez intenten leer un mensaje triste o pesimista: que la evolución no es una ciencia demasiado avanzada, o que ni siquiera es una ciencia, si es incapaz de predecir el curso de los acontecimientos en un mundo imperfecto. Una vez más, rechazo semejante lectura de mis palabras acerca de las limitaciones y el desplazamiento funcional caprichoso.

El problema está en nuestra visión simplista y estereotipada de la ciencia como fenómeno monolítico basado en la regularidad, la repetición y la capacidad de predecir el futuro. Las ciencias que se ocupan de objetos menos complejos y menos atados históricamente que la vida pueden seguir esta fórmula. El oxígeno y el hidrógeno, mezclados de un determinado modo, producen agua hoy, produjeron agua hace millones de años y, presumiblemente, seguirán produciendo agua aún durante muchísimo tiempo. La misma agua, la misma composición química. Ninguna indicación de tiempo, ninguna restricción impuesta por una historia de cambios previos.

Los organismos, en cambio, se ven dirigidos y limitados por su pasado. Se ven obligados a la imperfección tanto en su forma como en su función y, precisamente en esa medida, son impredecibles, al no ser máquinas óptimas. No podemos conocer su futuro con certeza, aunque solo sea porque dentro de las capacidades de cualquier rasgo existe una miríada de desplazamientos funcionales caprichosos, por bien adaptado que esté a su papel actual.

La ciencia de los objetos históricos complejos es una empresa diferente, no inferior. Pretende explicar el pasado, no predecir el futuro. Busca los principios y las regularidades que subyacen a la unicidad de cada especie y cada interacción, atesorando a la vez esa irreductible unicidad y descubriendo toda su gloria. Las nociones de la ciencia deben plegarse (y expandirse) para dar acomodo a la vida. El arte de lo soluble, la definición de ciencia de Peter Medawar, no debe volverse corto de vista, porque la vida es larga.

Segunda parte

Personalidades

5

El obispo titular de Ticiópolis

La geología moderna tuvo su origen, o así lo afirma la historia habitual, en la publicación de un libro de un nombre tan extraño que casi supera la peculiaridad del título posteriormente asumido por su autor, Nicolaus Steno, danés de nacimiento y católico converso que llegó a ser obispo titular de Ticiópolis *(in partibus infidelium)* en 1677. (Los obispos titulares «presiden» áreas que están en manos paganas y que, por consiguiente, no están disponibles para residir, de hecho, en ellas: en el reino de los infieles, como proclama el subtítulo en latín. La antigua diócesis de Ticiópolis forma hoy parte de Turquía.) En cuanto a su ocupación real, no poco peligrosa en tierras protestantes, Steno se ocupaba de los dispersos remanentes católicos del norte de Alemania, Noruega y Dinamarca.

El libro, publicado en 1669, lleva un título considerado «casi ininteligible» por su principal traductor del original latino. Se llama *De solido intra solidum naturaliter contento dissertationis prodromus*, o *Prodrome a una disertación acerca de un cuerpo sólido naturalmente contenido en el seno de un sólido*. Un prodromo es un discurso de introducción, pero Steno jamás escribió la disertación prometida, dado que sus intereses religiosos, tras su conversión en 1667 y su ordenación en 1675, le llevaron a abandonar su distinguida carrera como médico anatomista y, por una fortuita introducción al final mismo de su carrera científica, como geólogo.

¿Por qué un sólido dentro de un sólido? Y ¿qué puede tener que ver una frase críptica como esta con los orígenes de la geología moderna? Plantear un problema de una manera sorprendente y novedosa es virtualmente un requisito previo necesario para la gran ciencia. El genio de Steno yace en haber reconocido que una solución al problema general de cómo penetran los cuerpos sólidos dentro de otros cuerpos sólidos podría suministrar un criterio para desenmarañar la estructura y la historia de la Tierra. Pero Steno no formuló este problema a través de una deducción racional, sentado en su sillón. Como tan a menudo ocurre en este mundo de humanos, derivó hacia él tras un comienzo accidental.

Como otros muchos anatomistas, Steno estaba interesado en las semejanzas entre los seres humanos y otros animales. Decidió disecar tiburones y realizó algunos importantes descubrimientos. Demostró, por ejemplo, que las apretadas circunvoluciones de su intestino espiral daban una longitud total igual (en un espacio más reducido) que el intestino de los mamíferos. En octubre de 1666, durante el gran año de Newton, o *annus mirabilis*, y un mes después del incendio de Londres, Steno recibió para su estudio la cabeza de un tiburón gigante capturado en la ciudad cuyo nombre en inglés, Leghorn,* resulta tan peculiar como los dos títulos de Steno. (El nombre no hace referencia ni a piernas ni a instrumentos musicales, sino que representa una pobre versión en inglés del antiguo nombre de Ligorno, por la ciudad que hoy en día lleva el nombre italiano de Livorno.) Steno, como tantos otros intelectuales, trabajaba en la ciudad próxima de Florencia bajo el patrocinio de Fernando II, el gran duque de Médicis. Al examinar los dientes de su presa, Steno se dio cuenta de que se acababa de incorporar accidentalmente a uno de los principales debates científicos de su era, el origen de las *glossipetrae*, o piedras de lengua.

Estos dientes de tiburón fósiles podían recolectarse por barriles, especialmente en Malta. En términos del siglo XX, su origen no ofrece duda. Son idénticos a los dientes de los tiburones modernos en su forma exterior, su estructura fina y su composición química; por lo tanto, no pueden ser otra cosa más que dientes de tiburón.

No obstante, la identidad en la forma, que a nosotros nos ofrece tanta seguridad, llevó, en tiempos de Steno, a otra interpretación potencial, pues Dios, creador de todas las cosas, a menudo creaba con llamativa similitud en diferentes reinos para poner de manifiesto el orden de sus pensamientos y la gloriosa armonía del mundo. Si había hecho un mundo con siete planetas (el Sol, la Luna y los cinco planetas visibles de la cosmología antigua) y siete eran las notas de una es-

---

* Literalmente, cuerno de pierna. (*N. del r.*)

cala musical, ¿por qué no imbuir en las rocas el poder plástico de formar objetos exactamente iguales a partes de animales? Después de todo, las *glossipetrae* procedían de las rocas y las rocas fueron creadas tal y como nos las encontramos. Si las «piedras de lengua» son dientes de tiburón, ¿cómo llegaron al *interior* de las rocas? Más aún, si la Tierra tiene tan solo unos pocos miles de años de edad y las colecciones europeas estaban inundadas de estas piedras, ¿cuántos tiburones hubieran sido necesarios para infestar de ellas las aguas del Mediterráneo en tan poco tiempo?

Steno observó que su tiburón tenía cientos de dientes y que se iban formando continuamente dientes nuevos, al ir desgastándose y cayendo los dientes viejos. El número de *glossipetrae* procedentes de Malta ya no excluía la posibilidad de su origen en las bocas de los tiburones, incluso aceptando la cronología mosaica (que Steno no cuestionaba). De acuerdo con la leyenda habitual de que los grandes científicos son observadores sin prejuicios, capaces de prescindir de las limitaciones culturales y observar la naturaleza directamente, Steno llegó a la conclusión correcta (que las *glossipetrae* son dientes fósiles de tiburón) porque realizaba unas observaciones de gran calidad. Steno era un magnífico observador, pero era también seguidor de la nueva filosofía mecánica, que insistía en las causas físicas de los fenómenos y consideraba que una similitud interna detallada era una señal segura de una fabricación común en el sentido mecánico. Steno no veía mejor: más bien, disponía de las herramientas conceptuales necesarias para interpretar sus excelentes observaciones de un modo necesario, que continuamos considerando verdadero.

Pero Steno abstrajo entonces el problema de las *glossipetrae* de un modo notablemente original; y con esta gran percepción se hizo merecedor de su papel de creador de la geología moderna. Las «piedras de lengua» encontradas dentro de las rocas, razonaba Steno, resultaban problemáticas por ser sólidos incluidos en el interior de un objeto sólido. ¿Cómo habían llegado hasta allí? Steno reconoció entonces que todos los objetos inquietantes de la geología eran sólidos dentro de sólidos: fósiles en estratos, cristales en las rocas, incluso los propios estratos en las cuencas de deposición. Una teoría general acerca del origen de los sólidos dentro de los sólidos podría suministrar una guía para llegar a comprender la historia de la Tierra.

A menudo, la taxonomía es considerada la más aburrida de las disciplinas, útil tan solo para un ordenamiento estúpido y, en ocasio-

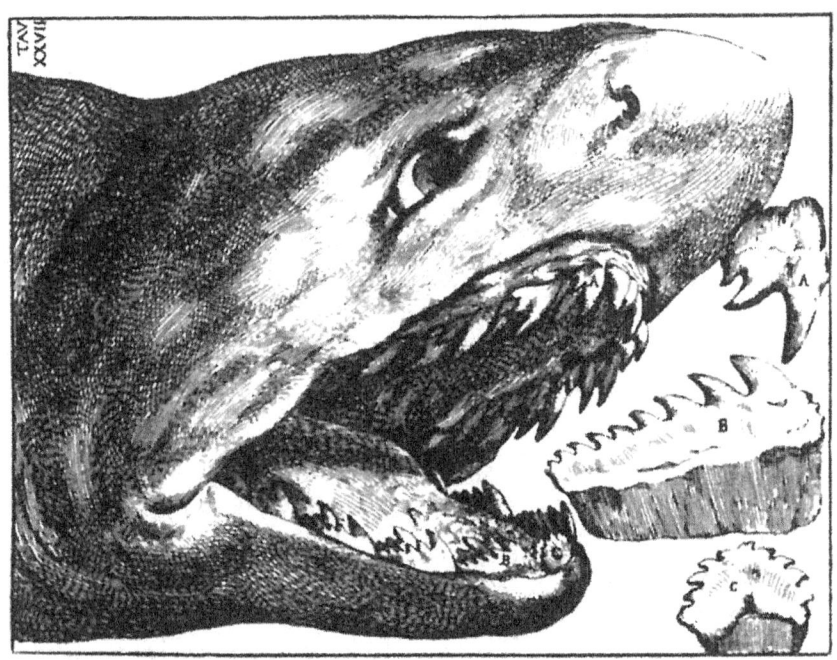

4. Ilustración de mediados del siglo XVIII de por qué las *glossipetrae* (A, B y C) deben proceder de las fauces de los tiburones. Procedente de *De Corporibus Marinis Lapidescentibus* (Sobre los cuerpos marinos petrificados), por el artista-científico siciliano Augustino Scilla.

nes, es incluso denigrada dentro de la misma ciencia como mero «coleccionismo de sellos» (una designación que yo, como exfilatélico, lamento profundamente). Si los sistemas de clasificación fueran percheros neutrales en los que colgar los hechos del mundo, este desdén podría tal vez estar justificado. Pero las clasificaciones reflejan y, a la vez, dirigen nuestro pensamiento. El modo en que ordenamos representa el modo en que pensamos. Los cambios históricos en las clasificaciones son los indicadores fosilizados de revoluciones conceptuales.

El filósofo francés Michel Foucault utilizaba este principio como clave para la comprensión de la historia del pensamiento. En *Locura y civilización*, por ejemplo, señalaba que a mediados del siglo XVII apareció un nuevo método de tratar a los dementes que se extendió con gran rapidez por toda Europa. Hasta entonces, los locos eran exiliados o tolerados, y se les permitía vagar de un lado para otro. A mediados del siglo XVII, fueron internados en instituciones junto con los indigentes y los desempleados, una verdadera mezcolanza si nos guiamos por nuestros patrones actuales. Tal vez esta clasificación nos parezca insensata o cruel, pero, como plantea Foucault, semejante juicio no nos ayudará a comprender el siglo XVII.

¿Por qué clasificar como una sola cosa a los pobres, los desempleados y los locos?; ¿qué elemento en común podía inspirar semejante ordenación? Foucault argumenta que el nacimiento de la sociedad comercial moderna llevó a una nueva designación del pecado cardinal, aquel que había de tornarse invisible a través del confinamiento de todos los que, por la razón que fuera, estaban inmersos en él. Aquel pecado era la ociosidad, y Foucault demuestra que la pereza sustituyó a la vieja maldición medieval del orgullo como el más importante de los siete pecados capitales en los textos del siglo XVII. Poca importancia tenía que los locos no trabajaran por motivos biológicos o psicológicos, y que los desempleados lo estuvieran por falta de oportunidades.

Steno reordenó también el mundo de un modo que a sus coetáneos les debió parecer tan curioso como curiosa nos parece a nosotros la identificación de la locura con la pobreza. Del mismo modo que sus contemporáneos confinaban a los ociosos, Steno identificaba a los sólidos contenidos en sólidos como una clase fundamental de objetos, los separaba de todo lo demás y desarrollaba una serie de criterios para clasificarlos en subdivisiones que representaban las diferentes causas que les habían dado forma. El gran *Prodromus* es, fundamentalmente, un tratado acerca de un nuevo sistema de clasificación de sólidos contenidos en sólidos; una clasificación por génesis común, no por similitudes superficiales o apariencia externa. La revolución en el pensamiento de Steno surge de su clasificación alterada; y su curioso título, comprendido de este modo, no podría ser más devastadoramente apropiado. He leído el *Prodromus* muchas veces, pero cuando finalmente comprendí su mensaje, hace tan solo un mes, ese extraño título hizo que un escalofrío me recorriera la espalda.

El *Prodromus* ha sido habitualmente malinterpretado por los geólogos, que atribuyen el éxito de Steno a su utilización de unos métodos de observación modernos. (De hecho, aunque el *Prodromus* está salpicado de astutas observaciones, su sección más larga es una discusión especulativa acerca del origen de los cuerpos sólidos basada en la premisa incorrecta de que todos los sólidos deben ser generados a partir de líquidos, y que la forma de un sólido indica el movimiento de los líquidos que lo produjeron.) Su traductor escribe: «En un tiempo en que abundaban las metafísicas fantásticas, Steno solo confiaba en la inducción basada en la experimentación y la observación». Pero el *Prodromus* no narra ningún experimento verdadero y tan solo un modesto número de observaciones. Tuvo éxito fundamentalmente porque Steno siguió una metafísica similar a la nuestra, pero relativamente novedosa en su tiempo.

Los geólogos también han juzgado inapropiadamente a Steno buscando en el texto perlas de sabiduría «moderna», en lugar de intentar comprender su argumentación como un todo. Así, la afirmación más común acerca del *Prodromus*, a menudo la única hecha por los geólogos, mantiene que Steno planteó la ley cristalográfica de la constancia de los ángulos interfaciales (que por mucho que varíen el tamaño y la forma de las caras de los cristales, los ángulos entre ellas siguen valiendo lo mismo). Bien, tal vez lo hiciera, pero la «ley» aparece en forma de dos líneas escritas de pasada en el pie de una figura, y tiene escasa relación con el razonamiento fundamental de Steno. (Surge simplemente como corolario de sus especulaciones acerca de cómo inferir el movimiento de los fluidos a partir de la forma de los sólidos de ellos precipitados.)

No, el *Prodromus* es, como afirma su título, un texto acerca de sólidos dentro de sólidos y acerca de su correcta clasificación según su modo de origen. Se basa en dos grandes percepciones taxonómicas: en primer lugar, el reconocimiento básico de que los sólidos contenidos en sólidos constituyen una categoría coherente para su estudio y, en segundo lugar, el establecimiento de subdivisiones para disponer los sólidos contenidos en sólidos con arreglo a las causas que los originaron.

Steno utiliza dos criterios para sus subdivisiones. (Son afortunadamente obvios una vez planteado el problema, pero la revolución de Steno consistió precisamente en plantear el problema.) En primer lugar, lo que podríamos denominar el principio del moldeado: Steno argumenta que, cuando un sólido está contenido dentro de otro, podemos determinar cuál se endureció primero prestando atención a la impresión de cada uno de ellos sobre el otro. Así, las conchas fósiles eran ya sólidas antes que los estratos que las envuelven, dado que las conchas imprimen su forma en los sedimentos que las rodean, del mismo modo que nosotros dejamos huellas al caminar por la arena húmeda. Pero las rocas que las rodean eran sólidas antes de que lo fueran las venas de calcita que las recorren, debido a que la calcita rellena canalizaciones preexistentes, del mismo modo que una gelatina encaja en los huecos de un molde. El principio del moldeado nos permite establecer el orden temporal de formación de dos objetos en contacto. En un mundo que aún era considerado por muchos de sus coetáneos como un lugar formado de una sola vez por un acto de voluntad divino, este criterio histórico de Steno no podía por menos que desentonar y, eventualmente, impuso una transposición en el pensamiento.

Al comienzo del *Prodromus*, Steno planteaba el problema que deseaba resolver con su segundo criterio: «Dada una sustancia poseída de determinada figura, y producida con arreglo a las leyes de la naturaleza, encontrar en la propia sustancia evidencias que desvelen el lugar y modo en que fue producida». Su solución, que es el principio básico de cualquier reconstrucción histórica, sostiene que:

Si una sustancia sólida es en todos los aspectos similar a otra sustancia sólida, no solo en lo que se refiere a las condiciones de su superficie, sino también en lo que se refiere a la disposición interna de sus partículas y partes, será también similar a ella en lo que se refiere al modo y lugar de su formación.

Por principio, los procesos pasados no pueden ser observados; solo quedan sus resultados. Si deseamos inferir los sucesos que dieron lugar a cualquier objeto geológico, debemos buscar pistas en el propio objeto. La pista más segura es una similitud en detalle (parte interna por parte interna) con objetos modernos formados por procesos que podemos observar directamente. La similitud puede ser equívoca (y se han cometido grandes errores en la aplicación del principio de Steno), pero nuestra confianza en el origen común va en aumento según vamos catalogando similitudes cada vez más detalladas que implican la estructura interna y la composición química además de la forma exterior.

Así, argumenta Steno, las rocas sedimentarias deben ser los depósitos de los ríos, los lagos y los océanos porque «se corresponden con aquellos estratos depositados por las aguas turbias». Las conchas fósiles pertenecieron antaño a animales y los cristales se precipitaron en fluidos del mismo modo que hoy extraemos sal o hacemos caramelos.

Con estos dos principios (moldeado y similitud suficiente), Steno estableció los dos requisitos previos necesarios para la reconstrucción geológica y, de hecho, para cualquier reconstrucción histórica: podía determinar cómo y dónde se formaban los objetos y podía ordenar los sucesos en el tiempo. El genio de Steno, repitámoslo otra vez, estuvo en el establecimiento de este nuevo marco conceptual para la observación, no en la agudeza de sus subsiguientes observaciones. La ruptura de Steno con las viejas tradiciones destaca más en su total fracaso, excepción hecha de un tímido pasaje, por considerar el tema principal que obsesionaba a sus colegas: la identificación de objetivos y propósitos en todas las cosas, incluyendo lo que hoy en día consideramos procesos puramente físicos de alzamiento, erosión y cristalización. En un pasaje breve, Steno cita la disimilitud de función como razón explicativa de su habitual razonamiento acerca de la similitud interna, para afirmar que las rocas y los huesos se forman de distinto modo. Pero rápidamente introduce una corrección: «Si a uno le estuviera permitido afirmar algo acerca de un tema, por lo demás tan poco conocido, como son las funciones de las cosas». Como argumenta también Foucault, los temas que deja uno fuera de sus taxonomías son tan significativos como los que se incluyen.

La organización en cuatro partes del *Prodromus* ha sido, normalmente, considerada deshilvanada o incluso incoherente: un trabajo montado a toda prisa por un hombre deseoso de abandonar Florencia, pero obligado a justificar el patrocinio del gran duque. Yo, por el contrario, lo veo como un resumen amplio y sólidamente razonado para una ciencia de la geología basada en los principios del moldeado y de la similitud suficiente.

La parte primera es una provocación, un ejemplo específico con el que demostrar el poder del método general. Las *glossipetrae*, argumenta Steno, tienen que ser dientes de tiburón por ser idénticas en forma y disposición interna a los objetos que había extraído de la boca de su presa de Livorno. Se solidificaron antes que las rocas en las que están incluidas, dado que imprimen su forma en los sedimentos que las rodean. Por lo tanto (y aquí el argumento empieza a tomar rasgos de generalización revolucionaria), las rocas sedimentarias no fueron creadas a la vez que la Tierra, sino que se han formado del mismo modo que los depósitos de las aguas turbias en los ríos, los lagos, o los océanos. Más aún, a menudo se encuentran fósiles marinos similares en lo alto de las montañas y lejos del mar; estos fósiles también se solidificaron antes que los estratos que los contienen. Así pues, la Tierra tiene una larga historia: tierras y mares han cambiado de lugar, y de las aguas han emergido montañas.

En la segunda parte, Steno argumenta que las *glossipetrae* no son más que un ejemplo más del problema general de los sólidos dentro de los sólidos, y que los principios de moldeado y de similitud suficiente pueden abastecer unas subdivisiones taxonómicas apropiadas basadas en modos de origen común. La tercera parte trata de las principales clases de sólidos dentro de sólidos y establece dos categorías básicas para los objetos de dentro de las rocas: los fósiles que se endurecen antes que los estratos que los rodean y los cristales y las venas que se forman *dentro* de las rocas sólidas.

La cuarta parte, una reconstrucción de la historia geológica toscana, ha sido problemática e incluso embarazosa para aquellos geólogos que quieren ver a Steno como su santo patrón y fundador. (La Iglesia católica, dicho sea de paso, está también considerando la posibilidad de elevar a Steno a los altares, y este podría eventualmente alcanzar una doble distinción sin precedentes.) Steno construye su historia de modo que se corresponda con la cronología bíblica, con dos ciclos de deposición: a partir del vacío original y a partir del océano universal de Noé. La esencia de esta cuarta parte, no obstante, no la constituye su mantenimiento de la fidelidad a Moisés (Steno, después de todo, no era un hombre de nuestro siglo), sino más bien su demostración de que los principios del moldeado y la similitud suficiente pueden ser utilizados no solo para clasificar objetos (parte tres), sino también para reconstruir la historia de la Tierra a partir de estos mismos objetos (parte cuatro). La última parte del *Prodromus* demuestra por medio de ejemplos específicos, extraídos del terreno local, que una clasificación correcta de los sólidos dentro de los sólidos puede establecer una ciencia de la geología.

En 1678, Athanasius Kircher publicó una figura que mostraba todas las letras del alfabeto, incluyendo la contracción Æ, grabadas en vetas de calcita. Hoy soltamos una risita y pasamos por alto estas bien formadas letras como accidentes. Pero para Kircher no eran menos significativas que las conchas de almeja que también se hallaban en las rocas. Podría argumentarse que los bivalos son más complejos que las letras, pero un trabajo veneciano de 1708 reproducía una ágata que parecía mostrar en sus bandas de color a Cristo crucificado con todos los atavíos correspondientes, incluyendo un sol en la favorecida derecha y una luna en la despreciada izquierda. El pie del trabajo proclamaba en mal alemán: *Solche wunderbarliche Gestalt, hat die Natur in ein Agat gemahlt* («la propia naturaleza ha pintado esta maravillosa figura en una ágata»). ¿Por qué era diferente una almeja en una roca de una letra o una crucifixión? Dado que los alfabetos y las escenas religiosas no pueden ser objetos preexistentes enterrados en estratos, debían haber sido elaborados por algún poder plástico de las propias rocas. Mientras las «cosas raras de dentro de las rocas» formaran una única categoría, las almejas y los dientes de tiburón serían también manifestaciones de esa fuerza plástica y no sería posible la ciencia de la paleontología ni la de la geología histórica. Pero la clasificación de Steno reconocía la distinción básica entre los fósiles que se endurecían antes que las rocas que los rodeaban y las vetas que penetraban y que podían, por accidente, asemejarse a alguna forma o diseño abstracto.

Steno cambió el mundo del modo más sencillo, y no obstante profundo. Clasificó sus objetos de forma diferente.

6

El propósito de Hutton

En su tributo a Lucrecio, Virgilio escribía: «Feliz aquel que pudiera conocer las causas de las cosas» (*Felix qui potuit rerum cognoscere causas*). Un sentimiento noble y sin complicaciones, sin duda, pero un predecesor suyo, aún más ilustre, había demostrado que la causalidad no es una cuestión simple. Aristóteles, en la *Analítica posterior* del *Organon*, afirmaba: «Solo pensamos que tenemos conocimiento de algo cuando conocemos su causa». Seguidamente pasaba a ofrecer un complejo análisis del propio concepto de causalidad.

Cada suceso, argumentaba Aristóteles, tiene cuatro tipos distintos de causas. Consideremos la llamada parábola de la casa, que probablemente se haya venido utilizando durante más de dos mil años como ejemplo arquetípico para ilustrar el esquema de Aristóteles. ¿Cuál es la causa de mi casa? ¿Cuáles son los *sine quibus non*, los diversos factores cuya ausencia llevaría a la inexistencia de la casa o a una casa de un diseño notablemente diferente?

En primer lugar, razona Aristóteles, debemos disponer de la paja, los palos o los ladrillos: la causa *material*. Evidentemente es importante, como descubrieron los tres cerditos, el material que se elige. Seguidamente, alguien debe llevar a cabo el trabajo concreto, impermeabilizar el techo o poner los ladrillos: el efector o causa *eficiente*. El plano por el que se guía el albañil no hace nada activamente y no es material de construcción, pero es un tipo de causa, ya que diferentes planos tienen como resultado casas diferentes, y la ausencia de planos le deja a uno con un montón de ladrillos. Estas órdenes preconcebidas son causas *formales* en el léxico de Aristóteles. Finalmente, si la casa no tuviera por objeto servir de alojamiento para sus habitantes, nadie se molestaría en construirla. El propósito es la causa *última*.

Nuestros hábitos lingüísticos actuales no siguen el análisis de Aristóteles; nuestra noción de «causa» ha quedado a todos los efectos restringida a las causas eficientes de Aristóteles. No negamos los aspectos materiales y formales, pero ya no los llamamos causas. Cuando yo identifico el movimiento de mi taco de billar como *la* causa de la vacilante trayectoria de una bola (aunque para Aristóteles sería solo la causa eficiente), no considero que la composición de la bola o el plano de la mesa sean irrelevantes, pero ya no los llamo causas.

La eliminación del propósito, o causa última, cuenta una historia más importante, y representa un cambio de estilo fundamental en la ciencia occidental. Aristóteles no veía nada absurdo en asignar a cada suceso una causa eficiente (un mecanismo, en nuestra terminología) y una causa final (un propósito). Por ejemplo, escribe lo siguiente:

> La luz sale de la linterna. Al estar compuesta de partículas más pequeñas que los poros de la linterna, no puede evitar pasar a través de ellos (asumiendo que sea así como se propaga la luz); pero también brilla con un propósito, que no tropecemos [*Analítica posterior*, 94b, 1.28).

Podemos seguir a Aristóteles en dispositivos construidos por los humanos con fines concretos. Efectivamente, pusimos agujeros en las linternas para permitir el paso de la luz. La causa final sigue siendo también un concepto legítimo para las adaptaciones de los organismos, a pesar de que estos rasgos surgen por procesos naturales y no por la actividad consciente de los animales implicados. Sigue siendo correcto decir coloquialmente que los murciélagos y las aves tienen alas «para» volar, y el lobo invocó con toda legitimidad una causa final para contestar a Caperucita Roja a su pregunta acerca de los dientes afilados: «Para comerte mejor, querida».

Pero somos reticentes a adscribir causas finales al funcionamiento físico de los objetos inanimados, aunque a Aristóteles no le ocurría lo mismo. A Aristóteles le parecía lógica la expresión «Truena porque debe haber un siseo y un rugido al ser extinguido el fuego, y para (como mantienen los pitagóricos) amenazar a las almas del Tártaro y hacerles sentir miedo» [*ibid.*, 94b, 1.34]. Aquí nos permitimos una risita, y esa sonrisa representa tal vez el cambio más importante que haya experimentado la ciencia en los tiempos modernos. Ya no vemos el universo como algo explícitamente diseñado en todas sus menores y más variadas partes para servir a algún propósito humano. Hemos sustituido esta *hybris* cósmica por una visión más mecánica de la naturaleza. Tal vez al principio Dios le diera cuerda al reloj y estableciera las leyes de su tictac, pero desde luego no dedica su precioso tiempo a dar forma a cada hoja de hierba y a cada grano de arena para ofrecer instrucciones de mantenimiento explícito a su especie favorita en la Tierra. El punto de vista mecánico, basado en la predominancia de la causa eficiente, ha expulsado con todos los merecimientos a la causa final del dominio de los objetos naturales, físicos.

Hasta tal punto es absoluta esta proscripción de la causa última, y tan esencial para una definición moderna de la ciencia, que los viejos pasajes dedicados a las causas últimas de los objetos físicos no tienen parangón como motivo de ridículo cuando, en nuestro arrogante enfoque de la historia, decidimos burlarnos del pasado para mejor regocijarnos en nuestra actual sabiduría (una causa última legítima en la psicología humana). Sería, en efecto, difícil negar que muchos de estos pasajes son, admitámoslo, simplemente divertidos.

Por ejemplo, Louis Agassiz argumentó con toda seriedad en la década de 1860 que las eras glaciales podían comprenderse tanto por la física del movimiento glacial (causa eficiente) como a modo de una dispensa de benevolencia divina cuyo objetivo era remover y enriquecer el suelo:

> Naturalmente, uno se pregunta qué fin tenía esta gran máquina puesta en funcionamiento hace eras que trituró, surcó y amasó, como quien dice, la superficie de la Tierra. Encontramos nuestra respuesta en la fértil tierra que se extiende por las regiones templadas del globo. El glaciar fue el gran arado de Dios.

En 1836, William Buckland, primer geólogo académico de Oxford, afirmó que el abundante carbón, combustible que hizo posible la gloria de Inglaterra, estaba tan inteligentemente distribuido en las entrañas de la Tierra que el propio Dios debió ponerlo allí, hace muchos millones de años, en amorosa previsión de su futuro uso. Podríamos sospechar, con todo derecho, que, como roca vieja, el carbón debería ahora estar enterrado bajo tantos kilómetros de estratos más jóvenes, que estaría más allá (o más bien, por debajo) de nuestro alcance. Pero a Dios le pareció bien ordenar su deposición no en vastas láminas horizontales, sino en lechos discontinuos en forma de cuencos cuyos bordes aún cortan la superficie de la tierra o yacen inmediatamente debajo de ella. Más aún, los estratos que estaban enterrados en profundidades inaccesibles a menudo han sufrido fallas extensivas y han sido elevados hasta la superficie. Estas fallas constituyen un beneficio más para los mineros, porque los arroyos que a menudo corren a lo largo de sus fracturados límites pueden guiarnos hasta la preciosa sustancia que hay debajo, y porque los destructivos fuegos no pueden ya arrasar todo un campo, al estar este extenso estrato roto por varias fallas en segmentos discontinuos separados por rocas incombustibles. Buckland escribió:

> Por remotos que puedan haber sido los períodos en los que fueron almacenados estos materiales, que serían beneficiosos en un futuro, podemos en justicia asumir que [...] una clara perspectiva de los usos que el hombre haría de ellos formaba parte del designio con el que, eras atrás, fueron dispuestos de modo tan admirablemente adaptado al beneficio de la raza humana.

Alexander Winchell, eminente geólogo norteamericano y primer canciller de la Universidad de Syracuse, era prácticamente incapaz de contener su entusiasmo en su lírico homenaje a las fallas, que introducen el carbón en nuestra órbita (*Sketches of Creation*, 1870):

> Enterrado a tres mil metros de profundidad, el hombre jamás hubiera llegado a conocer su existencia, y aún menos hubiera sabido cómo elevarlo hasta la superficie. Vean la previsión de la naturaleza al romper los estratos carboníferos inclinándolos sobre su costado, como diciendo: «Helo aquí, aquí está lo que deseáis; no busquéis en vano; excavad y quedad satisfechos con el calor; sacad a la luz la oculta energía [...] y ordenad al sirviente que tenéis en vuestras manos que ejecute todo lo que a vuestra comodidad convenga».

No hace falta decir que carezco del más mínimo deseo de reavivar esta tradición de discusiones acerca de las causas finales. Pero sí condenaría, y por dos razones, todo intento de utilizar pasajes antiguos acerca de las causas últimas como fuente de hilaridad y autocomplacencia por haber trascendido las ineptitudes del pasado. En primer lugar, subvierte todo intento de comprender el pasado y utilizarlo como guía para la interpretación del presente. Cuando intelectos tan destacados como Agassiz y Buckland (por no citar a Aristóteles) plantean seriamente estos razonamientos, debemos considerarlos como indicadores de una concepción del mundo fundamentalmente diferente, no como signos de estupidez personal o ingenuidad colectiva. En segundo lugar, incluso las visiones equivocadas del mundo, cuando tienen a la vez grandiosidad y profundidad, pueden servir como fuentes maravillosamente fructíferas de percepciones. Por reciclar una cita favorita utilizada en un volumen anterior (*El pulgar del panda*): «Dadme errores fructíferos, llenos de semillas, llenos a reventar de sus propias correcciones. Podéis quedaros con vuestra estéril verdad» (comentario de Pareto acerca de Kepler).

La causa última sirvió como error fructífero en un momento crucial de mi propia profesión. La mayor reconstrucción de la geología (la teoría de la Tierra de James Hutton) descansaba sólidamente sobre una argumentación acerca de causas últimas, y pocos geólogos tienen el más mínimo conocimiento de este «anticuado» manantial de percepciones porque estas han sido subvertidas por un hito, confortable y reconfortante, que asigna el éxito de Hutton a su utilización de tácticas modernas: trabajo de campo y un concepto mecánico de la causalidad física (véase G. L. Davies, *The Earth in Decay*, American Elsevier, 1969, para una magnífica descripción de este mito y su corrección).

Nacido en Edimburgo en 1726, James Hutton se codeaba con personas como Adam Smith y James Watt, en el gran círculo intelectual escocés que tanto influyó en la vida de la Europa del siglo XVIII. Tras abandonar su aprendizaje en leyes, estudió medicina. Dado que era una persona de medios, no sintió necesidad de ejercer y optó, por el contrario, por hacerse granjero (sobre una tierra heredada de su padre y tras reforzar su seguridad económica inventando y comercializando un proceso para producir sal amoniacal a partir de hollín de chimenea). Hombre que se apartaba por igual del personaje rústico y del caballero granjero, estudió los métodos más modernos en ganadería y montó una granja rentable, moderna y modélica. A principios de su cuarentena, Hutton abandonó la vida en el campo, regresó a Edimburgo y pasó las siguientes tres décadas de su vida como caballero intelectual de dedicación plena y sin empleo.

En 1788, Hutton publicó su reconstrucción de la geología en el primer volumen de las *Transactions of the Royal Society of Edinburgh* (ampliado en 1795 a un trabajo de múltiples volúmenes titulado *Theory of the Earth*, tras un furibundo ataque en contra suya, por su supuesto ateísmo y otras impropiedades, por parte del químico y mineralogista irlandés Richard Kirwan). Hutton, aunque normalmente se le retrata como un empírico moderno, pertenece en realidad a la gran tradición de constructores de sistemas generales (y, al menos en parte, especulativos) que dominó la mayor parte de la «geología» del siglo XVIII (el término no había sido aún inventado, y la profesión de geólogo, con sus procedimientos formalmente reconocidos, tampoco existía por aquel entonces).

El sistema de Hutton, su «máquina del mundo», encarnaba una idea cíclica de la historia, dinámica y continuamente recurrente, pero que no iba a ninguna parte, como proclamaba el predicador del Eclesiastés:

> Los ríos van todos al mar, y la mar no se llena; allá de donde vinieron tornan de nuevo, para volver a correr (I: 7). Lo que fue, eso será. Lo que ya se hizo, eso es lo que se hará; no se hace nada nuevo bajo el sol (I: 9).

Esta visión de la historia contrastaba violentamente con el concepto cristiano, más familiar, de una secuencia lineal y direccional que se mueve siempre hacia delante desde la creación hacia la resurrección. (Hutton, que decididamente no era ateo, no ponía en duda que Dios había ordenado un comienzo y decretaría un final. Pero estos sucesos milagrosos se encontraban fuera de los objetivos de la ciencia. Entre estas dos singularidades, Dios descansó y permitió que el mundo funcionara según las reglas naturales que Él había establecido. Tan solo este período era susceptible de estudio por parte de la ciencia, y en él Hutton no discernía dirección alguna, solo un ciclo sin fin.)

La teoría de Hutton descansa, en parte, en su elección de matáforas para hablar de la Tierra. A través de su amistad con James Watt y su reverencia por Isaac Newton, Hutton decidió ver el mundo como una máquina perfecta que, una vez se le ha dado cuerda, funcionaría eternamente (o hasta que Dios cambiara las reglas) sin desgastarse ni romperse.

> Este mundo —proclamaba Hutton— es una escena activa o una máquina material cuyas partes se mueven todas. Debemos averiguar cómo ha sido concebida esta máquina para conseguir que esas partes se muevan sin desgastarse o desaparecer, o para que aquellas partes que están gastadas o en decadencia queden reparadas.

Hutton concibió, por lo tanto, una teoría cíclica de cuatro etapas de la historia de la Tierra. En la primera etapa, la única que podemos observar directamente, la tierra es desgastada por erosión y eventualmente (segunda etapa) es depositada en forma de estratos en las profundidades del océano. Allí (etapa tercera) los estratos se ven comprimidos y consolidados por el calor (procedente tanto de los fuegos interiores de la Tierra como por el peso de los sedimentos de la parte superior), y después (cuarta etapa), como resultado de ese mismo calor interno, son fracturados y elevados para formar nuevos continentes. La tierra y el mar han cambiado de lugar y el ciclo se inicia de nuevo: erosión, deposición, consolidación y elevación... por los siglos de los siglos. Así, en las palabras más famosas jamás escritas por geólogo alguno, Hutton pone fin a su tratado de 1788 comparando explícitamente su máquina del mundo con las continuas revoluciones de los planetas en torno al Sol:

Habiendo visto, en la historia natural de esta Tierra, una sucesión de mundos, podemos concluir de ella que existe un sistema en la naturaleza; de modo similar a como se concluye, al ver las revoluciones de los planetas, que existe un sistema por el cual se pretende que continúen esas revoluciones. El resultado, por consiguiente, de nuestra actual investigación es que no encontramos por parte alguna vestigios de un principio, ni perspectivas de un final.

Aunque Hutton tuvo predecesores en cada una de sus afirmaciones, el contenido revolucionario de su sistema general tiene dos fuentes principales. En primer lugar, hizo saltar las fronteras del tiempo, estableciendo así la contribución más específica y transformadora de la geología al pensamiento humano: «el tiempo profundo», como dice John McPhee (*Basin and Range*, 1981). En su segunda afirmación más famosa, Hutton escribió: «El tiempo, que en nuestro criterio lo mide todo, y en ocasiones es insuficiente para nuestros planteamientos, es, para la naturaleza, infinito y como inexistente».

Una de las principales barreras para la aceptación del tiempo profundo había sido la ausencia de cualquier fuerza restauradora reconocida en el funcionamiento de la naturaleza. Los geólogos anteriores a Hutton carecían en general de un «concepto de reparación». Sabían que la erosión desgastaba sin cesar la tierra, y las tradiciones culturales respaldaban la idea de la historia como un declive continuo a partir de la perfección original del Edén. No reconocían que el calor interno de la Tierra fuera capaz de fracturar y elevar vastas áreas de los continentes formando montañas y altiplanos (consideraban a las cordilleras como parte de la estructura original de la Tierra y a los volcanes como una especie de sarpullidos en la superficie en desintegración del planeta). Sin el concepto de reparación, la Tierra tiene que ser aún muy joven. Después de todo, no llevaría mucho tiempo sumergir en el mar todos los continentes por medio de la erosión, y todavía existen montañas que se elevan sobre nosotros. Como segunda gran contribución, Hutton demostró que las fuerzas ígneas del interior de la Tierra suponían un poder restaurador que elevaba continentes, evitaba la destrucción de la Tierra, permitía una teoría de ciclos sin fin y establecía la posibilidad del tiempo profundo.

Para cada una de estas contribuciones (el tiempo profundo y el concepto de reparación), Hutton aportó una observación empírica clave. En cuanto al tiempo, Hutton reconoció el significado de lo que los geólogos denominan discordancia angular. Las viejas rocas sedimentarias, depositadas originalmente en superficies horizontales, a menudo se ven levantadas e inclinadas por la acción de las fuerzas restauradoras de Hutton. Pueden ser erosionadas, cubiertas de agua y ocultas por una nueva secuencia de sedimentos horizontales. El contacto entre estos dos «paquetes» de rocas sedimentarias es denominado una discordancia angular, dado que los estratos más viejos e inclinados se encuentran con los estratos más jóvenes, horizontales, formando un ángulo. Hutton estaba entusiasmado con estas discordancias, ya que le ofrecían una evidencia directa en favor de su teoría de los ciclos. Cada discordancia angular constituía el registro de *dos* mundos huttonianos dispuestos en secuencia el uno encima del otro: un mundo más antiguo en el primer paquete, creado en las profundidades del mar, elevado y de nuevo erosionado, y un mundo más joven en el segundo paquete, formado en un océano posterior y ahora elevado hasta nuestros ojos. John Playfair, el más grande de los intérpretes de Hutton y el hombre más instruido que jamás escribiera sobre geología, dejó constancia de su asombro al ver una discordancia angular en un viaje de campo con Hutton:

> ¿Qué evidencia más clara podríamos esperar de la diferente formación de estas rocas y del largo período que separó su formación, si no fuera haberlas visto emerger del seno de las profundidades? [...] Mi mente sufrió un vértigo al mirar a tanta distancia en el abismo del tiempo.

Para su concepto de la reparación, Hutton reconoció la naturaleza ígnea de dos rocas comunes, el basalto y el granito. Muchos geólogos de la época argumentaban que el basalto y el granito eran rocas sedi-

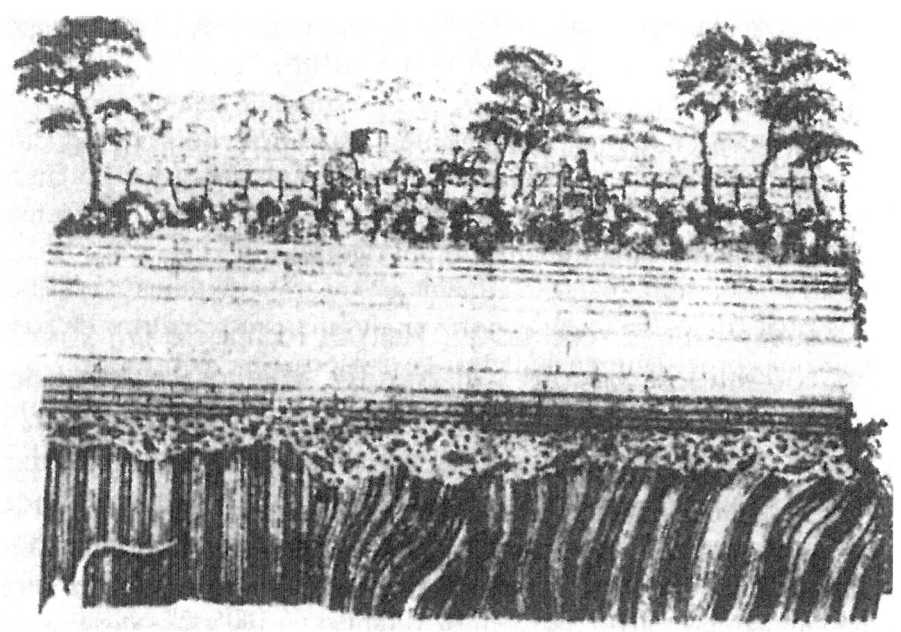

5. Ilustración original de Hutton de una discordancia angular. Nótense los estratos verticales inferiores y los horizontales por encima de ellos. Dibujo de John Clark, aparecido en el tratado de Hutton de 1795.

mentarias depositadas por el agua; Hutton mantenía (con toda corrección) que habían surgido en forma de magma de las profundidades de la Tierra, enfriándose hasta alcanzar su estado actual. Así pues, representaban los productos de la fuerza restauradora de Hutton. Esta cuestión se convirtió en el punto focal de una gran disputa científica entre los «neptunistas», que abogaban en favor del papel del agua, y los «plutonistas» (como Hutton), que optaban en favor de los fuegos interiores como origen del granito y el basalto. El debate recibió un buen tratamiento por parte de la prensa popular y llegó incluso a trascender a las páginas de *Fausto* (por ser Goethe, entre otras cosas, un brillante geólogo), en las que, debido al error de su autor, Fausto defiende la posición neptunista y Mefistóteles (con toda propiedad) argumenta en favor de los fuegos del interior de la Tierra. Los debates científicos arcanos no despiertan tanta atención a menos que lo que esté en juego sea importante; y este era el caso. El basalto y el granito ocupan vastas áreas de la superficie de la Tierra. Si ellos, al igual que todas las demás rocas comunes reconocidas por aquel entonces, eran sedimentarios, entonces todas las rocas podrían ser producto de un océano original, y la totalidad de la historia de nuestra Tierra podría ser corta y direccional: unos pocos miles de años de deposición y secado. Pero si el granito y el basalto son rocas ígneas, entonces dejan testimonio de una fuerza restauradora con una potencia suficiente para cubrir con sus productos buena parte de la Tierra. La historia podría ser cíclica y muy larga. Hutton se basó fundamentalmente en evidencias de campo para defender sus conclusiones plutonianas. Tomó nota, en particular, de que el granito y el basalto aparecen a menudo en forma de diques verticales que atraviesan los sedimentos horizontales marcando el lugar de paso de magmas procedentes del interior de la Tierra.

¿Basó Hutton su teoría general en estas observaciones? ¿Triunfó acaso, como cuenta la versión popular, por ser un modernista objetivo que combatía las antiguas tradiciones de especulación sesgada utilizando la «verdadera» herramienta del científico, la observación pura, sin preconcepciones, y por tener un concepto moderno de la causalidad mecánica? Un compatriota de Hutton, el gran geólogo escocés sir Andrew Geikie, dio a este mito su más sólido apoyo en su volumen de 1905, *The Founders of Geology*. Geikie escribió: «En la totalidad de su doctrina, Hutton se guardó rigurosamente de admitir cualquier principio que no pudiera estar basado en la observación. No hizo suposiciones. Cada uno de los pasos de sus deducciones estaba basado en hechos concretos». El heroico Hutton de Geikie hacía acopio de datos por el método responsable tanto de la fuerza como de la mística de la geología, esto es, el trabajo de campo:

> Viajó a grandes distancias en busca de datos, y para poner a prueba las interpretaciones que de ellos hacía. Viajó a diferentes lugares de Escocia. Extendió sus expediciones también a Inglaterra y Gales. A lo largo de casi treinta años jamás cesó de estudiar la historia natural del globo, buscando constantemente el reconocer las pruebas de antiguas revoluciones terrestres y averiguar por qué causas se habían producido.

Este Hutton encaja bien con la imagen idealizada de la geología que se ofrece a sucesivas generaciones de estudiantes. Desde luego, Hutton no permaneció continuamente sentado en su sillón. Realizó multitud de excursiones y observó gran cantidad de cosas. Sus observaciones sin duda le inspiraron y le instruyeron; pero podemos demostrar, más allá de toda duda, que el trabajo de campo no fue la fuente de su teoría. En lo que se refiere a sus dos observaciones clave, la cronología del mito oficial está al revés. Hutton vio su primera discordancia angular tras haber presentado su teoría completa en público. Más aún, y por propia admisión, solo había tenido ocasión de ver granito en un lugar, por lo demás poco informativo, antes de publicar su teoría. Su trabajo de campo, en el mejor de los casos, servía para buscar confirmación a una teoría desarrollada en otro lugar.

Cuando consultamos el registro escrito de Hutton, nos encontramos con que (si aceptamos sus propias presentaciones sin más reservas) desarrolló su teoría general a través de la ruta aceptada por los constructores de sistemas del siglo XVIII: razonó a partir de su propia versión de los primeros principios y después se puso a recolectar argumentos para lo que él consideraba conclusiones necesarias. Y cuando examinamos el concepto de primeros principios de Hutton, descubrimos que no era un mecanicista comprometido en favor de las pruebas empíricas, sino un seguidor de las ideas de Aristóteles acerca de la causalidad.

Hutton tenía, en efecto, un concepto mecánico de la causalidad: su Tierra es una máquina perfecta que funciona sin el más mínimo indicio de senilidad y lo seguirá haciendo hasta que Dios decida ordenar el final. Pero Hutton seguía con las enseñanzas de Aristóteles al argumentar que los sucesos tienen *a la vez* una causa mecánica (o eficiente) y un propósito o causa última. De estas dos, Hutton consideraba evidentemente más importante y más fundamental para su sistema la causa final. Cuando Geikie y otros decidieron ignorar los propios escritos de Hutton, utilizándole como una especie de homilía moral para una visión idealizada de la ciencia, le hicieron un flaco favor a un intelecto grandioso, aunque no moderno.

El primer párrafo del gran trabajo de Hutton (la versión original de 1788), al destacar tanto las máquinas como sus propósitos, adelanta la argumentación aristotélica de que toda teoría adecuada sobre la Tierra debe explicar a la vez el cómo y el porqué:

> Cuando seguimos la pista a las partes que componen este sistema terrestre, y cuando observamos la conexión general de esas partes diversas, el todo representa una máquina de construcción peculiar, gracias a la cual está adaptada a un fin determinado. Percibimos un tejido, tramado de sabiduría, para lograr un propósito digno del poder que resulta aparente en su creación.

En el cuarto párrafo nos enteramos de que la causa última de la Tierra debe expresarse en términos de su adecuación para albergar a sus habitantes conscientes, o sea, a nosotros: «El globo terrestre es un mundo habitable; y nuestro sentido de la sabiduría existente en su formación deberá depender de su adecuación a este propósito».

Hutton pasa después a explicar cómo desarrolló su teoría general de la Tierra como máquina autorreparadora con una historia cíclica de erosión, deposición, consolidación y elevación. No recurre ni a observaciones de campo ni a causas mecánicas, sino que basa sus razonamientos en un rompecabezas que surge de su propia experiencia como granjero y se centra nítidamente en la idea de una causa última. Podríamos llamar a este rompecabezas la «paradoja del suelo».

Sin suelos para la agricultura no podríamos sustentarnos en este planeta. El suelo es producto de la erosión, la fase destructiva del ciclo huttoniano:

> Un cuerpo sólido de tierra no habría dado cabida al propósito de un mundo habitable; los suelos son necesarios para el crecimiento de las plantas, y un suelo no es más que una recolección de materiales procedentes de la destrucción de la tierra sólida [...] Las alturas de nuestra tierra son así niveladas con sus playas; nuestras fértiles planicies están formadas por las ruinas de las montañas.

Y ahora viene la paradoja. Para formar el suelo que tan necesario es para nuestra vida y, por consiguiente, tan esencial para la causa última de la Tierra, la naturaleza utiliza un proceso mecánico que necesariamente destruye la Tierra: «Debemos, por lo tanto, considerar como inevitable la destrucción de nuestra Tierra en la medida en que se efectúa por causa de las operaciones necesarias para el propósito de nuestro globo, considerado como un mundo habitable». Pero Dios no gastaría semejante broma a sus criaturas favoritas. No podía emplear como fuente de suelo dador de vida un proceso que en breve acabaría eliminando a toda la humanidad, arrastrando la tierra al mar. Debe existir, *a priori*, una fuerza restauradora, para que la Tierra pueda mostrar sabiduría en su adaptación a la vida humana:

> Si tras las investigaciones precisas no se hallara ese poder reproductor, u operación reformadora, en la constitución de este mundo, tendríamos razones para concluir que, o bien el sistema de esta Tierra ha sido creado imperfecto intencionadamente, o que no ha sido obra de un poder y una sabiduría infinitos.

Hutton no encontró su fuerza restauradora de forma inesperada en el campo, tropezando con una discordancia angular o meditando acerca de la naturaleza del granito. Dedujo la necesidad de una fuerza restauradora a partir de una amenazante paradoja aparecida en la causa última, y posteriormente dedicó sus esfuerzos a encontrarla. De hecho, él mismo interpreta todo su tratado como una intensa búsqueda de propósitos en los objetos físicos:

> Este es el punto de vista con el que deberemos ahora examinar el globo; para ver si existe, en la constitución de este mundo, una operación reproductiva por medio de la cual pudiera ser reparada una constitución arruinada, aportando así a la máquina una estabilidad o una duración, considerando la máquina como un mundo que sustenta animales y plantas [...] Aquí aparece una importante pregunta [...] Una pregunta que, tal vez, la sagacidad del hombre sea capaz de responder; y una pregunta que, si queda satisfactoriamente resuelta, podría añadir un cierto lustre a la ciencia y el intelecto humanos.

Cuando Hutton localiza sus fuerzas restauradoras en los fuegos internos de la Tierra, continúa con la estrategia aristotélica de identificar a la vez cómo funcionan y por qué, en términos humanos, actúan como lo hacen:

> El fin de la naturaleza al situar un fuego interno o un poder calorífico, y una fuerza de expansión irresistible en el cuerpo del planeta, es consolidar el sedimento acumulado en el fondo de los mares y configurar a partir de él una masa de tierra permanente por encima del nivel del océano con el fin de sustentar las plantas y los animales.

Los volcanes, nos cuenta Hutton, «no están hechos a propósito para asustar a las personas supersticiosas y producir en ellas raptos de piedad y devoción, ni tampoco para arrollar santas ciudades con su destrucción». Son válvulas de escape de los fuegos internos, «espiráculos que van hasta el horno subterráneo para evitar toda elevación innecesaria de la tierra y los fatales efectos de los terremotos». Algunos pueden morir en las erupciones, pero solo con el fin de que otros puedan vivir: «Si bien ocasionalmente pueden destruir la vivienda de unos pocos, proveen la seguridad y la tranquila existencia de los más».

Los contemporáneos de Hutton comprendían desde luego el papel fundamental de la causa última en su teoría, tanto como motivación original como en su papel de tema de soporte. Playfair escribió acerca de su tratado: «Vemos por doquiera una gran atención al descubrimiento, y la más apasionada disposición a admirar los ejemplos de sabios y benéficos designios puestos de manifiesto en la estructura o economía del mundo». Hutton, continuaba diciendo, consideraba preeminentes las causas últimas:

> Eran las partes [...] que contemplaba con mayor deleite; y se hubiera sentido menos halagado por la afirmación del ingenio y la originalidad de su teoría, que por la valoración de aportación que había supuesto a nuestro conocimiento de las causas últimas.

Por supuesto, no sugiero que las causas últimas sean reincorporadas a la ciencia como componente para la explicación de los sucesos físicos. Simplemente deseo señalar que, aunque las teorías puedan ser expurgadas y preservadas empíricamente, sus orígenes son tan variados como lo son las personas y los tiempos y las tradiciones y las culturas. Si utilizamos el pasado exclusivamente para crear héroes para nuestros propósitos actuales, jamás comprenderemos la riqueza del pensamiento humano o la pluralidad de los modos de conocimiento.

La causa última inspiró la más grande de todas las teorías geológicas, pero no podemos ya utilizarla para objetos físicos. Esta pérdida creativa forma parte del legado de Darwin, una bienvenida y fructífera retirada de la arrogante idea de que algún poder divino creó todo lo que hay sobre la Tierra, para facilitar e informar nuestras vidas. La extensión de esta pérdida me llamó la atención recientemente al leer un pasaje procedente de los trabajos de Edward Blyth, uno de los más importantes creacionistas de tiempos de Darwin. Escribió acerca de la belleza y la sabiduría «tan magníficamente ejemplificadas en la adaptación de la perdiz blanca a la cumbre de las montañas y de la cumbre de las montañas a los hábitos de la perdiz blanca». Y me di cuenta de que esta breve línea expresaba todo el poder de lo que había hecho Darwin; ya que, si bien podemos seguir hablando de la adaptación de la perdiz blanca a la montaña, no podemos ya considerar que la montaña está adaptada a la perdiz blanca. En esta pérdida yacen todo el gozo y el terror de nuestra actual visión de la vida.

7

Las antraconitas de Oeningen

En su manifiesto en favor de una ciencia de la paleontología, Georges Cuvier comparó nuestro desconocimiento del tiempo geológico con nuestro dominio del espacio astronómico. En 1812, en el discurso preliminar a su gran trabajo en cuatro volúmenes acerca de los huesos de los vertebrados fósiles, escribió:

El genio y la ciencia han derribado los límites del espacio y [...] han desvelado el mecanismo del universo. ¿No sería también glorioso que el hombre derribara los límites del tiempo? [...] Los astrónomos, sin duda, han avanzado con mayor rapidez que los naturalistas, y el presente período, en lo referente a la teoría de la Tierra, guarda ciertas semejanzas con aquel período en el que algunos filósofos pensaban que los cielos estaban formados por piedra pulida y que la Luna no era más grande que el Peloponeso; pero, después de Anaxágoras, hemos tenido nuestros Copérnicos, nuestros Keplers, que indicaron el camino a Newton; y ¿por qué no habría de tener algún día su Newton la historia natural? [He seguido la famosa traducción de 1817 de Jameson, que es tan canónica para el *Discours préliminaire* de Cuvier, como la de su homónimo, el rey Jacobo,* lo es para Moisés; de ahí la existencia de algunos agradables arcaísmos en el texto, aunque en todos los casos he comprobado el original para asegurarme de su precisión.]

Cuvier, un hombre ambicioso, tal vez tuviera ciertas esperanzas personales, aunque Darwin (cuyos restos mortales yacen junto a los de

---

* La Biblia del rey Jacobo, la versión autorizada por la Iglesia anglicana y la más usada por los protestantes. (*N. del r.*)

Newton en la abadía de Westminster) ha sido, en general, el que se ha hecho acreedor al título? Con todo, a Cuvier no se le dio nada mal. Sus sucesores inmediatos, al menos en Francia, normalmente se referían a él llamándole el Aristóteles de la biología.

El centenario de la muerte de Darwin (ocurrida en abril de 1882) ha producido una serie de celebraciones en todo el mundo. Pero 1982 marca también el ciento cincuenta aniversario de la muerte de Cuvier (1769-1832), y nuestro Aristóteles extemporáneo ha despertado poco interés. ¿por qué Cuvier, sin duda el mayor gigante de su época, se ha visto eclipsado (al menos a los ojos del público) en nuestro tiempo? En cuanto a su potencia intelectual, y en cuanto a la amplitud y alcance de su producción, Cuvier iguala fácilmente a Darwin. Fundó virtualmente las ciencias actuales de la paleontología y de la anatomía comparada y produjo algunos de los primeros (y más hermosos) mapas geológicos. Más aún, y al contrario que Darwin, era una figura pública y política relevante, un brillante orador y un alto funcionario de gobiernos que abarcaron desde la Revolución hasta la Restauración. Charles Lyell, el gran geólogo inglés, visitó a Cuvier durante el apogeo de su influencia y describió el orden y el sistema que tenía por resultado tan prodigioso ritmo de producción en un solo hombre:

> Conseguí entrar en el *sancta sanctorum* de Cuvier ayer, y es realmente característico de él. Por doquiera pone de relieve ese extraordinario carácter metódico que es el gran secreto de los prodigiosos logros que consigue año tras año sin esfuerzo aparente [...] Está en primer lugar el Museo de Historia Natural, frente a su casa, que tan admirablemente ha sido dispuesto por él; después, el Mudeo de Anatomía, conectado con su alojamiento. En este existe una biblioteca dispuesta en una serie de habitaciones, cada una de las cuales contiene obras dedicadas a un solo tema. En una de ellas están todos los trabajos acerca de la ornitología; en otra los dedicados a la ictiología; en otra los de osteología, y en otra más ¡hay libros de *leyes*!, etc. [...] Su estudio no contiene estanterías. Es una habitación más bien larga, confortablemente amueblada, iluminada desde arriba, con once pupitres a los cuales puede uno acercarse a trabajar, y dos mesas bajas, como una oficina pública para otros tantos funcionarios. Pero todo esto es para el uso de un solo hombre, que se multiplica como autor y, sin admitir la entrada de nadie, en esta habitación se desplaza, según sus necesidades o su capricho, de una ocupación a otra. Cada mesa está equipada con un juego completo de tintero, plumas, etc. Varias de las mesas tienen una campanilla indepen-

diente. Las mesas bajas son para sentarse a ellas cuando está cansado. Sus colaboradores no son numerosos, pero siempre son bien escogidos. Le ahorran todos los trabajos rutinarios, le localizan referencias, etc.; rara vez son admitidos al interior del estudio y reciben órdenes y no hablan.

Cuvier ha sufrido sobre todo porque la posteridad ha considerado incorrectas las dos conclusiones fundamentales que motivaban su trabajo en la biología y la geología: su fe en la fijeza de las especies y su catastrofismo. Dado que estar equivocado es un pecado intelectual de primer orden cuando juzgamos el pasado por su aproximación a la sabiduría actual, a Cuvier deben adscribírsele motivaciones dudosas. ¿Cómo puede uno explicar por qué un hombre tan brillante se alejó tanto de la verdad? Cuvier pasa así a convertirse en una lección objetiva para los aspirantes a científicos. Cuvier tuvo que fracasar por permitir que los prejuicios oscurecieran la verdad objetiva. Tanto su creacionismo como el catastrofismo geológico que supuestamente consiguieron encajar nuestra Tierra en la cronología mosaica tuvieron que ser dictados por la teología convencional. Consideren esta valoración de Cuvier ofrecida por un importante libro de texto actual sobre geología:

> Cuvier creía que el diluvio universal había sido, en efecto, universal y había preparado la Tierra para sus actuales habitantes. A la Iglesia le satisfizo mucho disfrutar del apoyo de un científico tan eminente, y no hay duda de que la gran reputación de Cuvier supuso un retraso en la aceptación de los más razonables criterios que finalmente prevalecieron.

Dedico este ensayo a la defensa de Cuvier (que, a mi modo de ver, es, junto con Darwin y Karl Ernst von Baer, el más grande de los historiadores naturales del siglo xix). Pero no pretendo hacerlo al modo habitual de los historiadores: demostrando que las creencias de Cuvier no tenían sus raíces en prejuicios irracionales, sino que, por una parte, surgieron del contexto científico y social de su propio tiempo y, por otra, fueron mucho más allá de él. Tampoco (evidentemente) pretendo defender el creacionismo de Cuvier ni más que una mínima parte de su catastrofismo. En lugar de ello, pretendo argumentar que Cuvier utilizó precisamente las doctrinas por las que ha sido condenado (el creacionismo y el catastrofismo) como estrategias específicas y altamente fructíferas de investigación, para establecer la base de la geología moderna: el registro estratigráfico de los fósiles y su larga cronología concomitante de la historia de la Tierra. Algunos tipos de verdad tal vez requieran ser perseguidos con miras largas y estrechas, pero los senderos que llevan a la visión científica son tan retorcidos y complejos como la mente humana.

A menudo se retrata a Cuvier como una especie de especulador de café debido a que sus conclusiones son hoy consideradas incorrectas y el error, supuestamente, aparece por aversión a los datos fiables. De hecho, era un empírico convencido. Arremetía contra la tradición establecida en la geología de construir «teorías generales de la Tierra» con una atención mínima a las rocas y los fósiles. «Los naturalistas —escribió— parecen no tener prácticamente idea de lo apropiado que resulta investigar los hechos antes de construir sus sistemas.» (Cuvier incluye, correctamente, a Hutton, el personaje central del ensayo anterior, entre los constructores de sistemas, aunque confiesa que siente más simpatía por su colega escocés que por la mayor parte de los demás miembros de su grupo.)

Por el contrario, razona Cuvier, debemos buscar algún criterio empírico para desenmarañar la historia de la Tierra. Pero ¿cuál puede ser este? ¿Qué ha cambiado con la magnitud y regularidad suficientes como para servir de indicador del tiempo? Cuvier reconoció que la biología de las rocas no podía servir, ya que las areniscas y las pizarras se parecen bastante, ya aparezcan en la parte superior o en la inferior de las secuencias estratigráficas. ¿Qué hay, pues, de los fósiles enterrados en las rocas?

La idea de que los fósiles son un reflejo de la historia es hoy día tan común que tendemos a considerarla como una verdad antiquísima. No obstante, en tiempos de Cuvier, fue una cuestión muy debatida, cuando la discusión se centró en si las especies podían o no extinguirse; ya que sin la extinción todos los organismos son coetáneos y los fósiles no pueden dar una medida del tiempo (a menos que sigan acumulándose formas nuevas y podamos datar las rocas por sus primeras apariciones. Pero una Tierra finita parece hacer imposible una adición continua sin una correlativa sustracción).

Muchos de los ilustres coetáneos de Cuvier (incluyendo a Thomas Jefferson, quien, cuando no estaba ocupado con otras cuestiones, dedicó un artículo al tema) argumentaban con vehemencia que la extinción no era posible. Cuvier decidió que las defensas apriorísticas (y a menudo explícitamente bíblicas) de la no extinción carecían por completo de valor y que la cuestión tendría que ser resuelta empíricamente. Pero los anteriores estudios sobre vertebrados fósiles (su especialidad) habían sido abordados al modo insensato de una simple colección. Los fósiles habían sido recogidos fundamentalmente como curiosidades; pero los científicos deben *hacerse preguntas* y recolectar sistemáticamente a la luz de las mismas.

Otros naturalistas, es cierto, han estudiado los restos fósiles de cuerpos organizados; han recolectado y representado miles de ellos y su trabajo servirá sin duda como un valioso almacén de materiales. Pero, al considerar estos animales y plantas en sí mismos, en lugar de verlos en su relación con la teoría de la Tierra, o al considerar su petrificación [...] como meras curiosidades, en lugar de como documentos históricos [...], han pasado casi siempre por alto la investigación de las leyes generales que afectan a su posición, o la relación de los fósiles extraños con los estratos en los que son hallados.

Cuvier pasa entonces a ofrecernos un compendio de dos páginas de preguntas, un vademécum del empírico para combatir la vieja tradición especulativa.

¿Existen ciertas plantas y animales peculiares de determinados estratos que no aparezcan en otros? ¿Qué especies son las que aparecen las primeras y las que vienen después? ¿Acompañan alguna vez estos dos tipos de especies las unas a las otras? ¿Existen alteraciones en su apariencia; o, en otras palabras, aparece la primera especie por segunda vez, desapareciendo entonces la segunda?

Pero este programa de investigación para el establecimiento de un registro geológico no puede funcionar a menos que la extinción sea un hecho común en la naturaleza, y los organismos primitivos estén, por consiguiente, confinados a rocas de edades concretas y restringidas. El gran trabajo en cuatro volúmenes de Cuvier (*Recherches sur les ossements fossiles*) constituye una larga demostración de que los huesos fósiles pertenecen a mundos perdidos y a especies extintas.

Cuvier utilizó la anatomía comparada de los vertebrados actuales para asignar sus fósiles a especies extintas. Dado que los fósiles siempre aparecen en fragmentos, un diente aquí o un fémur allá, se hacía necesario elaborar algún método para reconstruir el todo a partir de fragmentos escasos y para averiguar si ese todo reconstruido camina aún entre los vivos. Pero ¿qué principios deben gobernar la reconstrucción del todo a través de sus partes? ¿Puede hacerse? Cuvier reconoció que necesitaba estudiar la anatomía de organismos modernos (donde disponemos de especímenes completos) para averiguar el modo de interpretar los fragmentos del pasado. El segundo párrafo de su ensayo presenta este programa de investigación:

> Como anticuario de un nuevo orden, me he visto obligado a aprender el arte de descifrar y restaurar estos restos, de descubrir y juntar, en su disposición primitiva, los fragmentos dispersos y mutilados de los que están compuestos [...] Tuve que prepararme para estas investigaciones por medio de otras mucho más amplias en torno a los animales que existen aún. Nada, excepto un repaso casi completo de la creación en su estado presente, podría otorgar el carácter de demostración a los resultados de mi investigación acerca de su estado primitivo; pero esta revisión me ha proporcionado, al mismo tiempo, un cuerpo de normas y afinidades que han quedado no menos satisfactoriamente demostradas; y la totalidad del reino animal se ha visto sometida a nuevas leyes como consecuencia de este ensayo acerca de una pequeña parte de la teoría de la Tierra.

Como regla cardinal para la reconstrucción, Cuvier concibió un principio que denominó «correlación entre las partes». Los animales son estructuras exquisitamente diseñadas e integradas, una especie de máquinas newtonianas perfectas. Cada parte implica la siguiente, y cada fragmento lleva la implicación de un todo: una versión grandiosa de aquel inmortal comentario acerca de la visión de Ezequiel, «el hueso del pie está conectado con el hueso del tobillo...».

Cuvier presenta la ley de la correlación como si fuera posible aplicarla por exclusiva mediación de la razón, utilizando los principios de la mecánica animal:

> Cada individuo organizado constituye un sistema completo por derecho propio, en el que todas las partes se corresponden mutuamente [...] Por lo tanto, ninguna de estas partes separadas puede cambiar de forma sin un cambio correspondiente en las demás partes del mismo animal, y, por consiguiente, cada una de estas partes, tomadas por separado, indica todas las demás partes a las que ha pertenecido [...] Si las vísceras de un animal están preparadas para ser útiles tan solo en la digestión de carne recién muerta, es también necesario que las mandíbulas estén construidas de modo que puedan devorar a la presa; las garras deben estar construidas para aferrar y

desgarrar la presa; los dientes para cortar y dividir su carne; el sistema de extremidades u órganos de la movilidad, para la persecución y captura, y los órganos de los sentidos para descubrir la presa desde la distancia [...] Así pues, si comenzamos nuestra investigación con una revisión cuidadosa de cualquier hueso aislado, una persona suficientemente versada en las leyes de la estructura orgánica podría, como quien dice, reconstruir la totalidad del animal al que perteneció el hueso.

El principio de correlación de Cuvier subyace en ese mito popular de que los palentólogos son capaces de ver un dinosaurio completo en una única vértebra. (Cuando yo era un niño creía en esta leyenda, y en una ocasión llegué a desesperar de estudiar la profesión que había elegido porque no conseguía imaginarme de qué modo iba a conseguir obtener un conocimiento tan maravilloso y arcano.) El principio de Cuvier podría aplicarse en su sentido más general: si encuentro una mandíbula con dientes débiles y chatos, no espero encontrar las afiladas garras de un carnívoro en las patas que la acompañan. Pero un solo diente no puede decirme cómo de largas serán las patas, cómo de afiladas las garras y ni siquiera cuántos dientes más había en la mandíbula. Los animales son paquetes de accidentes históricos, no máquinas perfectas y predecibles.

Cuando un paleontólogo coge un diente y exclama: «¡Ajá, un rinoceronte!», no está efectuando un cálculo por medio de las leyes de la física, simplemente está haciendo una asociación empírica: los dientes con una forma tan peculiar (y los dientes del rinoceronte son realmente singulares) jamás se han encontrado en ningún otro animal. Ese único diente implica un cuerno y una piel gruesa tan solo debido a que todos los rinocerontes comparten esos caracteres, y no porque las leyes deductivas de la estructura orgánica declaren necesaria esa conexión. Cuvier, de hecho, era perfectamente consciente de que actuaba por asociación empírica (y no por inferencia lógica), aunque consideraba su método de observación como una vía de paso imperfecta hacia una futura morfología racional:

Dado que todas estas conformaciones relativas son constantes y regulares, podemos estar seguros de que dependen de alguna causa suficiente; y, dado que no estamos familiarizados con esa causa, debemos aquí suplir la falta de teoría por la observación y, de este modo, dejar sentadas las reglas empíricas necesarias que son casi tan seguras como aquellas deducidas de

principios racionales, en especial si son establecidas a través de una observación cuidadosa y repetida. Por consiguiente, todo aquel que observe
simplemente la huella de una pezuña hendida, podrá concluir que es la
huella de un animal rumiante y considerar esta conclusión tan segura como
cualquier otra conclusión extraída en el terreno de la física o de la moral.

Dado que Cuvier desconocía las leyes de una morfología racional
(hoy día sospechamos que no existen en la forma que él anticipaba), siguió adelante utilizando su método favorito de catalogación empírica.
Amasó una enorme colección de esqueletos de vertebrados y tomó nota
de una asociación invariante de partes por observaciones repetidas. A
partir de aquí podía utilizar su catálogo de esqueletos recientes para
decidir si los fósiles pertenecían o no a especies extintas. La Tierra, argumentaba, ha sido explorada con suficiente interés (al menos en busca
de mamíferos terrestres de gran tamaño) como para asegurar que los
huesos fósiles que se salen del abanico de los esqueletos modernos deben representar especies desaparecidas.

Los cuatro volúmenes del tratado de 1812 constituyen una única y
extensa argumentación en favor de la extinción, la correspondiente utilidad de los vertebrados fósiles para la evaluación de las edades relativas
de las rocas y la consiguiente antigüedad de la Tierra. La introducción, el
Discours préliminaire, plantea principios básicos. En su primera monografía técnica no existen, para Cuvier, según estudios realizados sobre
aves modernas y los restos momificados del ibis egipcio, diferencias de
ningún orden entre las aves actuales y las procedentes de los comienzos
de la historia escrita, tal y como entonces era concebida. La creación actual tiene, por tanto, una antigüedad considerable; si las especies extintas
habitaban mundos todavía anteriores, la Tierra debería ser verdaderamente muy antigua. La siguiente serie de monografías discute la anatomía detallada de grandes mamíferos hallados en los estratos geológicos
más superiores: alces irlandeses, rinocerontes lanudos y toda una variedad de elefantes fósiles (mamuts y mastodontes). Son similares a sus parientes actuales, pero los tamaños y formas de sus fragmentarios huesos
se encuentran fuera de la norma de nuestros días y no se correlacionan
con los esqueletos normales de formas actuales (no existe ciervo hoy día
capaz de mantener enhiestas las astas de un alce irlandés). Por consiguiente, la extinción es un hecho y la vida sobre la Tierra tiene una historia. Las monografías finales demuestran que los huesos más antiguos
pertenecieron a animales aún más distintos a las especies actuales. La

historia de la vida tiene una dirección, y una gran antigüedad si ha atravesado tantos ciclos de creación y destrucción.

Cuvier no ofreció una interpretación evolucionista a la dirección que había discernido, dado que el mismo principio que utilizó para establecer el hecho de la extinción (la correlación entre las partes) dejaba de lado toda posibilidad de concebir el proceso evolutivo. Si las partes de un animal son hasta tal punto interdependientes que cada una de ellas implica la forma exacta de todas las demás, cualquier cambio exigiría la remodelación total del cuerpo entero, y ¿qué proceso podría lograr semejante cosa de golpe? La dirección de la historia de la vida debía reflejar una secuencia de creaciones (y subsiguientes extinciones), cada una de ellas de un carácter más moderno. (Hoy día no rechazaríamos la inferencia de Cuvier, sino su premisa inicial de una correlación estrecha y ubicua. La evolución tiene un carácter de mosaico, desarrollándose a ritmos diferentes en diferentes estructuras. Las partes de un animal son, en gran medida, disociables, lo que permite que se produzca un cambio histórico continuado.)

Así pues, irónicamente, la premisa incorrecta que ha sellado la suerte de Cuvier en nuestros días (su creencia en la fijeza de las especies) fue la base de su más grande contribución al pensamiento humano y al empirismo científico: la prueba de que la extinción otorga a la vida una rica historia y a la Tierra una gran antigüedad. (Señalaré también que el creacionismo de Cuvier —buena ciencia en su día— probó la falsedad, hace más de ciento cincuenta años, del punto clave del creacionismo fundamentalista moderno: que la Tierra tiene tan solo unos miles de años de antigüedad; véanse los ensayos de la sección 5.)

La reputación de Cuvier recibió un segundo golpe por su adhesión a (y parcial invención de) la teoría geológica del catastrofismo, una compleja doctrina de multitud de facetas, pero que se centra en la afirmación de que el cambio geológico se concentra en escasos períodos de paroxismo a escala prácticamente global: inundaciones, fuegos, elevación de las montañas, fractura y hundimiento de los continentes; en pocas palabras, todos los componentes habituales del apocalipsis. Cuvier, claro está, ligó el catastrofismo a su teoría de creaciones sucesivas y de sucesivas extinciones, identificando los paroxismos geológicos como agentes de las debacles en la fauna.

Una perversa lectura de la historia había llevado a la conclusión habitual de que, como ocurre en la valoración de aquel libro de texto acerca de Cuvier que citábamos antes, el catastrofismo no era más que una

6. Esqueleto momificado de un ibis egipcio. De *Ossements fossiles* de Cuvier, de 1812. Cuvier demostró que esta ave es idéntica a los ibis modernos y que no se había producido cambio orgánico alguno en el transcurso del largo período de tiempo entre el antiguo Egipto y nuestros días. Dado que en períodos anteriores se habían producido tantos cambios, la Tierra debía ser enormemente antigua.

cortina de humo anticientífica por parte de la retaguardia teológica con el fin de introducir el diluvio universal bajo el cobijo de la ciencia y justificar una comprensión de la historia de la Tierra para que encajara en la cronología mosaica. Por supuesto, si la Tierra tuviera unos pocos miles de años de antigüedad, solo podríamos explicar la vasta panoplia de cambios en ella observados apelotonándolos en unos pocos episodios de destrucción a escala mundial. Pero lo contrario no se sostiene: la afirmación de que la Tierra se ve ocasionalmente atacada por paroxismos no dicta conclusión alguna acerca de su edad. La Tierra podría seguir teniendo miles de millones de años de antigüedad y sus cambios estar concentrados en escasos episodios de destrucción generalizada.

El eclipse de Cuvier está inundado de ironía, pero no existe elemento de su denigración que sea más curiosamente injusto que la acusación de que su catastrofismo refleja un compromiso teológico con sus ideales científicos. En los grandes debates de comienzos del siglo XIX en torno a la geología, los catastrofistas aplicaban el método estereotipado de la ciencia objetiva, el literalismo empírico. Creían en lo que veían, no interpolaban nada y leían el registro geológico directamente. Este registro, leído literalmente, refleja discontinuidad y transiciones abruptas: desaparecen faunas enteras; hay rocas terrestres encastradas bajo rocas marinas sin entornos de transición entre las unas y las otras; los sedimentos horizontales cubren estratos retorcidos y fracturados de una era anterior. Los uniformistas, oponentes tradicionales del catastrofismo, no triunfaron porque leyeran el registro más objetivamente. Más bien, los uniformistas, como Lyell y Darwin, abogaban por un método más sutil y *menos* empírico: utilizar la razón y la inferencia para obtener la información que falta y que una evidencia imperfecta no puede aportar. El registro es discontinuo, pero en las transiciones que faltan hay un cambio gradual. Por citar un experimento mental de Lyell: si el Vesubio entrara de nuevo en erupción enterrando una ciudad moderna situada inmediatamente encima de Pompeya, ¿registrarían las abruptas transiciones del latín al italiano, de las tablillas de arcilla a la televisión, un salto histórico real o dos mil años de datos ausentes? Yo no me caracterizo por ser especialmente partidario del cambio gradual, pero sí defiendo el método histórico de Lyell y Darwin. El literalismo empírico, en crudo, es incapaz de trazar el mapa de un mundo complejo e imperfecto. Aun así, parece injusto que los catastrofistas, que llegaron casi a constituir una caricatura de la objetividad y la fidelidad a la naturaleza, se vean etiquetados con la acusación de que abandonaron el mundo real a cambio del de sus biblias.

La metodología de Cuvier pudo ser ingenua, pero no puede uno por menos que admirar su fe en la naturaleza y su celo por construir un mundo por medio de la observación paciente y directa, en lugar de hacerlo por decreto o dejando rienda suelta a su imaginación. Su rechazo de la doctrina recibida como fuente de verdad necesaria es, tal vez, más evidente en la misma sección del *Discours préliminaire* que parece, a primera vista, defender la infalibilidad de la Biblia: su defensa del diluvio universal. Argumenta en favor de una inundación a nivel mundial alrededor de cinco mil años atrás, y cita, en efecto, a la Biblia en su apoyo. Pero su discusión de treinta páginas es un compendio literario y etnográfico de todas las tradiciones, desde las caldeas hasta las chinas. Y pronto llegamos a comprender que Cuvier le ha dado la vuelta a la habitual tradición apologética. No invoca a la geología y la tradición no cristiana como decorado para afirmar «Me lo dice la Biblia». Más bien utiliza la Biblia como una fuente más, entre otras muchas de igual valor, en su busca de pista para desenmarañar la historia de la Tierra. El relato de Noé no es más que una versión local altamente imperfecta del más reciente paroxismo de importancia.

Como norma general, siempre me fijo en los últimos párrafos como indicadores del carácter esencial de un libro. Los tratados generales de tipo dogmático proclaman una unión de todo el conocimiento, o nos dicen, en términos nada ambiguos, qué significa *todo* de cara al futuro físico y el desarrollo moral del hombre. La conclusión a la que llega Cuvier es reveladora por su sorprendente contraste en estilo. No hay tambores ni grandes afirmaciones acerca de las implicaciones del catastrofismo para la historia del hombre. Cuvier se limita a presentar una lista de diez páginas de problemas destacados en la geología estratigráfica. «Me parece —escribe— que una historia consecutiva de tan singulares depósitos resultaría infinitamente más valiosa que tantas conjeturas contradictorias acerca de los primeros orígenes del mundo y otros planetas.» Recorre Europa a todo lo largo de la columna geológica, ofreciendo sugerencias para trabajos empíricos: estudiar depósitos aluviales recientes en el Po y el Arno, excavar en las canteras de yeso de Aix y París, recolectar «grifitas, los *cornua ammonis* y los *entrochi*» que podrían abundar en la Selva Negra. «Seguimos sin información acerca de la posición real de las placas de antraconitas de Oeningen, que, según dicen, están llenas de restos de peces de agua dulce.»

Un hombre capaz de finalizar uno de los más grandes tratados *teóricos* de la historia natural pidiendo que se desenmarañe la posición estratigráfica y el contenido faunístico de las antraconitas de Oeningen comprendía, del modo más profundo posible, qué es realmente la ciencia. Podemos refocilarnos para siempre jamás en lo concebible; pero la ciencia trata de lo factible.

8

Agassiz en las Galápagos

Tuve en tiempos una profesora de inglés que utilizaba como texto un libro en rústica barato, comprado en un *drugstore*, llamado *Word Power Made Easy* (La fuerza de las palabras de manera fácil), en lugar de los insípidos textos oficiales disponibles. Contenía algunas palabras peliagudas, y nos iba sacando por turnos para que diéramos definiciones. Jamás olvidaré el espectáculo de cinco niños en fila negando todo conocimiento del significado de la palabra «ninfomanía», tal vez una de las pocas palabras que uno puede estar seguro que todo el mundo ha aprendido con avidez. La sexta en la fila era la inocente de la clase; se sonrojó y pasó a ofrecernos una definición sobria y precisa con su dulce y tranquila vocecilla. Bendita sea en nombre de todos nosotros y nuestra cobarde vergüenza; espero que todo le haya ido bien desde la última vez que nos vimos, el día de nuestra graduación.

La ninfomanía me excitaba hasta mi pubescente médula, pero dos palabras apareadas de aquella misma lección (anacronismo e incongruencia) me interesaron aún más por las extrañas sensaciones que me inspiraban. Nada despierta una mayor mezcla de fascinación y desasosiego en mí que los objetos o las personas que parecen estar en el lugar o momento equivocados. Las cosas *pequeñas* que ofenden al sentido del orden resultan las más turbadoras. Así, me quedé anonadado al enterarme, en 1965, de que Alexander Kerensky estaba vivo, bien y pasando sus días como emigrado ruso en Nueva York. ¿Kerensky, el hombre que precedió a los bolcheviques en 1917? ¿Kerensky, tan ligado a Lenin y a los tiempos pretéritos en mi pensamiento, seguía entre nosotros? (Murió, de hecho, en 1970, a los ochenta y nueve años de edad.)

En julio de 1981, a bordo de un barco que se dirigía a las islas Galápagos, me di de bruces con una incongruencia que me impresionó igual de fuertemente. Estaba escuchando una conferencia cuando una frase suelta se me clavó en el cerebro. «Louis Agassiz —dijo aquel hombre— visitó las Galápagos y realizó recolecciones científicas allí en 1872.» ¿Cómo? ¿El adalid de los creacionistas, el último baluarte en contra de Darwin en las Galápagos, la tierra que simboliza la evolución y que provocó la conversión del propio Darwin? Lo mismo podía uno hacer que un cristiano peregrinase a La Meca. Resultaba tan incongruente como un presidente de los Estados Unidos representando a un lanzador de béisbol borracho en la Liga Mundial de 1926.

Louis Agassiz fue, sin duda alguna, el naturalista más importante y más influyente de la Norteamérica del siglo XIX. Suizo de nacimiento, fue el primer gran biólogo teórico europeo en hacer de Estados Unidos su hogar. Tenía atractivo, ingenio y abundantes contactos, y arrolló a los brahmanes* de Boston. Era amigo íntimo de Emerson, Longfellow y de cualquiera que tuviera alguna relevancia en la ciudad más patricia de los Estados Unidos. Publicó y recolectó dinero con igual celo y, prácticamente, estableció la historia natural como disciplina profesional en Norteamérica; de hecho, yo estoy escribiendo este artículo en el gran museo que él mismo construyó.

Pero el verano de fama y fortuna de Agassiz se convirtió en un invierno de dudas e indecisiones. Era coetáneo de Darwin (tenía dos años más que este), pero su mente estaba totalmente poseída de la visión creacionista del mundo y de la filosofía idealista que había aprendido de los grandes científicos europeos. Su erudición, que tanto agradaba a los rústicos de Norteamérica, se convirtió en su ruina; Agassiz no podía ajustarse al mundo de Darwin. Todos sus estudiantes y sus colegas se convirtieron en evolucionistas. Él luchó y batalló, ya que a nadie le agrada ser un marginado intelectual. Agassiz murió en 1873, triste e intelectualmente aislado, pero insistiendo aún en que la historia de la vida refleja un plan divino, predeterminado, y que las especies son las encarnaciones creadas de ideas en la mente de Dios.

Agassiz, no obstante, visitó las Galápagos un año antes de su muerte. Mi ignorancia de esta incongruencia es, al menos en parte, excusable, dado que él jamás mencionó una palabra acerca de su viaje ni en discursos ni en publicaciones. ¿Por qué este silencio, cuando el último

---

* Intelectuales pretenciosos. (*N. del r.*)

año de su vida está repleto de documentos y pronunciamientos? ¿Qué fue a buscar allí? ¿Qué impacto le produjeron aquellos pinzones y aquellas tortugas? ¿Acaso la tierra que tanto inspiró a Darwin, alimentando su transición de predicador en ciernes a agnóstico evolucionista, no hizo nada por Agassiz? ¿No resulta este silencio tan curioso como la misma visita de Agassiz? Estas preguntas me estuvieron preocupando durante toda mi estancia en las Galápagos, pero no pude descubrir las respuestas hasta haber regresado a la biblioteca que el propio Agassiz había fundado hacía más de un siglo.

El amigo de Agassiz Benjamin Peirce se había convertido en el superintendente de la Inspección Costera. En febrero de 1871 escribió a Agassiz ofreciéndole para su uso el *Hassler*, un vapor adecuado para el dragado en alta mar. Sospecho que Peirce tenía un poderoso motivo oculto aparte del deseo de recolectar algunos peces abisales: esperaba que el estancamiento intelectual de Agassiz pudiera romperse mediante un largo viaje con una exposición directa a la naturaleza. Agassiz había invertido tanto tiempo en obtener dinero para su museo y haciendo política con la historia natural en Norteamérica que su contacto con los organismos no pertenecientes a la especie humana había cesado prácticamente. La vida de Agassiz ponía en cuestión su propio lema: estudiad la naturaleza, no los libros. Tal vez pudiera ser devuelto a la modernidad por un renovado contacto con la fuente original de su fama.

Agassiz entendió esto más de lo que su amigo se figuraba y aceptó encantado la oferta de Peirce. Los amigos de Agassiz se regocijaron, ya que a todos les entristecía el endurecimiento intelectual de una mente tan brillante. El propio Darwin le escribió al hijo de Agassiz: «Por favor, ofrézcale mis más sinceros respetos a su padre. Qué hombre maravilloso tiene que ser para que se le haya ocurrido rodear el cabo de Hornos; si hace el viaje, deseo que pueda atravesar el estrecho de Magallanes». El *Hassler* zarpó de Boston en diciembre de 1871, recorrió la costa oriental de América del Sur, satisfizo las esperanzas de Darwin atravesando el estrecho de Magallanes, subió por la costa occidental de América del Sur y llegó a las Galápagos (en el ecuador, a 600 millas de la costa de Ecuador) el 10 de junio de 1872, y finalmente atracó en San Francisco el día 24 de agosto.

Se sugiere inmediatamente una posible explicación del silencio de Agassiz. Las Galápagos están como «muy de camino» en la ruta de Agassiz. Tal vez el *Hassler* se detuviera tan solo a cargar provisiones, estando simplemente de paso. Tal vez el crucero estuviera tan dedicado al dra-

7. Agassiz, a la izquierda, y su amigo Benjamin Peirce, que organizó su viaje
a las Galápagos (fotografía por cortesía de la colección Granger).

gado en mares profundos y a las observaciones de Agassiz de los glaciares de los Andes australes, que las Galápagos no constituyeran nada de
especial interés.

Esta explicación tan sencilla es claramente incorrecta. De hecho,
Agassiz planeó el viaje del *Hassler* como puesta a prueba de la teoría
evolucionista. El propio dragado no tenía por objeto recolectar simplemente organismos desconocidos, sino más bien obtener evidencias que
Agassiz esperaba que establecieran la validez intelectual de su creacionismo ya agonizante. En una notable carta dirigida a Peirce, escrita justamente dos días antes de la partida del *Hassler*, Agassiz manifestaba
qué era exactamente lo que esperaba encontrar en sus dragados a gran
profundidad.

Agassiz creía que Dios había establecido un plan predeterminado
para la historia de la vida y que después se había dedicado a crear especies en la secuencia apropiada, a lo largo del tiempo geológico. Dios se
encargaba de ajustar los ambientes al plan preconcebido de la creación.
La adecuación de la vida a su ambiente no refleja el seguimiento evolutivo del cambio climático por parte de los organismos, sino más bien la
construcción de ambientes por parte de Dios para que se ajustaran al

plan de la creación: «El mundo animal, determinado desde un principio, ha sido la causa de los cambios físicos experimentados por nuestro mundo», le escribió Agassiz a Peirce. Después aplicó este razonamiento, curiosamente invertido, a la creencia, por aquel entonces generalizada y hoy día desacreditada, de que la profundidad de los océanos constituía un reino carente de cambios o amenazas: un mundo frío, calmo y constante. Dios solo podía haber creado tal entorno para los organismos más primitivos de cada grupo. Las profundidades de los océanos albergarían, pues, representantes vivos de los organismos simples hallados como fósiles en rocas muy antiguas. Dado que la evolución exige un cambio progresivo a lo largo del tiempo, la persistencia de estas formas sencillas y primitivas supondría la bancarrota de la teoría darwinista. (No creo que Agassiz comprendiera jamás que el principio de la selección natural no predice un progreso global e inexorable, sino tan solo la adaptación a ambientes locales. La persistencia de formas sencillas en unas profundidades marinas constantes hubiera satisfecho tanto a la teoría darwinista como al Dios de Agassiz. Pero las profundidades no son constantes, y la vida que las habita no es primitiva.)

La carta a Peirce exhibe esa mezcla de desasosiego psicológico y cabezonería intelectual tan característica de la oposición de Agassiz a la evolución en sus años finales. Sabe que el mundo se burlará de sus ideas, pero sigue dispuesto a llevarlas adelante hasta el punto de hacer predicciones específicas a pesar de todo: el descubrimiento de organismos vivos «antiguos» en las profundidades del mar.

> Estoy deseoso de dejar en sus manos un documento que puede resultar muy comprometedor para mí, pero que, aun así, estoy decidido a escribir con la esperanza de mostrar dentro de qué límites ha avanzado la historia natural hacia ese punto de madurez en el que una ciencia es capaz de anticipar el futuro descubrimiento de nuevos datos. Si existe, como yo creo, un plan con arreglo al cual las afinidades existentes entre los animales y el orden de su sucesión en la naturaleza fueron determinados desde el principio [...] si este mundo nuestro es obra de la inteligencia, y no meramente el producto de la fuerza y la materia, la mente humana, como parte del todo, debería sintonizar tan bien con él, por lo que sabemos, que bien podría alcanzar lo desconocido.

Pero Agassiz no se hizo a la mar solo para poner a prueba la evolución en términos abstractos. Escogió su ruta como desafío a Darwin, ya que virtualmente recorrió de nuevo (y conscientemente) la parte principal del itinerario del *Beagle*. Las Galápagos no fueron una estación de paso convenientemente situada, sino una parte básica del plan. Su silencio posterior se vuelve aún más curioso.

El *Beagle* circumnavegó el globo, pero el viaje de Darwin fue básicamente una expedición de reconocimiento de la costa suramericana. La ruta de Agassiz, por consiguiente, siguió los pasos esenciales de Darwin (al menos de forma física, si no intelectual). No es posible leer la narración de la expedición del *Hassler* escrita por Elizabeth Agassiz sin percibir su asombrosa (y evidentemente no accidental) similitud con la famosa narración de Darwin del viaje del *Beagle*. (Elizabeth acompañó a Louis en el viaje.) Darwin se concentró fundamentalmente en la geología y lo mismo hizo Agassiz. Tal vez el viaje fuera anunciado como una expedición para realizar dragados, pero Agassiz estaba enormemente interesado en llegar a la Suramérica austral para probar su teoría de una era glacial global. Había estudiado las estilaciones y las morrenas glaciales en el hemisferio norte y había determinado que una gran sábana de hielo había descendido en el pasado desde el norte. (Las estriaciones son arañazos producidos en el lecho de roca por las piedras adheridas a la base de los glaciares. Las morrenas son colonias de detritos empujadas por el flujo del hielo a la parte frontal y los laterales de los glaciares.) Si la era glacial había sido global, la existencia de estuaciones y morrenas en Suramérica indicaría que se había producido simultáneamente una extensión de los hielos desde el continente antártico. Las predicciones de Agassiz se vieron, en este caso, confirmadas, y él lo reflejó en copiosos escritos (cuidadosamente transcritos por Elizabeth y publicados en el *Atlantic Monthly*).

Darwin se quedó anonadado por la áspera vida y la apariencia de los «salvajes» fueguinos, y lo mismo le ocurrió a Agassiz. Elizabeth describió las reacciones de ambos: «Nada podría resultar más crudo y repulsivo que su apariencia, en la que la brutalidad del salvaje no se veía redimida en modo alguno por la fuerza física o la virilidad [...] Se arrastraban y se abalanzaban ferozmente, como animales salvajes, sobre todo aquello que podían agarrar».

En caso de que existiera aún algún vestigio de duda acerca de la decisión consciente de Agassiz de evaluar el trabajo de Darwin, siguiendo sus pasos, consideren este pasaje, escrito en alta mar y dirigido a su colega alemán Cari Gegenbaur:

He navegado a través del océano Atlántico pasando por el estrecho de Magallanes, y he recorrido la costa occidental de Suramérica hasta las latitudes del norte. Naturalmente, mi principal preocupación fueron los animales marinos, pero tenía también un propósito especial. Deseaba estudiar la totalidad de la teoría darwiniana, libre de toda influencia exterior y de entornos anteriores. ¿Acaso no fue en un viaje similar a este donde Darwin desarrolló sus actuales opiniones? Me he traído pocos libros [...] fundamentalmente, los principales trabajos de Darwin.

He conseguido encontrar muy pocos detalles acerca de la estancia de Agassiz en las Galápagos. Sabemos que llegó el 10 de junio de 1872, que permaneció allí una semana o más y que visitó cinco islas, una más que Darwin. Elizabeth afirma que Louis «disfrutó enormemente su crucero por aquellas islas de tan singular interés geológico y zoológico». Sabemos que recolectó (o, más bien, que se sentó en las rocas mientras sus ayudantes recolectaban) las famosas iguanas que se echan a nadar en el océano para comer algas marinas (algunos de sus especímenes se encuentran aún en sus jarras de cristal en nuestro museo). Sabemos que recorrió y admiró grandemente los desnudos campos de lava rugosa recientemente enfriada, «repleta de los detalles más singulares y fantásticos». Yo recorrí un campo similar, uno que Agassiz no pudo haber visto dado que se formó en el transcurso de la década de 1890. Me quedé hipnotizado por los signos solidificados de una actividad pasada: las ondulantes, rugosas trazas del flujo, las burbujas que habían explotado y las largas grietas producidas por la contracción. Y vi las lágrimas de Pele, el objeto geológico más hermoso, a pequeña escala, que jamás me haya sido dado ver. Cuando una lava muy fluida es expulsada a través de salidas pequeñas, puede emerger en forma de gotas de basalto que forman, por goteo, castillos de piedra iridiscente en torno a ellas: lágrimas de Pele, la diosa hawaiana de los volcanes (no del monte Peleé de la Martinica, que tiene una *e* más).

Así pues, regreso a mi pregunta original: si Agassiz fue a las Galápagos como parte de su plan básico de evaluar la evolución poniéndose en el lugar de Darwin, ¿qué efecto tuvo sobre él el lugar más importante para Darwin? En respuesta a esta pregunta solo contamos con el silencio de Agassiz (y una comunicación privada a la que volveremos en breve).

Existen dos razones, no intelectuales, que podrían explicar en parte esta reticencia tan poco característica de Agassiz. En primer lugar, a pesar de sus productivas observaciones acerca de los glaciares suramericanos, la expedición del *Hassler* fue esencialmente un fracaso y supuso una profunda desilusión; y Agassiz pudo decidir olvidarla. El equipo de dragado jamás funcionaba correctamente, y Agassiz no consiguió extraer un solo espécimen de los océanos más profundos. La tripulación hizo todo lo que pudo, pero el barco era una calamidad. Jules Marcou, el fiel biógrafo de Agassiz, escribió: «Fue un gran, casi un cruel descuido embarcar a un hombre tan distinguido y tan anciano [Agassiz tenía sesenta y cuatro años; tal vez los conceptos de la edad hayan cambiado], y tan próximo a la invalidez como Agassiz, en un barco indigno de hacerse a la mar navegando bajo la bandera de los Estados Unidos».

En segundo lugar, Agassiz se pasó enfermo gran parte del viaje, y su decaimiento y malestar fueron en aumento al abandonar sus adorados glaciares del sur y moverse hacia los sofocantes trópicos. (Las Galápagos, no obstante, y a pesar de su situación ecuatorial, yacen en la zona de paso de una corriente oceánica fría y son, en general, de clima templado; en sus costas vive la especie de pájaro bobo más septentrional.) Al poco tiempo de su regreso a Harvard, Agassiz escribió a Pedro II, emperador de Brasil (y un viejo amigo de un viaje anterior):

Cuando atravesé el estrecho de Magallanes [...] el trabajo volvió a resultarme sencillo. La belleza de sus lugares, la semejanza de sus montañas a las de Suiza, el interés que los glaciares despertaron en mí, la felicidad al ver confirmadas mis predicciones más allá de todas mis esperanzas, todas estas cosas conspiraron para ponerme de nuevo en el buen camino, incluso para rejuvenecerme [...] Más adelante, entré de nuevo en un declive gradual según íbamos avanzando hacia las regiones tropicales; el calor me agotaba grandemente, y durante el mes que pasamos en Panamá fui totalmente incapaz de realizar el más mínimo esfuerzo.

(Para todas las citas procedentes de correspondencia, me he basado en los originales guardados en la Biblioteca Houghton de Harvard; ninguno de ellos ha sido publicado en su integridad anteriormente, aunque varios han aparecido en versión resumida. Agassiz escribía con la misma facilidad en francés [a Pedro II], en alemán [a Gegenbaur] y en inglés [a Peirce], y yo mismo he hecho las traducciones. Le agradezco a mi secretaria Agnes Pilot su transcripción de la carta a Gegenbaur a un alfabeto latino legible. Agassiz la escribió en caligrafía germana antigua, que para mí es solo un montón de garabatos.)

Hasta donde he podido llegar en mis averiguaciones, la única manifestación de Agassiz acerca de las Galápagos aparece en una carta particular a Benjamin Peirce escrita a bordo del barco el 29 de julio de 1872, al día siguiente de escribir a Gegenbaur (en la que no mencionaba para nada las Galápagos). La carta se inicia con las lamentaciones de todo buen marinero de agua dulce: «Supongo que esta carta llegará a sus manos en Martha's Vineyard, y desearía de todo corazón estar allí con usted, para poder descansar de este balanceo continuo». Agassiz prosigue exponiendo su único comentario:

Nuestra visita a las Galápagos ha estado llena de interés geológico y zoológico. Resulta de lo más impresionante ver un gran archipiélago, de origen muy reciente, habitado por criaturas tan diferentes a todas las conocidas de otros lugares del mundo. Aquí nos encontramos frente a un claro límite del espacio de tiempo que podría haberle sido concedido a la transformación de estos animales, si en efecto derivan de algún modo de aquellos otros que habitan diferentes partes del mundo. Las Galápagos son tan recientes que algunas de las islas están escasamente cubiertas de la más rala vegetación, que es, a su vez, específica de estas islas. Algunas partes de su superficie están totalmente desnudas, y una buena parte de los cráteres y arroyos de lava son tan recientes que los agentes atmosféricos no han dejado aún su marca en ellos. Por lo tanto, su edad no se remonta a períodos geológicos anteriores; pertenecen, en términos geológicos, a nuestro tiempo; ¿de dónde, entonces, proceden sus habitantes (tanto animales como vegetales)? Si descienden de algún otro tipo, perteneciente a alguna tierra vecina, entonces no son necesarios períodos de tiempo tan incalculablemente largos para la transformación de las especies como afirman los modernos abogados de la transmutación; y el misterio del cambio, con unas diferencias tan marcadas y características entre las especies existentes, se ve aún aumentado, y situado al nivel del misterio de la creación. Si son criaturas autóctonas, ¿a partir de qué semilla iniciaron su existencia? Creo que los observadores cuidadosos, a la vista de estos hechos, tendrán que admitir que nuestra ciencia no está aún madura para una discusión justa acerca del origen de esos seres organizados.

La cita es larga, pero es, por lo que yo sé, única. Su aspecto más notable es una extremada debilidad, casi frívola, en las argumentaciones. Agassiz no plantea más que una cosa: muchos animales de las Galápagos solo viven allí. A pesar de todo, la juventud de las islas hace que no puedan proceder de unos antecesores emparentados con ellos por un lento proceso de evolución en el tiempo disponible. Así pues, fueron creados allí donde se encuentran (conclusión obvia, a pesar de la afirmación de Agassiz de que sabemos demasiado poco como para llegar a conclusiones firmes).

Hay dos problemas: en primer lugar, aunque las Galápagos son jóvenes (las islas más viejas tienen entre dos y cinco millones de años de edad, según los cálculos actuales), no son tan prístinas como indica Agassiz. En su carta, Agassiz describe los ríos de lava de los últimos cien años, aproximadamente, y estos están virtualmente limpios de vegetación y son tan recientes que uno casi puede verlos fluir y sentir su calor. Pero Agassiz sabía, sin duda, que varias de las islas (incluyendo algunas de las de su itinerario) están más densamente pobladas de plantas y que, aunque no sean enormemente antiguas, no se formaron, desde luego, ayer, geológicamente hablando.

En segundo lugar, Agassiz pasa por alto el aspecto más relevante de la argumentación de Darwin. La cuestión no es que haya tantas especies únicas en las Galápagos, sino más bien que sus parientes más próximos se encuentran invariablemente en el adyacente continente suramericano. Si Dios creó las especies de las Galápagos allá donde las encontramos, ¿por qué las imbuyó con signos de afinidad suramericanos (en especial dado que el clima templado y los hábitats de lava son enormemente distintos al ambiente tropical de las formas ancestrales)? ¿Qué sentido puede tener semejante esquema, a menos que las especies de las Galápagos sean descendientes modificados de formas suramericanas que consiguieron cruzar la barrera oceánica? En el *Viaje del Beagle*, Darwin escribió:

> ¿Por qué, en estos pequeños puntos de tierra, que en un reciente período geológico debieron estar cubiertos por el océano, que están formados de lava basáltica y, por consiguiente, difieren en su carácter geológico del continente americano, y que se encuentran sometidos a un clima peculiar, [...] por qué fueron sus habitantes aborígenes [...] creados según un modelo de organización americano?

Y la famosa afirmación poética que aparece anteriormente en el mismo capítulo: «Parecemos encontrarnos cerca del gran hecho (ese misterio de misterios), la primera aparición de seres nuevos sobre la Tierra». Agassiz no pudo malinterpretar esto, ya que, al igual que Darwin, era un biogeógrafo profesional. También había utilizado argumentaciones en torno a la distribución geográfica como su principal defensa del creacionismo. ¿Por qué pasó por alto la principal argumentación de Darwin? ¿Por qué dijo tan poco acerca de las Galápagos y por qué eran tan débiles sus argumentos?

Creo que debemos considerar dos posibilidades como soluciones al misterio del silencio de Agassiz (o a su incapacidad de tomar en consideración los puntos clave en esta su única comunicación privada). Tal vez supiera que el razonamiento que había ofrecido a Peirce era débil e inadecuado. Tal vez las Galápagos, y la totalidad del viaje del *Hassler*, produjeran en él el mismo cambio que experimentó Darwin en circunstancias similares y Agassiz simplemente no fuera capaz de admitirlo.

No puedo aceptar semejante solución. Como dije anteriormente, vemos abundantes signos de desasosiego psicológico y una profunda tristeza en las últimas defensas del creacionismo por parte de Agassiz. A nadie le agrada ser un paria intelectual, especialmente cuando le asignan el papel de tipo quisquilloso entrado en años (el papel de visionario ignorado, pero profótico, despierta al menos un cierto coraje moral). No obstante, por débiles que fueran sus argumentaciones (y fueron deteriorándose al irse acumulando evidencias en favor de la evolución), no percibo hundimiento alguno en la resolución de Agassiz. La carta a Peirce parece representar otra de las defensas defectuosas, pero sinceras, de Agassiz de una visión de la vida cada vez más indefendible, pero mantenida a capa y espada. (El último artículo de Agassiz, publicado a título póstumo en *Atlantic Monthly* en 1874, era una vibrante apología del creacionismo titulada «La evolución y la permanencia del tipo».)

En mi opinión, debemos aceptar la segunda solución: Agassiz dijo tan poca cosa acerca de las Galápagos porque su visita le impresionó bien poco. El mensaje de esto nos resulta familiar, pero no por ello es menos profundo. Los descubrimientos científicos no son una transferencia unidireccional de información de la inequívoca naturaleza a unas mentes siempre abiertas. Es una interacción recíproca entre una variopinta y confusa naturaleza y unas mentes lo suficientemente receptivas (como no lo son muchas) para extraer un esquema razonable de entre todo ese ruido. No existen carteles en las Galápagos que proclamen: «Evolución en acción. Abran los ojos y podrán verla». La evolución constituye una inferencia ineludible, no un dato en bruto. Darwin, joven inquieto y abierto, resultó receptivo a la señal. Agassiz, comprometido y a la defensiva, no. ¿Acaso no había anunciado en su primera carta a Peirce que sabía lo que tenía que encontrar? No creo que fuera libre para llegar a las conclusiones de Darwin, y las islas Galápagos, por consiguiente, no disponían de ningún mensaje importante para él. La ciencia es una interacción equilibrada entre la mente y la naturaleza.

Agassiz vivió algo más de un año tras el regreso del *Hassler*. James Russell Lowell, que estaba de viaje en el extranjero, se enteró de la muerte de su amigo a través de un periódico y escribió en poético tributo (citado de la magnífica biografía de Agassiz escrita por E. Lurie, *Louis Agassiz: A Life in Science*, University of Chicago Press, 1960):

... con mirada vaga, mecánica,
ojeé las emponzoñadas noticias que a medias despreciamos
cuando súbitamente,
como ocurre si el cerebro, por un excesivo peso
de sangre, infecta el ojo,
tres diminutas palabras adquirieron un siniestro fulgor mientras leía,
y se arremolinaron entremezcladas: ¡Agassiz ha muerto!*

No sabría decirlo. Tal vez una pequeña parte de su ser incorpóreo se dirigiera a un plano de existencia más elevado, como afirman algunas religiones. Tal vez viera allí al viejo Adam Sedgwick, el gran geólogo (y reverendo) británico, que a los ochenta y siete años de edad le escribió a Agassiz, un año antes de la partida del *Hassler*:

> Jamás tendré la alegría de ver su cara de nuevo en esta vida. Pero permítame la esperanza, como cristiano, de que nos encontremos más adelante en el paraíso, y de que veamos tales visiones de la gloria de Dios en el universo moral y en el material, que reduzcan a un mero germen todo aquello que haya sido elaborado por la habilidad del hombre.

Sea como fuere, las ideas de Agassiz habían sufrido ya la muerte intelectual antes de que pusiera pie en las Galápagos. La vida es una serie de trueques. Hemos perdido la reconfortante fe de Agassiz en una inteligencia superior que regula directamente cada paso de la historia de la vida con arreglo a un plan que nos sitúa por encima de todas las demás

---

* *[... with vague, mechanic eyes, / I scanned the festering news we half despise / When suddenly, / As happens if the brain, from overweight / Of blood, infect the eye, / Three tiny words grew lurid as I read, / And reeled commingling: Agassiz is dead!]*

criaturas. («Si hubiera sido de otro modo —le escribía Agassiz a Pedro II en junio de 1973—, no quedaría más que la desesperación.») Hemos encontrado un mensaje en los animales y las plantas de las Galápagos, y en todos los demás lugares, que nos capacita para apreciarlos, no como maravillas inconexas, sino como productos integrados de una teoría satisfactoria y general de la historia de la vida. Para mí al menos, este ha sido un buen trueque.

9

La lombriz del siglo y de todas las épocas

En el prefacio a su último libro, un Charles Darwin ya entrado en años escribió: «El tema puede parecer insignificante, pero, como veremos, posee cierto interés; y la máxima *de minimis lex non curat* [la ley no se ocupa de minucias] no es aplicable a la ciencia».

Las minucias pueden ser importantes en la naturaleza, pero son temas poco convencionales para las obras finales. La mayoría de los ancianos eminentes resumen los pensamientos de toda su vida y ofrecen unas cuantas sugerencias pomposas para la reconstrucción del futuro. Charles Darwin escribió acerca de las lombrices: *The Formation of Vegetable Mould, Through the Action of Worms, With Observations on Their Habits* (La formación de mantillo vegetal a través de la acción de las lombrices, con observaciones sobre sus costumbres) (1881).

Este mes* marca el centenario de la muerte de Darwin, y en todo el mundo se preparan conmemoraciones. La mayor parte de los simposios y de los libros están tomando el camino habitual de las implicaciones de sus trabajos: Darwin y la vida moderna, o Darwin y el pensamiento evolucionista. A modo de tributo personal, tengo el propósito de adoptar una actitud minimalista y discutir el «libro de las lombrices» de Darwin. Pero hago esto con el propósito de plantear que Darwin invirtió con toda justicia la máxima de sus colegas de leyes.

Darwin era un hombre astuto. Le gustaban las lombrices, desde luego, pero su último libro, aunque superficialmente parezca no tratar de otra cosa, es (de muchas maneras) un resumen encubierto de los princi-

---

* Darwin murió el 19 de abril de 1882 y este artículo apareció por primera vez como columna en *Natural History* en abril de 1982.

pios de razonamiento que había tardado toda una vida en identificar y utilizar en la más grande transformación de la naturaleza jamás producida por una sola persona. Al analizar su interés por las lombrices, tal vez consigamos aprehender las fuentes del éxito global de Darwin.

El libro ha sido habitualmente interpretado como una curiosidad, un trabajo inofensivo de poca importancia de un gran naturalista en sus laureles. Algunos autores lo han utilizado incluso para respaldar un mito muy común acerca de Darwin que los académicos modernos han desmentido. Darwin, según sus detractores, era un hombre de mediocres capacidades que se hizo famoso por lo afortunado de su situación en el tiempo y en el espacio. Su revolución se palpaba «en el aire», y Darwin simplemente tuvo la paciencia y la tenacidad necesarias para desarrollar las implicaciones evidentes. Era, escribió una vez Jacques Barzun (en lo que quizá sea el más inexacto de los epítomes que jamás haya leído), «un gran recolector de datos y un pobre hilvanador de ideas [...] un hombre que no tiene lugar entre los grandes pensadores».

Para argumentar que Darwin no era más que un naturalista competente enfangado en detalles triviales, estos detractores señalaban que la mayor parte de sus libros tratan de minucias o pequeños y divertidos problemas: los hábitos de las plantas trepadoras, por qué se encuentran a veces flores de diferente forma sobre la misma planta, cómo son fecundadas las orquídeas por los insectos, cuatro volúmenes acerca de la taxonomía de las bellotas de mar y, finalmente, cómo remueven el suelo las lombrices. No obstante, todos estos libros tienen tanto un contenido manifiesto como otro más profundo; y los detractores no lograron percibir el segundo (probablemente por no haber leído los libros, limitándose a sacar conclusiones de sus títulos). En cada caso, el tema más profundo es la evolución misma o un programa de investigación de mayor alcance para analizar la historia de un modo científico.

¿Por qué, podríamos preguntar en este centenario de su muerte, sigue siendo Darwin un personaje tan central en el pensamiento científico? ¿Por qué tenemos que continuar leyendo sus libros y captando su visión del mundo si queremos ser historiadores naturales competentes? ¿Por qué los científicos, a pesar de su notoria indiferencia por la historia, continúan ponderando y discutiendo sus trabajos? Podemos ofrecer tres razonamientos para explicar la relevancia continuada de Darwin para los científicos.

Podríamos, en primer lugar, honrarle como el hombre que «descubrió» la evolución. Aunque la opinión popular pueda otorgarle esta condición a Darwin, semejante atribución es sin duda errónea, dado que varios predecesores ilustres suyos compartían su opinión de que los organismos están relacionados entre sí por vínculos de descendencia física. En la biología del siglo XIX, la evolución era una herejía bastante común.

Como segundo intento, podríamos atribuir la atención continuada que ha obtenido Darwin por parte de los científicos a las implicaciones extraordinariamente amplias y radicales del mecanismo evolutivo por él planteado, la selección natural. De hecho, yo he abundado en ello en mis dos libros anteriores centrándome en tres argumentos: la selección natural como teoría de una adaptación local, no de un progreso inexorable; la afirmación de que el orden en la naturaleza surge como subproducto accidental de la lucha entre los individuos; y el carácter materialista de la teoría de Darwin, en especial su rechazo de todo papel causal atribuidle a fuerzas, energías o poderes espirituales. No abjuro ahora de este tema, pero he llegado a darme cuenta de que no puede representar el motivo fundamental de la relevancia *científica* de Darwin, sin bien explica su impacto en el mundo en general. Porque es demasiado grandioso, y los científicos en ejercicio rara vez trafican en generalidades tan abstractas.

Todo el mundo aprecia una idea ingeniosa o una abstracción capaz de hacer que uno se incorpore, parpadee con fuerza varias veces para despejar las telarañas intelectuales y altere una opinión atesorada. Pero la ciencia trata de lo factible y lo soluble, de la idea que puede ser fructíferamente encarnada en objetos concretos que puedan ser palpados, estrujados, manipulados y extractables. La idea que cuenta en el terreno de la ciencia es aquella capaz de llevar a un trabajo fructífero, no solo a una especulación que no engendre comprobaciones empíricas, por mucho que amplíe los horizontes de la mente.

Por lo tanto, deseo subrayar un tercer argumento explicativo de la persistente importancia de Darwin, y afirmar que su mayor logro fue establecer unos principios *útiles* de razonamiento para aquellas ciencias (como la evolución) que intentan reconstruir la historia. Los problemas específicos de las ciencias históricas (por contraste, por ejemplo, con la física experimental) son múltiples, pero hay uno que destaca de modo especial: la ciencia debe identificar procesos que den resultados observados. Los resultados de la historia están desperdigados alrededor nuestro, pero nosotros no podemos, por principio, observar los procesos que los produjeron. ¿Cómo podemos entonces ser científicos al hablar del pasado?

Como respuesta general, debemos desarrollar criterios para inferir aquellos procesos que no podemos ver a partir de aquellos resultados que han quedado preservados. Esta es la quintaesencia del problema de la teoría evolutiva: ¿cómo podemos utilizar la anatomía, la fisiología, el comportamiento, la variación y la distribución geográfica de los organismos de nuestros días y los restos fósiles en nuestro registro geológico para inferir los caminos de la historia?

Así llegamos al tema encubierto del libro de las lombrices de Darwin, ya que es un tratado sobre los hábitos de las lombrices de tierra y, a la vez, una exploración de cómo podemos enfocar la historia de un modo científico.

El mentor de Darwin, el gran geólogo Charles Lyell, había vivido obsesionado con el mismo problema. Argumentaba, aunque no con toda justicia, que sus predecesores no habían conseguido configurar una ciencia de la geología porque no habían desarrollado procedimientos para inferir un pasado inobservable a partir de un presente que nos rodea, dedicándose, por consiguiente, a sueños improbables y a todo tipo de especulaciones. «Vemos —escribió en su incomparable prosa— el antiquísimo espíritu de la especulación redivivo, y el manifiesto deseo de cortar, en vez de deshacer pacientemente, el Nudo Gordiano.» La solución por él ofrecida, un aspecto de la compleja visión del mundo que acabaría siendo denominada uniformismo, consistía en observar la acción de procesos actuales y extrapolar sus ritmos y sus efectos al pasado. Aquí Lyell se enfrentaba con un problema. Muchos de los resultados del pasado (el Gran Cañón, por ejemplo) son extensos y espectaculares, pero la mayor parte de lo que ocurre cotidianamente en nuestro derredor no ofrece resultados demasiado llamativos: un poco de erosión aquí y un poco de deposición allá. Incluso un Stromboli o un Vesubio no pasan de causar devastaciones locales. Si las fuerzas modernas hacen demasiado poco, entonces deberemos invocar procesos más cataclísmicos, hoy en día extintos o durmientes, para explicar el pasado. Y ya estamos pillados en la trampa: si los procesos del pasado fueron efectivos y diferentes a los procesos actuales, podríamos explicar en principio el pasado, pero no podríamos hacerlo de forma científica por carecer de un análogo moderno que observar. Si nos basamos exclusivamente en los procesos actuales, nos falta el empuje necesario para explicar el pasado.

Lyell buscó la salvación en el gran tema de la geología: el tiempo. Argumentaba que la vasta edad de la Tierra nos ofrece tiempo suficiente para que puedan producirse los resultados observados, por espectaculares que sean, por la simple adición de pequeños cambios a lo largo de inmensos períodos de tiempo. Nuestro fracaso no estaba en la Tierra, sino en nuestros hábitos de pensamiento: anteriormente no habíamos estado dispuestos a reconocer la cantidad de trabajo que los procesos más insignificantes son capaces de realizar en un tiempo suficiente.

Darwin enfocó la evolución del mismo modo. El día de hoy se vuelve relevante, y el pasado, por consiguiente, se vuelve científico si, y tan solo si, podemos sumar los pequeños efectos de los procesos actuales para producir los resultados observados. Los creacionistas no utilizaron estos principios y no consiguieron comprender la relevancia de la variación a pequeña escala que impregna el mundo biológico (desde las razas de los perros hasta la variación geográfica en las mariposas). Las variaciones de pequeño alcance son la materia prima de la evolución (no simplemente una serie de excursiones accidentales en torno a un tipo ideal creado), pero reconocemos esto tan solo cuando estamos dispuestos a sumar pequeños efectos a lo largo de largos períodos de tiempo.

Darwin se dio cuenta de que este principio, como modo básico de razonamiento en las ciencias históricas, debía ir más allá de la evolución. Así, al final de su vida, decidió abstraer y ejemplificar su método histórico aplicándolo a un problema aparentemente muy distinto al de la evolución: un proyecto lo suficientemente amplio como para rematar una ilustre carrera. Eligió las lombrices de tierra y el suelo. La refutación por parte de Darwin de la máxima legal *de minimis lex non curat* tiene un doble sentido conscientemente impuesto. Las lombrices son a la vez humildes e interesantes, y el trabajo de una lombriz, al ser extendido a todas las lombrices durante largos períodos de tiempo, puede dar forma a nuestros paisajes y a nuestros suelos.

Así, al cerrar su prefacio, Darwin escribió, refutando las opiniones de un tal míster Fish, que negaba que las lombrices pudieran explicar gran cosa «considerando su debilidad y su tamaño»:

Aquí nos encontramos con un ejemplo de esa incapacidad para sumar los efectos de una causa continuamente recurrentes, que a menudo ha lastrado el progreso de la ciencia, como ocurrió anteriormente en el caso de la geología, y más recientemente en el del principio de la evolución.

Darwin escogió bien la ilustración para esta generalización. Qué mejor ejemplo que el de las lombrices: los objetos más humildes, comunes y ordinarios de nuestra observación e ignorancia cotidianas. Si ellas, laborando continuamente lejos de nuestra atención, son capaces de formar buena parte de nuestros suelos y paisajes, entonces qué no podrá surgir de la adición de pequeños efectos. Darwin no había abandonado la evolución en beneficio de las lombrices de tierra; más bien estaba utilizando las lombrices para ilustrar el método general que había dado también validez a la evolución. Los molinos de la naturaleza, como los de Dios, muelen lento y muy fino.

Darwin afirmó dos cosas acerca de las lombrices. En primer lugar, que, en cuanto a la configuración de la tierra, su efecto es direccional. Trituran partículas de roca en fragmentos cada vez menores (pasándolos a través de su sistema digestivo mientras remueven el suelo) y dejan la tierra desnuda al soltar y desagregar el suelo cuando lo remueven; la gravedad y los agentes erosionantes arrastran más fácilmente los suelos desde las tierras altas a las bajas, allanando el paisaje. El carácter topográfico bajo y suavemente ondulado de las zonas habitadas por lombrices es, en gran medida, testimonio de su lento pero incansable laborar.

En segundo lugar, al remover y formar el suelo, mantienen un estado estable en medio de un cambio constante. Como tema principal de su libro (y origen de su título), Darwin se lanzó a demostrar que las lombrices producen la capa superficial del suelo, el llamado mantillo vegetal. Lo describe en el primer párrafo:

> La parte que las lombrices han desempeñado en la formación de la capa de mantillo vegetal, que cubre la totalidad de la superficie del suelo en cualquier tierra moderadamente húmeda, es el tema del presente volumen. Este mantillo es normalmente de un color negruzco y tiene un espesor de unos pocos centímetros. Difiere poco en apariencia en las diferentes regiones, aunque puede reposar sobre diferentes subsuelos. La finura uniforme de sus partículas es uno de sus rasgos característicos fundamentales.

Darwin argumenta que las lombrices de tierra forman el mantillo vegetal llevando «una gran cantidad de tierra fina» a la superficie y depositándola allí en forma de excrementos. (Las lombrices hacen pasar tierra continuamente por su tracto digestivo, extraen todo aquello que pueden utilizar como alimento y «vacían» el resto; el material rechazado no son heces sino fundamentalmente partículas de tierra, reducidas en su tamaño medio por trituración y con parte de la materia orgánica extraída.) Los excrementos, originalmente de forma espiral y compuestos de partículas finas, son entonces desagregados por el viento y el agua y dispersados para formar el mantillo vegetal. «Así me vi obligado a llegar a la conclusión —escribe Darwin— de que todo el mantillo vegetal de todo el país ha pasado incontables veces, y volverá a hacerlo otras muchas veces más, a través de los canales intestinales de las lombrices.»

El mantillo no aumenta en espesor continuamente tras su formación, ya que es comprimido por la presión formando capas más sólidas a pocos centímetros de la superficie. La cuestión que plantea aquí Darwin no es la alteración direccional, sino el cambio continuo en el seno de una aparente inmutabilidad. El mantillo vegetal es siempre igual, y aun así está constantemente en estado de cambio. Cada partícula es ciclada a través del sistema, comenzando en la superficie en un excremento, extendiéndose y después hundiéndose al ir depositando las lombrices más excrementos sobre ella; pero el mantillo en sí no sufre alteración alguna. Puede conservar el mismo grosor y carácter mientras se ciclan todas sus partículas. Así, un sistema que a nosotros nos parece estable, tal vez incluso inmutable, se mantiene por medio de una agitación constante. Nosotros, que carecemos de capacidad de apreciación de la historia y tenemos tan poco sentimiento de la importancia agregada del cambio pequeño, pero continuo, prácticamente no nos damos cuenta de que nos están literalmente barriendo el suelo de debajo de los pies; está vivo y removiéndose constantemente.

Darwin utiliza dos tipos principales de argumentaciones para convencernos de que las lombrices de tierra forman el mantillo. En primer lugar, demuestra que las lombrices son lo suficientemente numerosas y están lo suficientemente distribuidas en el espacio como para poder hacerse cargo del trabajo. Demuestra «qué vasto número de lombrices viven sin ser vistas por nosotros bajo nuestros pies»: alrededor de 132.850 (o 400 kilogramos de lombrices) por hectárea en un buen suelo británico. Después pasa a recoger evidencia de informadores de todo el mundo para argumentar que las lombrices tienen una distribución mucho más amplia, y en un abanico mayor de lo que habitualmente imaginamos de ambientes aparentemente desfavorables. Cava para ver hasta qué profundidad se extienden en el suelo y corta una en dos a 140 centímetros de profundidad, aunque otros informan haber visto lombrices a dos metros y medio o más de profundidad.

Una vez establecida la plausibilidad de su afirmación, busca evidencias directas del reciclado continuo del mantillo vegetal en la superficie

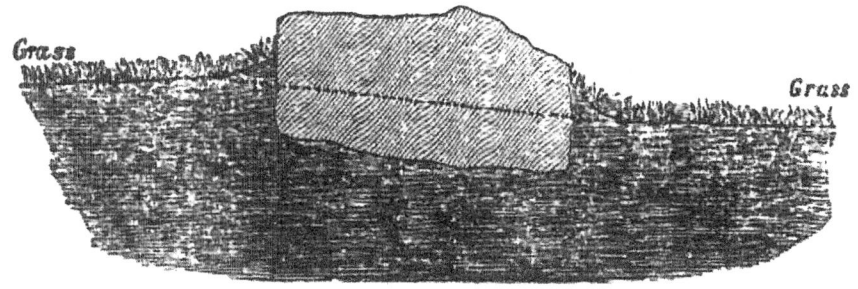

8. Sección transversal de una de las piedras druídicas de Stonehenge, en la que se ve hasta qué punto se había hundido en el suelo. Escala, 1:30. (Ilustración original del libro de las lombrices de Darwin, que muestra el hundimiento de las grandes piedras por la acción de las lombrices.)

de la Tierra. Considerando las dos caras de la cuestión, estudia el lento hundimiento en tierra de objetos al irse acumulando excrementos por encima de ellos, y recoge y pesa los excrementos para determinar el ritmo de reciclado.

Darwin se quedó especialmente impresionado por la igualdad y la uniformidad con la que se iban hundiendo en el suelo los objetos que habían estado juntos en la superficie. Buscó campos que veinte años atrás o más hubieran estado repletos de objetos de un tamaño sustancial: escorias, restos de la demolición de un edificio, rocas apartadas para arar un campo. Excavó en estos campos y descubrió, con gran regocijo, que los objetos seguían formando una clara capa, paralela a la superficie, pero que se encontraba a varios centímetros por debajo de ella, y cubierta de mantillo vegetal compuesto exclusivamente de partículas finas. «La rectitud y la regularidad de las líneas formadas por los objetos empotrados, y su paralelismo con la superficie de la tierra, constituyen los rasgos más llamativos del caso», escribió. Nada superaba a las lombrices a la hora de realizar una acción lenta y meticulosamente uniforme.

Darwin estudió el hundimiento de las «piedras druídicas» de Stonehenge y el hundimiento de casas de baños romanas, pero halló su caso más convincente en su propia casa, en su propio campo, arado por última vez en 1841:

Durante varios años estuvo cubierto de una vegetación escasa; estaba tan espesamente cubierto de fragmentos grandes y pequeños de pedernal (algunos de ellos del tamaño de la cabeza de un niño) que mis hijos llamaban siempre a la pradera «el campo de piedras». Cuando corrían ladera abajo las piedras chocaban entre sí. Recuerdo haber dudado de vivir para ver aquellos grandes pedernales cubiertos de mantillo vegetal y césped. Pero las piedras más pequeñas desaparecieron antes de pasados muchos años, como ocurrió con las grandes pasado un tiempo; de modo que, al cabo de treinta años (1871), un caballo podía galopar toda la extensión de la pradera sin tocar una sola piedra con sus herraduras. Para cualquiera que recordara el aspecto del prado en 1842, la transformación fue maravillosa. Esto fue, sin duda, obra de las lombrices.

En 1871, Darwin excavó una zanja en su campo y encontró 6,3 centímetros de mantillo totalmente libre de piedras: «debajo de este había una capa de tierra basta, arcillosa, llena de pedernales, como la de cualquiera de los campos vecinos arados [...] La tasa media de acumulación del mantillo en aquellos treinta años fue de tan solo 0,21 centímetros por año (es decir, algo más de un centímetro en cinco años)».

En varios intentos sucesivos por recolectar y pesar los excrementos directamente, Darwin estimó entre 3,04 y 7,24 toneladas por hectárea y por año. Extendido regularmente sobre la superficie del suelo, calculó que se formarían entre 2 y 5,5 centímetros de mantillo nuevo cada diez años. Para la recolección de estos datos, Darwin confió en esa grandiosa y anónima institución característicamente británica: el ejército de celosos aficionados de la historial natural, dispuestos a soportar cualquier privación a cambio de un dato importante. Me sentí particularmente impresionado por un contribuyente anónimo: «Una dama —nos explica Darwin—, de cuya precisión en las observaciones puedo fiarme sin asomo de duda, se ofreció a recolectar durante todo un año los excrementos de dos plazas, cerca de Leith Hill Place, en Surrey». ¿Sería ella el análogo de una mujer moderna de Park Avenue, de buena posición, que va recogiendo cuidadosamente los desechos de su perro: una bolsa por un Nueva York más limpio, la otra para la Ciencia con C mayúscula?

El placer de leer el libro de las lombrices de Darwin estriba no solo en reconocer su tema principal, sino también los atractivos detalles acerca de las lombrices que incluye. Yo preferiría leer trescientas páginas sobre las lombrices, escritas por Darwin, que treinta páginas de verdades eternas explícitamente predicadas por multitud de escritores. El libro de las lombrices es un trabajo amorosamente realizado, lleno de detalles íntima y meticulosamente expuestos. En la otra sección principal del libro,

Darwin utiliza cien páginas para describir experimentos ideados para determinar de qué extremos de las hojas (y recortes triangulares de papel, u hojas «abstractas») tiran las lombrices para introducirlas en sus madrigueras. Encontramos aquí también un tema explícito y otro encubierto: en este caso, hojas y madrigueras frente a la evolución del instinto y la inteligencia, la preocupación de Darwin por establecer una definición utilizable de la inteligencia, y su descubrimiento (bajo esa definición) de que la inteligencia impregna también a los animales «inferiores». Toda gran ciencia es el producto de un matrimonio fructífero entre los detalles y la generalización, la exultación y la explicación. Ni Darwin ni sus adoradas lombrices dejaron piedra por remover.

He planteado ya que el último libro de Darwin es una obra con dos niveles de lectura: un tratado explícito acerca de las lombrices y el suelo y una discusión encubierta acerca de cómo averiguar cosas respecto del pasado estudiando el presente. Pero ¿estaba Darwin conscientemente preocupado por establecer una metodología para las ciencias históricas, como he planteado, o simplemente surgió esa generalización en su último libro? En mi opinión, su libro de las lombrices sigue los esquemas de todos sus demás libros, del primero al último: todo compendio de minucias es también un tratado acerca del razonamiento histórico; y cada libro dilucida un principio diferente.

Consideremos su primer libro dedicado a un tema específico, *The Structure and Distribution of Coral Reefs* (1842). En él, propuso una teoría acerca de la formación de los atolones, «esos singulares anillos de tierra coralina que surgen abruptamente del insondable océano», que obtuvo una aprobación universal tras un siglo de debates. Darwin argumentaba que los arrecifes de coral debían clasificarse en tres categorías: los arrecifes costeros, situados en torno a una isla o continente; los arrecifes barrera, separados de la isla o continente por una laguna, y los atolones o arrecifes anillo, sin plataforma alguna a la vista. Relacionó los tres tipos con su «teoría de la subsidence», presentándolos como tres fases de un único proceso: la subsidence de una isla o una plataforma continental debajo de las olas, mientras el coral vivo sigue creciendo hacia arriba. Inicialmente, los arrecifes crecen adosados a la plataforma (arrecifes costeros). Al irse hundiendo la plataforma, los arrecifes crecen hacia arriba y hacia afuera, dejando una separación entre la plataforma que se hunde y el coral vivo (un arrecife barrera). Finalmente, la plataforma se hunde por completo, y queda un anillo de coral como expresión de su forma primitiva (un atolón). A Darwin, las formas de los arrecifes modernos le parecían «inexplicables, a menos que aceptáramos la teoría de que sus bases rocosas fueran hundiéndose lenta y progresivamente bajo el nivel del mar, mientras los corales siguen creciendo hacia arriba».

Este libro habla del coral, pero trata también del razonamiento histórico. El mantillo vegetal se formaba lo suficientemente deprisa como para permitir la medida de su ritmo de formación directamente; capturamos el pasado sumando los efectos de causas actuales pequeñas y observables. Pero ¿qué ocurre si los ritmos son demasiados lentos, o las escalas excesivamente grandes, como para dilucidar la historia por observación directa de procesos actuales? Para tales casos debemos desarrollar un método diferente. Dado que los procesos a gran escala empiezan en momentos diferentes y se desarrollan con distintos ritmos, deberían existir simultáneamente hoy en día variadas etapas de diferentes ejemplos. Para establecer la historia en esos casos, debemos construir una teoría capaz de explicar una serie de fenómenos actuales como etapas de un único proceso histórico. El método es generalizable. Darwin lo utilizó para explicar la formación de los arrecifes coralinos. Lo empleamos hoy para inferir la historia de las estrellas. Darwin lo utilizó también para establecer la existencia de la propia evolución orgánica. Algunas especies están justamente empezando a separarse de sus antecesores, otras están a mitad del proceso, y aún otras están a punto de terminarlo.

Pero ¿qué ocurre si la evidencia se limita al propio objeto estático? ¿Qué ocurre si no podemos observar parte de su formación, ni localizar varias etapas del proceso que lo produjo? ¿Cómo podemos inferir la historia a partir de un león? Darwin abordó este problema en su tratado acerca de la polinización de las orquídeas por los insectos (1862), el primer libro publicado inmediatamente después de *El origen de las especies*. He discutido esta solución en varios ensayos (1, 4, 11 y *El pulgar del panda*) y no me entretendré con ella aquí: inferimos la historia a partir de imperfecciones que registran las restricciones a las que se ve sometida la descendencia. Los «diversos artificios» que utilizan las orquídeas para atraer insectos e impregnarlos de polen son partes muy alteradas de flores vulgares, desarrolladas en sus antecesores con otros fines. Las orquídeas funcionan razonablemente bien, pero su éxito se debe a una chapuza, dado que las flores no están óptimamente construidas para su modificación a estos papeles alterados. Si Dios hubiera querido elaborar atractores de insectos y embadurnadores de polen partiendo de cero, sin duda habría imaginado algo diferente.

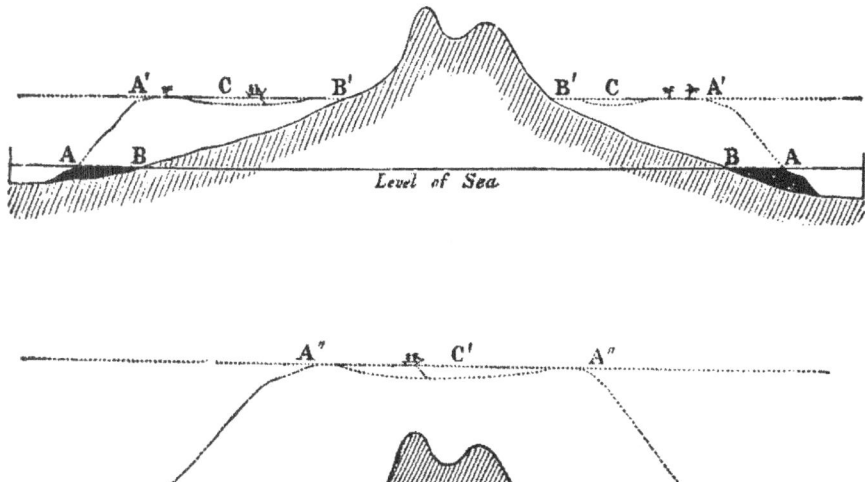

9. Ilustración original de Darwin de su teoría de los arrecifes coralinos. *Figura superior*. línea continua más baja, fase uno, arrecife costero en contacto con la línea de costa. La isla se hunde (el nivel del mar se eleva) hasta la línea de puntos superior, fase dos, arrecife barrera (A') separado de la isla en hundimiento por una laguna (C). *Figura inferior*: línea continua inferior, fase dos, arrecife barrera (copiado de la línea punteada superior de la figura de arriba). La isla se hunde por debajo del nivel del mar, hasta la línea punteada superior, fase tres, atolón (A"). Una gran laguna (C') marca la anterior localización de la isla hundida.

Así pues, disponemos de tres principios para aumentar la adecuación de los datos: si no hay más remedio que trabajar sobre un único objeto, buscar las imperfecciones que registran su origen histórico; si hay varios objetos disponibles, intentar verlos como fases de un único proceso histórico; si los procesos son directamente observables, sumar sus efectos en el tiempo. Se pueden discutir estos principios directamente, o reconocer los «pequeños problemas» que Darwin empleó para ejemplificarlos: orquídeas, arrecifes de coral y lombrices; el libro de en medio, el primero y el último.

Darwin no era conscientemente un filósofo. Al contrario que Huxley y Lyell, no escribió tratados explícitos de metodología. Aun así, dudo que no fuera consciente de lo que hacía al componer tan inteligentemente sus libros en dos niveles, expresando así su amor por la naturaleza en lo pequeño y su ardiente deseo de explicar tanto la evolución como los principios de la ciencia histórica. Estaba yo meditando acerca de esta cuestión al terminar de leer el libro de las lombrices hace dos semanas. ¿Era Darwin realmente consciente de lo que había hecho al escribir sus últimas líneas como profesional, o actuó intuitivamente, como a veces hacen los hombres de su genio? Entonces llegué al último párrafo, y me estremecí con el gozo de lo que había percibido. Astuto viejo: sabía perfectamente lo que estaba haciendo. En sus últimas palabras, echaba la vista atrás, a sus comienzos, comparaba aquellas lombrices con sus primeros corales, y completaba el trabajo de su vida tanto acerca de lo grande como de lo pequeño:

> El arado es uno de los más antiguos y más valiosos inventos de la humanidad; pero mucho tiempo antes de que existiera, la tierra era de hecho arada regularmente, y sigue siéndolo, por las lombrices de tierra. Puede dudarse de que existan otros muchos animales que hayan desempeñado un papel tan importante en la historia del mundo como el de estos animales humildemente organizados. Algunos otros animales, no obstante, de organización aún más humilde, es decir, los corales, han realizado un trabajo más conspicuo al construir innumerables arrecifes e islas en los grandes océanos; pero estos están prácticamente confinados a las zonas tropicales.

Aun a riesgo de mostrar una morbosidad injustificable, no puedo suprimir una ironía final. Un año después de publicar su libro de las lombrices Darwin murió, el 19 de abril de 1882. Quería que le enterrasen en el suelo de su pueblo adoptivo, donde habría realizado una ofrenda final y corpórea a sus adoradas lombrices. Pero los sentimientos (y el politiqueo) de los colegas científicos y hombres ilustrados obtuvieron un lugar resguardado para que reposara su cuerpo en el seno del bien cimentado suelo de la Abadía de Westminster. En última instancia, las lombrices no se verán privadas, ya que no existe permanencia en la historia, ni siquiera para las catedrales, pero las ideas y los métodos tienen la inmortalidad de la razón misma. Darwin desapareció hace ya un siglo, y, a pesar de todo, sigue estando con nosotros siempre que decidimos pensar acerca del tiempo.

10

Una audiencia para Vavilov

En 1936, Trofim D. Lysenko, que luchaba por reformar las ciencias agrícolas basándose en desacreditados principios lamarckianos, escribió: «No me agradan las controversias en torno a teorías. Soy un discutidor ardoroso tan solo cuando veo que, para llevar a cabo ciertas tareas prácticas, debo eliminar los obstáculos que interfieren con mis actividades científicas».

Como tarea práctica, Lysenko se lanzó a «alterar la naturaleza de las plantas en la dirección que nos interese, por medio de un aprendizaje adecuado». Argumentaba que los fracasos previos de los intentos de producir mejoras rápidas y heredables en importantes plantas de cultivo debían atribuirse a la ideología en bancarrota de la ciencia burguesa, con su énfasis en estériles teorías académicas y su fe en los genes mendelianos, que no responden directamente a las indicaciones de los criadores, sino que cambian tan solo por mutaciones aleatorias y accidentales. El criterio para una ciencia más adecuada debe ser el éxito en una crianza mejorada.

«Cuanto mejor comprendamos las leyes del desarrollo de las formas animales y vegetales —escribió—, tanto más fácilmente y con mayor rapidez podremos crear las formas que necesitamos con arreglo a nuestros deseos y nuestros planes.» ¿Qué «leyes del desarrollo» podrían ser más prometedoras que la afirmación lamarckiana de que la alteración de los ambientes puede inducir indirectamente cambios hereditarios en las direcciones deseadas? ¡Si la naturaleza funcionara así! Pero no lo hace, y todos los datos falsificados de Lysenko y todas sus viciosas polémicas fueron incapaces de alterar este hecho en lo más mínimo.

Si los «obstáculos» de Lysenko no hubieran sido más que ideas incorpóreas, la historia de la genética rusa podría haberse librado de parte de su tragedia particular. Pero las ideas emanan de personas, y los obstáculos designados para su eliminación fueron necesariamente humanos. Nikolai Ivanovich Vavilov, el principal genético mendeliano de Rusia y director de la Academia Lenin de Ciencias Agrícolas de la Unión Soviética con sede en Leningrado, sirvió como punto focal de los ataques de Lysenko en 1936. Lysenko castigó a Vavilov por sus criterios generales mendelianos; pero cualquier otro genético habría servido igual de bien para un tiro al blanco tan generalizado. Lysenko escogió a Vavilov a causa de una teoría más específica y personal (que es, además, el tema de este ensayo): la llamada ley de las series homólogas en la variación.

Doce años más tarde, tras la devastación de la guerra, Lysenko había triunfado. Su infamante discurso, «La situación en las ciencias biológicas», leído durante las sesiones de 1948 de la Academia Lenin de Ciencas Agrícolas, contiene como primera afirmación de su sumario lo que bien podría ser el más espeluznante pasaje de toda la literatura científica del siglo xx.

La pregunta ha sido planteada en una de las notas que me han transmitido: «¿Cuál es la actitud del Comité Central del Partido frente a mi informe?». Mi respuesta es: El Comité Central del Partido ha examinado mi informe y lo ha aprobado. [*Aplausos frenéticos. Ovación. Todos se ponen en pie.*]

Tras otras diez páginas de retórica e invectivas, Lysenko concluye: «¡Gloria al gran amigo y protagonista de la ciencia, nuestro líder y guía, el camarada Stalin! [*Todos se ponen en pie. Aplauso prolongado*]».

Nikolai Vavilov no pudo asistir a la reunión de 1948. Había sido arrestado en 1940 durante una expedición de recolección a Ucrania. En julio de 1941 fue sentenciado a muerte por sabotaje agrícola, espionaje a favor de Inglaterra, mantener relaciones con emigrados, y pertenecer a una organización derechista. La sentencia fue conmutada por diez años de prisión, y Vavilov fue trasladado a la prisión interior de la NKVD* en Moscú. En octubre fue evacuado a la prisión de Saratov, donde pasó varios meses en una celda de la muerte bajo tierra, padeciendo desnutrición. Murió, aún prisionero, en enero de 1943.**

---

* Servicio secreto soviético predecesor del KGB. (*N. del r.*)
** El lector interesado hallará en *The rise and fall of T. D. Lysenko*, de Zhores Medvedev (Columbia University Press, Nueva York, 1969), un relato escalofriante del

¿Qué es la «ley de las series homólogas en la variación», y cómo pudo ofrecerle a Lysenko el punto de apoyo retórico? Vavilov publicó esta ley, el principio rector de gran parte de sus trabajos prácticos en genética agrícola, en 1920, y lo revisó en 1935. Fue impresa en inglés en el prestigioso *Journal of Genetics* en 1922 (vol. 12, pp. 48-89).

Vavilov era tal vez el principal experto mundial en la biogeografía del trigo y otros cereales. Recorrió todo el mundo (haciéndose así vulnerable a la falsa acusación de espionaje), recolectando variedades de plantas en sus hábitats naturales y estableciendo el mayor «banco» del mundo de variaciones genéticas en el seno de las principales especies agrícolas.* Al recolectar especies naturales de trigo, cebada, centeno y mijo en una gran variedad de ambientes y lugares, percibió que podían encontrarse series notablemente similares de variedades en el seno de las diferentes especies pertenecientes a un mismo género y, a menudo, también en el seno de especies pertenecientes a géneros emparentados.

Recolectó, por ejemplo, un gran número de razas geográficas de la especie del trigo común, *Triticum vulgare*. Estas variaban en juegos complejos de características, incluyendo el color de las espigas y las semillas, la forma de las espigas (barbadas o sin barba, lisas o hirsutas) y la estación de maduración. Vavilov se sintió después sorprendido y encantado al encontrar prácticamente el mismo juego de combinaciones de caracteres en variedades de dos especies íntimamente emparentadas, *T. compactum* y *T. spelta*.

Después pasó a estudiar el centeno (*Secale cereale*), una especie perteneciente a un género muy cercano al trigo, pero hasta entonces considerada de una variación geográfica mucho más limitada. No obstante, al ir recolectando Vavilov y sus ayudantes muestras de centeno por toda la Rusia europea y asiática, Irán y Afganistán, descubrió no solo que su diferenciación era comparable a la del trigo en cuanto a su extensión, sino también que sus razas exhibían el mismo juego de caracteres, con las mismas variaciones en color, forma y período de crecimiento.

---

funcionamiento de la genética en particular y de la ciencia oficial en general en la Unión Soviética en los años posteriores a la segunda guerra mundial. (*N. del r.*)

* En reconocimiento a la actividad botánica y agronómica de este sabio ruso, reciben el nombre de centros Vavilov aquellas localidades geográficas que fueron origen de la agricultura neolítica y que conservan las especies originales de plantas silvestres de las que derivaron las cultivadas. Véase *La diversidad de la vida*, de Edward O. Wilson (Crítica, Barcelona, 1994). (*N. del r.*)

Las similitudes entre las series de razas eran tan precisas y completas entre especies emparentadas que Vavilov pensó que podría predecir la existencia de variedades no descubiertas en el seno de una especie tras encontrar sus formas paralelas en otra especie. En 1916, por ejemplo, localizó una serie de variedades de trigo sin lígulas en Afganistán (las lígulas son delgadas membranas que crecen a partir de la base de la hoja y rodean el tallo en muchas gramíneas). Este descubrimiento sugería que deberían existir variedades de centeno sin lígulas, y las obtuvo de semillas recogidas en Pamir en 1918. Predijo que el trigo duro (*Tricticum durum*), representado por aquel entonces exclusivamente por variedades primaverales, debería tener también formar invernales, ya que otras especies con él emparentadas las tenían... y las encontró en 1918 en una región aislada del norte de Irán.

Las observaciones de Vavilov habrían engendrado menos controversias si no las hubiera interpretado, de hecho, sobreinterpretado, de un modo poco compatible con los puntos de vista estrictamente darwinianos o lamarckianos. Podría haber argumentado que sus series de variedades paralelas representaban adaptaciones similares de sistemas genéticos diferentes a ambientes comunes que engendraban una selección natural en una misma dirección. Tal interpretación hubiera satisfecho las preferencias darwinianas por la variación aleatoria, en la que el cambio evolutivo viene impuesto por la selección natural. (También esto podría haber sido distorsionado por Lysenko, convirtiéndolo en una afirmación de que los ambientes alteraban directamente la herencia de las plantas de modo favorable.)

Pero Vavilov propuso una explicación diferente, más acorde con las actitudes no darwinianas (aunque no antidarwinianas) que aún prevalecían en los años veinte: afirmó que las series paralelas representaban respuestas idénticas de los mismos sistemas genéticos, heredados *in toto* de unas especies a las especies emparentadas. Así pues, en la jerga evolucionista, sus series eran «homólogas»; de aquí el nombre de su ley. (Las homologías son similitudes basadas en la herencia de los mismos genes o estructuras de un antecesor común. Las similitudes forjadas en el seno de diferentes sistemas genéticos por presiones selectivas de ambientes similares son llamadas analogías.)

Vavilov argumentaba que las especies nuevas aparecían al desarrollar diferencias genéticas que impiden la hibridación con especies emparentadas. Pero la nueva especie no es genéticamente distinta a su antecesora en todos los aspectos. La mayor parte del sistema genético del antepasado permanece intacto; tan solo un limitado número de genes son alterados. Las variedades paralelas representan, pues, una «expresión» de las mismas capacidades genéticas heredadas en bloque de especie a especie emparentada.

Tal interpretación no es antidarwiniana porque no niega un papel importante a la selección natural. Mientras que cada variedad puede representar una capacidad latente predecible, su expresión en cualquier clima o región geográfica sigue haciendo necesaria la selección, para preservar la variante adoptiva y eliminar las otras. Pero tal explicación entra en conflicto con el espíritu del darwinismo, ya que debilita o compromete el punto cardinal de que la selección es la fuerza creativa en la evolución. La variación aleatoria, o no dirigida, desempeña un papel crucial en el sistema darwiniano, dado que establece la importancia evolutiva central de la selección al garantizar que el *cambio* evolutivo no puede ser adscrito a la variación en sí misma. La variación no es más que materia prima. Aparece en todas las direcciones o, al menos, no está ordenada preferentemente en formas adaptativas. Por consiguiente, la dirección es impuesta por la selección natural, preservando y acumulando lentamente, generación tras generación, las variaciones que hacen que los organismos estén mejor adaptados a los ambientes locales.

Pero ¿qué ocurre si la variación no es aleatoria y no carece de dirección, sino que se ve fuertemente canalizada a lo largo de determinados caminos? Entonces solo es posible un limitado número de cambios que registran las constricciones «internas» de la herencia en la misma medida que la acción de la selección. La selección no está aletargada; sigue determinando cuál de las diversas posibilidades alcanza su expresión en cualquier clima o área determinados. Pero si las posibilidades son estrictamente limitadas, y si una especie las exhibe en su totalidad entre sus diversas variedades, entonces este abanico de formas no puede adscribirse tan solo a la selección en su actuación sobre las variaciones fortuitas.

Más aún, esta explicación de las variedades nuevas pone en tela de juicio el principio cardinal de la creatividad de la selección natural. Las variaciones son resultados predecibles dentro de su sistema genético. Su aparición está prácticamente preordenada. El papel de la selección natural es negativo. Se convierte en tan solo un verdugo. Elimina las variantes no aptas en cualquier ambiente dado, preservando así la forma favorecida que eventualmente tenía que hacer su aparición.

Vavilov interpretó esta ley de las series homólogas de un modo no darwiniano. «La variación —escribió— no se produce en todas direcciones, al azar y sin orden ni concierto, sino con arreglo a sistemas distintivos y clases análogas a las de la cristalografía y la química. Las propias grandes divisiones [de los organismos] en órdenes y clases ponen de manifiesto regularidades y repeticiones de sistemas.» Cita el caso de «diversas variedades de arvejas, tan similares a las lentejas ordinarias en la forma, el color y el tamaño de sus semillas, que no pueden ser separadas por ninguna máquina clasificadora». Acepta que la similitud extrema en cualquier punto dado es producto de la selección (selección inconsciente en las máquinas agrícolas de clasificación). Pero el agente de la selección fue, literalmente en este caso, un cedazo que preservaba una variante entre muchas. La variante apropiada existía ya como producto encarnado de un conjunto heredado de posibilidades.

El papel de la selección natural en este caso está perfectamente claro. El hombre, inconscientemente, año tras año, separó, por medio de sus máquinas clasificadoras, variedades de arvejas similares a las lentejas en tamaño y forma de la semilla, y que maduraban simultáneamente a estas. Existían las mismas variedades, sin duda alguna antes que la propia selección, y la apariencia de sus series, al margen de toda selección, estaba de acuerdo con las leyes de la variación.

Vavilov, excesivamente entusiasmado con su idea, siguió adelante. Le embriagó la idea de que su ley podría representar un principio de ordenamiento capaz de convertir a la biología en una ciencia tan exacta y tan experimental como las ciencias «duras», como la física y la química. Tal vez los sistemas genéticos estén compuestos de «elementos» y las variedades geográficas de las especies sean «compuestos» predecibles que surgen inevitablemente de la unión de estos elementos en mezclas específicas. Si ello es así, el abanico de formas biológicas en el seno de una especie podría representarse en forma de una tabla de posibilidades similar a la tabla periódica de los elementos químicos. La evolución podría deducirse de la propia estructura genética; el ambiente tan solo puede actuar para preservar las posibilidades inherentes.

Abogaba por una explícita «analogía con la química» en la sección de conclusiones de su trabajo de 1922 y escribió: «Las formas nuevas han de cubrir vacantes en un sistema». Experimentó con un sistema de notación que expresaba las variedades de una especie como una fórmula química y afirmó «la analogía entre las series homológicas de plantas y animales con los sistemas y clases de la cristalografía con estructuras químicas definidas». Un seguidor entusiasta comentó que «la biología ha encontrado su Mendeleev».

Vavilov moderó sus puntos de vista en el transcurso de los años veinte y principios de los treinta. Averiguó que algunas de las variedades paralelas entre las especies no están basadas, después de todo, en los mismos genes, sino que representan una acción similar de la selección sobre diversas fuentes de variación. En estos casos, las variedades son análogas, no homólogas, y deberá concedérsele preeminencia a la explicación darwinista. En 1937, escribió:

> Subestimamos la variabilidad de los propios genes [...] Por aquel entonces pensábamos que los genes poseídos por especies próximas eran idénticos; hoy sabemos que esto está muy lejos de ser cierto, que incluso especies íntimamente emparentadas con rasgos externos muy similares están caracterizadas por multitud de genes diferentes. Al concentrar nuestra atención en la variabilidad en sí, no le prestamos la suficiente atención al papel de la selección natural.

Aun así, Vavilov continuaba defendiendo la importancia y la validez de su ley, y continuaba abogando por la analogía con la química en una forma solo ligeramente más suave.

Por desgracia, en el sentido más profundo, Vavilov se había expuesto con ello al polémico ataque de Lysenko. La ley de las series homólogas le proporcionaba una importante munición a Lysenko, y la analogía química de Vavilov, excesiva, aumentó sus problemas. Lysenko caricaturizó la ley de Vavilov en 1936 mediante la presentación de ejemplos ridículos que implicaban a especies demasiado lejanamente emparentadas para que presentaran series paralelas en el sistema de Vavilov: «En la naturaleza encontramos manzanos con frutos redondos, de manera que debe haber o puede haber árboles con peras redondas, cerezas redondas, uvas redondas, etc.».

El ataque ideológico de Lysenko fue más perverso. Hizo dos acusaciones graves que implicaban las dos partes de la divisa de la filosofía soviética oficial: materialismo dialéctico. La ley de Vavilov, afirmaba, era antidialéctica porque situaba el origen del cambio orgánico dentro de los sistemas genéticos de los propios organismos y no en la interacción (o dialéctica) entre el organismo y el ambiente. En segundo lugar,

Lysenko acusaba a la ley de las series homólogas por ser «idealista» y no materialista, porque ésta consideraba que la historia evolutiva de una especie se hallaba prefigurada en la capacidad no realizada (y, por lo tanto, no material) de un sistema genético heredado.

La evolución, acusaba Lysenko, es casi una ilusión en el sistema de Vavilov. Supone una mera representación de potenciales heredados, no el desarrollo de algo nuevo. Expresa la inclinación burguesa a la estabilidad al considerar que el cambio aparente es una expresión superficial de la constancia subyacente. Según la ley de Vavilov, acusaba Lysenko,

> Las formas nuevas resultan no del desarrollo de formas viejas, sino de una reorganización, una recombinación de corpúsculos hereditarios ya existentes [...] Todas las especies actuales existieron en el pasado, solo que en formas menos diversas; pero cada forma era más rica en potencialidades, en su colección de genes.

La demencia muestra a menudo una razón perversa pero coherente con sus propios términos; y debemos admitir que Lysenko identificó y explotó las verdaderas debilidades de la argumentación de Vavilov. Este subestimó, en efecto, el papel creativo del ambiente, y su analogía química delataba, efectivamente, una cierta fe en las potencialidades preestablecidas como fuente de posteriores y, en cierto sentido, ilusorios cambios. Pero Lysenko, que era también un charlatán y un cruel polemista, fue igualmente adialéctico (a pesar de sus protestas en contra) en su visión de las plantas como masilla ante un ambiente moldeador.

Vavilov murió en nombre de un falso lamarckismo. Se convirtió en un legítimo mártir en Occidente, pero sus ideas no florecieron como resultado de ello. La ley de las series homólogas, el eje organizativo de sus trabajos evolucionistas, fue ignorada en nombre de un darwinismo excesivamente estricto. La ley de Vavilov no contradecía directamente ningún principio darwiniano, pero su énfasis en las restricciones a la herencia y en la variación canalizada encajaba malamente en el *leit motiv* darwiniano de la variación aleatoria y la dirección del cambio evolutivo por parte de la selección natural. Fue, por consiguiente, ignorada y relegada a la estantería dedicada a las teorías anticuadas que habían implicado que la propia variación era la fuerza directriz de la evolución. He consultado todos los documentos fundacionales de la «síntesis moderna», el movimiento que estableció nuestra actual versión del darwinismo entre finales de los años treinta y los cincuenta. Solo dos de ellos mencionan la ley de las series homólogas de Vavilov; cada uno le dedica menos de un párrafo.

Y, no obstante, yo creo que, a su manera imperfecta, Vavilov había entrevisto algo importante. En términos más modernos, las especies nuevas no heredan una forma adulta de sus antepasados. Reciben un complejo sistema genético y una serie de rutas de desarrollo para traducir los productos genéticos a través de la embriología y el posterior crecimiento a organismos adultos. Estas rutas restringen de hecho la expresión de la variación genética; no la canalizan a lo largo de determinadas líneas. La selección natural puede escoger cualquier punto a lo largo de la línea, pero puede no ser capaz de desplazar a una especie fuera de la línea, dado que la selección tan solo puede actuar sobre las variaciones presentadas ante ella. En este sentido, las constricciones a la variación pueden determinar las rutas del cambio evolutivo tanto como la selección, desempeñando su papel darwiniano como fuerza creativa.

Me han resultado de mucha ayuda las ideas de Vavilov a la hora de reorientar mi propio pensamiento en direcciones que me parecen más fructíferas que mi anterior convicción, jamás cuestionada, de que la selección elabora casi la totalidad de los cambios evolutivos. Al estudiar la relación entre el tamaño del cerebro y el tamaño corporal, los biólogos han descubierto que el cerebro crece a una velocidad de entre una y dos quintas partes de la velocidad con la que crece el cuerpo en comparaciones realizadas entre mamíferos íntimamente emparentados, que difieren tan solo (o fundamentalmente) en tamaño corporal: adultos dentro de una única especie, razas de perros domésticos, chimpancés frente a gorilas, por ejemplo. Durante noventa años, la gran literatura se ha concentrado en especulaciones acerca de los motivos adaptativos de esta relación, basándose en el supuesto (normalmente no manifiesto) de que debe aparecer como producto directo de la selección natural.

Pero mi colega Russell Lande llamó mi atención hace poco hacia una serie de experimentos realizados con ratones, seleccionados a lo largo de multitud de generaciones con arreglo a su tamaño corporal exclusivamente. Al ir aumentando de tamaño estos ratones a lo largo de las generaciones, su cerebro fue creciendo al ritmo habitual: un poco por encima de un quinto de la velocidad de crecimiento del cuerpo. Dado que sabemos que estos experimentos no incluían selección alguna referida al tamaño del cerebro, el ritmo de un quinto debe ser un producto secundario de la selección para un aumento de tamaño del cuerpo. Dado que el ritmo de uno a dos quintos hace su aparición una y otra vez en diversos linajes de mamíferos, y dado que tal vez registre una respuesta no adaptativa del cerebro a la selección en favor de cuerpos de mayor tamaño en el seno de los sistemas de desarrollo de los mamíferos, los juegos paralelos de razas y especies dispuestos a lo largo de la pendiente de «un quinto-dos quintos» en los carnívoros, roedores, ungulados y primates son series homólogas no darwinianas en el sentido de Vavilov.

En nuestra investigación personal acerca del caracol terrestre de las Antillas *Cerion*, mi colega David Woodruff y yo nos encontramos con las mismas dos morfologías una y otra vez en la totalidad de las islas del norte de las Bahamas. Las conchas costuladas, blancas o de un color uniforme, gruesas y más o menos rectangulares, habitan las costas rocosas en los límites de bancos en los que las islas caen abruptamente a un mar profundo. Las conchas lisas, moteadas, más delgadas y en forma de barril habitan costas más tranquilas y bajas en los límites interiores de los bancos, donde las islas ceden el paso a millas y millas de aguas poco profundas. La conclusión más sencilla, y más habitual, sería considerar que las conchas costaladas de todas las islas están íntimamente emparentadas, y que las conchas lisas son miembros de otro grupo coherente. Pero creemos que el complejo juego de caracteres que forman las morfologías con cóstulas y la lisa surgen independientemente una y otra vez. En las islas del pequeño banco de Bahama, tanto los animales con cóstulas como los lisos comparten una anatomía genital distintiva. En las islas del gran banco de Bahama, tanto los animales con cóstulas como los lisos desarrollan un tipo de pene igualmente distintivo, pero diferente. La ecología de las costas rocosas frente a la de las costas calmas puede seleccionar como adaptaciones las morfologías citadas, pero la apariencia coordinada de la media docena de rasgos característicos de cada morfología puede representar una canalización de la variación disponible a la producción de series homólogas (variedades costaladas y lisas) en linajes diferentes (definidos por la anatomía de los genitales).

Una teoría completa de la evolución debe reconocer la existencia de un equilibrio entre las fuerzas «exteriores» del ambiente que imponen una selección en favor de la adaptación local y las fuerzas «internas» que representan constricciones de la herencia y el desarrollo. Vavilov puso excesivo énfasis en las constricciones internas menospreciando el poder de la selección. Pero los darwinianos occidentales han errado también al ignorar prácticamente (aunque reconociéndolo en teoría) los límites impuestos a la selección por la estructura y el desarrollo, lo que Vavilov y los biólogos antiguos hubieran llamado «leyes de la forma».

Necesitamos, en pocas palabras, una verdadera dialéctica entre los factores internos y externos de la evolución.

La tragedia personal de Vavilov no puede ya remediarse. Pero ha sido rehabilitado en Rusia, donde la Sociedad de Genéticos y Seleccionistas de la Unión Soviética lleva hoy su nombre. Nosotros, que le vemos como un mártir y nos hacemos defensores de su causa sin conocer sus ideas, haríamos bien en reconsiderar la tradición darwiniana más antigua que representaba. Combinado con nuestra legítima convicción acerca del poder de la selección, el principio de las series homólogas (y otras «leyes de la forma») podría apadrinar una teoría evolutiva verdaderamente sintética en su integración del desarrollo y la forma orgánica, con un cuerpo de principios hoy dominado por la ecología y los efectos de la selección sobre genes y rasgos únicos.

Tercera parte

Adaptación y desarrollo

— 11 —

Mitos y realidades de las hienas

Admito libremente que la hiena manchada, la que se ríe, no es el animal más hermoso que imaginarse pueda. Aun así, difícilmente podría ser merecedora de la lamentable reputación que le fue impuesta por parte de nuestros ilustres antecesores. Existen tres mitos acerca de las hienas que fueron los que inspiraron los comentarios, llenos de repugnancia, de los textos primitivos.

En primer lugar, las hienas eran consideradas animales carroñeros. En su *Historia natural*, Plinio el Viejo (23-79 d.C.) se refería a ellas diciendo que eran el único animal que excavaba las tumbas en busca de cadáveres (*ab uno animali sepulchra erui inquisitione corporum*). Conrad Gesner, el gran catalogador de la historia natural del siglo XVI, contaba que se atiborran glotonamente al encontrar un cadáver, que sus panzas se hinchan quedando tensas como un tambor. Después buscan algún lugar estrecho entre dos árboles o dos piedras, y se estrujan para atravesarlo, expulsándose los restos de sus comidas simultáneamente por ambos extremos.

Hans Kruuk, que pasó años estudiando las hienas manchadas en su hábitat natural (las llanuras del África oriental), ha trabajado mucho por anular estos antiguos mitos (véase su libro *The Spotted Hyena*, University of Chicago Press, 1972). Nos informa de que las hienas comen carroña cuando tienen oportunidad de hacerlo. (La mayor parte de los carnívoros, incluyendo al noble león, se atiborrarán encantados de la carne muerta gracias al esfuerzo de algún otro carnívoro.) Pero las hienas manchadas viven en clanes de caza compuestos por hasta ochenta animales. Cada clan controla un territorio y mata la mayor parte de sus alimentos (fundamentalmente cebras y ñúes) en persecuciones comunales nocturnas.

Como segundo insulto, las hienas eran generalmente consideradas como híbridos. Sir Walter Raleigh las excluyó del Arca de Noé dado que creía que Dios solo había salvado purasangres. Las hienas fueron reconstituidas tras el Diluvio por la unión antinatural de un perro y un gato. De hecho, las tres especies actuales de hienas forman una familia propia en el seno del orden Carnívoros. Sus parientes más próximos son los mustélidos (las comadrejas y sus afines).

Como borrón final, y falso, en su cartilla, y con la mayor de las injusticias, muchos escritores antiguos afirmaban que las hienas eran hermafroditas, siendo portadoras de órganos tanto masculinos como femeninos. Los bestiarios medievales, en su continuo intento de extraer deducciones morales de la depravación de las bestias, se concentraron en esta supuesta ambivalencia sexual. Un documento del siglo XII, traducido por T. H. White, declaraba:

> Dado que ni son machos ni son hembras, no son ni fieles ni paganos, sino que son evidentemente el pueblo acerca del que Salomón dijo: «Un hom-

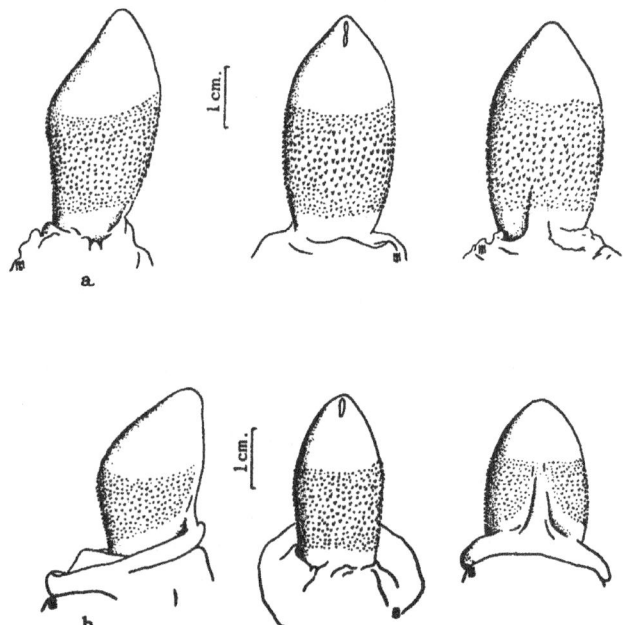

10. Similitud entre los genitales del macho y de la hembra en la hiena manchada. *Hilera superior*, aspectos del pene del macho. *Hilera inferior*, aspectos similares del clítoris de la hembra (de Harrison Matthews, 1939).

bre con dos mentes es inconstante en todas sus costumbres». También el Señor dijo: «No se puede servir a Dios y a Mammón».

Pero las hienas también tenían algunos defensores formidables frente a esta calumnia concreta. El propio Aristóteles había declarado en su *Historia animalium*: «Se afirma que la hiena tiene órganos sexuales masculinos y femeninos; pero esto no es cierto».

Aristóteles (y no por primera vez) tenía, por supuesto, razón. Pero la leyenda había surgido por buenos motivos. Las hienas hembra son virtualmente indistinguibles de los machos. Su clítoris es de gran tamaño y está extendido formando un órgano del mismo tamaño y posición que el pene del macho. También puede experimentar erecciones. Los labios de su sexo se han plegado y fusionado para formar un falso escroto que no es discerniblemente diferente, ni en su forma ni en su localización, del verdadero escroto de los machos. Incluso contiene tejidos grasos que forman dos bultos que resulta fácil confundir con los testículos. Los autores del trabajo más reciente acerca de las hienas manchadas consi-

11. Genitales externos de la hiena manchada hembra, mostrando un clítoris peniforme y un falso escroto (de Harrison Matthews, 1939).

deraron el aspecto de los machos y las hembras «tan similar que solo se podía determinar su sexo con seguridad por palpación del escroto. En el escroto del macho podían localizarse los testículos por comparación con el blando tejido adiposo del falso escroto de las hembras».

El zoólogo británico L. Harrison Matthews hizo la descripción anatómica más extensa de la anatomía sexual de la hiena en 1939. Describió el clítoris peniforme, subrayando que su tamaño no es inferior al del pene del macho, está igualmente constreñido a una única abertura en forma de ranura en la punta, y es tan capaz de experimentar erecciones como su contrapartida en los machos. Concluía sus austeras y precisas páginas de descripción con una manifestación de asombro tan fuerte como cabría esperarse de la ponderada prosa científica británica: «Probablemente sea una de las formas más insólitas que adopta el orificio externo del canal urogenital en las hembras de los mamíferos».

Harrison Matthews investigó también la cuestión de cómo se aparean las hembras, al contar con un orificio femenino que no es más grande que la abertura del pene del macho. «En el estado prepúber —escribe— estas funciones son obviamente imposibles, debido al diminuto tamaño de la abertura.» Pero, al ir madurando la hembra, la abertura va alargándose gradualmente y «se va extendiendo hacia abajo en torno a la superficie ventral [...], desplazándose a lo largo del eje longitudinal», hasta formar un orificio de 1,5 centímetros de longitud que se extiende desde la abertura del clítoris hasta su base. Este alargamiento de la abertura y un subsiguiente agrandamiento de los pezones tras la preñez y el parto ayudan a distinguir las hembras adultas de los machos. Podemos ahora comprender cuál era la base de los antiguos mitos de que las hienas eran o bien hermafroditas simultáneos (portadores de órganos masculinos y femeninos a la vez), o machos durante parte de su vida y posteriormente hembras.

Las rarezas de la naturaleza exigen explicación y, por consiguiente, nos hacemos la pregunta de cuáles son las ventajas que obtienen las hembras al parecer machos. Inmediatamente llegamos al otro aspecto más llamativo de la biología de las hienas: las hembras no solo se parecen a los machos, son también más grandes que ellos, al revés de lo que ocurre normalmente en los mamíferos, incluidos los seres humanos. (Pero véase el ensayo 1 para una discusión del modelo inverso en la mayoría de los demás animales.) Las hembras de los clanes del África oriental, estudiados por Kruuk, pesaban por término medio 54 kilogramos, frente a los 48 kilogramos de peso medio de los machos. Más aún, dirigen los clanes en la caza y la defensa del territorio y son, en general, dominantes frente a los machos en los contactos individuales. La dominancia no es simplemente resultado de su mayor tamaño, ya que las hembras también manifiestan un rango superior a los machos de mayor tamaño si la discrepancia en este no es demasiado grande.

Aunque la adopción por parte de la hembra de lo que son normalmente papeles masculinos en los mamíferos probablemente esté relacionada con su evolución de estructuras sexuales que imitan los órganos masculinos, la relación entre estos fenómenos no está a la vista. No puede tener demasiado que ver con el comportamiento sexual en sí, ya que, en todo caso, el «pene» de la hembra constituye un obstáculo a la copulación hasta que la abertura se agranda y su forma se aleja de la del macho.

Kruuk sugiere que este notable mimetismo surgió en relación con un comportamiento común en las hienas denominado la «ceremonia del encuentro». Las hienas viven en clanes que defienden territorios y cazan en comunidad. Pero los individuos pasan también buena parte de su tiempo vagando en solitario en busca de carroña. Para mantener la cohesión de los clanes y alejar a los intrusos, las hienas deben desarrollar un mecanismo para reconocerse las unas a las otras y reintegrar a los viajeros solitarios al clan apropiado.

Cuando se encuentran dos hienas del mismo clan, se ponen costado contra costado mirando en direcciones opuestas. Cada una de ellas levanta la pata trasera interior, el individuo subordinado en primer lugar, exponiendo un pene o un clítoris erecto, una de las partes más vulnerables del cuerpo, a los dientes de su compañero. Seguidamente se olfatean y lamen los genitales mutuamente durante diez o quince segundos, fundamentalmente en la base del pene o clítoris y la parte delante del escroto o falso escroto.

Kruuk cree que el clítoris de la hembra, y su falso escroto, se desarrollaron para que dispusiera de una estructura conspicua, útil para el reconocimiento en la ceremonia del encuentro. Escribe:

> Es imposible imaginarse ningún otro propósito para este singular rasgo femenino, que no sea su uso en la ceremonia del encuentro [...] También podría ocurrir que un individuo dotado de una estructura familiar, pero relativamente compleja y conspicua, olfateada durante el encuentro, disponga de alguna ventaja sobre los demás; la estructura facilitaría a menudo este restablecimiento de lazos sociales, manteniendo juntos a los com-

pañeros a lo largo de un período de encuentro más dilatado. Esta podría
ser la ventaja selectiva responsable de la evolución de la estructura genital
de las hembras y los cachorros.

La especulación acerca del significado adaptativo es una actividad
muy popular y, sin duda, muy entretenida, entre los biólogos evolutivos. Pero la pregunta «¿para qué sirve?» a menudo distrae la atención
de la cuestión más mundana, pero con frecuencia más esclarecedora:
«¿cómo está construido?». En este caso, las especulaciones acerca del
significado adaptativo llevan mucho tiempo figurando en la literatura,
pero, aun así, nadie se tomó la molestia de seguir el camino evidente en
busca de hipótesis sobre la construcción anatómica hasta 1979: ¿qué
hormonas sexuales se mantienen, y a qué niveles, en las hembras de
hiena desde su concepción hasta la madurez? (Véase Racey y Skinner,
1979, en la Bibliografía.)

Racey y Skinner descubrieron, en pocas palabras, que dos andrógenos (hormonas productoras de machos) tenían una concentración más
elevada en los testículos que en los ovarios de las hienas manchadas
adultas (lo que difícilmente puede ser una sorpresa). No obstante, cuando investigaron los niveles de esas mismas hormonas en el plasma san-
guíneo, no detectaron ninguna diferencia entre machos y hembras. Una
hembra contenía fetos hembra gemelos, y ambos presentaban un nivel
de testosterona igual al de las hembras adultas. Por consiguiente, Racey
y Skinner llegaron a la conclusión de que «los altos niveles fetales de
andrógenos son responsables de la aparición de la facies sexual mascu-
lina en las hembras adultas de la hiena manchada».

Racey y Skinner reafirmaron su hipótesis estudiando las hienas pardas y las rayadas, las otras dos especies de la familia Hiénidos. Ni las
hienas pardas ni las rayadas desarrollan clítoris peniformes o falsos escrotos. En ambas especies los niveles de andrógenos en el plasma san-
guíneo son muy inferiores en las hembras respecto al nivel que existe en
los machos. (Aristóteles, dicho sea de paso, defendía a las hembras de la
acusación de hermafroditismo describiendo con toda corrección los genitales de estas otras especies: una especie de finta frente a la hiena manchada, origen de la leyenda; pero el «maestro de aquellos que saben»
estaba, en cualquier caso, en lo cierto.)

Pero ¿por qué debería llevar el elevado nivel de andrógenos a la construcción de falsos penes y escrotos? Los animales que los forman siguen
siendo, después de todo, genéticamente hembras. ¿Cómo pueden los ge-

nes femeninos producir imitaciones de la estructura de los machos, incluso en un medio de hormonas androgénicas abundantes? Un vistazo a la base del desarrollo de la anatomía sexual resuelve este problema.

Los mamíferos comparten un modelo común en la embriología de los órganos sexuales, y, por consiguiente, podemos utilizar a los seres humanos como ejemplo. El embrión joven es sexualmente indiferente y contiene todas las estructuras y precursores necesarios para el desarrollo indistinto de órganos sexuales masculinos o femeninos. Al cabo de la octava semana, aproximadamente, de la concepción, las gónadas empiezan a diferenciarse, ya sea como ovarios o como testículos. Los testículos en desarrollo segregan andrógenos, que inducen el desarrollo de genitales masculinos. Si no hay andrógenos, o sus niveles son muy bajos, se forman genitales femeninos.

Los genitales externos e internos se desarrollan de modos diferentes. Para los genitales internos, el embrión joven contiene precursores de ambos sexos: los conductos de Müller (que forman las trompas de Falopio y los ovarios de las hembras) y los conductos de Wolff (que forman los conductos deferentes, que llevan el esperma de los testículos al pene, de los machos). En las hembras, los conductos de Wolff degeneran y los conductos de Müller se diferencian; los machos se desarrollan por la vía contraria.

Los genitales externos siguen un esquema notablemente diferente. Los individuos no parten de dos juegos diferentes de precursores, perdiendo uno y reforzando otro. Por el contrario, los diferentes órganos del macho y de la hembra se desarrollan a lo largo de rutas divergentes partiendo del *mismo* precursor. El pene del macho es el mismo órgano que el clítoris de la hembra: se forman a partir de los mismos tejidos, son indistinguibles en el embrión, y siguen rutas diferentes más adelante. El escroto del macho es el mismo órgano que los labios mayores de la hembra. Los dos labios se hacen más largos, se pliegan y se unen a lo largo de la línea media, formando el saco escrotal.

La ruta de desarrollo de la hembra es, en cierto sentido, biológicamente intrínseca a todos los mamíferos. Es el esquema que se desarrolla en ausencia de influencias hormonales. La vía seguida por el macho es una modificación inducida por la secreción de andrógenos por parte de los testículos en desarrollo.

El misterio del mimetismo del macho en las hienas hembras puede resolverse, en gran parte, reconociendo estos hechos fundamentales de la anatomía del desarrollo. Sabemos, gracias al trabajo de Racey y

Skinner, que las hembras de las hienas mantienen elevados niveles de hormonas androgénicas. Podemos, por tanto, llegar a la conclusión de que las sorprendentes y complejas particularidades de la anatomía sexual de las hembras de la hiena manchada son simplemente, de hecho, casi automáticamente, producidas por un único efecto subyacente: la secreción de cantidades inusitadamente grandes de andrógenos por parte de las hembras.

La naturaleza automática de los clítoris peniformes y los falsos escrotos en los mamíferos hembras con altos niveles de andrógeno puede ilustrarse mediante pautas insólitas en el desarrollo humano. Las glándulas suprarrenales segregan también andrógenos, habitualmente en pequeñas cantidades. En algunas hembras genéticas, las suprarrenales son anormalmente grandes y producen niveles elevados de andrógenos. Estas niñas nacen con pene y falso escroto. Hace varios años se comercializó una droga para evitar los abortos. Tenía el desafortunado efecto colateral de simular el efecto de los andrógenos naturales. Los bebés hembras nacían con un clítoris muy desarrollado y un saco escrotal vacío formado por los labios fusionados.

En mi opinión, estos datos de la anatomía del desarrollo deberían forzar una revisión de la interpretación habitual del mimetismo del macho en las hembras de hienas manchadas. Los biólogos evolutivos se han deslizado con demasiada frecuencia hacia un modo de argumentación, selectivamente atractivo, acerca del fenómeno de la adaptación. Tendemos a considerar cada estructura como algo diseñado con un propósito definido, construyendo así (en nuestra imaginación) un mundo de diseños perfectos no demasiado diferentes del pergeñado por los teólogos naturales del siglo XVIII, que «demostraban» la existencia de Dios por la perfecta arquitectura de los organismos. Los adaptacionistas podrían conceder una cierta flexibilidad a las estructuras diminutas y aparentemente sin consecuencias; pero, sin duda, cualquier cosa grande, compleja y evidentemente útil, debe haber sido construida directamente por la selección natural. De hecho, toda la literatura anterior acerca de las hienas manchadas ha asumido que los órganos sexuales femeninos evolucionaron directamente para una función concreta; como en el caso de la especulación de Kruuk acerca de las ventajas adaptativas de unos genitales externos conspicuos para el reconocimiento en la ceremonia del encuentro.

Pero existe otro posible escenario, y a mí me parece más probable. No dudo que la peculiaridad básica de la organización social de las hienas (el mayor tamaño y la dominancia de las hembras) es una adaptación a algo. El camino más sencillo hacia esa adaptación sería un marcado incremento en la producción de hormonas androgénicas por parte de las hembras (existen en pequeñas cantidades en todos los mamíferos hembra). Los altos niveles de andrógenos implicarían efectos secundarios complejos como consecuencia automática; entre ellos, un clítoris peniforme y un falso escroto (no podemos, después de todo, etiquetar esa misma condición en algunos bebés humanos hembras anormales como una adaptación). Una vez presentes estos efectos, tal vez pueda encontrarse alguna utilidad para ellos, como la ceremonia del encuentro. Pero su actual utilidad no implica que fueran elaborados directamente por la selección natural para el fin al que hoy en día sirven. (Sí, ya sé que puede plantearse al revés: la ceremonia del encuentro requiere unos genitales femeninos conspicuos y son desarrollados por medio de un aumento de los niveles de andrógeno, lo que tiene por consecuencia un aumento en el tamaño de las hembras y su dominancia. No obstante, sí quisiera señalar que, bajo nuestras habituales preferencias por ver adaptaciones directas por todas partes, mi planteamiento ni siquiera sería tomado en consideración. En efecto, no aparecía en los principales trabajos acerca de las hienas manchadas.)

No habitamos en un mundo perfecto en el que la selección natural escudriña implacablemente todas las estructuras orgánicas, moldeándolas después para un óptimo de utilidad. Los organismos heredan una forma y un estilo de desarrollo embrionario; estos imponen determinadas constricciones sobre los futuros cambios y adaptaciones. En muchos casos, las rutas evolutivas reflejan esquemas heredados, más que exigencias ambientales de hoy. Estas herencias limitan, pero también ofrecen oportunidades. Un cambio genético potencialmente pequeño (en este caso, un incremento en el nivel de andrógenos) implica una hueste de consecuencias complejas y no adaptativas. La flexibilidad primaria de la evolución puede surgir de los subproductos no adaptativos que ocasionalmente permiten a los organismos lanzarse en nuevas e impredecibles direcciones. ¿Qué «juego» tendría la evolución si cada estructura fuera elaborada con un fin restringido y no pudiera utilizarse para nada más? ¿Cómo podrían aprender a escribir los seres humanos si nuestro cerebro hubiera evolucionado para la caza, la cohesión social, o cualquier otra cosa, y no pudiera trascender los límites adaptativos de su propósito original?

En el segundo episodio de su serie *Cosmos*, Carl Sagan contó la historia de un cangrejo japonés que lleva en su dorso el retrato de un guerrero samurai. Planteaba que los seres humanos han construido esta cara a su imagen y semejanza, porque los pescadores locales llevan devolviendo al agua los cangrejos con el dibujo más nítido durante siglos, imponiendo así una fuerte presión de selección en favor de los cangrejos con la imagen del samurai (a los otros, se los comen). Utilizó este ejemplo a modo de introducción de un apasionante discurso acerca del casi omnímodo poder de la selección natural.

Dudo mucho de esta historia, y sospecho que la explicación convencional es la correcta: que la similitud es accidental y, en el mejor de los casos, solo se ha visto ligeramente reforzada por la intervención del hombre. Pero incluso aunque Sagan estuviera en lo cierto, en mi opinión se está maravillando ante el fenómeno equivocado (o al menos, no le está dedicando un tiempo equivalente a otro aspecto notable del caso). De entrada, me siento muy impresionado por la capacidad del cangrejo de hacer algo tan poco propio de los cangrejos; del mismo modo en que la capacidad de un sistema de desarrollo heredado para producir (y con gran facilidad) unos cambios tan acentuados en la anatomía sexual de las hienas hembra me llama mucho más la atención que cualquier significación adaptativa potencial del cambio.

La capacidad de los cangrejos de trazar un rostro en su dorso no surgió de ningún valor selectivo que pudiera tener esa cara, ya que los cangrejos utilizan muy raramente esta habilidad latente. Más bien esta capacidad refleja varios hechos más profundos de la biología de los cangrejos: la simetría bilateral del caparazón (que corresponde por analogía a la simetría bilateral del rostro humano), y el hecho de que muchos cangrejos van adornados por arrugas a lo largo de la línea media (donde podría formarse una «nariz») y perpendiculares a ella (donde podrían construirse «ojos» y «bocas»).

La producción accidental de un retrato humano representa un asombroso ejemplo de la flexibilidad evolutiva que surge como consecuencia de un diseño heredado. La materia orgánica no es masilla y la selección natural no es omnipotente. Cada diseño orgánico está preñado de posibilidades evolutivas, pero tiene sus senderos restringidos en lo que a su potencial de cambio se refiere. Los pescadores pueden devolver al agua una selección de estrellas de mar con su simetría central, o caracoles con su diseño en espiral, durante decenas de millones de años y jamás conseguirán tallar un samurai en sus partes duras.

Peter Medawar ha descrito la ciencia como «el arte de lo soluble». La evolución podría denominarse «la transformación de lo posible».

12

Reinos sin ruedas

L a madre de Sisara pensaba encantada en el botín que su hijo podría traer de vuelta («una presa de bordados de varios colores»), tras su enfrentamiento a los ejércitos de Israel conducidos por Débora y Barac (Jueces, capítulos 4-5). No obstante, llevaba ya retraso, y empezó a preocuparse: «¿Por qué tardan las ruedas de sus carros de combate?», se preguntaba llena de ansiedad. Y tenía motivos para tener miedo, ya que Sisara jamás regresó. Los ejércitos cananeos habían sido aplastados mientras que Jael acababa de atravesar la cabeza de Sisara con un clavo (un poste de tienda según las traducciones modernas) (lo que convirtió a Jael en un personaje por debajo tan solo de Judith entre las heroínas judías por la sanguinolenta eliminación de sus enemigos).

Los generales de los ejércitos bíblicos conducían carrozas, sus aparatos viajaban en carros. Pero dos mil años más tarde, en el siglo vi d.C., la pregunta que se hacía la madre de Sisara no podía ya plantearse, puesto que las ruedas habían desaparecido prácticamente como medio de transporte desde Marruecos hasta Afganistán. Fueron reemplazadas por camellos (Richard W. Bulliet, *The Camel and the Wheel*, 1975).

Bulliet cita varias razones para este cambio, que desafía toda intuición. Las carreteras romanas habían empezado a deteriorarse y los camellos no se veían obligados a recurrir a ellas. La artesanía de los arneses y los carros había sufrido un acentuado declive. Pero, lo más importante, los camellos (como animales de carga) eran más eficaces que los carros arrastrados por animales (incluso por camellos). En una larga lista de las razones por las que eran preferibles los camellos a un transporte no mecanizado basado en el uso de la rueda, Bulliet incluye su longevidad, su resistencia, su capacidad de cruzar ríos y recorrer tramos difíciles, además del ahorro de fuerza de trabajo humano (un carro requiere un hombre por cada dos animales, pero una sola persona puede hacerse cargo de entre tres y seis camellos de carga).

Inicialmente, la narración de Bulliet nos sorprende porque la rueda ha llegado a simbolizar en nuestra cultura el *sine qua non* de la explotación inteligente y el progreso tecnológico. Una vez inventada, su superioridad no puede ser discutida ni superada. De hecho, «reinventar la rueda» se ha convertido en nuestra metáfora estándar para burlarnos de la repetición de verdades obvias. En una era anterior, de un darwinismo social triunfante, las ruedas representaban una fase ineluctable del progreso humano. Las culturas «inferiores» de África se deslizaban hacia la derrota; sus conquistadores rodaban hacia la victoria. Las culturas «avanzadas» de México y Perú podrían haber expulsado a Cortés y Pizarro, si tan solo a algún artesano astuto se le hubiera ocurrido convertir una piedra de calendario en la rueda de un carro. La idea de que los carros pudieran ser reemplazados por animales de carga nos resulta no solo un atraso, sino prácticamente un sacrilegio.

El éxito de los camellos vuelve a poner de relieve un tema fundamental en estos ensayos. La adaptación, ya sea biológica o cultural, representa un mejor ajuste a ambientes locales específicos, no una fase inevitable en una escala de progreso. La rueda fue una formidable invención, y sus usos son múltiples (los alfareros y los molineros siguieron utilizándolas, incluso cuando los fabricantes de carros se eclipsaron). Pero los camellos pueden dar mejores resultados en determinadas circunstancias. Las ruedas, como las alas, las aletas y los cerebros, son mecanismos exquisitos para determinados propósitos, no indicios de una superioridad intrínseca.

El orgulloso camello podría poner en situación comprometida a cualquier Ezequiel de nuestros días, y podría parecer que este artículo representa otro borrón en la reputación de la rueda (aunque no sea así). Deseo plantear otra cuestión que parece ponerle límites a la rueda. Buena parte de la tecnología humana surgió recreando el buen diseño de los organismos. Si el arte es el reflejo de la naturaleza y si las ruedas son un invento de tanto éxito, ¿por qué los animales andan, saltan, vuelan, se arrastran, nadan y nunca ruedan (al menos no sobre ruedas)? Bastante malo es que las ruedas, como artefacto humano, no sean siempre superiores al trabajo de la naturaleza. ¿Por qué esta, tan variopinta en sus actividades, ha pasado también por alto la rueda? ¿Acaso es la rueda un mecanismo poco eficaz para desplazarse, después de todo?

En este caso, las limitaciones están en los animales, no en la eficacia de la rueda. Una vulgarización de la evolución, que aparece en multitud de narraciones populares, presenta a la selección natural como un principio perfeccionador, tan preciso en su funcionamiento, tan libre de trabas en su actuación, que los animales acaban encarnando un juego de planos de ingeniería para una forma óptima (véase el ensayo 11). En lugar de sustituir el antiguo «razonamiento a partir del diseño» (la idea de que puede demostrarse la existencia de Dios a través de la armonía de la naturaleza y la sabia construcción de los organismos), la selección natural pasa a ocupar el antiguo papel de Dios como principio perfeccionador.

Pero la prueba de que ha sido la evolución, y no el *fiat* de un agente racional, la que ha construido los organismos yace en las imperfecciones que registran una *historia* de descendencia y refutan la creación a partir de la nada. Los animales no pueden desarrollar multitud de formas ventajosas porque los esquemas estructurales heredados se lo impiden. Las ruedas no presentan defectos como modo de transporte; estoy convencido de que a muchos animales les iría mucho mejor con ellas. (La única criatura lo suficientemente inteligente como para construirlas, después de todo, les ha sacado un buen partido, a pesar de la superioridad de los camellos en determinadas circunstancias.) Pero los animales no pueden construir ruedas a partir de las piezas que les suministra la naturaleza.

Como principio estructural básico, una verdadera rueda debe girar libremente, sin estar físicamente fusionada al objeto sólido que mueve. Si la rueda y el objeto están físicamente ligados, entonces la rueda no puede girar libremente mucho espacio, y debe girar de vuelta, ya que, en caso contrario, los elementos de conexión se romperían por la tensión acumulada. Pero los animales deben mantener una conexión física entre todas sus partes. Si los extremos de nuestras piernas fueran ejes y nuestros pies ruedas, ¿cómo podrían la sangre, los nutrientes y los impulsos nerviosos salvar el espacio, para alimentar y dirigir las partes móviles de nuestros patines naturales? Los huesos de nuestros brazos tal vez estén o no estén en contacto, pero necesitamos las envueltas que los rodean formadas por los músculos, los vasos sanguíneos y la piel; y, por lo tanto, no somos capaces de rotar nuestros brazos ni siquiera una sola vuelta en torno al hombro.

Estudiamos a los animales para ilustrar o ejemplificar las leyes de la naturaleza. El principio más elevado de todos podría ser el equivalente, en la naturaleza, al axioma de que, para cada regularidad duramente ganada y reconfortante, podemos encontrar una excepción. Sin duda, alguien allá fuera tiene una rueda. De hecho, en este mismo momento, hay millones de ruedas girando en la tripa del lector.

Escherichia coli, el bacilo común del intestino humano, mide alrededor de dos mieras de longitud (una miera es una milésima de milímetro). Impulsado por largos flagelos, un *E. coli* puede nadar alrededor de diez veces su longitud en un segundo. En caso de que nadar pudiera parecer fácil para un organismo prácticamente inmune a la fuerza de la gravedad, que se desplaza a través de un fluido de soporte fácil de atravesar, me gustaría señalar que es peligroso extrapolar nuestras perspectivas al mundo de las bacterias. La viscosidad percibida de un fluido depende de las dimensiones del organismo. Si hacemos disminuir el tamaño de un organismo, el agua se convierte inmediatamente en melaza. Howard C. Berg, el biólogo de Colorado que demostró cómo operan los flagelos, compara a una bacteria moviéndose a través del agua con un hombre intentando nadar en el asfalto. Una bacteria no puede deslizarse. Si sus flagelos dejan de moverse, la bacteria se detiene abruptamente en menos de una millonésima parte de su longitud. Los flagelos funcionan magníficamente bien en circunstancias difíciles.

Una vez que Berg modificó su microscopio para seguir la pista a bacterias individuales, percibió que *E. coli* se desplaza de dos maneras distintas. Puede «correr» nadando sin interrupción a lo largo de una línea recta o ligeramente curva. Después se detiene abruptamente y se agita de un lado para otro: se «revuelve» en la terminología de Berg. Después echa a correr en otra dirección. Las «revoluciones» duran una décima de segundo y se producen, por término medio, una vez cada segundo. La temporización de las «revoluciones» y la dirección de las nuevas carreras parecen ser totalmente aleatorias, a menos que exista una elevada concentración de algún señuelo químico en alguna parte del medio. La bacteria se desplazará entonces gradiente arriba hacia el producto atrayente, disminuyendo la probabilidad de la «revolución» cuando una carrera al azar la lleva en la dirección apropiada. Cuando una carrera la lleva en dirección equivocada, la «revolución» sigue siendo de duración y frecuencia normales. Las bacterias, por lo tanto, se dirigen hacia el producto que las atrae incrementando la longitud de sus carreras en las direcciones apropiadas.

El flagelo bacteriano está formado por tres partes: un filamento largo y helicoidal, un segmento corto (llamado gancho o anclaje) que conecta el filamento a la base del flagelo y una estructura basal empotrada en la pared celular. Los biólogos llevan argumentando acerca de cómo se mueven las bacterias desde que Leeuwenhoek las vio por vez primera en 1676. La mayor parte de los modelos asumían que los flagelos estaban firmemente anclados a la pared de la célula y que mueven a las bacterias agitándose de un lado a otro. Cuando tales modelos resultaron tener poco éxito a la hora de explicar la rápida transición entre las carreras y las «revoluciones», algunos biólogos sugirieron que los flagelos tal vez fueran arrastrados pasivamente y que algún otro mecanismo (desconocido) fuera el responsable del movimiento de las bacterias.

Las observaciones de Berg desvelaron algo sorprendente, insinuado y propuesto anteriormente en teoría, pero nunca demostrado del todo: el flagelo bacteriano opera como una rueda. Gira rígidamente como una hélice, movida por un «motor» rotatorio de la porción basal empotrada en la pared celular. Lo que es más, el motor es reversible. ¡*E. coli* corre haciendo girar los flagelos en una dirección; se revuelve deteniéndose abruptamente y haciendo girar los flagelos en dirección contraria!

Berg pudo observar la rotación y correlacionar su dirección con las carreras y las agitaciones, siguiendo a las bacterias de desplazamiento libre en su máquina; pero S. H. Larsen y otros, trabajando en el laboratorio de Julius Adler en la Universidad de Wisconsin, lograron una demostración aún más llamativa. Aislaron dos cepas mutantes de *E. coli*: una que corre y jamás hace «revoluciones», y una que solo hace «revoluciones». «Enjaezaron» estas bacterias a portaobjetos de cristal, utilizando anticuerpos que se fijan o bien en el filamento o en el gancho del flagelo y también, afortunadamente, al cristal. Así, las bacterias quedan sujetas al cristal por sus flagelos. Larsen notó que las bacterias sujetas giran continuamente en torno a sus flagelos inmovilizados. Los mutantes corredores giran en sentido contrario al de las agujas del reloj (visto desde fuera de la célula), mientras que el mutante no corredor gira en el sentido de las agujas del reloj. La rueda flagelar tiene un motor reversible.

La base bioquímica de la rotación no ha sido aún dilucidada, pero su morfología puede ser resuelta. Berg propone que el extremo inferior del flagelo se expande, formando un delgado anillo que gira libremente en la membrana citoplásmica de la pared celular. Justamente encima, un segundo anillo rodea la base del flagelo, sin adherirse a ella. Este segundo anillo está rígidamente montado sobre la pared celular. El anillo interior (y la totalidad del flagelo) gira libremente, siendo mantenido en posición por el anillo superior y la propia pared celular.

Algunas excepciones en la naturaleza resultan desalentadoras; son los feos y desagradables pequeños datos que estropean las grandes teorías, por utilizar el aforismo de Huxley. Otros resultan iluminadores y sirven tan solo para reforzar una regularidad, delimitando tanto su alcance como sus motivos. Estas son las excepciones que prueban (o ponen a prueba) las reglas, y la rueda flagelar cae dentro de esta feliz categoría.

¿Es accidental que las ruedas aparezcan tan solo en los organismos más pequeños de la naturaleza? Las ruedas orgánicas requieren que haya dos partes yuxtapuestas sin una conexión física. Argumenté anteriormente que esto no puede darse en organismos que nos son familiares, dado que la conexión entre las partes constituye una propiedad integral de los sistemas vivientes. Las sustancias y los impulsos deben poder ir de un segmento al siguiente. No obstante, en los organismos más pequeños (y solo en ellos) las sustancias pueden moverse entre dos partes no conectadas por difusión a través de las membranas. Así, las células individuales, incluyendo por supuesto todas las nuestras, contienen orgánulos en el seno del citoplasma que se comunican con otras partes de la célula, no por una conexión física, sino por el paso de moléculas a través de membranas. Tales estructuras, en principio, podrían estar diseñadas para girar como ruedas.

El principio que restringe esta comunicación sin contacto físico a los organismos de menor tamaño de todos (o a partes de un tamaño similar de organismos de mayor tamaño) encarna uno de los temas que más frecuentemente han circulado por estos ensayos (véanse las secciones en *Desde Darwin* y *El pulgar del panda*): la correlación entre tamaño y forma a través de la cambiante relación superficie/volumen. Las superficies (longitud^2) crecen mucho más despacio que los volúmenes (longitud^3), por lo que, al ir creciendo el objeto, todo proceso regulado por superficies, pero esencial para los volúmenes, se irá volviendo menos eficiente a menos que el objeto cuyo tamaño va en aumento cambie de forma para lograr tener una mayor superficie. El límite externo es suficientemente extenso para la comunicación entre los orgánulos de una única célula, debido a sus minúsculos volúmenes. Pero la superficie de una rueda del tamaño de un pie humano no podría aprovisionar a la cantidad de materia orgánica en forma de rueda que habría dentro. Los grandes organismos deben desarrollar canales, conductos (conexiones físicas) para transportar los nutrientes y el oxígeno que no pueden ya difundirse a través de las superficies externas.

Las ruedas funcionan bien, pero los animales se ven imposibilitados a desarrollarlas por limitaciones estructurales, heredadas como legado evolutivo. La adaptación no se atiene a los planos de un perfecto ingeniero. Se ve obligada a funcionar con las piezas disponibles. Aun así, cuando examino los animales y su enorme variedad, aunque carente de ruedas, no puedo por menos que maravillarme ante la diversidad del buen diseño que unos pocos modelos orgánicos básicos, altamente delimitados, han producido. Obligados a arreglarnos con lo que haya, nos arreglamos bastante bien.

Post scriptum

No tenía conocimiento de la cantidad de artistas y escritores que habían compensado las limitaciones de la naturaleza, hasta que los lectores comenzaron a enviarme sus historias favoritas.* Por elegir solo un ejemplo en cada categoría, G. W. Chandler me dijo que una de las novelas de *Oz* presentaba unos animales de cuatro patas con ruedas llamados *rodadores*. De hecho, estaban construidos exactamente del modo que he planteado en mi ensayo que era imposible que pudieran funcionar unos animales: con ruedas en lugar de patas y los extremos de las patas a modo de ejes. D. Roper me envió un grabado de Escher, una litografía que muestra cientos de peculiares criaturas vagando a través de un paisaje típicamente escheriano de imposibles escaleras. Trepan arrastrando un cuerpo segmentado por medio de tres pares de patas humanoides. Cuando alcanzan una superficie plana se enroscan y se echan a rodar. Estas «ruedas de una sola pieza» son, por supuesto, permisibles (como las hierbas rodadoras); no la imposible combinación de ejes y ruedas. No obstante, Escher los crió específicamente para compensar la limitación de la naturaleza, ya que él mismo escribió que la litografía está inspirada en su «insatisfacción con respecto a la falta de organismos en forma de rueda en la naturaleza [...] De modo que el animalito que aparece [...] constituye un intento de rellenar un vacío largamente sentido».

---

* El lector interesado encontrará una exhaustiva relación de organismos-rueda o con ruedas (reales y fantásticos) en la sección «Juegos matemáticos», de Martin Gardner, en *Investigación y ciencia* de agosto de 1978. (*N. del r.*)

Con todo, y como de costumbre, la naturaleza triunfa de nuevo. Tanto Robert LaPorta como Joseph Frankel me escribieron para decirme que había pasado por alto otra de las auténticas ruedas de la naturaleza. Me indicaron el trabajo de Sidney Tamm, que, confieso con rubor, no conocía antes de escribir el artículo original. El doctor Tamm ha encontrado ruedas entre los organismos unicelulares que viven en el intestino de los termes. Por consiguiente (¡exclamación de alivio!), entran dentro de la categoría de excepciones permisibles de dimensiones pequeñas.

El cuerpo de este protista contiene un axostilo (una especie de eje que recorre el cuerpo en toda su longitud) que gira continuamente solo en una dirección. Los orgánulos del extremo anterior (incluyendo el núcleo) están sujetos al axostilo y giran con él («algo así como darle vueltas a un chupachups por el palo», como señala Tamm). Pero, y nos enfrentamos ahora con el aspecto más curioso y más propio de la rueda, la totalidad del extremo anterior, incluyendo la superficie de la célula, gira junto con el axostilo en relación con el resto del cuerpo.

Tamm demostró este movimiento singular con un ingenioso experimento, en el que adhirió pequeñas bacterias sobre la totalidad de la superficie exterior de la célula. Aquellas que estaban sujetas al extremo exterior giraban continuamente con respecto a aquellas adheridas al extremo posterior. Pero las bacterias no se sujetaban a una estrecha banda existente entre la parte anterior y la posterior, por lo que esta debe representar una superficie de cizallamiento. Tamm pasó entonces a estudiar la estructura de la membrana celular por microscopía electrónica de criofractura, y descubrió que la membrana era continua a todo lo largo de la zona en cuestión. Tamm concluye que la totalidad de la superficie debe ser fluida y que, en teoría, se podrían formar zonas de cizallamiento en cualquier punto. ¡Una criatura muy extraña! «Alabado sea el insondable universo —escribió Whitman— por la vida y el gozo, y por sus curiosos objetos y conocimientos.»

——— 13 ———

¿Qué pasa con los cuerpos si los genes actúan por su cuenta?

L a buena prosa, infrecuente entre los científicos, es entre ellos más a menudo árida que florida. En mi ejemplo favorito, James D. Watson y Francis Crick, utilizaron menos de una página para anunciar la estructura por ellos propuesta del ADN en 1953. Empezaban con un pronunciamiento particularmente escueto: «Deseamos sugerir una estructura de la sal del ácido desoxirribonucleico (ADN). Esta estructura presenta rasgos novedosos que tienen un notable interés biológico». Y acababan con un recordatorio de que no habían pasado por alto un punto de importancia por haber decidido posponer su discusión: «No ha escapado a nuestro conocimiento que el apareamiento específico que hemos postulado sugiere de inmediato un mecanismo de posible copia del material genético» (esto es, las dos mitades de la doble hélice se separarían actuando como matrices para la reconstrucción de su complementaria).

Francis Crick, en la actualidad profesor del Salk Institute, en el sur de California, ha seguido presentando hipótesis controvertidas y audaces (y, a menudo, correctas). A finales de 1981, publicó un libro, *Life Itself*, defendiendo una teoría de «panspermia dirigida»: la idea de que la vida original de la Tierra llegó a ella en forma de microorganismos enviados por seres inteligentes que habían optado por no hacer el viaje ellos mismos. (Apuesto diez contra cincuenta a que en esta ocasión se equivoca... pero solo cincuenta. Ha acertado demasiado a menudo.)

Crick tampoco ha perdido su capacidad para elaborar frases bien construidas. En la presentación de su más reciente y controvertida hipótesis, publicada en *Nature* (17 de abril de 1980) con un colega del

Salk Institute, Leslie Orgel, como primer autor, superó la última línea de su trabajo con Watson, de 1953. Orgel y Crick concluyen: «Los hechos principales son, a primera vista, tan extraños que solo pueden explicarse por medio de una idea poco convencional». De hecho, los datos son tan interesantes, y la meditación acerca de ellos tan intensa, que aquel mismo número de *Nature* llevaba un artículo complementario, de los biólogos W. Ford Doolittle y Carmen Sapienza, de la Universidad Dalhousie, que habían imaginado, independientemente, la misma explicación y planteado el mismo caso, en muchos aspectos, de forma más convincente.

¿Cuáles son estos inquietantes datos? Cuando un Crick más joven determinó la estructura del ADN en 1953, y otros desentrañaron el código genético pocos años más tarde, todo pareció, momentáneamente, encajar en un orden. La vieja idea de los genes como cuentas de un collar (el cromosoma) pareció quedar vindicada por el modelo de Watson y Crick. Cada uno de los tres nucleóticos del ADN codifica un aminoácido (a través de un ARN intermediario); una cadena de aminoácidos constituye una proteína. Tal vez, pudiéramos simplemente leer a lo largo de un cromosoma, encontrándonos con los genes alineados, uno detrás de otro, y cada uno dispuesto a iniciar el montaje de su parte esencial.

No había de ser así. ¿Alguna vez lo es? Sabemos que el material genético de los organismos superiores es infinitamente más complejo. Muchos genes vienen en piezas, separadas en el ADN por secuencias de nucleótidos que no son transcritas al ARN. Muchas proteínas son codificadas por secuencias parciales existentes en dos o más cromosomas. ¿Qué mecanismos de control regulan su ensamblaje? (La globina humana, el componente proteínico de la hemoglobina, contiene cadenas alfa y beta, y los genes de cada cadena aparecen en cromosomas diferentes.)

Aún más inquietante (y emocionante) es el descubrimiento, realizado hace más de una década, pero que va ganando presencia de continuo, de que solo un pequeño porcentaje del ADN codifica proteínas en los organismos superiores; y estas son las únicas partículas de ADN cuya función podemos realmente comprender hoy por hoy. En los seres humanos, algo más de un 1 %, pero sin llegar al 2 %, del ADN codifica proteínas. Una gran parte de lo que queda contiene secuencias que se repiten una y otra vez: cientos o miles de cuentas idénticas (o casi idénticas); en ocasiones, unas detrás de otras, pero otras veces ampliamente dispersas entre varios cromosomas. ¿Por qué tantas copias? ¿Para qué sirven? La hipótesis del «ADN egoísta» de Doolittle, Sapienza, Orgel y Crick, suministra una respuesta insólita a la desconcertante cuestión de por qué existe tanto ADN en copias repetidas (pero les mantendré en suspenso un rato y empezaré por discutir las respuestas convencionales).

Los organismos superiores contienen diferentes clases de ADN repetido. Un tipo, llamado ADN altamente repetitivo o satélite, contiene secuencias cortas y sencillas repetidas cientos de miles o millones de veces. Alrededor del 5 % del ADN humano entra en esta categoría; ni la hipótesis del ADN egoísta ni las hipótesis convencionales son capaces de explicarlo. El ADN satélite constituye, como se dice vulgarmente, «una historia completamente distinta» que habrá que contar en otro momento.

El debate actual acerca de las hipótesis convencionales y del ADN egoísta se centra en el llamado ADN intermedio o medianamente repetitivo, que representa entre el 15 y el 20 % del genoma, tanto del humano como del de la mosca del vinagre. El ADN medianamente repetitivo existe desde decenas, hasta unas pocas centenas de copias, por secuencia. Las copias a menudo están dispersas ampliamente entre varios cromosomas.

No he dicho nada hasta el momento acerca del ADN de los organismos más sencillos: las bacterias procariotas y las algas verdiazules, que carecen de núcleo y llevan su ADN en un único cromosoma. El ADN de los organismos procariotas (prenucleares) se «comporta mejor» con respecto a las esperanzas originales del modelo de Watson y Crick. La mayor parte del ADN bacteriano es de copia única y codifica proteínas. Es, en suma, casi aquel collar de cuentas. Pero incluso los procariotas son vulnerables a la repetición. Un reciente tema muy debatido se refiere a la presencia en los procariotas de los llamados transposones, elementos transponibles o, de manera más colorista, genes saltarines. Estas secuencias de ADN, como proclaman todos los nombres que les han sido asignados, son capaces de autorreplicarse y desplazarse autónomamente a otras posiciones dentro del cromosoma bacteriano. A menudo existen casi con el mismo número de copias que el ADN medianamente repetitivo de los eucariotas (organismos superiores con un núcleo y número par de cromosomas). Esto ha llevado a muchos biólogos a proponer que al menos parte del ADN medianamente repetitivo de los organismos superiores se amplifica por el mismo mecanismo de transposición. (La hipótesis del ADN egoísta asume una correspondencia entre los transposones de los procariotas y la fuente del ADN medianamente repetitivo en los eucariotas. Probablemente una cierta cantidad de ADN medianamente repetitivo aparezca por otros mecanismos. El ADN egoísta, por consiguiente, no lo explica todo.)

Los argumentos convencionales para explicar la existencia del ADN medianamente repetitivo siguen la habitual perspectiva darwiniana. La evolución se refiere a la lucha de los organismos por dejar un mayor número de descendientes vivos en las generaciones subsiguientes. Esta lucha opera por medio de la selección natural, y la selección natural es un corrector poderoso. Los principales rasgos de los organismos (y alrededor de un 25 % del material genético no puede ser algo sin importancia) deben existir porque ofrecen alguna ventaja a los organismos en la lucha por la vida. En otras palabras, debemos hallar una función para el ADN medianamente repetitivo en términos de las ventajas que otorga a los cuerpos que disponen de él.

De cuando en cuando se han escuchado ecos en favor de una condición no adaptativa y no funcional (el ADN egoísta es la primera explosión, y la más sutil, en favor de esta perspectiva). Aun así, como detallan Doolittle y Sapienza en su artículo, la inmensa mayoría de las propuestas se han atenido a la ortodoxia darwiniana: asumen que el ADN medianamente repetitivo no puede existir en tales cantidades a menos que confiera beneficios adaptativos directos a los organismos. (A partir de ahora ahorraré palabras escribiendo simplemente «ADN repetitivo» al referirme al «ADN medianamente repetitivo».)

Las hipótesis adaptacionistas convencionales pertenecen a dos clases: una de ellas, obviamente (aunque no reconocidamente), errónea por principio. La otra, indudablemente correcta en parte (no creo que todo el ADN repetitivo sea ADN egoísta). Los argumentos poco razonables postulan lo que a mí me gusta llamar una «significación retrospectiva» para el ADN repetitivo: esto es, justifican su existencia discutiendo los beneficios que podría conferir en un distante futuro evolutivo.

Supongamos que todos los genes funcionales pudieran existir tan solo en una copia que codificara una proteína esencial. ¿Cómo podría entonces producirse un cambio evolutivo sustancial? ¿Quién aportará la proteína esencial mientras la evolución juega con la única secuencia de codificación que la produce? Pero si un gen puede repetirse, entonces una copia podría seguir codificando la proteína esencial, dejando a la otra libre para el cambio. Así, a menudo se ha citado la flexibilidad potencial para el cambio evolutivo como principal significado del ADN repetitivo.

No tengo nada en contra de la idea de que la redundancia pueda aportar la flexibilidad que la evolución requiere para poner en marcha cambios importantes. Susumu Ohno fue el primero en popularizar esta idea en 1970 en un brillante libro (*Evolution by Gene Duplication*). Argumentaba que, en ausencia de la redundancia, «de una bacteria solo podrían haber emergido numerosas formas de bacterias». La duplicación aporta la materia prima de los grandes cambios evolutivos: «La creación de un gen nuevo a partir de una copia redundante de un gen antiguo es el papel más importante que la duplicación de los genes haya desempeñado en la evolución».

Pero pensemos acerca de ello un momento. La argumentación es sólida y podría representar, de hecho, el principal *efecto* de la duplicación de genes en la evolución. Y aun así, a menos que nuestras ideas habituales acerca de la causalidad vayan en dirección equivocada, es simplemente imposible que esta flexibilidad sea la explicación adaptativa de la existencia del ADN repetitivo. La selección actúa para el momento presente. Es incapaz de predecir qué podría resultar útil dentro de diez millones de años en un descendiente lejano. El gen duplicado puede hacer posible el cambio evolutivo en el futuro, pero la selección no puede preservarlo a menos que confiera un «significado inmediato». La utilidad futura es una consideración importante en la evolución, pero no puede constituir la explicación de la preservación hoy. Las utilidades futuras tan solo pueden ser *efectos fortuitos* de otros motivos directos para un favorecimiento inmediato.

(La confusión entre *utilidad actual* y *razones del origen histórico* constituye una trampa lógica que ha traído de cabeza a la teoría evolutiva ya desde el principio; véase el ensayo 11. Las plumas funcionan maravillosamente para el vuelo, pero los antecesores de las aves tuvieron que desarrollarlas por algún otro motivo —probablemente para la termorregulación—, dado que unas cuantas plumas en el brazo de un pequeño reptil corredor no le serían de utilidad para echar a volar. Nuestro cerebro aumentó de tamaño por una serie de razones complejas, pero sin duda no para que algunos de nosotros nos dedicáramos a escribir ensayos acerca de ello. Los lectores interesados tal vez deseen consultar un artículo técnico que hemos escrito acerca de este tema Elisabeth Vrba y yo; véase la Bibliografía.) Nos gustaría restringir el término *adaptación* exclusivamente a aquellas estructuras que se han desarrollado para desempeñar el papel actual; llamamos exaptaciones a aquellas estructuras sutiles, surgidas por otros motivos, o sin ningún motivo convencional, y que después, fortuitamente, quedaron disponibles para otros usos. (Los genes nuevos importantes surgidos a partir de una copia repetida y un gen ancestral son exaptaciones parciales, ya que su nuevo uso no puede constituir la razón de la duplicación original.)

La segunda serie de argumentaciones adaptativas es legítima en la medida en que propone un beneficio selectivo inmediato para el ADN repetido. Si los genes se mueven de un lado para otro insertándose en cromosomas diferentes, por ejemplo, pueden enlazarse ocasionalmente con otros segmentos de ADN formando nuevas combinaciones ventajosas. Lo que es más importante, una buena cantidad de ADN, si bien no codifica por sí mismo sus proteínas, puede desempeñar un papel en la regulación del ADN que sí las codifica. Este ADN regulador puede activar y desactivar otros genes y puede determinar la secuencia y localización de la expresión de aquellos genes que sí codifican proteínas. Si el ADN repetitivo desempeña estas funciones reguladoras, entonces su dispersión a todo lo largo del genoma puede tener efectos inmediatos profundos. Al insertarse en un cromosoma nuevo, puede activar los genes adyacentes en formas y en secuencias nuevas. Por ejemplo, podría unir los productos de dos genes que jamás hubieran estado próximos. Esta nueva combinación podría resultar beneficiosa para un organismo (véase el artículo clásico de Roy Britten y Eric Davidson, 1971).

Aun así, y a pesar de todos estos esfuerzos, sigue presente la incómoda sospecha de que estas explicaciones adaptativas son insuficientes para justificar todo el ADN repetitivo. Simplemente, hay demasiado, está disperso de un modo excesivamente aleatorio, y aparentemente tiene demasiado poco sentido en su construcción, como para argumentar que cada parte de él sigue estando presente porque la selección natural le ha favorecido en su papel regulador. La hipótesis del ADN egoísta propone una explicación fundamentalmente diferente para buena parte de estas repeticiones. Es radical en el sentido literal de llegar a las raíces, ya que exige que reevaluemos algunos supuestos básicos, y normalmente incuestionados, de los razonamientos evolutivos; aquello a lo que se referían Orgel y Crick al hablar de hechos «tan extraños que tan solo pueden explicarse por medio de una idea poco convencional».

El razonamiento es la simplicidad misma una vez se establece la actitud mental necesaria para permitirlo: si el ADN repetitivo es transponible, entonces ¿por qué necesitamos buscarle una explicación adaptativa (al menos en términos convencionales de beneficios conferidos a sus portadores, en lo que a su cuerpo se refiere)? Puede simplemente dispersarse por su propia cuenta de cromosoma a cromosoma, haciendo copias de sí mismo, mientras los otros genes «sedentarios» no pueden. Estas copias extra pueden persistir, no porque confieran ventajas a los cuerpos, sino precisamente por el motivo contrario: porque los cuerpos no las perciben. Si carecen de efecto sobre el cuerpo, si son (en este sentido) «basura», ¿qué puede detener su multiplicación? No hacen más que jugar al juego de Darwin, si bien al nivel «equivocado». Normalmente, consideramos la selección natural como una lucha entre los cuerpos para dejar más descendientes vivos. Aquí ciertos genes han hallado un mecanismo, a través de la transponibilidad o el «salto», para dejar más copias de sí mismos *en el seno* de un cuerpo. ¿Acaso es necesaria alguna otra explicación? El título utilizado por Orgel y Crick refleja esta perspectiva invertida: «Selfish DNA: The Ultimate Parasite» (El ADN egoísta: el parásito definitivo).

Casi puedo oír la ira y la desilusión de algunos lectores: «Valiente bastardo ese Gould. Nos ha llevado por la nariz a lo largo de varias páginas y ahora nos da una explicación que no explica nada. Pasa lo que pasa y eso es todo. ¿Qué es esto: una broma, o es que nos sugiere que desesperemos?». Me gustaría discrepar de este adversario no totalmente hipotético (construido a partir de varias respuestas reales que he recibido tras hacer descripciones verbales de la hipótesis del ADN egoísta). La explicación parece una broma solo en el contexto de una adherencia inflexible al punto de vista tradicional de que todos los rasgos importantes han de ser adaptaciones y que el cuerpo es *el* agente de los procesos darwinianos. El contenido radical del ADN egoísta no es la explicación en sí misma, sino la perspectiva reformulada que debe ser asimilada antes de que la explicación pueda conferir algún tipo de satisfacción.

Si los cuerpos son los únicos «individuos» que cuentan en la evolución, el ADN egoísta resulta insatisfactorio porque no hace nada a su nivel y solo puede ser considerado como aleatorio con respecto a ellos. Pero ¿por qué deben ocupar los cuerpos una posición tan central y privilegiada en la teoría evolutiva? Es, desde luego, cierto que la selección solo puede operar sobre individuos discretos con una continuidad heredada de antecesor a descendiente. Pero ¿son los cuerpos el único tipo de individuos legítimos en biología? ¿No podría haber acaso una jerarquía de individuos, con categorías legítimas tanto por encima como por debajo de los cuerpos: los genes debajo, las especies arriba? (Confieso que padezco lo que los evolucionistas llaman una «preadaptación» hacia una respuesta favorable a la hipótesis del ADN egoísta. Llevo mucho tiempo argumentando que las especies deben considerarse unidades evolutivas verdaderas y que las tendencias macroevolutivas a menudo se ven impulsadas por una «selección de especie» que es análoga, pero no idéntica, a la selección natural, que actúa sobre los cuerpos.) El ADN egoísta puede no hacer nada por los cuerpos, pero estos constituyen un nivel equivocado de análisis. Desde el punto de vista de un gen, los elementos transponibles han descubierto un mecanismo para elaborar más copias supervivientes de sí mismos (por repetición y transposición), y esto, en sí mismo, es el *summum bonum* evolutivo. Si los cuerpos no perciben esta repetición y, por lo tanto, no pueden suprimirla muriéndose o dejando de reproducirse, tanto mejor para los genes repetitivos.

En este sentido, «ADN egoísta» es posiblemente el peor nombre imaginable para describir el fenómeno, ya que registra precisamente el prejuicio que debería combatir la nueva estructura de esta explicación: una consideración exclusiva de los cuerpos como agentes evolutivos. Cuando llamamos «egoísta» al ADN repetitivo, implicamos que actúa en su propio beneficio cuando debería estar haciendo alguna otra cosa: en concreto, ayudar a los cuerpos en su lucha evolutiva. Del mismo modo, no deberíamos considerar al ADN repetitivo «no adaptativo», ya que, aunque puede no estar ayudando a los cuerpos, está actuando como su propio agente darwiniano. No se me ocurre ningún nombre excesivamente mejor en un lenguaje repleto de términos antropocéntricos; pero ¿qué tal estaría «individualista» (que al menos no tiene las implicaciones oprobiosas que inevitablemente contiene «egoísta»)?

Otra argumentación en contra de la utilización del término ADN egoísta se encuentra en su origen histórico: el libro de Richard Dawkins, *The Selfish Gene* (1976) (El gen esgoísta). Dawkins argumentaba que los cuerpos constituyen un nivel equivocado del análisis evolutivo y que toda la evolución no es más que una lucha entre genes. Los cuerpos no son más que receptáculos temporales de sus genes egoístas. Superficialmente, esto suena como el ADN egoísta a mayor escala, y de aquí la decisión de Orgel y Crick de tomar prestado el término. De hecho, las teorías del gen egoísta y del ADN egoísta no podrían ser más diferentes en lo que a las estructuras explicativas que las nutren se refiere.

Dawkins escribe como un darwiniano estricto, comprometido con la idea de que todos los rasgos deben ser interpretados como adaptaciones, y que toda la evolución es una lucha por la existencia entre los individuos al nivel más bajo. Se limitó a decidir que los darwinianos no eran lo suficientemente radicales, al reducir sueños tan elevados como «el bien de la especie» o «la armonía de la naturaleza» a la lucha sin cuartel de los organismos. Los elementos en lucha están un nivel más abajo (son los genes y no los cuerpos) y el programa darwiniano de reduccionismo puede ir incluso más allá de lo que habían osado esperar sus defensores modernos.

El ADN egoísta, por su parte, obtiene su base lógica a partir de la creencia antirreduccionista de que la evolución opera en una jerarquía de niveles legítimos que no puede ser condensada en el primer escalón de la escalera. Los genes egoístas de Dawkins aumentan su frecuencia por tener efectos sobre los cuerpos, lo que les supone una ayuda en su lucha por la existencia. El ADN egoísta crece en su frecuencia exactamente por la razón opuesta: porque inicialmente *carece de efectos* sobre los cuerpos y, por consiguiente, no es suprimido en ese nivel superior legítimo. La teoría de Dawkins es una propuesta no convencional para explicar la adaptación ordinaria de los cuerpos (véase mi crítica en *El pulgar del panda*). El ADN egoísta sobrevive tan solo porque no significa nada a nivel de los cuerpos.

Pero si el ADN medianamente repetitivo es individualista, ¿por qué existe solo en centenares de copias dentro de los genomas? Si puede extenderse por transposición, mientras que otros genes no pueden, ¿por qué no genera millones o miles de millones de copias, con lo que dejaría de lado a todos los demás? ¿Qué le detiene? ¿Por qué se comporta como un parásito «inteligente» (suficientes copias como para sentirse cómodo y poderoso, pero no bastantes como para destruir al huésped y a sí mismo), y no como un cáncer voraz?

La respuesta potencial a esta pregunta, propuesta por los dos grupos de autores, ilustra otro interesante punto acerca del modo jerárquico de pensar que subyace a la teoría del ADN individualista. En los modelos jerárquicos, los niveles no son independientes, no están aislados por fronteras impenetrables de los niveles superiores y los inferiores. Los niveles sufren infiltraciones e interacciones. Arthur Koestler, a quien habitualmente no alabo, pero cuya entrega al concepto de jerarquía me resulta admirable, escogió como su metáfora para la jerarquía al dios de dos caras Jano, en pie en uno de los niveles, pero buscando conexiones en ambas direcciones.

Consideremos diferentes formas de selección que actúen a los niveles del gen, el cuerpo y la especie. Un transposón penetra en un sistema genético y empieza a ampliarse por medio de la replicación y el movimiento. En el proceso de selección entre los genes, está incrementando su presencia por medio de un análogo de lo que llamaríamos «nacimiento diferencial» en la selección natural a nivel de los cuerpos. Su incremento no produce, inicialmente, ninguna interacción con el nivel de la selección natural sobre los cuerpos, y no hay nada que suprima su impulso intrínseco a elaborar más copias de sí mismo.

Pero eventualmente, si su crecimiento sigue al mismo ritmo, los cuerpos tendrán que empezar a darse cuenta. La replicación tiene un coste energético que se pondría de manifiesto tras la replicación, generación a generación, de cientos de miles de secuencias de ADN que no hacen nada en favor de los cuerpos que invierten esta energía. Los cuerpos pueden no percibir unas cuantas copias, pero un gran número de ellas tendrá que producir una desventaja al viejo nivel darwiniano de la selección natural entre los cuerpos. A partir de este punto, todo incremento de ADN individualista se verá suprimido, ya que los cuerpos que lleven demasiadas copias padecerán bajo la selección natural, llevándose consigo todas las copias al morir o no conseguir reproducirse. El nivel habitual de decenas a centenares de copias bien podría representar un equilibrio entre un incremento inexorable a nivel de la selección entre los cuerpos. Los niveles están conectados por complejos lazos de retroalimentación. Mi solicitud de que sea reconocida la selección a otros niveles que no sea el de los cuerpos no es una negación de la teoría darwiniana, sino un intento de enriquecerla.

Las discusiones continuarán largo tiempo. Un grupo de científicos señala la similitud en la disposición, dentro de los cromosomas, de las secuencias repetitivas en dos animales evolutivamente tan distantes como el sapo *Xenopus laevis* y el erizo de mar *Strongylocentrotus purpuratus*. Esta similitud refuta el ADN individualista y parece indicar una función común, dado que los transposones vagabundos, visibles solo para su propio nivel, deberían dispersarse más al azar entre los cromosomas. Otros señalan que un importante elemento transponible en las levaduras y otro de la mosca del vinagre *Drosophila melanogaster* están representados en diferentes cepas de la misma especie con aproximadamente el mismo número de copias, pero en posiciones muy diferentes entre los cromosomas. ¿Representan las diferentes posiciones una amplificación individualista? Y la similitud entre los números, ¿refleja acaso una supresión al nivel superior de la selección entre los cuerpos?

Como ocurre con todas las cuestiones interesantes en historia natural, la solución requiere una investigación acerca de la frecuencia relativa, no un sí o un no definitivo. La lógica del ADN individualista parece sólida. Queda la pregunta: ¿cómo es de importante? ¿Cuánto ADN repetitivo es ADN individualista? Si la respuesta es «mucho menos del 1 %», porque la selección convencional al nivel de los cuerpos casi siempre desborda la selección a nivel de los genes, entonces el ADN individualista no es más que otra buena idea plausible de la que se ha burlado la naturaleza. Si la respuesta es «mucho», entonces necesitaremos una teoría jerárquica totalmente articulada de la evolución. Mi inclinación personal es, obviamente, a favor de la jerarquía. El reduccionismo ha sido la fuente del triunfo de la ciencia durante trescientos años; pero sospecho que hemos llegado ya a su límite en varias áreas.

Disponemos de razones legítimas e idiosincrásicas para mantener nuestro hábito lingüístico de identificar «individuos» con cuerpos, y para otorgar una preponderancia a los cuerpos entre todos los objetos de la naturaleza. Yo, por ejemplo, no puedo imaginar ninguna política aceptable que no tenga por centro la predominancia de los cuerpos individuales; nos lamentamos de la inhumanidad de aquellas que no lo han hecho, floreciendo a pesar de todo durante algún tiempo. La naturaleza, no obstante, reconoce muchos tipos de individuos, tanto grandes como pequeños.

14

Dientes de gallina y dedos de caballo

Las matrículas personalizadas para automóvil son la más reciente expresión de la vieja convicción de que los signos distintivos reflejan la condición o, al menos, llaman la atención. Nosotros podremos construir nuestras modernas máquinas de encargo, pero la naturaleza tiene límites más estrechos. Los caballos de tamaño desusado, o de un color insólito, gozaban de un gran favor, pero Julio César se aventuró más allá de la mera acentuación de la normalidad al escoger su montura favorita. El historiador Suetonio nos cuenta que César

> ...solía cabalgar sobre un caballo notable, cuyos pies eran casi humanos, al estar los cascos hendidos, como si fueran dedos. Había nacido en sus propios establos y, dado que los augures habían declarado que significaba que su dueño sería el señor del mundo, lo crió con grandes cuidados y fue el primero en montarlo; no toleraba ningún otro jinete.

Los caballos normales representan el límite de las tendencias evolutivas hacia la reducción de los dedos. El *Hyracotherium* ancestral (conocido popularmente, pero de forma incorrecta como *Eohippus*) tenía cuatro dedos en las patas delanteras y tres en las traseras, mientras que sin duda algún otro antecesor suyo debió poseer la dotación original de los mamíferos de cinco dedos por cada pata.* Los caballos modernos conservan un solo dedo, el tercero de los cinco originales. Desarrollan

---

* El lector interesado en la evolución del caballo puede consultar el ensayo 11 de *«Brontosaurus» y la nalga del ministro*, del mismo autor (Crítica, Barcelona, 1993). (*N. del r.*)

también vestigios de los antiguos dedos segundo y cuarto en forma de cortas astillas de hueso montadas muy por encima del casco y poco visibles.

Los caballos anormales con dedos extras han sido admirados y estudiados desde los tiempos de César. O. C. Marsh, uno de los fundadores de la paleontología de vertebrados en Norteamérica, se tomó un especial interés en estos animales aberrantes y publicó un largo artículo acerca de «Caballos polidáctilos recientes» en abril de 1892. Marsh tenía dos motivos para alcanzar la fama, uno de ellos de dudoso valor: sus desaforadas batallas con E. D. Cope en la recolección y descripción de fósiles de vertebrados del Oeste norteamericano; y otro incontestable: su éxito al descifrar la evolución de los caballos, la primera demostración adecuada de la descendencia suministrada por el registro fósil de los vertebrados y un importante sostén en las primeras batallas de Darwin.

Marsh se sentía desconcertado y fascinado por estos caballos aberrantes con dedos de más. En la mayor parte de los casos, el dedo adicional no es más que una copia duplicada del tercer dígito funcional. Pero Marsh descubrió que muchos caballos de dos y tres dedos habían retrocedido hacia sus antepasados, desarrollando una o dos de las astillas óseas laterales con virtiéndolas en dedos funcionales (o casi funcionales) rematados por un casco. (Una monografía posterior, y particularmente exhaustiva, escrita en Alemania en 1918, llegaba a la conclusión de que alrededor de los dos tercios de los caballos que presentaban dedos de más se habían limitado a duplicar el tercer dígito funcional, mientras que el tercio restante había resucitado un rasgo ancestral, desarrollando los restos vestigiales de su segundo o cuarto dedos en forma de dedos completos con casco.)

Estas aparentes reversiones a estados evolutivos previos son llamadas atavismos (del latín *atavus*: literalmente, abuelo o, más generalmente, simplemente antepasado). La literatura biológica está llena de ejemplos del género, pero en general han sido tratados como anécdotas, como meras curiosidades no portadoras de mensaje evolutivo importante alguno. En todo caso, están rodeados de un aura de cierto embarazo, como si el proceso progresivo de la evolución prefiriera que no le recordaran tan palpablemente sus anteriores imperfecciones. Los sinónimos de los colegas europeos expresan este sentimiento de manera directa: *throwback* (salto atrás) en Inglaterra, *pas-en-arrière* (paso atrás) en Francia y *Rückschlag* (atraso) en Alemania. Cuando se les ha otorgado alguna significación general, los atavismos han sido considerados prueba de la limitación, indicadores de que el pasado de un organismo se esconde directamente debajo de su superficie actual y puede retrasar su futuro avance.

Yo sugeriría un punto de vista opuesto: que los atavismos nos dan una importante lección acerca de los resultados potenciales de pequeños cambios genéticos, y que sugieren un enfoque nada convencional al problema de las grandes transiciones en la evolución. Desde el punto de vista tradicional, las grandes transiciones son el resultado de la suma de pequeños cambios que las poblaciones adaptan, cada vez más exquisitamente, a su ambiente local. Varios evolucionistas, yo incluido, hemos empezado a sentirnos insatisfechos con esta versión de extrapolación sin sobresaltos. ¿Siempre tiene que surgir un grupo de otro, a través de una serie imperceptiblemente gradual de formas intermedias? ¿Debe la evolución proceder gen a gen, produciendo cada cambio diminuto una alteración correspondientemente pequeña en el aspecto externo? El registro fósil rara vez muestra transiciones suaves y, a menudo, es difícil hasta imaginar una función para todos los intermedios hipotéticos entre los antepasados y sus descendientes altamente modificados.

Una prometedora solución a este dilema reconoce que ciertos tipos de pequeños cambios genéticos pueden tener grandes efectos discontinuos sobre la morfología. No podemos hacer ninguna traducción biunívoca entre la extensión del cambio genético y el grado de alteración de la forma exterior. Los genes no están ligados a porciones independientes del cuerpo, cada uno de ellos responsable de la construcción de un pequeño elemento. Los sistemas genéticos están dispuestos jerárquicamente; hay controladores e interruptores maestros que, a menudo, activan grandes bloques de genes. Los cambios pequeños en la sincronización de la actividad de estos controladores se traducen con frecuencia en grandes y discontinuas alteraciones en la forma externa. Los más espectaculares son los llamados mutantes homeóticos, que discutiremos en el ensayo siguiente.

El reto actual a las versiones gradualistas tradicionales de la transición evolutiva solo tomará cuerpo si los sistemas genéticos contienen capacidades amplias y ocultas para expresar cambios pequeños como grandes efectos. Los atavismos aportan la demostración más sorprendente que conozco de este principio. Si los sistemas genéticos fueran sacos de elementos independientes, responsable cada uno de ellos de la construcción de una sola parte del cuerpo, entonces el cambio evolutivo solo podría producirse pieza por pieza. Pero los sistemas genéticos son

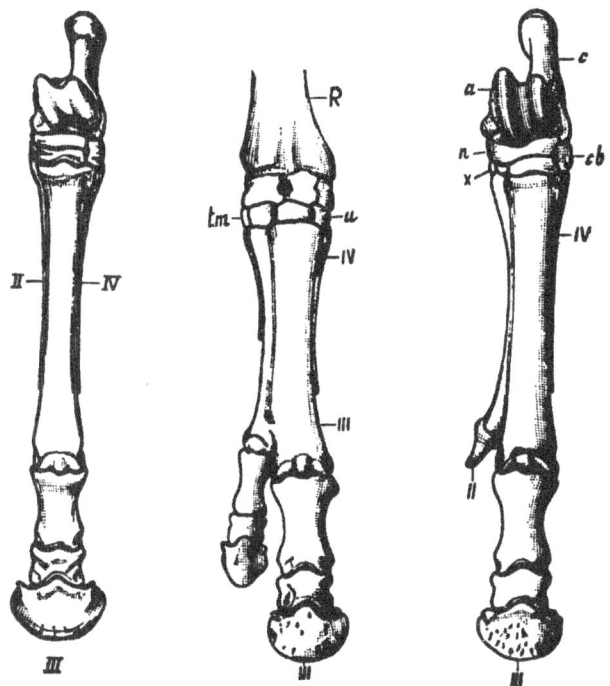

12. Figuras de Marsh, de 1892, de caballos polidáctilos. *A la izquierda*, un caballo
normal. Obsérvense las astillas, restos de los dedos laterales, numeradas II y IV.
Centro: polidactilia por duplicación. Las astillas laterales siguen existiendo,
y el dedo extra es un tercer dígito duplicado. *Derecha*: polidactilia por atavismo.
El dedo extra es una astilla engrosada.

productos integrados en la historia de un organismo y retienen capacidades extensivas y latentes que a menudo pueden ser liberadas por pequeños cambios. Los caballos jamás han perdido la información genética necesaria para producir los dedos laterales, a pesar de que sus
antecesores escogieron el dedo único hace ya varios millones de años.
¿Qué más cosas podría contener su sistema genético, normalmente sin
expresar, pero capaces de servir, si fueran activadas, como posible foco
de un gran cambio evolutivo rápido? Los atavismos reflejan la enorme
capacidad latente de los sistemas genéticos y no fundamentalmente las
constricciones y limitaciones impuestas por el pasado de un organismo.

Mi interés permanente en el atavismo se vio recientemente avivado
por un informe acerca de algo que no tiene derecho a existir, si uno de
nuestros más venerables símiles expresa la verdad literal: los dientes de
gallina. El 29 de febrero de 1980 (un día de por sí bastante raro), E. J.

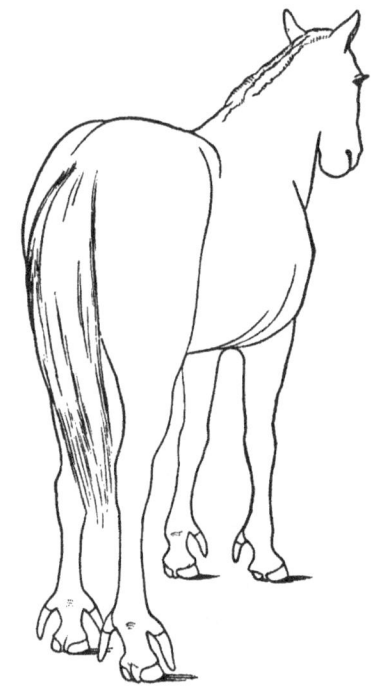

13. Dibujo de Marsh, de 1892, de un caballo polidáctilo, el «caballo cornudo de Texas».

Kollar y C. Fisher dieron noticia de una ingeniosa técnica para animar a las gallinas a revelar una sorprendente flexibilidad genética conservada desde tiempos muy remotos.

Tomaron tejido epitelial (exterior) del primer y segundo arco branquial de un embrión de pollo de cinco días y lo combinaron con mesénquima (tejido embrionario interior) de embriones de ratón, de entre dieciséis y dieciocho días, tomado de la zona donde se forman los primeros dientes molares. Ya en esta historia hay un fascinante proceso evolutivo. Las mandíbulas se desarrollaron a partir de huesos que sustentaban las branquias anteriores de peces ancestrales. Todos los embriones de vertebrado siguen desarrollando los arcos branquiales anteriores en primer lugar (como hacían los embriones ancestrales) y después los tranforman, durante su desarrollo, en mandíbulas (cosa que no hacían aquellos antecesores, que conservaban las branquias delanteras durante toda su vida). Así pues, si los tejidos embrionarios de los pollos retienen alguna capacidad para la formación de dientes, el lugar para buscarla es el epitelio de los arcos branquiales anteriores.

Kollar y Fisher cogieron el tejido embrionario mezclado de ratón y pollo y lo cultivaron en lo que podría parecer un lugar extraño e improbable: las cámaras anteriores de los ojos de ratones desnudos adultos (pero ¿en qué otra parte del cuerpo de un animal puede encontrarse un espacio abierto lleno de un líquido que no esté en circulación?). En los dientes ordinarios, formados por un único animal, la capa externa de esmalte se forma a partir de tejido epitelial y la dentina y el hueso subyacentes se forman a partir del mesénquima. Pero este último no puede formar dentina (aunque puede producir hueso) a menos que pueda interaccionar directamente con un epitelio destinado a formar esmalte. (En jerga embriológica, el epitelio es un inductor necesario, aunque solo el mesénquima puede formar dentina.)

Cuando Kollar y Fisher trasplantaron solo mesénquima de ratón a los ojos de sus animales experimentales no se desarrolló dentina, sino tan solo huesos esponjosos: el producto normal del mesénquima al ser privado de contacto con un epitelio formador de esmalte como inductor. Pero de entre cincuenta y cinco trasplantes combinados de mesénquima de ratón y epitelio de pollo, diez produjeron dentina. Por consiguiente, el epitelio de pollo sigue siendo capaz de inducir al mesénquima (y, para colmo, ¡de otra especie, perteneciente a otra clase de vertebrados!) a formar dentina. *Archaeopteryx*, la primera ave, poseía aún dientes, al igual que otros varios fósiles procedentes de la historia primigenia de las aves. Pero ninguna ave fósil ha producido dientes en los últimos sesenta millones de años, mientras que la falta de dientes de todas las aves modernas tiene la misma categoría que las alas y las plumas como característica definitoria de la clase. No obstante, aunque el sistema no ha sido utilizado en su lugar de origen durante tal vez cien millones de generaciones, el epitelio de pollo puede aún inducir la formación de dentina si se le combina con un mesénquima apropiado (el mesénquima de pollo probablemente haya perdido la capacidad de formar dentina, de ahí la ausencia de dientes en las gallinas y la necesidad de utilizar ratones).

Kollar y Fisher descubrieron entonces algo aún más interesante. ¡En cuatro de sus trasplantes se habían desarrollado dientes completos! El epitelio de pollo no solo había inducido al mesénquima a formar dentina; también había sido capaz de generar proteínas matrices del esmalte. (La dentina debe ser inducida por el epitelio, pero este epitelio no puede diferenciarse en esmalte a menos que él, a su vez, pueda interaccionar con la propia dentina que ha inducido. Dado que el mesénquima de pollo no puede formar dentina, el epitelio de pollo jamás tiene oportunidad de mostrar su persistencia en la naturaleza.)

Un punto final me dejó aún más estupefacto. Kollar y Fisher dicen respecto de su mejor diente: «La totalidad de la estructura del diente estaba bien formada, con un desarrollo de la raíz en la relación adecuada con el desarrollo de la corona, pero esta no tenía la típica morfología del primer molar, ya que carecía del esquema de cúspides habitualmente presente en los trasplantes intraoculares de rudimentos de primeros molares». En otras palabras, el diente parece normal, pero no tiene la forma de un molar de ratón. La extraña forma puede, por supuesto, no ser más que el resultado de la peculiar interacción de dos sistemas que jamás se hubieran unido en la naturaleza. Pero es posible que estemos viendo, en parte, la forma real de un diente de ave latente: la estructura potencial codificada en el epitelio de pollo durante sesenta millones de años, pero no expresada por la ausencia de la dentina necesaria para inducirla.

El trabajo de Kollar y Fisher me recordó otro experimento relacionado con el extremo opuesto de un pollo, una famosa historia habitualmente mal recogida por los biólogos evolucionistas (en una ocasión, vergüenza me da confesarlo, yo mismo lo hice), como pude descubrir al seguirle la pista hasta su fuente original. En 1959, el embriólogo francés Armand Hampé informó acerca de algunos experimentos realizados sobre el desarrollo de los huesos de la pata en los embriones de pollo. En los reptiles ancestrales, la tibia y la fíbula o peroné (los huesos que hay entre la rodilla y el tobillo en los seres humanos) son de igual longitud; la región del tobillo, inmediatamente debajo, incluye una serie de pequeños huesos. En *Archaeopteryx*, la tibia y la fíbula siguen siendo de igual longitud, pero los huesos del tobillo han quedado reducidos a dos, uno de ellos articulado con la tibia y el otro con la fíbula. En la mayor parte de las aves modernas, no obstante, la fíbula ha quedado reducida a un vestigio. Nunca llega a la región del tobillo, mientras que los dos huesos de este se ven «envueltos» por la tibia en rápido crecimiento y se fusionan con ella. Así, las aves modernas desarrollan una única estructura (la tibia con los huesos del tobillo fusionados a ella y la fíbula rudimentaria a su costado), que se articula con los huesos del pie.

Hampé razonaba que la fíbula probablemente conservara su capacidad de alcanzar la longitud total original, pero que la competencia por el material disponible frente a la tibia de rápido crecimiento tal vez la privara de toda oportunidad de expresar su potencial. Realizó, por tanto, tres tipos de experimentos, todos ellos dirigidos a darle a la fíbula algún alivio de la presión de su imperialista, y habitualmente victorioso, hueso vecino. En todos los casos, la fíbula alcanzó su longitud primitiva, igual a la de la tibia, llegando hasta la región del tobillo. En el primer experimento, Hampé se limitó a trasplantar más tejido embrionario a la región de los huesos en crecimiento. La tibia alcanzaba su longitud característica, pero la zona disponía ahora de suficiente material «remanente» para la fíbula. En el segundo experimento alteró la dirección de crecimiento de la tibia y la fíbula, de modo que los dos huesos no estuvieran en contacto íntimo. En el tercero insertó una placa de mica entre los dos huesos; la tibia en desarrollo no podía ya «echar mano» del material de su vecino menos vigoroso y la fíbula alcanzaba toda su longitud.

Así, Hampé recreó una relación ancestral entre dos huesos por medio de una serie de manipulaciones simples. Y esta alteración engendró una consecuencia aún más interesante. En los pollos normales, la fíbula comienza su crecimiento en contacto con uno de los pequeños huesos del tobillo, pero al crecer y predominar la tibia este contacto se rompe alrededor del quinto día de desarrollo. La fíbula se retira entonces para formar su espina, mientras la tibia en expansión rodea los dos huesos del tobillo para formar una única estructura. En un caso, durante las manipulaciones de Hampé, los dos huesos del tobillo permanecieron separados y no se fusionaron ni con la tibia ni con la fíbula (mientras que los dos huesos del tobillo se fusionaron con la tibia, como de costumbre, en la otra pata del mismo embrión, un control al que se permitía crecer normalmente). En estas aves, la simple manipulación de Hampé no solo produjo el resultado pretendido (expresión de una relación ancestral en los huesos de la pata); también evocó el esquema ancestral de los huesos del tobillo.

Hampé logró producir estos impresionantes atavismos por manipulaciones simples que vienen a equivaler a cambios menores, cuantitativos, en la sincronización del desarrollo o el emplazamiento del tejido embrionario. El añadir más tejido no solo construye una parte de mayor tamaño con las mismas proporciones; lleva al crecimiento diferencial de un hueso (la fíbula) y a un cambio en la disposición de la totalidad del área del tobillo (dos huesos del tobillo, articulándose por separado con la tibia y la fíbula en algunos casos, en lugar de una única tibia con los dos huesos del tobillo fusionados a ella).

Los esquemas de desarrollo del pasado de un organismo persisten en forma latente. Los pollos no desarrollan ya dientes porque su propio mesénquima no forma dentina, a pesar de que su epitelio sigue produciendo esmalte y puede inducir también la formación de dentina en otros animales. Los pollos no desarrollan ya huesos separados en el tobillo porque su fíbula no se mantiene al ritmo de la tibia durante el crecimiento, pero los huesos del tobillo desarrollan y retienen su identidad cuando se induce a las fíbulas a alcanzar su longitud ancestral. El pasado de un organismo no solo restringe su futuro; también aporta como legado una enorme reserva de potencial para el cambio morfológico rápido basado en pequeñas alteraciones genéticas.

Charles Darwin construyó su teoría en forma de proceso en dos etapas: variación para suministrar materia prima y selección natural para impartir direcciones. A menudo (e incorrectamente) se afirma que no dijo gran cosa acerca de la variación, al estar profundamente avergonzado por su ignorancia acerca del mecanismo de la herencia. Mucha gente cree que se limitó a considerar la variación como una especie de «caja negra», algo que debía ser asumido, mencionado de pasada, y luego olvidado. Después de todo, si siempre hay suficiente variación para que la selección natural pueda utilizarla, ¿por qué preocuparse acerca de su naturaleza y sus causas?

Por el contrario, Darwin estaba obsesionado con la variación. Sus libros, considerados en conjunto, dedican mucha mayor atención a la variación que a la selección natural, dado que sabía que no podría construirse una teoría satisfactoria de los grandes cambios evolutivos hasta que se hubieran dilucidado las causas de la variación y las reglas empíricas de su forma y cantidad. Su libro más largo está dedicado, por entero, a problemas de la variación —la obra en dos volúmenes *Variation of Animal and Plants under Domestication* (Variación de animales y plantas sometidos a domesticación) (1868). Darwin opinaba que el atavismo era la clave de muchos misterios de la variación, y le dedicó todo un capítulo, concluyendo (como lo hago yo) con estas palabras:

> El germen fertilizado de uno de los animales superiores [...] tal vez sea el objeto más maravilloso de la naturaleza [...] En la doctrina de la reversión [atavismo] [...] el germen se convierte en un objeto aún más maravilloso, ya que, además de los cambios visibles que experimenta, debemos creer que está repleto de invisibles caracteres [...] separados por cientos e incluso miles de generaciones del tiempo presente: y esos caracteres, como los escritos sobre el papel con tinta invisible, yacen listos para ser desarrollados, siempre que la organización se vea alterada por ciertas condiciones conocidas o desconocidas.

15

Los monstruos útiles

Mi abuelo, que me enseñó a jugar al póquer y veía conmigo los combates de boxeo del viernes por la noche todas las semanas, me llevó en una ocasión a uno de los espectáculos más crueles, y sin embargo más fascinantes, de unas décadas que, afortunadamente, pertenecen ya al pasado: las hileras de personas con malformaciones, obligadas (por falta de otras oportunidades) a exhibirse ante un público boquiabierto, en un espectáculo secundario del Ringling Brothers.

La contrapartida elegante y legítima a esta crueldad del público es la vasta literatura científica dedicada al nacimiento de seres deformes, un tema dignificado con el nombre formal de teratología, que significa, literalmente, estudio de los monstruos. Aunque los científicos son tan proclives como todo el mundo a la combinación de sobrecogimiento, horror y curiosidad que atrae a las personas a los espectáculos secundarios, la teratología tiene un importante significado aparte de su primitiva fascinación.

Las leyes del crecimiento normal se formulan y comprenden mejor cuando las causas de sus excepciones pueden ser establecidas. El propio método experimental, piedra angular del procedimiento científico, descansa sobre la idea de que las desviaciones inducidas y controladas de la normalidad pueden dejar al desnudo las leyes del orden. Los cuerpos con malformaciones congénitas son experimentos de la naturaleza, desde luego no controlados intencionalmente por la intervención humana, pero, aun así, fuente de abundante información.

Los primeros teratólogos pretendían comprender las malformaciones clasificándolas. En las décadas anteriores a Darwin, los anatomistas médicos franceses instauraron tres categorías: falta de partes (*monstres* *par défaut*), partes de más (*monstres par excès*) y partes normales en los lugares equivocados. El folklore de los monstruos había reconocido, hacía ya mucho tiempo, la última categoría en los relatos de antropófagos, devoradores de hombres con los ojos en los hombros y una boca en el pecho. Shakespeare hacía alusión tanto a ellos como a otros colegas suyos en *Otelo*, al hablar de «Los antropófagos y los hombres cuyas cabezas / crecen por debajo de sus hombros».*

Pero una clasificación no es más que una serie de nichos convenientes, hasta que las causas del ordenamiento pueden ser especificadas. Y aquí la teratología del siglo XIX se atascó en su propia ignorancia de la herencia. La instauración de la genética en nuestro siglo revivió el mortecino interés por la teratología, al descubrir los primeros mendelianos la base mutacional de varias deformidades comunes.

Los genéticos tuvieron particular éxito con una categoría común en la antigua clasificación: partes normales en los lugares equivocados. Estudiaron su animal favorito, la mosca del vinagre, *Drosophila melanogaster*, y encontraron toda una variedad de extrañas transposiciones. En el primero de dos famosos ejemplos, los halterios (órganos del equilibrio) se transforman en alas, devolviendo a la mosca aberrante su dotación ancestral de cuatro (las moscas normales, como miembros del orden Dípteros, tienen dos alas). En el segundo ejemplo, una serie de estructuras de la cabeza aparecen reemplazadas por patas o partes de las patas, las antenas y piezas bucales en particular. Este tipo de mutaciones reciben el nombre de homeóticas.

No todas las alteraciones en la situación de las partes representan una homeosis, y esta restricción constituye una clave del mensaje evolutivo que extraeré más adelante. William Bateson, que posteriormente inventó este término genético, definía como «homeóticas» (la palabra procede de una raíz griega que significa «similar») tan solo aquellas partes que sustituyen a un órgano del mismo origen evolutivo u ontogénico. Así pues, los halterios son los descendientes evolutivos de las alas, mientras que las antenas, las piezas bucales y las patas de los insectos se diferencian todas a partir de precursores similares en los segmentos embrionarios, y todas ellas se desarrollaron, presumiblemente, a partir de un antepasado dotado de un par de apéndices sencillos similares en cada segmento de su cuerpo adulto. Podríamos hablar de homeosis si un ser humano desarrollara un segundo par de brazos en el lugar de sus

---

* [*The Anthropophagi and men whose heads / Do grow beneath their shoulders.*]

piernas, pero un par de brazos supernumerarios en mitad del pecho no cumpliría las condiciones.

Los mutantes homeóticos aparecen en la totalidad de los cuatro pares de cromosomas de *D. melanogaster.* Una revisión general, publicada en 1976 por W. J. Ouweneel, incluye una lista que ocupa tres páginas enteras. Pero los dos juegos de mutaciones homeóticas más famosos, mejor estudiados y más elaborados, residen ambos en el brazo derecho del tercer cromosoma.

El primer juego, llamado el complejo bitórax, y abreviadamente BX-C, regula el desarrollo normal y la diferenciación de los segmentos posteriores del cuerpo de la mosca. La mosca en estado larvario está ya dividida en una serie de segmentos, inicialmente muy similares, que se diferenciarán en estructuras adultas especializadas. Los primeros cinco segmentos larvarios construyen la cabeza del adulto (el primero forma las partes anteriores de la cabeza; el segundo, los ojos y las antenas, y del tercero al quinto, las diversas piezas bucales). Los siguientes tres segmentos, T_1, T_2 y T_3, forman el tórax. Cada uno de ellos será portador de un par de patas en el adulto, formando la dotación normal de seis de los insectos. El único par de alas se diferenciará en T_2.

Los siguientes ocho segmentos (del A_1 al A_8) forman el abdomen del adulto, mientras que los segmentos finales (A_9 y A_{10}) formarán el extremo posterior del adulto. La presencia de genes BX-C normales parece ser una condición necesaria para el desarrollo normal de todos los segmentos posteriores al segundo torácico (T_2). Si se eliminan todos los genes BX-C del tercer cromosoma, ninguno de los segmentos larvarios a partir del segundo torácico se diferencian siguiendo su ruta normal y parecen convertirse, también, en segmentos torácicos segundos. Si el adulto sobreviviera sería fascinante de ver, con un par de patas (presumiblemente) en cada uno de sus numerosos segmentos posteriores. Pero esta supresión es, en la jerga de los genéticos, «letal», y la mosca muere siendo aún una larva. Sabemos que los segmentos posteriores de estas moscas aberrantes se ven obligados a desarrollarse como segundos segmentos torácicos, porque la diferenciación incipiente en el seno de los segmentos larvarios sirve como guía infalible para su destino ulterior.

El complejo bitórax comprende al menos ocho genes, todos ellos secuencialmente situados el uno junto al otro. Edward B. Lewis (véase la Bibliografía), distinguido genético del CalTech [Instituto de Tecnología de California] que se ha pasado veinte años indagando las complejidades de BX-C, opina que estos ocho genes surgieron como repeticiones de un único gen ancestral y, posteriormente, evolucionaron en diferentes direcciones. Del mismo modo que la eliminación total de BX-C produce el llamativo efecto homeótico de convertir todos los segmentos posteriores en segundos torácicos, también existen varias mutaciones en los ocho genes que producen resultados homeóticos. La mutación más famosa, llamada bitórax y utilizada como nombre de todo el complejo, convierte el tercer segmento torácico en un segmento torácico segundo. Así, la mosca adulta se desarrolla con dos segmentos torácicos segundos y dos pares de alas, en lugar de un solo par de alas y un par de halterios detrás (resulta equívoco afirmar que los halterios «se convierten» en alas. Más bien la totalidad del segmento, que normalmente habría sido el tercero torácico y que habría producido halterios, se desarrolla como un segundo torácico y produce alas). En otra mutación, llamada bitoraxoide, el primer segmento abdominal se desarrolla como un tercer segmento torácico, produce un par de patas y da como resultado una mosca con un número superior de patas a las seis que son normales en los insectos.

Lewis ha propuesto una hipótesis interesante acerca de la acción normal de los genes BX-C. Este autor cree que, inicialmente, están reprimidos (inactivados) en la larva de la mosca. Al irse desarrollando la mosca, estos genes son progresivamente activados. Los genes BX-C actúan como reguladores: esto es, no construyen por sí mismos partes del cuerpo, sino que son responsables de activar los genes estructurales que sí codifican la construcción del cuerpo. La forma adulta refleja la cantidad del producto de los genes BX-C en un segmento embrionario: cuanto más BX-C haya, más posterior será el aspecto del segmento. Lewis pasa a argumentar que los genes BX-C son activados secuencialmente, desde el punto anterior de su acción (el tercer segmento torácico) al extremo posterior del animal. Cuando se activa un gen BX-C su producto se acumula en un segmento dado y, simultáneamente, en todos los segmentos posteriores a él. El primer BX-C se activa en el tercer segmento torácico, y su producto se acumula en todos los segmentos a partir de este hasta el extremo posterior. El siguiente gen BX-C se activa en el siguiente segmento, el primero abdominal, y su producto se acumula en todos los segmentos, desde el primer abdominal hasta el extremo posterior. El siguiente gen se activa en el segundo segmento abdominal, y así sucesivamente. Así pues, se forma un gradiente del producto de BX-C, con una concentración mínima en el segundo segmento torácico, que va creciendo en dirección anteroposterior. Cuanta mayor cantidad de producto elaborado por los genes haya, más posterior en su aspecto será la forma del segmento resultante.

Esta hipótesis resulta consistente con los efectos homeóticos conocidos de las mutaciones BX-C. Si BX-C es totalmente eliminado, no aporta producto génico alguno, y todos los segmentos posteriores al segundo torácico se desarrollan como segundos torácicos. En una mutación con el efecto contrario todos los genes BX-C son activados simultáneamente en todos los segmentos: y todos los segmentos afectados por BX-C se diferencian como octavos segmentos abdominales.

El segundo juego destacado de homeóticos recibe también el nombre de su mutación más famosa: el complejo antenapedia o ANT-C. La estructura fina de ese complejo ha sido dilucidada recientemente en una serie de notables experimentos realizados por Thomas C. Kaufman, Ricki Lewis, Barbara Wakimoto y Tulle Hazelrigg, en el laboratorio de Kaufman en la Universidad de Indiana. (Agradezco al doctor Kaufman el haberme introducido en la literatura de la homeosis y sus pacientes y lúcidas explicaciones acerca de su trabajo.) Los genes BX-C regulan la morfología de la segmentación desde el tercer segmento torácico hasta el extremo posterior; ANT-C afecta también al tercer segmento torácico, pero después regula el desarrollo de los cinco segmentos anteriores (los otros dos segmentos torácicos y los tres que producen piezas bucales). Si se elimina la totalidad del complejo, los tres segmentos torácicos empiezan a diferenciarse como primeros segmentos torácicos (mientras los abdominales, regulados por BX-C, se desarrollan normalmente). Aparentemente, los genes de ANT-C se activan en el segundo segmento torácico y propician el desarrollo adecuado del segundo y tercer segmentos torácicos.

Kaufman y sus colegas han descubierto que ANT-C está formado por al menos siete genes, de los cuales no todos tienen efectos homeóticos conocidos, que están situados el uno junto al otro en el brazo derecho del tercer cromosoma de *D. melanogaster*. Los genes no reciben su nombre por sus efectos normales (que, después de todo, consisten en producir una mosca ordinaria sin ningún rasgo especial para su reconocimiento), sino por sus raras mutaciones homeóticas. La primera, la del gen de la antenapedia, regula la diferenciación del segundo segmento torácico y, normalmente, se activa allí para llevar a cabo la función asignada. Se han detectado una serie de mutaciones en este locus. Todas ellas tienen efectos homeóticos que resultan consistentes con esta interpretación de su función normal.

Una mutación dominante, la antenapedia, tiene el extraño efecto (como su propio nombre indica) de producir una pata donde debería ir una antena. Este apéndice descolocado no es una pata cualquiera, sino claramente una segunda torácica. La mutación antenapedia opera aparentemente activándose en el lugar equivocado (el segmento correspondiente a las antenas) en lugar de en el segundo segmento torácico.

Otra mutación dominante, denominada peines sexuales supernumerarios, lleva a la aparición de peines sexuales en los tres pares de patas, no solo en el primero como en las moscas normales. Esta morfología no constituye simplemente el resultado de la actuación de un gen elaborador de peines sexuales (contrariamente a lo que normalmente se cree, hay muy pocos genes que se limiten a «hacer» partes aisladas sin una serie de efectos complejos y combinados). Es una mutación homeótica. Los tres segmentos torácicos se diferencian como primeros segmentos torácicos, y la mosca tiene, literalmente, tres pares de patas anteriores con sus correspondientes peines sexuales. (La eliminación total de ANT-C también hace que los tres segmentos torácicos se diferencien como primeros segmentos torácicos. Pero esta supresión es letal y la mosca muere en fase larvaria. Las moscas con la mutación de peines sexuales supernumerarios viven y llegan a adultas.) Esta mutación probablemente actúe suprimiendo la acción normal de su gen. Dado que la acción normal de este hace que el segundo segmento torácico se diferencie como es debido, su supresión induce a los tres torácicos a desarrollarse como primeros segmentos torácicos.

El segundo gen de ANT-C recibe su nombre de su prominente mutación, peine sexual reducido. Esta mutación homeótica, contraria al efecto de su vecino, peines sexuales supernumerarios, hace que el primer segmento torácico se diferencie como un segundo segmento torácico. En *D. melanogaster* solo las primeras patas torácicas llevan peines sexuales. Los tres genes siguientes carecen de efectos homeóticos conocidos, y su inclusión en ANT-C resulta en cierto modo un misterio. Uno de ellos elimina una serie de segmentos embrionarios en su mutación más espectacular, otro interfiere con el desarrollo normal de las maxilas y las mandíbulas de la boca, mientras el tercero produce un embrión curiosamente arrugado.

El sexto gen de ANT-C recibe su nombre del otro famoso mutante homeótico de este complejo: proboscipedia, descubierto en 1933 por dos de los genéticos más famosos del siglo, Calvin Bridges y Theodosius Dobzhansky. Se han detectado seis mutaciones en este locus; en su mayor

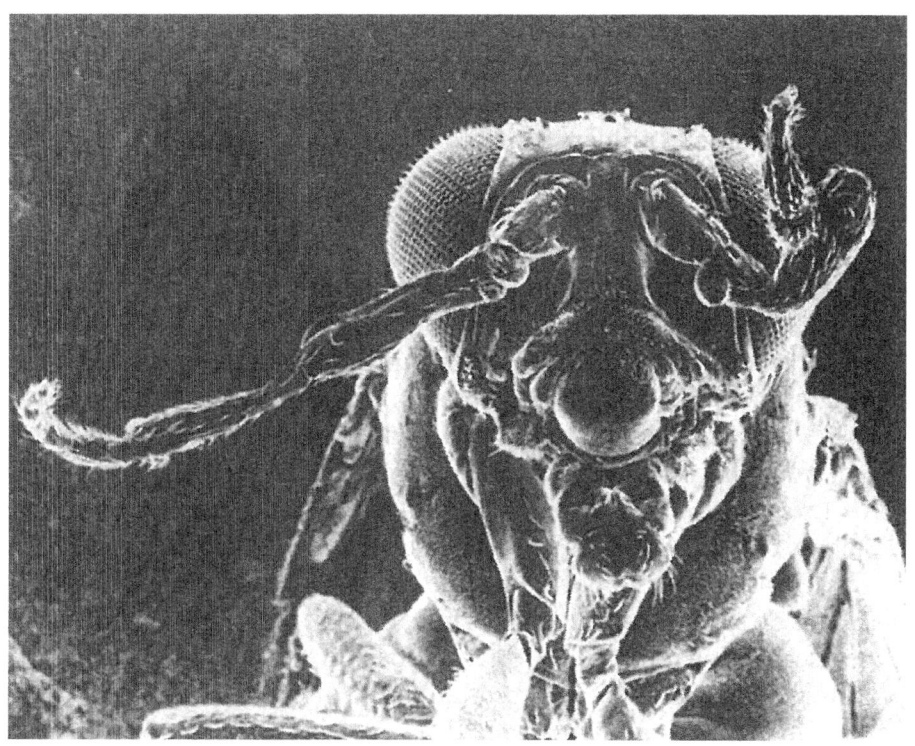

14. Mosca con la mutación antenapedia, en la que las patas se forman donde deberían estar las antenas (microscopía electrónica de barrido a cargo de F. R. Turner).

parte, como la propia proboscipedia, producen patas donde deberían desarrollarse piezas bucales. El séptimo y último gen (conocido) de ANT-C carece de efectos homeóticos en su forma mutante y produce constricciones severas en los límites de los segmentos de la larva. Es letal.

La homeosis no es específica de la mosca del vinagre, sino que parece ser un fenómeno general, al menos en los artrópodos. En la polilla de seda *Bombyx*, aparece un juego de mutaciones análogas (o incluso homólogas) a las homeóticas bitórax de *Drosophila* (*Bombyx* pertenece al orden Lepidópteros; las moscas al orden Dípteros). Dos especies de *Tribolium*, el gorgojo de la harina (orden Coleópteros), exhiben mutaciones homeóticas que imitan a las ANT-C de *Drosophila*. Un juego, en *Tribolium castaneum*, actúa igual que la antenapedia y produce una serie gradual de sustitución parcial de antenas por patas, que va de las garras tarsales en el undécimo segmento antenal, hasta la sustitución virtual de una antena completa por una pata anterior. Otra, en *T. con-*

fusum, actúa como la proboscipedia y sustituye por patas del primer segmento torácico las estructuras bucales llamadas palpos labiales. En la cucaracha *Blatella germánica*, un imitante homeótico produce alas rudimentarias en el primer segmento torácico. Ningún insecto moderno lleva normalmente alas en su primer segmento torácico, ¡pero los más primitivos insectos fósiles alados las llevaban!

La homeosis resulta fácil de demostrar en los artrópodos, gracias a su esquema corporal característico de segmentos discretos con destinos diferentes y definidos en el desarrollo normal, pero con un origen embriológico y evolutivo común. No obstante, se han señalado fenómenos análogos una y otra vez en los otros animales y plantas con partes repetidas. De hecho, el primer ejemplo de Bateson, una vez definido el término, citaba las vértebras de la espina dorsal humana. Todos los mamíferos (excepto los perezosos, pero incluyendo las jirafas), tienen siete vértebras cervicales (en las jirafas son enormes). Estas van seguidas de las vértebras dorsales o portadoras de costillas. Bateson anotó numerosos casos de seres humanos con costillas en la séptima vértebra cervical, e incluso unos cuantos que las presentaban en la sexta.

Los motantes homeóticos resultan fascinantes en su extrañeza, pero ¿qué es lo que nos enseñan acerca de la evolución? Debemos evitar, en mi opinión, la idea tentadora, pero dolorosamente ingenua, de que representan los tan largamente buscados «monstruos prometedores», que podrían validar las ideas mutacionistas extremas que defienden la aparición de grandes transiciones evolutivas en un solo paso (una idea que yo, a pesar de mi predilección por el cambio rápido, considero una fantasía nacida de una apreciación insuficiente del carácter complejo e integrado de los organismos). En primer lugar, la mayor parte de las mutaciones homeóticas producen organismos desahuciados. Las patas que se extienden a partir de las articulaciones de las antenas o que rodean la boca en las moscas afectadas son apéndices inútiles carentes de enlaces neurales y musculares adecuados. Incluso aunque pudieran actuar, ¿qué podrían hacer en tan extrañas posiciones? En segundo lugar, los homeóticos viables que imitan formas ancestrales, no son realmente antepasados renacidos. Una mosca bitórax porta la dotación ancestral de cuatro alas, pero alcanza este estado desarrollando dos segundos segmentos torácicos, no recuperando un esquema primigenio.

En mi opinión, las lecciones de la homeosis aparecen, en primer lugar, en la embriología y, después, llegan hasta la evolución. Como me indicó Tom Kaufman, demuestran de un modo espectacular hasta qué punto son pocos los genes responsables de la regulación del orden básico de las partes en desarrollo del cuerpo de una mosca del vinagre. Conjuntamente, los complejos ANT-C y BX-C de *D. melanogaster* especifican el desarrollo normal de todos los segmentos bucales, torácicos y abdominales; tan solo los dos segmentos anteriores están libres de su control. Cada complejo contiene solo un puñado de genes y cada uno puede haber evolucionado a partir de un único gen ancestral, que se repitió a sí mismo varias veces. Cuando estos genes mutan o son eliminados, surgen unos efectos homeóticos peculiares que normalmente descontrolan el desarrollo y llevan a la muerte.

Tal vez aún más importante, estos complejos homeóticos muestran la forma jerárquica en la que los programas genéticos regulan la inmensa complejidad del desarrollo embrionario, reconocido desde tiempos de Aristóteles como el más grande misterio de la biología. Los genes homeóticos no construyen las diferentes estructuras de cada segmento corporal. Esta es la función de los llamados genes estructurales, que dirigen el ensamblaje de las proteínas. Los homeóticos son interruptores o reguladores; producen alguna señal (de naturaleza totalmente desconocida) que activa bloques completos de genes estructurales.

No obstante, a un nivel más elevado, debe haber algún regulador responsable de la activación de los homeóticos en el momento y el lugar adecuados. Tal vez este regulador maestro no sea más que un gradiente de una sustancia que vaya del extremo anterior al posterior de la larva de la mosca; tal vez los reguladores homeóticos puedan «leer» este gradiente y activarse en el lugar adecuado evaluando su concentración. En cualquier caso, tenemos tres niveles jerárquicos de control: los genes estructurales que construyen diferentes partes en cada segmento, los reguladores homeóticos que activan los bloques de genes estructurales, y los reguladores más elevados que activan los reguladores homeóticos en el lugar y momento correctos.

Si la embriología es un sistema jerárquico, con sorprendentemente pocos interruptores maestros a niveles elevados, podremos, después de todo, extraer un mensaje evolutivo. Si los programas genéticos fueran sacos de genes independientes, responsables cada uno de ellos de la construcción de una única parte del cuerpo, la evolución tendría que producirse pieza por pieza, y cualquier cambio importante tendría que producirse lenta y secuencialmente, al ir logrando miles de partes sus modificaciones independientes. Pero los programas genéticos son jerarquías con interruptores maestros, y los pequeños cambios genéticos que afectan casualmente a estos interruptores pueden tener un efecto de cascada en todo cuerpo. Los mutantes homeóticos nos enseñan que los pequeños cambios genéticos pueden afectar a los interruptores y producir cambios notables en la mosca adulta. Las grandes transiciones evolutivas pueden estar instigadas (aunque no acabadas de repente, como argumentan los entusiastas de los «monstruos prometedores») por pequeños cambios genéticos que se traducen en cuerpos fundamentalmente alterados. Si el gradualismo darwiniano clásico está ahora siendo atacado en los círculos evolucionistas, la estructura jerárquica de los programas genéticos constituye un poderoso argumento en favor de los críticos.

En este contexto, consideramos los principales pasos hipotéticos en la evolución de los insectos, y reconocemos que los mutantes homeóticos podrían ayudarnos a dilucidarlos. Los insectos, con sus segmentos relativamente escasos y diferenciados, probablemente evolucionaran a partir de un antepasado con segmentos más numerosos y menos diferenciados. Inicialmente, estos segmentos menos diferenciados llevaban un par de patas cada uno (las antenas y piezas bucales de los insectos modernos son patas modificadas). Los insectos evolucionaron suprimiendo las patas en los segmentos posteriores y modificándolas para convertirlas en antenas y piezas bucales en los segmentos anteriores. Los principales complejos homeóticos de *Drosophila* parecen regular precisamente estos cambios, y con un mínimo de información genética. BX-C controla los apéndices posteriores con sus patas suprimidas, y su eliminación hace que estos segmentos empiecen a delimitarse como segundos segmentos torácicos con patas incipientes. Los principales mutantes de ANT-C sustituyen estructuras que antaño fueron patas, por patas. La naturaleza de los cambios homeóticos no es caprichosa, sino que sigue caminos evolutivos.

Incluso los extraños homeóticos pueden no carecer de información evolutiva. Cuando Bridges y Dobzhansky describieron la proboscipedia en 1933, señalaron que una amplia serie de cambios coordinados (aparte de la aparición espectacular de patas) aproximaban las piezas bucales a la forma típica de los insectos mordedores, de los que presumiblemente surgieron las moscas. (Dobzhansky, que murió hace unos pocos años, fue el más grande genético evolucionista de nuestro tiempo. El trabajo a fondo de laboratorio se lleva con frecuencia todos los méritos, mientras que los naturalistas de campo, con sus conocimientos detallados y específicos, son injustamente ignorados como si fueran coleccionistas de sellos. La vida de Dobzhansky demuestra hasta qué punto está equivocado este prejuicio. Los genéticos llevaban años describiendo mutantes homeóticos, pero ninguno tenía los conocimientos necesarios para reconocer los sutiles efectos morfológicos para cuya comprensión es necesario el ojo entrenado de un taxónomo. Dobzhansky, el mejor genético de todos ellos, era un taxónomo de talla y un biólogo de campo que inició su trabajo especializándose en la sistemática de los Coccinélidos, las mariquitas. Nada puede sustituir al conocimiento detallado de la historia natural y la taxonomía.)

Si alguien se ha preguntado si los mutantes homeóticos deben encontrar su significación solo en los altos y rimbombantes territorios de la especulación evolutiva, cierro este artículo con un dato para pensárselo. Ha aparecido una mutación homeótica en el mosquito picador *Aedes albopictus*. En efecto, lo han adivinado. ¡Esta mutación convierte parte del aparato picador en un par de patas! Los seis estiletes que atraviesan de hecho nuestra piel no quedan afectados, pero los labelos, las estructuras que rodean a los estiletes y contienen cerdas táctiles y quimiosensitivas, quedan convertidas en patas con garras tarsales en sus extremos. Estos mosquitos no pueden atravesar la piel, tanto porque carecen de las cerdas táctiles y quimiosensitivas para localizar el punto apropiado, como porque los estiletes quedan atrapados entre las patas mal situadas.

¡Qué maravillosa novedad en un mundo inundado de malas noticias: un mosquito incapaz de picar, con un par extra de patas! Pero no se dejen llevar por la esperanza. No sustituirán a los mosquitos normales. En primer lugar, mueren al ser incapaces de alimentarse (aunque pueden ser sustentados artificialmente por medio de algodones empapados en sangre). Incluso aunque aprendieran a alimentarse chupando en lugar de perforando, no supondrían una competencia para el tipo normal debido a que tienen una vida larvaria más larga, una mayor mortalidad en la fase de pupa y una disminución significativa en la longevidad de los adultos. Aun así, estos son los hechos curiosos que alimentan la esperanza en tiempos difíciles; en este caso, con una muy pequeña licencia poética, las enormes ventajas (aunque solo lo sean para otra sufrida criatura distinta) de meterse el pie en la boca.

Cuarta parte

Teilhard y Piltdown

16

La conspiración de Piltdown*

Introducción y antecedentes

ACERCA DE LAS CONSPIRACIONES

En su gran aria «La calunnia», don Basilio, el maestro músico de *El barbero de Sevilla*, de Rossini, describe gráficamente cómo crecen los susurros malvados, con un riego apropiado, convirtiéndose en calumnias realmente grandes e injuriosas. Los menos retorcidos de entre nosotros podemos interpretar esa misma lección con intención opuesta: en la adversidad, intenta contenerte. El deseo de asignar hechos malvados a una única persona que actúa sola es reflejo de esta estrategia; las teorías de la conspiración tienen una terrible tendencia a ramificarse como los susurros de Basilio hasta que la solución a «¿quién lo hizo?» acaba siendo «todo el mundo». Pero las conspiraciones existen. Hasta

* Este ensayo ha sido tema de multitud de comentarios, en su mayor parte positivos, pero algunos (por decirlo con suavidad) abrasivamente negativos (los más brutales de ellos, si me disculpan ustedes el conato de sospecha por asociación, procedentes de devotos del «culto a Teilhard»). A la luz de esto, he decidido volver a imprimir el ensayo (que apareció en *Natural History* en agosto de 1980) sin cambios. Porque sería injusto mejorarlo corrigiendo errores y ambigüedades para después volverme contra mis detractores (véase el siguiente ensayo) con un producto mejor que el original que ellos habían criticado. Dado que publicar errores conscientemente es simplemente inmoral, corregiré algunas equivocaciones por medio de notas a pie de página, para que todo el mundo pueda ver dónde metí la pata en el artículo original. Dejaré todas las interpretaciones planteadas sin comentarios e indicaré los cambios de opinión que pudiera haber habido (menores e insustanciales) en el siguiente ensayo.

los profesionales y los viejos políticos dudan hoy en día que Lee Harvey Oswald actuara solo; y en el Orient Express conspiraba todo el mundo.*

El caso de Piltdown, sin duda el fraude más espectacular y famoso de la ciencia en todo el siglo XX, ha experimentado esta tensión desde el momento en que fue descubierto en 1953. La versión semioficial abreviada mantiene que Charles Dawson, el abogado y arqueólogo aficionado que «encontró» los primeros especímenes, ideó y ejecutó él solo el complot. Dado que la elegante presentación del caso de J. S. Weiner hace prácticamente imposible pensar en la inocencia de Dawson (*The Piltdown Forgery*, Oxford University Press, 1955), el único refugio razonable para aquellos que la afirman son las conspiraciones. Y las propuestas de coconspiradores abundan, y van desde el gran anatomista Grafton Elliot Smith hasta W. J. Solías, profesor de geología en Oxford. En mi opinión estas afirmaciones vienen tiradas de los pelos y carecen de toda prueba razonable. Pero sí creo que en Piltdown existió una conspiración y que, por una vez, la hipótesis más interesante es la verdadera. Es mi opinión que un hombre que posteriormente habría de convertirse en uno de los más famosos teólogos del mundo, una figura de culto a lo largo de muchos años después de su muerte en 1955, sabía lo que Dawson estaba haciendo y probablemente le ayudara y no poco: el sacerdote jesuita francés y paleontólogo Pierre Teilhard de Chardin.

TEILHARD Y PILTDOWN

Teilhard, nacido en Auvernia (en la Francia central) en 1881, pertenecía a una antigua familia, conservadora y próspera. Ingresado en la Compañía de Jesús en 1902, estudió en la isla inglesa de Jersey desde 1902 hasta 1905 y después pasó tres años como profesor de física y química en una escuela jesuita en El Cairo. En 1908, regresó para finalizar su formación teológica en el seminario jesuita de Ore Place en Hastings, providencialmente situado al lado de Piltdown, en la costa sureste de Inglaterra. Permaneció allí cuatro años, y en él fue ordenado sacerdote en 1912.** Como estudiante de teología, Teilhard tenía un notable talen-

---

* Quizá debería decir «algunos profesionales y viejos políticos», a la vista de cómo gira de rápidamente la rueda de la fortuna. No obstante, la ficción tiene, irónicamente, la inamovible permanencia que le falta a los hechos; y todo el mundo lo hizo, y lo seguirá haciendo por los siglos de los siglos en el Orient-Express.

** Le agradezco al reverendo Thomas M. King, S. J., de la Universidad de Georgeto, pero resultaba un tanto desganado. Su pasión, durante su estancia en Hasting, fue, como siempre lo había sido, la historia natural. Recorría el campo en busca de mariposas, aves y fósiles. Y en 1909, se encontró con Charles Dawson en el punto focal de sus intereses comunes: en una cantera de piedra buscando fósiles. Los dos hombres se hicieron buenos amigos y colegas en la persecución de sus intereses. Teilhard describió a Dawson ante sus parientes como «mi corresponsal en geología».

Dawson afirmaba que había descubierto el primer fragmento del cráneo de Piltdown en 1908, después de que unos trabajadores de un pozo de grava le hablaran de un «coco» (el cráneo completo) que habían desenterrado y aplastado en aquel lugar. Dawson siguió hurgando por la zona, recolectando unas pocas piezas más del cráneo y algunos fragmentos de otros mamíferos fósiles. No llevó sus especímenes a Arthur Smith Woodward, conservador de paleontología del Museo Británico, hasta mediados de 1912. Así pues, durante tres años, antes de que ningún profesional oyera hablar siquiera del material de Piltdown, Dawson y Teilhard fueron compañeros en la historia natural, en los alrededores de Piltdown.

Smith Woodward no era un hombre dado al secreto, pero conocía el valor de lo que le había llevado Dawson y las envidias que podía inspirar. Impuso una férrea censura sobre la información de Dawson antes de su publicación. No quería que ninguno de los amigos legos de Dawson apareciera por la localización y tan solo un naturalista acompañó a Dawson y Smith Woodward en sus primeras excavaciones conjuntas en Piltdown: Teilhard de Chardin, a quien Dawson había descrito como «de fiar». A lo largo de 1912 salieron a la luz más especímenes, incluyendo la famosa mandíbula con sus dos dientes molares, artificialmente limados para simular la pauta de desgaste humano. En diciembre, Smith Woodward publicó el resultado de los trabajos y se inició la controversia.

Los fragmentos de cráneo, a pesar de ser notablemente gruesos, no podían distinguirse de los pertenecientes al hombre de hoy. Por otra parte, la mandíbula, excepción hecha del desgaste de los dientes, era claramente de «chimpancé» para muchos expertos (de hecho, pertene-

---

town, que me haya indicado dos errores sin consecuencias, pero altamente embarazosos, en este párrafo. Teilhard ingresó en la Compañía de Jesús en 1899, no en 1902, y fue ordenado en 1911, no en 1912.

ció originalmente a un orangután). Nadie olfateó un fraude, pero muchos profesionales fueron de la opinión de que se habían mezclado partes de dos animales en Piltdown. Smith Woodward defendió vehementemente la integridad de su criatura, argumentando, con lógica defectuosa, que el papel crucial del poder del cerebro en nuestro control de la Tierra hoy en día implicaba también un papel precoz de los grandes cerebros en la historia evolutiva. Un cráneo totalmente moderno con una mandíbula aún simiesca vindicaba aquella visión de la evolución humana tan centrada en el cerebro.

Teilhard salió de Inglaterra a finales de 1912* para iniciar sus estudios de graduado con Marcellin Boule, el más grande antropólogo físico de Francia, pero en agosto de 1913 estaba de vuelta en Inglaterra para un retiro en Ore Place. Pasó también varios días haciendo prospecciones con Dawson, y el 30 de agosto hizo un descubrimiento de importancia: un diente canino de la mandíbula inferior, de aspecto simiesco, pero desgastado al modo humano. Smith Woodward continuó su serie de publicaciones acerca del nuevo material, pero los críticos persistieron en su convicción de que el hombre de Piltdown representaba una unión impropia de dos animales.

El *impasse* se rompió en favor de Smith Woodward en 1915. Dawson había estado realizando prospecciones en otra localización, a unos tres kilómetros de Piltdown, durante varios años. Probablemente llevara allí a Teilhard en 1913; sabemos que registró varias veces el área con Smith Woodward en 1914. Entonces, en enero de 1915, escribió a Smith Woodward. La segunda localización, posteriormente llamada Piltdown 2, había dado su premio: «Creo que hemos vuelto a tener suerte. Tengo un fragmento del lado izquierdo [de hecho era del lado derecho] de un hueso frontal con una porción de la órbita y la base de la nariz». En julio de aquel mismo año, anunció el descubrimiento de un molar inferior, una vez más de aspecto simiesco, pero desgastado al modo humano. Los huesos de un humano y un simio podrían ser arrastrados al mismo pozo de grava una vez, pero una segunda asociación idéntica entre un cráneo humano y una mandíbula simiesca probaba, sin duda, que pertenecían a un mismo ser, a pesar de la aparente incongruencia

* De nuevo debo darle las gracias al reverendo King por llamar mi atención sobre un error, este de ciertas consecuencias potenciales, y, por consiguiente, más embarazoso. Cuanto más tiempo permaneciera Teilhard en Inglaterra, más oportunidad habría tenido de trabajar con Dawson. Salió, de hecho, no «a finales de 1912», como afirmaba yo, sino el 16 de junio.

anatómica. H. F. Osborn, el principal paleontólogo norteamericano y crítico del primer hallazgo de Piltdown, anunció su conversión con su característico estilo grandilocuente. Incluso el profesor de Teilhard, Marcellin Boule, abanderado de los escépticos, gruñó que los nuevos descubrimientos habían hecho inclinarse la balanza, si bien ligeramente, en favor de Smith Woodward. Dawson no vivió para disfrutar de su triunfo, ya que murió en 1916. Smith Woodward defendió sin reservas los hallazgos de Piltdown durante toda su vida, dedicando su último libro (*The Earliest Englishman*, 1948) a su defensa. Murió, afortunadamente, antes de que el asunto hiciera explosión.

Mientras tanto, Teilhard seguía su vocación con creciente fama, frustración y entusiasmo. Sirvió con distinción como camillero en la primera guerra mundial, convirtiéndose después en profesor de geología en el Instituto Católico de París. Pero su pensamiento poco ortodoxo (aunque siempre piadoso) pronto le llevó a un irrevocable conflicto con las autoridades eclesiásticas. Obligado a abandonar su puesto de enseñante y a salir de Francia, Teilhard partió hacia China en 1926. Allí permaneció la mayor parte de su vida, entregado a brillantes investigaciones en geología y paleontología y escribiendo los tratados filosóficos acerca de la historia cósmica y la reconciliación de la ciencia con la religión, que tan famoso habrían de hacerle más adelante. Todos ellos permanecieron inéditos, por *fíat* eclesiástico, hasta su muerte. Teilhard murió en 1955, pero su muerte solo sirvió de indicador del comienzo de su meteórico ascenso a la fama. Sus tratados, prohibidos durante mucho tiempo, fueron publicados y rápidamente traducidos a los principales idiomas. *El fenómeno humano* se convirtió en un éxito de ventas en todo el mundo. La Biblioteca Widener, de Harvard, aloja hoy en día una estantería completa de libros dedicados a los escritos y al pensamiento de Teilhard. Dos revistas creadas para discutir sus ideas siguien aún florecientes.

Del trío original (Dawson, Teilhard y Smith Woodward) solo Teilhard seguía vivo cuando Kenneth Oakley, J. S. Weiner y W. E. le Oros Clark demostraron que los huesos de Piltdown habían sido teñidos químicamente para aparentar gran antigüedad, los dientes limados para simular desgaste humano, y que los restos de mamíferos asociados habían sido traídos de algún otro lugar, mientras que los «instrumentos» de pedernal habían sido tallados recientemente. Los críticos habían tenido razón, mucha más razón de la que hubieran osado imaginar. Los huesos del cráneo pertenecían, en efecto, a un ser humano moderno, la mandíbula a un orangután. Al dar paso la conmoción de la revelación a la fascinación por el autor del fraude, las sospechas se alejaron rápidamente de dos miembros del trío. Smith Woodward había sido un hombre de indudable dedicación y excesivamente inocente; más aún, no sabía nada de Piltdown hasta que Dawson le llevó en 1912 los huesos originales. (Yo no tengo la más mínima duda acerca de la inocencia de Smith Woodward.) Teilhard era demasiado famoso y estaba demasiado presente como para que nadie se atreviera a realizar ni la más ligera indagación. Fue exonerado como un ingenuo y joven estudiante que, cuarenta años antes, había sido engañado y utilizado por el astuto Dawson. La teoría oficial fue que Dawson había actuado solo; la ciencia profesional quedó avergonzada, pero absuelta.

DUDAS

Yo estaba en la edad justa para sentirme fascinado por primera vez (tenía doce años de edad) y era un paleontólogo incipiente, cuando las noticias del fraude aparecieron en la primera página del *New York Times* una mañana a la hora del desayuno. Mi interés por el tema no ha disminuido, y a lo largo de los años he interrogado a muchos paleontólogos decanos acerca de Piltdown. También he podido comprobar, con asombro y diversión, que muy pocos de ellos creían en la teoría oficial de que Dawson había actuado solo. Me di cuenta, en particular, de que varios de los hombres a los que más admiro sospechaban de Teilhard, no tanto sobre la base de las evidencias disponibles (ya que sus sospechas se basaban en lo que yo considero un punto débil entre las argumentaciones), sino en un sentimiento intuitivo acerca de este hombre al que conocían bien, amaban y respetaban, pero que parecía ocultarse tras una capa de piedad, pasiones, misterios y buen humor. A. S. Romer y Bryan Patterson, dos de los principales paleontólogos de vertebrados de Norteamérica, antiguos colegas míos de Harvard, me comentaron a menudo sus sospechas. Louis Leakey las manifestó en letra impresa, sin dar nombres, pero sin ambigüedad alguna para todo aquel que estuviera al tanto (véase su autobiografía, *By the Evidence*).*

---

* He averiguado después que Louis Leakey se tomaba mucho más en serio sus indagaciones de lo que yo había imaginado. Estaba convencido de la culpabilidad de Teilhard y se hallaba escribiendo un libro acerca del tema cuando murió.

Finalmente, decidí ponerme en movimiento y hurgar un poco, tras escribir una columna acerca de Piltdown por otros motivos (*Natural History*, marzo de 1979). Leí todos los documentos oficiales y llegué a la conclusión de que no había motivo para excluir a Teilhard, aunque tampoco había nada, aparte de su presencia desde el principio, que le implicara de modo particular. Tenía toda la intención de olvidarme del tema o de pasárselo a alguien con un mayor celo investigador por estos asuntos. Pero, en una conferencia en Francia el pasado septiembre, me encontré con dos de los más íntimos colegas de Teilhard, el destacado paleontólogo J. Piveteau y el gran zoólogo P. P. Grassé. Acogieron mis sospechas con un tajante «*incroyable*». Entonces *Père* François Russo, amigo de Teilhard y también jesuita oyó hablar de mis indagaciones y prometió mandarme un documento que demostraría la inocencia de Teilhard: una copia de la carta que Teilhard había escrito a Kenneth Oakley el 28 de noviembre de 1953. Recibí esta carta en una traducción al francés impresa (Teilhard la escribió en inglés) en octubre de 1979. Me di cuenta inmediatamente de que contenía una inconsistencia (un desliz por parte de Teilhard) cuya resolución más fácil era la hipótesis de la complicidad. Cuando visité a Oakley en Oxford en abril de 1980, me mostró la carta original junto con varias más que le había escrito Teihlard. Estudiamos los documentos, discutimos el tema de Piltdown durante buena parte de un día, y yo me fui convencido de que Romer, Patterson y Leakey habían tenido razón. Oakley, que se había dado también cuenta de la inconsistencia, aunque la había interpretado de manera diferente, estuvo de acuerdo conmigo y afirmó al despedirnos: «Creo que es cierto que Teilhard estuvo complicado». (Permítaseme aquí expresar mi profundo aprecio por la hospitalidad, la franqueza y la buena disposición, tan sencilla y aparentemente inagotable, del doctor Oakley. Siempre me deja profundamente emocionado descubrir —y no es tan infrecuente como mucha gente cree— que un gran pensador es también un ser humano ejemplar.) Desde entonces, he afinado las argumentaciones básicas y he leído los trabajos publicados de Teilhard, poniendo al descubierto un esquema difícilmente reconciliable con su inocencia. El caso que yo presento, es, sin duda, circunstancial (igual que lo es el caso presentado contra Dawson o contra cualquier otra persona). Pero, en mi opinión, la carga de buscar pruebas debe quedar ahora en manos de aquellos que consideran libre de culpa al padre Teilhard.

El caso contra Teilhard

LAS CARTAS A KENNETH OAKLEY

La principal virtud de la verdad, aparte de su valor ético (que en mi opinión es considerable), es que representa una guía infalible para tener las cosas claras. El problema de la prevaricación es que, cuando las cosas se complican o los recuerdos pierden precisión, acaba resultando muy difícil recordar todos los detalles de una historia inventada. Richard Nixon sucumbió finalmente a causa de una cuestión menor, y sir Walter Scott decía la verdad al escribir el famoso pareado: «¡Oh, qué enrevesada tela tejemos, / cuando por primera vez engañar queremos!».*

Teilhard tuvo solo un pequeño desliz significativo, en torno a una cuestión secundaria, en su carta a Oakley. Teilhard no ofreció ningún recuerdo espontáneo acerca de Piltdown y respondía tan solo a las preguntas directas de Oakley, que buscaba ayuda para establecer la identidad del falsificador. Empieza felicitando a Oakley

> con toda sinceridad por haber resuelto el problema de Piltdown. Anatómicamente hablando, «*Eoanthropus*» [el nombre que Smith Woodward había puesto al animal de Piltdown] era una especie de monstruo [...] Por lo tanto, me siento fundamentalmente satisfecho por sus conclusiones, a pesar del hecho de que, sentimentalmente hablando, echan a perder uno de mis primeros y más brillantes recuerdos paleontológicos.

Teilhard pasa entonces a adoptar una actitud inamovible acerca de la cuestión del fraude. Se niega a creer en él en absoluto, declarando que Smith Woodward y Dawson (y, por implicación, él mismo) no eran el tipo de hombres que concebiblemente fueran capaces de hacer una cosa así. ¿No es posible, pregunta, que algún recolector desechara los huesos de simio en un pozo de grava que contuviera legítimamente un cráneo humano, producto de algún enterramiento reciente? ¿No podría ser la tinción con hierro natural, dado que el agua de la localidad «puede manchar (de hierro) con notable rapidez»? Pero la idea de Teilhard no puede explicar ni el limado artificial de los dientes para simular un desgaste humano, ni el crucial descubrimiento de una segunda combina-

---

* *[Oh, what a tangled web we weave, / When first we practice to deceive!]*

ción de mono y hombre en la localización de Piltdown 2. De hecho, Teilhard admite: «La idea parece fantástica. Pero, en mi opinión, no más fantástica que convertir a Dawson en el perpetrador de un fraude».

Teilhard pasa entonces a discutir Piltdown 2 y, en su intento de exonerar a Dawson, comete su error fatal. Escribe:

> Él [Dawson] se limitó a llevarme a la localización 2 y me explicó [sic] que había encontrado el molar aislado y las pequeñas piezas del cráneo en los montones de escombros y piedrecillas que habían sido rastrillados en la superficie de aquel lugar.

Pero esto no puede ser. Teilhard visitó, en efecto, la segunda localización con Dawson en 1913, pero no encontraron nada. Dawson «descubrió» los huesos del cráneo de Piltdown 2 en enero de 1915, y el diente aún más tarde, en julio del mismo año. Y ahora, el punto clave: Teilhard fue llamado al ejército francés en diciembre de 1914 y fue inmediatamente embarcado hacia el frente, donde permaneció hasta el final de la guerra. No pudo haber visto los restos de Piltdown 2 con Dawson a menos que los fabricaran juntos antes de su partida (Dawson murió en 1916).

Oakley se percató inmediatamente de la inconsistencia al recibir la carta de Teilhard en 1953, pero la interpretó de modo diferente y por buenos motivos. Por aquel entonces, Oakley y sus colegas no habían hecho más que empezar sus investigaciones acerca del autor del fraude. Sospechaban, correctamente, de Dawson, y le habían escrito a Teilhard en busca de evidencias. Oakley leyó la declaración de Teilhard cuando estaba intentando establecer el hecho básico de la culpabilidad de Dawson. En ese contexto, asumió que Dawson había mostrado los especímenes a Teilhard en 1913, pero que los había ocultado a Smith Woodward hasta 1915: más pruebas de la culpabilidad de Dawson.

Oakley contestó a vuelta de correo, y Teilhard, consciente de que había cometido un error, empezó a contemporizar. En su segunda carta, del 29 de enero de 1954, intentaba recomponer su posición:

> En lo que se refiere al punto de la «historia» sobre el que usted me pregunta, mis *souvenirs* son un tanto vagos. No obstante, y por eliminación (y dado que Dawson murió *durante* la primera guerra mundial, si no estoy equivocado) mi visita con Dawson a la *segunda* localicación (donde se

encontraron los dos pequeños fragmentos de cráneo y el molar aislado entre los escombros) debió ser a finales de julio de 1913 [probablemente fuera a primeros de agosto].

Evidentemente preocupado, escribió seguidamente la siguiente postdata.

Cuando visité la localización número 2 (¿en 1913?), los dos pequeños fragmentos de cráneo y el diente habían sido ya descubiertos, según creo. ¡Pero su pregunta me hace dudar! Sí, creo que en efecto *habían* sido ya hallados: y ese es el motivo por el que Dawson me señaló los pequeños montículos de piedras rastrilladas como lugar del «descubrimiento».

En una última carta a Mable Kenward, hija del dueño de Barkham Manor, lugar donde se hallaba la primera localización de Piltdown, Teilhard se echaba aún más atrás: «Dawson me mostró el campo donde fue hallado el segundo cráneo (fragmentos). Pero, como le escribí a Oakley, no consigo recordar si fue antes o después del hallazgo» (2 de marzo de 1954).

Solo consigo imaginarme cuatro interpretaciones del desliz de Teilhard.

1. Inicialmente, la primera vez que leí la carta de Teilhard, pensé que podía interpretarse su afirmación de la siguiente manera: Dawson me llevó a la localización en 1913 y posteriormente me puso en conocimiento por correo, durante la guerra, de que había encontrado los fragmentos entre los escombros. Pero la segunda carta de Teilhard afirma explícitamente que Dawson, en carne y hueso, le había indicado el punto de Piltdown 2 donde había encontrado los especímenes.

2. La hipótesis original de Oakley: Dawson mostró los especímenes a un Teilhard inocente en 1913, pero los retuvo sin enseñárselos a Smith Woodward hasta 1915. Pero Dawson no destruiría su coartada de un modo tan crudo. Porque Dawson llevó a Smith Woodward a la segunda localización en varios viajes de prospección en 1914, sin encontrar nada en ninguno de ellos. Ahora bien, Teilhard y Smith Woodward eran bastante amigos. Dawson les había presentado en 1909, al enviar a Londres algunos importantes especímenes de mamíferos (que no tenían nada que ver con Piltdown) que había recolectado Teilhard. Smith Woodward se quedó encantado con el trabajo de Teilhard y lo alabó sin reservas en una publicación. Aceptó a Teilhard como único miembro extra

de sus primeros viajes de recolección a Piltdown. Más aún, Teilhard fue invitado a permanecer en casa de los Smith Woodward cuando visitó Londres en septiembre de 1913, tras su descubrimiento del canino. Si Dawson le hubiera mostrado a Teilhard los hallazgos de Piltdown 2 en 1913, manteniendo a Smith Woodward engañado a lo largo de varias excursiones de campo en 1914, y si un inocente Teilhard le hubiera contado a Smith Woodward la existencia de los especímenes (y no puedo imaginarme por qué motivo iba a callársela), Dawson hubiera sido descubierto.

3. Teilhard jamás llegó a enterarse de la existencia de los especímenes de Piltdown 2 de boca de Dawson, sino que simplemente olvidó, cuarenta años más tarde, que jamás había llegado a ver de hecho los fósiles sobre los que había leído más adelante. Esta es la única alternativa (a la complicidad de Teilhard) que en mi opinión tiene algo de plausible. Si las cartas no estuvieran repletas de otros detalles inculpatorios, y si el caso en contra de Teilhard no tuviera apoyo también en otros terrenos, me tomaría más en serio esta posibilidad.

4. Teilhard y Dawson planearon el descubrimiento de Piltdown 2 antes de que Teilhard abandonara Inglaterra. Cuarenta años más tarde, Teilhard se confundió al reconstruir la cronología exacta. Se olvidó de que no podía haber visto los especímenes cuando fueron «hallados» oficialmente, y cometió un desliz al escribir a Oakley.

Las cartas de Teilhard a Oakley contienen otras afirmaciones curiosas, cada una de ellas insignificante (o susceptible de otras interpretaciones) por sí misma, pero que, en conjunto, constituyen un sutil intento de alejar de sí las sospechas.

1. En su carta del 28 de noviembre de 1953, Teilhard afirma que conoció a Dawson en 1911. De hecho, se conocieron en mayo de 1909, ya que Teilhard describe el encuentro en una vivida carta a sus padres. Más aún, este encuentro fue un importante acontecimiento en la carrera de Teilhard, ya que Dawson se hizo amigo del joven sacerdote y forjó personalmente su camino hacia el reconocimiento y el respeto profesionales enviando algunos importantes especímenes que había recolectado a Smith Woodward. Cuando Smith Woodward describió este material ante la Sociedad Geológica de Londres en 1911, Dawson, en la discusión posterior a las palabras de Woodward, rindió tributo a «la paciente y capaz ayuda» que le había sido prestada por Teilhard desde 1909. Esto, por sí mismo, no me parece un punto particularmente condenatorio. Un encuentro en 1911 habría permitido igualmente su participación

en el complot (Dawson «encontró» su primer fragmento del cráneo de Piltdown en 1911, aunque afirmaba que un trabajador le había dado un fragmento «varios años antes»), y yo jamás utilizaría un error de dos años contra un hombre que intentara recordar el suceso cuarenta años más tarde. Aun así, la fecha posterior (incorrecta), pisándole los talones al primer «hallazgo» de Dawson, aleja, sin duda, las sospechas de Teilhard.

2. Oakley volvió a escribir a Teilhard en febrero de 1954, indagando aún acerca del primer contacto de Dawson con el material de Piltdown, preguntándose, en particular, qué había ocurrido en 1908. Teilhard se limitó a responder (1 de marzo de 1954): «En 1908 no conocía a Dawson». Cierto sin duda, pero se conocieron pocos meses después, y Teilhard podría haberlo mencionado. Un punto pequeño, bien es verdad.

3. En la misma carta, Teilhard vuelve a intentar alejar de sí las sospechas escribiendo acerca de los años que pasó en Hastings: «Sabe, por aquel entonces yo era un joven estudiante de teología, al que no le estaba permitido abandonar demasiado a menudo su celda en Ore Place (Hastings)». Pero esta descripción de un hombre joven, piadoso y atado, contrasta notablemente con la imagen que Teilhard pintó de sí mismo por aquellas fechas en una notable serie de cartas a sus padres (*Lettres de Hastings et de Paris, 1908-1914*, Aubier, París, 1965). Estas cartas hablan bien poco de la teología, pero están repletas de narraciones encantadoras y detalladas acerca de los frecuentes vagabundeos de Teilhard por todo el sur de Inglaterra. Once cartas se refieren a excursiones con Dawson,* y no hay ningún otro naturalista que sea mencionado tan frecuentemente. Si pasaba mucho tiempo en Ore Place, decidió no escribir acerca de ello. El 13 de agosto de 1910, por ejemplo, exclama: «He recorrido la costa de arriba abajo, a la izquierda y a la derecha de Hastings; gracias a los trenes baratos, tan comunes en este período del año, es fácil llegar lejos con muy poco dinero».

Tal vez yo esté ya excesivamente cegado por la atracción que siento hacia la hipótesis de la culpabilidad de Teilhard. Tal vez todos estos puntos carezcan de importancia y no tengan ninguna relación, dando testimonio únicamente de la defectuosa memoria de un hombre anciano. Aun así, yo no plantearía el caso abiertamente si no fuera por un

---

* Varios críticos han señalado que algunas de las cartas hacen referencia a visitas que Dawson hizo a Teilhard en el seminario de Ore Place, más que a viajes de campo, o «excursiones» propiamente dichas. Desde luego pasé esto por alto, pero no veo de qué forma puede afectar a mi argumento.

segundo argumento, desde luego más circunstancial, pero de algún modo más poderoso en su persistencia a lo largo de cuarenta años: el registro de las cartas y publicaciones de Teilhard.

PILTDOWN EN LOS ESCRITOS DE TEILHARD

Recuerdo un libro de chistes que tuve cuando era niño. En el índice venía «mula, vida sexual de la», pero la página indicada estaba en blanco (ridículo, en cualquier caso, ya que las mulas no se abstienen simplemente porque la extraña disposición de sus cromosomas híbridos les imposibiliten para tener descendencia). El registro publicado por Teilhard sobre Piltdown es casi igualmente poco abundante. En 1920, escribió un artículo breve para una revista popular acerca de *Le cas de l'homme de Piltdown*. A partir de aquí, prácticamente todo son silencios. Piltdown no recibió jamás ni el honor de una frase entera en todos sus trabajos (a excepción de una nota a pie de página). Teilhard mencionaba Piltdown cuando difícilmente podía no hacerlo: en artículos amplios de revisión que discuten todos los principales fósiles humanos. No he podido hallar ni media docena de referencias en los veintitrés volúmenes de sus obras completas. En cada caso, Piltdown aparece o bien como un elemento listado sin comentarios en una nota a pie de página, o como un punto (también sin comentarios) en un dibujo del árbol evolutivo del hombre, o como una frase parcial dentro de algún comentario acerca del hombre de Neandertal.*

* (Esta nota, y solo esta, formaba parte del ensayo original.) Las obras completas de Teilhard están distribuidas en dos ediciones: un compendio de trece volúmenes de sus artículos generales (Editions du Seuil, París) y una reimpresión extensiva en diez volúmenes de sus publicaciones profesionales (Walter-Verlag, Olten). Con gran irritación descubrí que la edición de París ha expurgado todas las referencias a Piltdown sin ponerlo de manifiesto, y sin insertar siquiera elipsis. Al intentar recomponer la ejecutoria de Teilhard, le han hecho parecer aún más culpable, acentuando la impresión producida por su silencio. Por consiguiente, consulté originales siempre que pude hallarlos. Una de las expurgaciones resulta particularmente enfurecedora por su simple y sencilla tergiversación. Un volumen póstumo de ensayos, *Le Coeur de la matiére* (Seuil, 1976), reproduce la solicitud de Teilhard de la cátedra de Paleontología del Coll07ge de France en 1948 (las autoridades eclesiásticas no le permitieron aceptarla). En este ensayo autobiográfico, Teilhard discute su papel en la paleontología humana: «Mi primer golpe de buena suerte, en esta área de la antigua paleontología humana, llegó en 1923, cuando pude establecer, junto con Émile Licent, la existencia, hasta aquel momento contestada, del hombre paleolítico en el norte de China». Si Teilhard había

Consideremos lo notablemente curioso que resulta esto. En su primera carta a Oakley, Teilhard describe sus trabajos en Piltdown como «uno de mis primeros y más brillantes recuerdos palentológicos». Entonces ¿por qué tanto silencio? ¿Acaso Teilhard era demasiado tímido o santo como para contar sus propias alabanzas? No es probable, dado que ningún otro tema recibe una atención más voluminosa, en multitud de artículos posteriores, que su papel en el descubrimiento del legítimo hombre de Pekín en China.

Al comenzar mis investigaciones acerca de este extraordinario silencio, mientras intentaba ser todo lo caritativo posibles, construí dos posibles motivos de exoneración ante la incapacidad de Teilhard de discutir el principal hecho de su juventud como paleontólogo. Kenneth Oakley me habló entonces del artículo de 1920, el único análisis de Piltdown jamás publicado por Teilhard. Encontré una copia del mismo en la edición en tres volúmenes de la *Oeuvre scientifique* de Teilhard, y me di cuenta de que su contenido invalidaba los únicos argumentos exculpatorios que yo era capaz de pergeñar.

El primer argumento: Marcellin Boule, el reverenciado profesor de Teilhard, era uno de los principales críticos de Piltdown. Lo consideraba una mezcla de dos criaturas (no un fraude), si bien suavizó su oposición tras enterarse del segundo descubrimiento de Piltdown.

Tal vez Boule hubiera regañado a su joven pupilo por su credulidad, y Teilhard, avergonzado, jamás volviera a hablar de la infernal criatura, ni del papel que él desempeñó en su descubrimiento.

El artículo de 1920 invalida esta conjetura, ya que en este trabajo Teilhard se pone inequívocamente del lado correcto. Menciona que sus

---

suprimido así a Piltdown, al presentarse a revista, ¿qué otra cosa podríamos inferir que no fuera su complicidad? Por simple buena fortuna, encontré una copia de este documento tirado a multicopista, y nunca publicado, en la colección de mi malogrado colega A. S. Romer. Dice así: «Mi primer golpe de buena suerte en esta área de la antigua palentología humana fue verme incluido, siendo aún joven, en la excavación de *Eoanthropus dawsoni*, en Inglaterra. El segundo fue, en 1923, lograr establecer, con Émile Licent ...». Dudo que existan media docena de copias del original no publicado en Norteamérica, y hubiera sido fácil que la versión publicada y manipulada me hubiera llevado a considerarla una indicación aún más poderosa de la complicidad de Teilhard, basándome en su silencio. Por supuesto, se me ha ocurrido que este esquema de silencios que detecto en los escritos de Teilhard podría representar más una expurgación postuma por parte del editor que las propias preferencias de Teilhard. No obstante, la edición facsímil en diez volúmenes, completamente honesta, contiene material más que suficiente para establecer ese esquema, y he comprobado suficientes versiones originales de textos potencialmente expurgados como para sentirme seguro de que las referencias a Piltdown son superficiales y notablemente escasas en todos los escritos de Teilhard.

compañeros ingleses, convencidos por haber hallado la mandíbula tan cerca de los fragmentos de cráneo, jamás dudaron de la integridad del fósil. Teilhard señala seguidamente, con aguda percepción, que los expertos que no habían visto los especímenes *in situ* cambiarían de opinión fundamentalmente por la anatomía formal de los propios huesos, y que estos proclamaban a voz en cuello: cráneo humano, mandíbula de simio. ¿Qué énfasis debe, pues, prevalecer, el geológico o el anatómico? A pesar de haber visto en persona la geología del descubrimiento, Teilhard optaba por la anatomía:

> Para poder admitir tal combinación de formas [un cráneo de humano y una mandíbula de simio en la misma criatura], es necesario que nos veamos forzados a tal conclusión. Ahora bien, este no es el caso aquí [...] La actitud razonable consiste en adjudicar la predominancia a las probabilidades morfológicas intrínsecas sobre las probabilidades extrínsecas de las condiciones geológicas [...] Debemos suponer que la mandíbula y el cráneo de Piltdown pertenecen a dos individuos diferentes.

Teilhard se pronunció una vez, y se pronunció acertadamente. No tenía motivos para sentirse avergonzado.

El segundo argumento: tal vez Teilhard había disfrutado de su papel en Piltdown y recordaba aquellos momentos con cariño, pero simplemente se encontró con que el hombre que había ayudado a descubrir no le ofrecía ningún apoyo, ni siquiera tenía contacto, con las preocupaciones de su subsiguiente carrera. A un nivel amplio, este argumento resulta poco plausible, aunque solo sea porque Teilhard escribió varias revisiones generales acerca de los fósiles humanos. Por controvertido y dudoso que fuera, Piltdown debía haber sido mencionado. Incluso los principales críticos jamás dejaban de sacar a la luz sus sospechas. Boule escribió capítulos enteros acerca de Piltdown. Teilhard se limitó a listarlo sin comentarios tan solo unas pocas veces, y solo cuando no tenía alternativa.

En un área más específica, el silencio de Teilhard acerca de Piltdown se vuelve inexplicable hasta la perversidad (a menos que fuera engendrado por la culpabilidad y el conocimiento del fraude), ya que Piltdown representaba el mejor apoyo que los fósiles podían suministrar a la principal argumentación de la visión cósmica y mística acerca de la evolución de Teilhard, el tema dominante de toda su carrera y fuente de su posterior fama. Teilhard jamás echó mano a su mejor arma, que en parte había sido forjada por sus propias manos.

La conclusión de que el cráneo y la mandíbula pertenecían a animales diferentes no destruía el valor científico de Piltdown, siempre y cuando ambos animales yacieran legítimamente en los estratos en los que habían sido supuestamente enterrados. Porque estos estratos eran más viejos que ningún otro que contuviera restos del hombre de Neandertal, la principal causa de la fama antropológica de Europa. El Neandertal, aunque hoy en día sea considerado en general una raza de nuestra propia especie, era un individuo de bóveda craneana baja, enormes cejas y de un aspecto definitivamente «primitivo». Piltdown, a pesar del grosor de los huesos de su cráneo, parecía más moderno, con su bóveda globular. La asignación de la mandíbula a un simio fósil no hacía más que aumentar la condición avanzada del cráneo. En Inglaterra debieron vivir seres humanos de aspecto moderno, incluso antes de que el hombre de Neandertal se desarrollara en el continente. El Neandertal, por consiguiente, no puede ser una forma ancestral; tiene que representar una rama lateral del árbol humano. La evolución humana no es una escalera, sino una serie de linajes que evolucionaron a lo largo de senderos diferentes.

En el artículo de 1920, Teilhard presentaba el cráneo de Piltdown, divorciado de su mandíbula, precisamente bajo esta luz: como prueba de que los homínidos evolucionaron como un racimo de linajes que se movían en direcciones similares. Escribió:

> Por encima de todo, queda a partir de ahora probado, que incluso en este tiempo [el de Piltdow] existía una raza de hombres, ya incluida en nuestra línea humana actual, y muy diferentes de aquellos que habrían de convertirse en Neandertales [...] Gracias al descubrimiento de míster Dawson, la raza humana aparece ante nosotros, en aquellos tiempos primitivos, aún más nítidamente formada por paquetes fuertemente diferenciados, ya muy alejados de su punto de divergencia. Para cualquiera que tenga una idea acerca de las realidades paleontológicas, esta luz, por tenue que parezca, ilumina grandes profundidades.

¿A qué profundidades, entonces, refirió Teilhard a Piltdown como evidencia? Teilhard creía que la evolución se mueve en una dirección intrínseca que representa el creciente dominio del espíritu sobre la materia. Bajo el yugo de la materia, las estirpes divergirían volviéndose cada vez más distintas, pero todas ellas se moverían en la misma dirección general. Con el hombre, la evolución alcanzó su apogeo. El espíritu había comenzado su dominio sobre la materia, añadiendo una nueva capa de pensamiento (la noosfera) sobre la más antigua biosfera. La divergencia sería detenida; de hecho, la convergencia estaba ya en marcha en el proceso de la socialización humana. La convergencia continuará al ir prevaleciendo el espíritu. Cuando los últimos vestigios de materia hayan sido desechados, el espíritu involucionará sobre sí mismo en un único punto llamado Omega e identificado con Dios: el místico apocalipsis evolutivo que garantizó la fama de Teilhard.*

Pero la convergencia pertenece al futuro. Los científicos que buscan evidencia de semejante esquema deben mirar hacia el pasado en busca de signos gemelos de divergencia acompañados por direcciones ascendentes similares; en otras palabras, en busca de *linajes paralelos múltiples* en el seno de grupos mayores.

He leído todos los trabajos de Teilhard de comienzos de la década de 1920. Ningún tema recibe mayor énfasis que la búsqueda de linajes paralelos múltiples. En un artículo acerca de tarsos fósiles, escrito en 1921, argumenta que hay tres linajes separados de primates que se remontan al alba de la era de los mamíferos, evolucionando cada uno de ellos en la misma dirección de cerebros mayores y caras de menor tamaño. En una revisión publicada en 1922 acerca de *Les hommes fossiles*, de Marcellin Boule, Teilhard escribe: «La evolución no ha de ser representada en nuestro caso por unos pocos trazos sencillos, más que en otros seres vivos; pero se resuelve a sí misma en innumerables líneas que divergen durante tanto tiempo que parecen paralelas». En un ensayo general acerca de la evolución, impreso en 1921, habla continuamente de la evolución orientada en líneas múltiples y paralelas entre los mamíferos.

Pero ¿dónde estaba el hombre de Piltdown en esta extensa oda de alabanzas a los linajes paralelos múltiples? Piltdown suponía la prueba, la única prueba disponible, de la existencia de múltiples linajes paralelos dentro de la propia evolución humana, ya que su cráneo pertenecía a un ser humano avanzado anterior al primitivo Neandertal. Piltdown constituía el argumento más sublime de que disponía Teilhard, y jamás lo mencionó para nada después del artículo de 1920.

Estos dos argumentos han sido abstractos. Un tercer rasgo del artículo de 1920 resulta asombroso por lo directo que es. Porque estoy convencido de que Teilhard intentó en un momento, tal vez con dema-

---

* El ensayo 18 incluye una explicación más detallada de la filosofía evolutiva de Teilhard.

siada sutileza, sugerir que Piltdown era una estafa. Al discutir si los restos de Piltdown representan uno o dos animales, Teilhard lamenta que no puede aplicarse la prueba directa e infalible. Un fragmento de cráneo incluía una fosa glenoidea perfecta, el punto de articulación de la mandíbula superior con la inferior. No obstante, el punto correspondiente de la mandíbula inferior, el cóndilo, faltaba en un espécimen por lo demás maravillosamente conservado en su extremo posterior. Teilhard escribe: «Dado que la fosa glenoidea existe en perfecto estado en el hueso temporal, podríamos habernos limitado a intentar articular las piezas, *si la mandíbula hubiera conservado su cóndilo*: podríamos haber averiguado, sin sombra de duda, si ambos encajan». Leí esta afirmación estando medio dormido una madrugada a las dos, pero la siguiente línea (destacada por Teilhard en forma de párrafo terminado en un signo de exclamación) eliminó en mí todo resto de sueño: «¡Como si hubiera sido hecho a propósito [*comme par exprès*], falta el cóndilo!».

«*Comme par exprès.*» No pude quitarme aquellas palabras de la cabeza durante dos días. Sí, podía ser una concesión literaria, una metáfora permisible en busca de un mayor énfasis. Pero yo creo que Teilhard estaba intentando decirnos algo que no se atrevía a revelar directamente.

OTROS ARGUMENTOS

1. El embarazo de Teilhard ante la divulgación del fraude por Oakley. Kenneth Oakley me dijo que, aunque no había implicado a Teilhard en su pensamiento, uno de los aspectos de la reacción de Teilhard siempre le había desconcertado. Todos los demás científicos, incluidos aquellos que más razones tenían para sentirse avergonzados (como el anciano sir Arthur Keith, que había utilizado Piltdown como base de su pensamiento durante cuarenta años), expresaron un agudo interés en medio de su descontento y pena. Todos ellos felicitaron a Oakley espontáneamente y le agradecieron que hubiera resuelto una cuestión que siempre había resultado desconcertante, a pesar de que la solución hubiera sido tan dolorosa. Teilhard no dijo nada. Sus felicitaciones llegaron solo cuando no pudieron ser eludidas: en la introducción a una carta en la que respondía a las preguntas directas de Oakley. Cuando Teilhard visitó Londres, Oakley intentó discutir el caso Piltdown con él, pero Teilhard siempre cambiaba de tema. Llevó a Teilhard a una exposición especial en el Museo Británico en la que se ilustraba cómo había sido descubierto el frau-

de. Teilhard recorrió la exposición sombríamente y todo lo deprisa que pudo, con la mirada huidiza, sin decir nada. (A. S. Romer me comentó hace varios años que él también trató de enseñarle aquella exposición a Teilhard, enfrentándose con la misma reacción extraña.) Finalmente, el secretario de Teilhard, en un aparte, le explicó a Oakley que el tema de Piltdown era algo delicado para el padre Teilhard.

Pero ¿por qué? Si había sido engañado por Dawson en la localización, había desde luego puesto a salvo su orgullo. Smith Woodward había dedicado su vida al artefacto de Dawson. Teilhard solo había escrito acerca de él en una ocasión, lo había mencionado tan correctamente como había podido y después se había callado. ¿Por qué tanta vergüenza? A menos, desde luego, que la vergüenza procediera de la culpa que sentía acerca de otro aspecto de su silencio: su incapacidad de plantar cara y decir la verdad, mientras veía cómo hombres a los que amaba y respetaba hacían el ridículo, en parte por culpa suya. Marcellin Boule, por ejemplo, su adorado maestro, denominó con toda corrección «un ser artificial y compuesto» al *Eoanthropus* de Smith Woodward en la primera edición de *Les hommes fossiles* (1921). El cráneo, decía, podía pertenecer a «*un bourgeois de Londres*»; la mandíbula pertenecía a un simio. Pero meditó acerca del significado de Piltdown 2 y cambió de parecer en la segunda edición de 1923: «A la luz de estos nuevos datos, no puedo estar tan seguro como estaba. Reconozco que la balanza se ha inclinado un poco en favor de la hipótesis de Smith Woodward; y me alegro en nombre de ese científico, cuyos conocimientos y carácter estimo por igual». Cómo iba a sentirse Teilhard mientras veía a su adorado maestro, Boule, caer en el abismo, cuando disponía de medios para salvarle, que no osaba utilizar.

2. El elefante y el hipopótamo. Las gravas de Piltdown fueron sembradas con fragmentos de otros mamíferos fósiles para establecer una matriz geológica para los hallazgos humanos. Todos aquellos elementos, menos dos, podrían haber sido recolectados en Inglaterra. Pero los dientes de hipopótamo, pertenecientes a una especie enana inconfundible, probablemente procedieran de la isla mediterránea de Malta. El diente de elefante es casi seguro que procedía de un punto concreto de Ichkeul, Túnez, ya que es altamente radiactivo como resultado de las filtraciones de los sedimentos que le rodeaban, ricos en óxido de uranio. Esta especie de elefante ha sido encontrada en otros lugares, pero en ninguno de ellos estaba inmersa en sedimentos tan altamente radiactivos. Más aún, la localización de Ichkeul solo fue reconocida por profe-

sionales en el año 1947; el espécimen tratado encontrado en Piltdown no podía proceder de una colección catalogada de un museo.

Teilhard estuvo enseñando física y química en una escuela jesuita en El Cairo de 1905 a 1908, justo antes de ir a Piltdown. Su volumen de *Letters from Egypt* habla poco, una vez más, acerca de teología y enseñanza, pero sí habla mucho de viajes, de historia natural y recolección de especímenes. En su viaje de ida no se detuvo en Túnez ni en Malta, pero no he conseguido encontrar ningún registro de su pasaje de vuelta, y ambas zonas están justo de camino de vuelta a Francia. En cualquier caso, las cartas escritas por Teilhard desde El Cairo abundan en historias de intercambios y trueques con otros naturalistas de varias naciones norteafricanas. Estaba conectado a una red de aficionados que se transmitían información y realizaban intercambios, y podría haber recibido los dientes de algún colega.

Este argumento formaba la evidencia fundamental de las sospechas referentes a Teilhard de todos mis colegas: A. S. Romer, Bryan Patterson y Louis Leakey (Leakey mencionaba también los conocimientos de química de Teilhard y el astuto teñido de los huesos de Piltdown). Según los rumores, el propio Le Gros Clark, uno de los miembros del trío que desveló la farsa, también sospechaba de Teilhard por este motivo. En mi opinión este argumento resulta atractivo, pero no convincente. También Dawson estaba en contacto con una red de intercambios entre aficionados.

3. La buena suerte de Teilhard en Piltdown. Aunque los registros resultan frustrantemente vagos, creo que todas las piezas de Piltdown fueron halladas por el trío original: Dawson, Smith Woodward y Teilhard. (En la versión oficial, la primera pieza pudo haberle sido entregada a Dawson por un trabajador en 1908.) Dawson, por supuesto, fue quien desenterró la mayor parte del material. Smith Woodward, por lo que he podido averiguar, encontró tan solo un fragmento de cráneo. Teilhard, que pasó menos tiempo en Piltdown que sus dos colegas, fue bendecido por la suerte. Encontró un fragmento del diente de elefante, un pedernal tallado, y el famoso canino.

Las personas que jamás han recolectado especímenes en el campo probablemente no se den cuenta de lo difícil y azarosa que es la operación cuando los fósiles son escasos. El trabajo carece de magia, no es más que un trabajo duro. Un diente en una fosa de grava es, aproximadamente, igual de conspicuo que la proverbial aguja en un pajar. El autor del engaño trabajó duramente en su material de Piltdown. Limó el canino y lo pintó para que simulara ser antiguo. Los dientes de simio no son fáciles de conseguir. Si yo no tuviera más que uno solo, no se me ocurriría echarlo en un montón de grava y después esperar a que algún compañero inocente lo encontrara. Con toda probabilidad se perdería para siempre y no sería recuperado triunfalmente jamás. Dudo que yo mismo volviera a encontrarlo después de que alguna otra persona se hubiera dedicado a hurgar concienzudamente en el montón.

Teilhard describía su descubrimiento en la primera carta a Oakley: «Cuando encontré el canino resultaba tan poco visible entre las gravas que habían sido extendidas por el suelo para su cribado, que me resulta casi inconcebible que hubiera sido puesto allí a sabiendas. Incluso recuerdo que sir Arthur me felicitó por la agudeza de mi vista». Los recuerdos de Smith Woodward (tomados de su último libro de 1948) son más gráficos:

> Estábamos excavando en una fosa bastante profunda y calurosa en la que el padre Teilhard, vestido de negro, trabajaba con particular energía; y dado que pensamos que parecía estar un tanto agotado, le sugerimos que nos dejara hacer el trabajo duro durante un rato mientras él descansaba, dentro de lo que cabe, buscando entre la grava lavada por la lluvia. Muy pronto exclamó que había encontrado el canino que faltaba, pero nosotros reaccionamos con incredulidad, y le dijimos que ya habíamos visto varios trozos de mineral de hierro, que parecían dientes, en el lugar en el que estaba. No obstante, él insistió en que no se equivocaba, por lo que ambos dejamos de cavar para verificar su descubrimiento. No había duda alguna al respecto, y nos pasamos todos el resto de aquel día, hasta el anochecer, gateando sobre la grava, buscando en vano más.

También tengo algunas dudas acerca del pedernal de Teilhard, ya que es el único elemento de Piltdown que fue, indudablemente, encontrado *in situ*. Todos los demás especímenes procedían de montones de grava que habían sido excavados y extendidos sobre el suelo, o su origen no puede ser fijado con certeza. Ahora bien, *in situ* puede significar dos cosas (y los registros no nos permiten hacer una distinción). Puede significar que el lecho de grava estaba expuesto en un foso, en un farallón, o en un corte de la carretera (en cuyo caso cualquiera podría haber metido el pedernal). Pero puede significar también que Teilhard llegó hasta la capa de grava a través del suelo sin excavar que la cubría (en cuyo caso, solo él pudo poner allí el pedernal).

Una vez más, este argumento me parece tan solo sugerente, no definitivo. Es el punto más débil de todos y de ahí que lo haya puesto al final de la lista. Tal vez Teilhard fuera simplemente un observador particularmente agudo.

Conclusiones

¿Qué podemos decir de todo esto? Solo puedo imaginarme tres conclusiones. En primer lugar, es posible que Piltdown simplemente haya engañado a otra víctima ingenua, yo mismo en esta ocasión. Tal vez no haya hecho más que encontrarme con una terrible serie de coincidencias. ¿Podrían ser todos los deslices de las cartas errores inocentes de un hombre anciano; el *comme par exprès* una licencia literaria; su no utilización del mejor argumento del que disponía, un simple descuido; su conspicuo silencio, aparte de unas pocas menciones superficiales e inevitables, tan solo un aspecto de una compleja personalidad que nadie ha conseguido penetrar; su profunda turbación, tan solo otra faceta de esa misma personalidad; los dientes de elefante e hipopótamo, propiedad de Dawson...? Simplemente no puedo creerlo. Las coincidencias van convirtiéndose en improbabilidades, al ir aglutinándose cada vez más elementos independientes para formar un esquema. La piedra de toque de cualquier buena teoría es su capacidad de hacer que tenga sentido una serie de observaciones, por lo demás independientes e inexplicables. Asumamos, pues, que Teilhard sabía que Piltdown era un fraude, al menos, a partir de 1920.

Nos quedan dos posibilidades. ¿Fue Teilhard inocente en el campo en Piltdown? ¿Se tropezó acaso con el fraude más tarde (tal vez al descifrar la inconsistencia de Piltdown 2)? ¿Mantuvo entonces silencio por lealtad a Dawson, que le había dado su amistad o porque no quería meterse en un avispero sin estar completamente seguro? Pero ¿por qué entonces hizo tantos intentos por exonerar a Dawson, en sus cartas a Oakley? Dawson, después de todo, le habría utilizado y se habría aprovechado de su juvenil inocencia con la misma crueldad con la que había engañado a Smith Woodward. Y ¿por qué escribió a Oakley con una serie de verdades a medias que incorporan, como único esquema, un intento de exonerarse? ¿Por qué tanto embarazo y un silencio tan conspicuo, si había acertado en sus deducciones, pero no había estado lo suficientemente seguro como para decirlo?

Alan Ternes, editor de *Natural History*, hizo la interesante sugerencia de que tal vez Teilhard, como sacerdote, se hubiera enterado de la estafa a través de una confesión de Dawson que no podría revelar. No he podido averiguar si Dawson era católico; no creo que lo fuera. Pero me dicen que el sacerdote puede considerar los actos de contricción de otros cristianos bautizados como información privilegiada. Esta es la versión más sensata que he escuchado acerca de la hipótesis de que Teilhard estuviera al corriente del fraude, aunque no participara en él. Explicaría su silencio, su turbación, incluso el *comme par exprès*. Pero, en ese caso, ¿por qué tuvo que construir Teilhard una teoría tan complicada y tan cogida por los pelos acerca de la inocencia de Dawson en su primera carta a Oakley? La confesión tal vez le obligara a mantenerse en silencio, pero dudo que le obligara a defender al culpable por medio de la mentira. ¿Y por qué aparecen esos deslices y medias verdades, en busca de su propia exoneración, en las cartas subsiguientes?

Esto nos lleva a una tercera explicación: que Teilhard fue un coconspirador activo, junto con Dawson, en Piltdown. Tan solo así adquieren sentido el esquema de las cartas de Teilhard a Oakley, el artículo de 1920, su subsiguiente silencio, la intensa turbación.

Esta conclusión plantea dos cuestiones finales. En primer lugar, y volviendo a mi introducción, las conspiraciones tienen tendencia a extenderse. Una vez admitido Teilhard en el complot, ¿no deberíamos acaso preguntarnos si no habría más gente implicada? De hecho, varias personalidades informadas tienen fuertes sospechas acerca de algunos jóvenes subordinados del Museo Británico. Yo he restringido mis trabajos al papel desempeñado por Teilhard; creo que pueden haber participado más personas.

En segundo lugar, ¿qué hay acerca del motivo? Por aplastante que sea, la evidencia no puede satisfacernos, en ausencia de una explicación razonable de por qué Teilhard pudo hacer una cosa así. Aquí no veo grandes problemas, aunque debemos replantear Piltdown (al menos en lo que a Teilhard se refiere) como una broma que fue demasiado lejos, no como un intento malicioso de engañar.

Teilhard no era el solemne ascético, ni el místico transportado o estático, que sus publicaciones sugieren en ocasiones. Era un hombre apasionado: un auténtico héroe en la guerra, un verdadero aventurero en el campo, un hombre que amaba la vida y a las personas, que luchaba por experimentar el mundo en todos sus placeres y dolores. Supongo que Piltdown no fue para él más que una broma deliciosa... al principio.

En Hastings era un naturalista aficionado, sin expectativas de una carrera profesional en la paleontología. Probablemente compartiera la actitud hacia los profesionales que tan común es entre sus colegas: aquí estoy si Dios no lo remedia. ¿Por qué tienen ellos la fama, la reputación y el dinero? ¿Por qué están ellos sentados a sus mesas recogiendo premios, mientras nosotros, con un conocimiento más profundo nacido de nuestra experiencia, nos divertimos? ¿Por qué no hacemos algo para gastarles una broma, para ver hasta qué punto podemos engañar a un profesional ingenuo? Y, además, qué broma tan espléndida para un francés, ya que por aquel entonces Inglaterra no podía presumir de ningún fósil humano, mientras que Francia, con sus Neandertales y Cro-Magnones, se erguía orgullosa como reina de la antropología. ¡Qué idea tan irresistible: sembrar el suelo inglés con aquella insensata mezcla entre un cráneo humano y una mandíbula de simio, y ver qué podían sacar de ella los profesionales!

Pero la broma se agrió a toda velocidad. Smith Woodward cayó en la trampa demasiado rápidamente y fue demasiado lejos. Teilhard fue destinado a París para convertirse, después de todo, en un paleontólogo *profesional*. Estalló la guerra, y Teilhard tuvo que partir justo en el momento en el que el acto final, destinado a aplacar todo escepticismo, se ponía en marcha: Piltdown 2. Después murió Dawson en 1916, la guerra continuó hasta 1918 y la paleontología profesional británica fue cayendo cada vez más en el fangal de la aceptación. ¿Qué podía decir Teilhard a finales de la guerra? Dawson no podría corroborar su historia. El trabajo y las carreras de otros conspiradores podían estar en juego. Toda admisión por parte de Teilhard hubiera destrozado irrevocablemente la carrera profesional que tanto deseaba, que tan pocas esperanzas había tenido de emprender, y en cuyo umbral se hallaba en aquel momento lleno de promesas. ¿Qué otra cosa podía decir que no fuera *comme par exprès*?

¿Debemos entonces culpar a Teilhard, o perdonarle? No podemos limitarnos a reír y olvidar. Piltdown absorbió la atención profesional de muchos magníficos científicos. Desorientó a millones de personas durante cuarenta años. Proyectó una falsa luz sobre los procesos básicos de la evolución humana. Las carreras son demasiado cortas y el tiempo demasiado precioso, para poder contemplar tanto desperdicio con ecuanimidad.

Pero ¿quiénes de entre nosotros hubieran podido o querido hacer honor a la verdad en la posición de Teilhard? Por desgracia, las intenciones no siempre están en correlación con sus efectos en nuestro complejo mundo; no obstante, creo que debemos juzgar al hombre fundamentalmente por sus intenciones. Si Teilhard hubiera actuado por malicia o en busca de una recompensa, no sentiría la más mínima simpatía por él. Pero no alcanzo a ver su participación de otro modo que como un intento de gastar una broma que, inesperadamente, se convirtió en una situación de amargura casi inconcebible. En mi opinión, Teilhard sufrió por Piltdown durante toda su vida. Estoy convencido de que debió llorar interiormente al ver cómo Smith Woodward, e incluso el propio Boule, hacían el ridículo, aquellas personas que le habían ofrecido su amistad y que habían sido sus maestros. ¿Estaría en su mente la angustia de Piltdown cuando realizó el siguiente juramento, en las trincheras durante la primera guerra mundial?:

> Estos días, he llegado a darme cuenta de algo muy elemental: que el mejor modo de obtener algún tipo de reconocimiento para mis ideas sería alcanzar, en el sentido más verdadero posible de la palabra, una «santidad» que resulte manifiesta a los demás: no solo a causa de la fuerza particular que Dios otorgaría entonces a lo que de bueno pueda haber en mis aspiraciones y en mi influencia, sino también porque nada podrá darme más autoridad sobre los hombres que el que ellos me vean como alguien que les habla desde cerca de Dios. Con Su ayuda habré de vivir mi «visión» plenamente, lógicamente, y sin desviaciones. Nada hay más infeccioso que el ejemplo de una vida gobernada por convicciones y principios. Y ahora me siento suficientemente atraído por una vida así, y suficientemente equipado para ella.

Teilhard pagó su deuda y vivió una vida plena; que todos sepamos hacer lo mismo.

17

Réplica a los críticos

No puedo fingir ni una triste y académica sorpresa, ni la herida indignación de un crítico amigable calificado de ruin y deshonesto. Sabía lo que iba a ocurrir cuando publiqué el anterior ensayo. Jamás he estado tan seguro de una retribución rápida, desde la ocasión que conseguí un golpe que nos hizo ganar el partido (un triple) una tarde soleada de 1950. (En mi campo de béisbol improvisado, los *home runs* pasaban por encima del edificio de enfrente, pero los triples atravesaban las ventanas del tercer piso.) Si el infierno no conoce mayor furia que la de la mujer burlada, los auténticos creyentes no conocen mayor desilusión que la de un dios humanizado. Teilhard fue una figura de culto internacional a finales de la década de 1950 y durante la de 1960. Su estrella es hoy en día menos brillante, ya que la variabilidad constituye la norma en cuestiones de modas, pero existe un núcleo de devotos suyos que siguen agitando su estandarte y se mantiene presto a aplastar cualquier sugerencia de que el comportamiento de Teilhard pudiera haber sido menos digno (o más humano) que la más rarificada idea de una etérea santidad. Nada de lo que yo diga hará que retiren sus perros de presa, pero permítaseme que reitere para aquellos que estén algo más dispuestos a escuchar: palabra de honor, no entra dentro de mis propósitos intentar destruir a Teilhard. En mi opinión, era un hombre complejo y fascinante, mucho más atractivo como ser humano real que la figura de cartón celestial que sus devotos veneran. También, aunque evidentemente no sea yo quien debe decirlo, es cierto que le perdono, si es que hizo lo que sospecho que hizo. Era joven; no actuó en busca de beneficios, ni monetarios ni personales; sufrió; mantuvo una total y admirable lealtad hacia todos los implicados; no buscó excusas.

Una vez que me he quitado este peso de encima, pasaré, al formular esta respuesta, a ignorar la mayor parte de los comentarios personales y vituperaciones que me han sido dirigidos. También me abstendré de comentar el mayor volumen de cartas amistosas y de apoyo, excepto para decir: «Muchas gracias por comprender lo que intentaba hacer».

El comentario negativo más serio vino en dos oleadas. Entre los seis y los nueve meses posteriores a la publicación de mi artículo, en agosto de 1980, recibí respuestas que no aportaban nuevas informaciones, pero que ofrecían interpretaciones diferentes (en respaldo de la inocencia de Teilhard) de los mismos datos por mí presentados, normalmente con argumentaciones a las que yo mismo me había anticipado y (al menos según mi criterio) ya había rebatido. Las tres piezas más interesantes de este tipo (de los profesores Dodson, Washburn y Von Koenigswald) fueron publicadas junto con mi respuesta en el número de junio de 1981 de *Natural History*. No las he incluido aquí, tanto porque no deseo sobrecargar este volumen con mis pasiones privadas sobre este tema, como porque, en mi opinión, ni los comentarios ni la respuesta a ellos añadían nada sustantivo al debate. Pero aquellas personas que tengan un especial interés en el tema, en particular aquellas que no compartan mi opinión, deberían consultar la revista en vez de aceptar mi palabra.

En la segunda oleada empezaron a aparecer, por fin, refutaciones basadas en informaciones nuevas. Discutiré todos los puntos importantes que me han llamado la atención. En mi opinión, el intenso escrutinio al que ha sido sometido el caso por mí presentado no ha conseguido, hasta el momento, debilitarlo; aunque los lectores deberán juzgar por sí mismos si esta afirmación no hace más que reflejar mi propio ciego egoísmo, o una juiciosa exposición de los hechos.

OTRAS INTERPRETACIONES DE LAS CARTAS DE TEILHARD A OAKLEY

Como uno de mis dos argumentos de convicción, planteaba que Teilhard había cometido un desliz crucial en las fechas, al afirmar que Dawson le había indicado el lugar donde había descubierto los restos de Piltdown 2. Pero en la cronología «oficial» este segundo hallazgo se produjo en 1915, mientras Teilhard había sido alistado en el ejército francés en 1914, y jamás volvió a ver a Dawson. Discutí tres interpretaciones «inocentes» de este desliz, en mi artículo original, ofreciendo las razones por las que prefería una cuarta lectura: que Teilhard estaba al corriente de Piltdown 2 porque o bien había planificado, o bien había discutido este futuro episodio con Dawson antes de partir.

Mary Lukas, biógrafa de Teilhard y mi crítica más persistente, ofreció su primera refutación relevante inmediatamente tras la publicación de mi artículo. Afirmaba que Kenneth Oakley y yo, y todos los que habían leído las cartas de Oakley, las habíamos malinterpretado sistemáticamente. Afirmaba que Teilhard no se estaba refiriendo a la segunda localización de Piltdown (la que se supone que dio a la luz sus fósiles en 1915), sino a un segundo pozo de la primera localización (que podría haber sido excavado antes de 1913). Pero esto no puede ser, dado que cada una de las tres veces que Teilhard menciona este segundo hallazgo, se refiere a él explícitamente como el lugar «donde supuestamente fueron hallados los dos pequeños fragmentos de cráneo y el molar suelto entre los escombros». Solo hubo un lugar en el que se encontraron dos fragmentos de cráneo y un molar: la segunda localización, «descubierta» por Dawson en 1915. Dado que Lukas ha escrito desde entonces varios trabajos atacando mi hipótesis, aunque sin volver a tocar este punto, asumiré que ha reconocido su falta de validez.

El principal artículo de miss Lukas apareció en la revista jesuita *America*, correspondiente al 23 de mayo de 1981. Es fundamentalmente una argumentación detallada (y correcta) en favor de un punto clave diferente. En pocas palabras, invierte la mayor parte de su artículo en demostrar que Dawson probablemente llevara a Teilhard a la localización de Piltdown 2 en 1913. Ella caracteriza mi planteamiento con las siguientes palabras:

> Dado que en su carta a Oakley Teilhard parecía demostrar que tenía conocimiento previo de los planes de Dawson, al admitir que había visto la segunda localización de Piltdown antes de que ninguna otra persona lo hubiera hecho, Teilhard, según el señor Gould, debió ser culpable junto con Dawson en el caso de Piltdown.

Una vez retratado así mi planteamiento, y tras demostrar que Dawson, en efecto, mostró la segunda localización a Teilhard, Lukas concluye su refutación:

> Teilhard podría haber visto, en efecto, la localización 2, el campo arado de Sheffield Park, justamente en el momento en el que, posteriormente, le dijo a Oakley que lo había visto: durante el verano de 1913.

Espero que los lectores cuidadosos del ensayo original se habrán dado cuenta de que Lukas me cita de modo totalmente erróneo, y que jamás he puesto en duda que Dawson enseñara a Teilhard la localización de Piltdown 2 en 1913. Lo dije explícitamente en mi artículo original: «*Teilhard visitó, en efecto, la segunda localización con Dawson en 1913, pero no encontraron nada. Dawson "descubrió" los huesos del cráneo de Piltdown 2 en enero de 1915, y el diente, en julio de 1915*».

Es una cuestión clara y de dominio público que Dawson mostró la segunda localización a varias personas antes de 1915, y no solo a Teilhard en 1913, sino también a Smith Woodward, y varias veces, en 1914 (como mencionaba también en mi artículo). Pero estas visitas no llevaron a *ningún descubrimiento de fósiles*. Los huesos de Piltdown 2 fueron «oficialmente» desenterrados en 1915, después de que Teilhard abandonara Inglaterra para unirse al ejército francés. Y, aun así, Teilhard manifestaba haber tenido conocimiento de los hallazgos antes de su partida. Lukas ha dedicado grandes esfuerzos a demostrar algo que todo el mundo sabe y admite, y que no es en absoluto relevante al caso en discusión.

Si bien es cierto que estas dos argumentaciones no me preocuparon en absoluto, una tercera, planteada en abril de 1981, me pareció inicialmente mucho más seria. De hecho, estaba dispuesto a retractarme de esta parte de mi argumentación (comprometiendo seriamente todo el caso), si podía demostrarse que la afirmación era real. En pocas palabras, el doctor J. S. Weiner, uno de los detractores originales de Piltdown y autor de un magnífico libro que plantea las pruebas de la complicidad de Dawson (*The Piltdown Forgery*, Oxford University Press, 1955), pronunció una conferencia en la Universidad de Georgetown, como parte de la celebración del centenario del nacimiento de Teilhard. Llevó consigo una carta, no publicada hasta entonces, de Dawson a Smith Woodward fechada el 3 de julio de 1913. Los informes acerca de la conferencia (no fui invitado y no asistí) mantenían que la carta hablaba de hallazgos fósiles (no simplemente de visitas infructuosas) en la segunda localización en 1913. De hecho, la carta de 1913 supuestamente informaba acerca del descubrimiento de un fragmento de cráneo que posteriormente se convertiría en parte de los materiales de Piltdown 2. Ahora bien, si Dawson efectivamente había «hallado» materiales en Piltdown 2 en 1913, podría perfectamente habérselo mencionado a Teilhard (por qué no, si ya había escrito a Smith Woodward), y mi caso se evaporaba. (Después de todo, no podría acusar a Teilhard por su afirmación de que había visto los tres especímenes de Piltdown 2, cuando Dawson le había hablado tan solo del fragmento de cráneo. Un recuerdo claro de *algún* hallazgo fósil podría, al cabo de cuarenta años, confundirse con la totalidad de los hallazgos.)

Así pues, fui a los archivos del Museo Británico (donde se encuentra el original de la carta), en febrero de 1982, con enorme zozobra y sentimiento de humildad. Pero no tardé en averiguar que la carta del 3 de julio no habla acerca del material de Piltdown 2 en absoluto; todos los indicios condujeron, después de todo, a una pista falsa. La carta dice:

> Mi querido Woodward:
>
> He recogido la parte frontal de un cráneo humano esta tarde en un campo arado cubierto de grava de pedernal. Es un lugar nuevo, muy lejos de Piltdown, y la grava yace a 15 metros por debajo del nivel de Piltdown, y entre 12 y 15 metros por encima del lecho actual del río. *No* es un cráneo *grueso*, pero podría ser un descendiente de *Eoanthropus*. El arco supraorbitario es ligero en el borde, pero pleno y prominente sobre la nariz. Estaba oscureciendo y llovía cuando dejé el lugar, pero he marcado el sitio [...] [Las cursivas son de Dawson.]

Ahora bien, el material de Piltdown incluye dos fragmentos de cráneo, uno de ellos un frontal, y uno es notablemente más delgado que los fragmentos de cráneo distintivos y notablemente gruesos de Piltdown 1. Pero el fragmento delgado de Piltdown 2 es un occipital, no un frontal (esto es, un fragmento de la parte trasera, no la delantera, del cráneo). (También está astutamente cortado para imitar la porción más delgada del cráneo de Piltdown 1, evitando así levantar sospechas por sus diferencias.) El fragmento frontal de Piltdown 2 es tan grueso como el material craneano de Piltdown 1; de hecho (visto retrospectivamente) *es* parte del mismo cráneo utilizado para construir la falsificación original. Así pues, el fragmento frontal *delgado* descrito por Dawson en 1913 no forma parte del material de Piltdown 2. De hecho, el propio Dawson reconocía las diferencias en su carta de 1913 y especulaba con que el delgado fragmento frontal podría «pertenecer a un descendiente de *Eoanthropus*» (*Eoanthropus* era la designación taxonómica oficial del hombre de Piltdown).

Esta solución me satisfizo mucho, porque la historia de la carta de 1913 no tenía mucho sentido. Si Dawson había, efectivamente, encontrado un trozo de cráneo de Piltdown 2 en 1913, entonces ¿por qué dio parte de su hallazgo en su primera carta explícita acerca de esta localización el 9 de enero de 1915? Reconozco, por supuesto, que esto nos deja con otro misterio interesante por resolver, a saber: ¿qué ocurrió con el delgado fragmento de frontal descrito en la carta de 1913? Porque jamás vuelve a mencionársele por lo que yo sé, y no forma parte de los hallazgos de Piltdown. No tengo ni idea, y no conozco ninguna posible fuente de evidencias al respecto. Conjeturaría que Dawson se lo mostró a Smith Woodward y que decidieron que era precisamente lo que Dawson había sugerido: un descendiente de Piltdown, de hecho, un fragmento de un cráneo moderno, y que, por consiguiente, no le prestaron más atención. Quizá, por esta vez, Smith Woodward no cayó en la trampa, y Dawson decidió no forzar su suerte.

Por supuesto, reconozco que puede construirse, a través de la interpretación correcta de la carta de 1913, un escenario en el que Teilhard queda libre de toda culpa: Dawson le habló a Teilhard acerca del fragmento de 1913; Teilhard sabía por aquel entonces que no tenía nada que ver con una segunda localización coetánea a la de Piltdown 1; sabía también que no procedía de la localización de Piltdown 2 que había visitado con Dawson en 1913; luego olvidó todo eso y recordó que se había encontrado algo, en algún lugar, en 1913, y confundió esta información con el posterior hallazgo de Piltdown 2. Pero una conjetura tan complicada constituye un caso extremadamente poco convincente. Desde luego, no resulta más convincente que la afirmación, más sencilla y relacionada con esta, que planteé y rechacé en el artículo original: que Teilhard solo vio la localización de Piltdown 2, pero que cuarenta años más tarde le falló la memoria y creyó recordar que Dawson le había hablado también de los fósiles.

LA NATURALEZA DE LA VIDA DE TEILHARD EN ORE PLACE

Bajo la rúbrica clásica de la «oportunidad», varios críticos familiarizados con la vida de los jesuitas han afirmado que Teilhard estaba tan atado por las reglas de su seminario que no podría haber pasado el suficiente tiempo en privado con Dawson para imaginar y ejecutar semejante plan.

Karl Schmitz-Moorman, editor de la excelente edición facsímil de las obras técnicas de Teilhard, planteó dos argumentos a este respecto (*Teilhard Newsletter,* vol. 14, julio de 1981; miss Lukas los reitera en un artículo relacionado con estos en el mismo número, como también lo hizo Thomas M. King, S. J., de la Universidad de Georgetown, en una comunicación privada dirigida a mí). En primer lugar, razona Schmitz-Moorman, las estrictas reglas de los jesuitas mantuvieron a Teilhard virtualmente confinado en sus alojamientos o acompañado por otros jesuitas cuando estaba en el exterior; en otras palabras, no tuvo oportunidad para conspirar en privado:

> Teilhard estaba siempre sometido a supervisión cuando trabajaba en el campo durante sus años de seminario. Lo mismo puede decirse de su vida dentro del seminario. En cualquier momento podían abrirse las puertas para dar paso a los superiores que entraban a ver cómo iban los estudiantes. Las reglas eran muy estrictas (p. 3).

En segundo lugar, Schmitz-Moorman nos recuerda que Teilhard no era un visitante frecuente de la localización de Piltdown 1: «Cuando Teilhard abandonó Inglaterra, el verano de 1912, para iniciar sus estudios en París, solo había estado una vez en Piltdown» (p. 3). También excavó allí, junto con Dawson y Smith Woodward, en dos ocasiones, en agosto de 1913. Ore Place, el seminario de Teilhard, se encontraba a unos sesenta kilómetros de Piltdown 1.

Debo rechazar la premisa del segundo razonamiento y la afirmación del primero. «Para que hubiera podido tomar parte en el fraude de Piltdown —argumenta Schmitz-Moorman— Teilhard hubiera tenido que realizar multitud de visitas a Uckfield en el este de Sussex» (p. 3), la localización de Piltdown. Pero ¿por qué? ¿Acaso todos los conspiradores tienen que tirar del gatillo? Jamás he acusado a Teilhard de poner él mismo los fragmentos en el suelo; siempre he dado por supuesto que Dawson tenía ese papel asignado. Había multitud de otras cosas que hacer: solo para comenzar, obtener, romper y tratar los especímenes.

El primer argumento de Schmitz-Moorman me recuerda la inmortal distinción de Casey Stengel entre categorías generales y casos específicos. (Cuando le preguntaron por qué había echado a perder la opción de enrolamiento de los Mets con un receptor particularmente inepto, Stengel comentó: «Si uno no tiene un receptor lo más probable es que tenga un montón de bolas pasadas».) El mismo problema (a la inversa) se plantea con Schmitz-Moorman. No pongo en duda su generalización acerca de la vida en los seminarios de jesuitas. Pero el registro específico referente a Ore Place indica que Teilhard disponía de libertad más que suficiente para trabajar con Dawson. En primer lugar, sus propias cartas (véase la Bibliografía) hablan de una frecuencia y un alcance de sus excursiones muy por encima de lo que las reglas generales habrían permitido. En segundo lugar, la biografía «oficial» de Teilhard (*Teilhard de Chardin*, por Claude Cuénot, p. 12) dice lo siguiente:

> Gracias a la actitud liberal del rector de Hastings, a Teilhard se le permitía emprender más a menudo paseos y excursiones científicas, en los que encontraba especímenes que ofrecía al Museo Británico o al Museo de Hastings. Había trascendido ya la categoría de *amateur* y empezaba a manifestar una clara inclinación hacia la paleontología de los vertebrados.

NATURALEZA DE LAS RELACIONES ENTRE DAWSON Y TEILHARD

Peter Costello, un investigador independiente de Dublin y autor de un libro acerca de Piltdown, encontró cartas, previamente inéditas, de Teilhard a Dawson en los archivos del Museo Británico (Historia Natural). Costello (1981, véase la Bibliografía) publicó una de las cartas, sugiriendo que su tono suponía una refutación de mi hipótesis. Cito la carta entera y la interpretación de Costello. El 10 de julio de 1912, Teilhard le escribía a Dawson:

> Querido señor Dawson:
>
> Lamento comunicarle que me es imposible ir a Lewes la semana que viene, debido a que tengo que salir de Hastings el martes. Espero, no obstante, que volvamos a excavar juntos en las gravas de Uckfield: el año próximo posiblemente estudie Historia Natural en Francia, y es probable que pase mis vacaciones en Inglaterra. Si es así, haré, desde luego, todo lo posible por verle. Hasta que pueda darle mi dirección definitiva, puede escribirme a «Château de Sarcenat, par Oreines, Puy-de-Dôme».
>
> Le estoy muy agradecido por su amabilidad conmigo durante estos últimos cuatro años. Lewes constituirá, sin duda, uno de los mejores recuerdos que guarde de Inglaterra, y puede tener la seguridad de que rezaré a menudo a Dios pidiéndole que bendiga Castle Lodge [la residencia de Dawson].
>
> Afectuosamente suyo,
> P. Teilhard

Costello concluye (1981, pp. 58-59):

> Sugiero que esta carta de despedida, tan conmovedora en su expresión de agradecimiento, demuestra, al igual que las demás de la serie, que la relación entre Dawson y Teilhard era una relación de mentor y pupilo, y que no existía conspiración alguna entre ellos.

No veo de qué forma esta carta habla en favor o en contra del caso por mí propuesto. Si uno lleva mucho tiempo viendo películas de gángsters al estilo antiguo, y desarrolla una visión particularmente acartonada de las conspiraciones, entonces supongo que es posible que uno crea que todos los participantes en ellas han de ser escurridizos, degenerados, absolutamente perversos y carentes de cualquier cualidad admirable. Pero yo más bien sospecho que los conspiradores no están tan lejos del hombre medio. No veo por qué no habrían de mostrar lealtad el uno para con el otro, agradecer los favores prestados, e incluso mostrar deferencia ante las grandes diferencias de edad y experiencia. ¿Acaso todos los conspiradores deben ser iguales? ¿Acaso no han conspirado nunca «mentor y pupilo»? ¿Debemos exonerar a Teilhard porque él y Dawson no se tratarán de tú en la formal Inglaterra inmediatamente posteduardiana? La carta resulta conmovedora y, efectivamente, presenta a Teilhard bajo una luz admirable. Las personas son complejas, con abundantes defectos y virtudes. Yo siempre he argumentado que las virtudes de Teilhard eran mayores que el principal defecto que he intentado identificar.

Costello implica (en la afirmación citada anteriormente) que su evidencia es múltiple y que «las demás de la serie» confirman el tono de la carta que cita. Tal vez yo no rebuscara con la suficiente asiduidad en los archivos del Museo Británico, pero tan solo pude encontrar otra carta de Teilhard dirigida a Dawson, breve y poco informativa, del 21 de junio de 1912, en la que se limitaba a comunicar a Dawson su inminente partida y le pedía que le visitara para seleccionar fósiles de su colección para el Museo Británico. En otras palabras, pienso que Costello ha citado todo aquello de lo que dispone.

Pero yo también hice algunos descubrimientos por mi cuenta acerca de la relación entre Dawson y Teilhard, según viene reflejada en las cartas de los archivos del Museo Británico. Si bien es cierto que los archivos contienen pocas cartas de Teilhard, tienen un gran número de Dawson; y estas ponen en entredicho la principal afirmación de que Dawson y Teilhard solamente se conocían formalmente y de manera superficial.

La elevada densidad de referencias a Teilhard en las cartas de Dawson (dirigidas en su mayor parte a Smith Woodward) señala la existencia de una fuerte relación entre los dos hombres y, en especial, de una particular solicitud por parte de Dawson hacia Teilhard.

Consideremos, por ejemplo, una serie de cartas de Dawson a Smith Woodward en 1915, tras partir Teilhard hacia el frente. El 9 de marzo, Dawson escribe: «Le adjunto una postal de Teilhard desde el frente francés. Él, sin duda, se alegraría con cualquier literatura que pudiera usted mandarle». El 3 de abril afirma: «Teilhard ha sido trasladado a un lugar próximo a las líneas inglesas en Flandes. Dice que está bien "de cuerpo y mente"». Y el 3 de julio, en la misma carta en la que anunciaba el «descubrimiento» del molar de Piltdown 2, Dawson afirmaba: «Teilhard escribió ayer; está bien y por el momento se encuentra en un lugar tranquilo». (Por desgracia, nadie ha conseguido localizar ni un solo fragmento de esta correspondencia entre Dawson y Teilhard. Por lo que a mí respecta, me encantaría saber qué contenía.) Me gustaría proponer que este grado de contacto indica un nivel de amistad y de preocupación mutuas, muy superior al que mis críticos admiten. El contacto limitado es tan crucial para ellos como esta demostrada amistad lo es para mí.

La correspondencia prebélica entre Dawson y Smith Woodward muestra un esquema similar. Seis cartas escritas entre octubre de 1909 y octubre de 1911 mencionan a Teilhard y sus trabajos en la recolección de fósiles. El ritmo va en aumento tras la primera notificación de Dawson de su hallazgo del cráneo de Piltdown a Smith Woodward, el 14 de febrero de 1912. Entre esa fecha y el 21 de noviembre de ese mismo año, otras seis cartas mencionan a Teilhard.

En mi opinión, en lo relativo a este punto y a otros, todos mis críticos han utilizado un estilo peculiar de razonamiento que viene a ser una negativa *a priori* de tomarse en serio mis planteamientos; esto es, Costello, Lukas y Schmitz-Moorman argumentan, al unísono, que debo estar equivocado porque el registro escrito no aporta evidencias directas de ninguna conspiración. Costello me escribió (4 de septiembre de 1981): «En ninguna parte existe nada escrito que pueda sugerir que conspiraban juntos». Lukas escribe (1981, en la Bibliografía, p. 375): «De acuerdo con sus cartas, tanto las publicadas como las inéditas, dirigidas a su familia y amigos, la relación de Teilhard con Dawson era todo menos íntima». Y más adelante: «Antes de la aventura de Piltdown, Teilhard y Dawson se vieron, al parecer, tan solo en cuatro ocasiones».

Pero sin duda, si existe algún principio regulador de las conspiraciones, podríamos afirmar que los conspiradores normalmente no escriben extensas narraciones en el momento de los hechos (al margen de las posteriores confesiones por dinero o expiación). Si Teilhard y Dawson estaban conspirando, sus maquinaciones, obviamente, no aparecerían en cartas dirigidas a padres y amigos, o en cartas conservadas del uno para el otro. Para identificar una conspiración se deben buscar esquemas implícitos en el registro conocido, no confesiones explícitas del momento.

Así pues, y a modo de conclusión, creo que nadie ha planteado argumentaciones poderosas contra mi caso y que, en un área, he apuntalado mi versión al conocer la extensión del interés de Dawson por Teilhard, tal y como queda expresada en sus cartas a Smith Woodward. Más aún, a pesar de todas las críticas dirigidas a mi primer punto importante (las cartas a Oakley), mis detractores han permanecido en un conspicuo silencio acerca de mi segunda argumentación de peso (el silencio de Teilhard referente a Piltdown, en sus amplias publicaciones acerca de la evolución humana). Cuanto más pienso acerca de esto, tanto más curioso me parece (*curiouser and curiouser*, como decía la inmortal Alicia).

Desde que escribí el artículo original, otro pequeño detalle, que hace aún más desconcertante el silencio de Teilhard, ha llegado hasta mí. Cuando el hombre de Pekín fue descubierto, su cráneo fue incorrectamente reconstruido, con lo que daba una capacidad, como el Piltdown, que entraba dentro de las proporciones humanas modernas. Esto desató un torbellino de comentarios acerca de las relaciones entre Piltdown y Pekín. Ahora bien, Teilhard estaba en China contribuyendo (como geólogo) a los hallazgos originales de Pekín. Era el único de los allí presentes que tenía conocimiento personal de Piltdown. Y, aun así, por lo que he podido averiguar, no dijo nada de nada. Su propio maestro, Marcellin Boule, publicó un trabajo comparando los cráneos de Pekín y de Piltdown. Incluía extensas citas de Teilhard acerca de la geología en las excavaciones de Pekín, pero ni una sola palabra suya acerca de los cráneos.

Una vez más lo repito: si Teilhard consideraba que el material de Piltdown era genuino, el cráneo* representaba la evidencia directa más

---

* Incluso aunque hubiera decidido que la mandíbula pertenecía a un simio que se había mezclado por accidente con los restos de las dos localizaciones de Piltdown, el cráneo seguía siendo un fósil humano genuino: grueso y, por consiguiente, «primitivo», pero de capacidad equivalente a la humana moderna. Esta es la solución doble que proponía en su artículo de 1920.

poderosa en favor del postulado por él más querido, y que motivó todo su trabajo acerca de la evolución espiritual en el hombre: linajes paralelos múltiples ascendiendo hacia la dominación del espíritu sobre la materia. Y jamás mencionó Piltdown, aparte de media docena de referencias rápidas e inevitables y casi avergonzadas. ¿Por qué?

Por si los lectores piensan que todas las especulaciones acerca de Piltdown se han dirigido últimamente en contra de la implicación de Teilhard, añado que el doctor L. Harrison Mattews, uno de los grandes decanos de la zoología británica (véase el ensayo 11) y conocedor personal de prácticamente todos los implicados en el caso original, ha publicado su reconstrucción, de la extensión de una novela, en *New Scientist* (véase la Bibliografía). Él ve la necesidad de la participación de Teilhard, pero desarrolla una situación enormemente complicada, en la que Dawson emprende el fraude solo, Teilhard reconoce lo que Dawson está haciendo y, para que Dawson sepa que ha sido descubierto y prevenirle contra futuras estafas, Teilhard fabrica, coloca y encuentra el canino él mismo; entonces interviene la guerra, Dawson muere, y Teilhard se ve obligado a guardar silencio. Doy la bienvenida a esta percepción básica de que no es posible excluir a Teilhard, pero en mi opinión su caso es excesivamente complejo, del modo más difícil imaginable: para que fuera cierto, todos y cada uno de dos docenas de sucesos no documentados tendrían que haber ocurrido tal y como Harrison Mattews los explica. Sigo proponiendo el punto de vista más sencillo: que Teilhard cooperó con Dawson, al menos desde 1912 hasta su partida hacia el frente.

En su último comentario público acerca de Piltdown, Kenneth Oakley, que murió el 2 de noviembre de 1981, escribió una carta al *New Scientist* (publicada postumamente el 12 de noviembre de 1981), en la que ponía de manifiesto su desacuerdo, con Harrison Mattews. No sé qué opinión tenía del caso por mí presentado en el momento de su muerte. Pero a la publicación de mi artículo original escribió, por invitación, una carta a *The Times* (Londres) en la que afirmaba que, en ausencia de pruebas definitivas, debería otorgársele a Teilhard el beneficio de la duda. (Si yo fuera un juez, y esto fuera un proceso legal con unos criterios tan necesariamente distintos a los de la indagación histórica, no podría por menos que estar de acuerdo. Un buen amigo comentó acerca de mi artículo original que había establecido las bases para un proceso, pero no para una condena.) También he visto afirmaciones, procedentes de una carta privada de Oakley, en la que, argumentando a partir de la carta de 1913 de Dawson dirigida a Smith Woodward, rechaza mi primera afirmación basada en las cartas intercambiadas entre Teilhard y Oakley, pero no afirma, explícitamente, creer en la inocencia de Teilhard. He indicado ya por qué, en mi opinión, la carta de 1913 resulta irrelevante para el caso por mí presentado. Es bien conocido por varios de los amigos íntimos de Oakley que tuvo, durante mucho tiempo, sospechas de que Teilhard estuvo activamente implicado en, al menos, un aspecto del caso.

Saco esto a colación porque algunos críticos me han acusado de falta de honestidad por imputar a Oakley una actitud más favorable hacia mi caso que la que de hecho mantenía. Solo puedo afirmar que envié una copia del artículo original a Oakley antes de su publicación, en la que le preguntaba directamente si le había citado correctamente y si aprobaba mi versión de su actitud. Él me escribió (el 6 de junio de 1980): «Leí su artículo completo sin encontrar nada (de importancia) que pudiera desear que alterara».

Como comentario final, debo expresar que mis sentimientos son ambiguos dos años después de escrito el artículo original. Estoy encantado de ver que mi hipótesis sigue siendo fuerte y no se ha visto debilitada (admito que en mi opinión sesgada) tras una serie de comentarios penetrantes e intensamente negativos. Por otra parte, confieso que tenía secretas esperanzas, alimentadas tal vez por mi propia visión excesivamente heroica de la vida. Esperaba que algún anciano bajara de una montaña o saliera de un monasterio con un documento amarillento conteniendo la confesión de Teilhard. O que algún amigo de confianza abriera una caja de seguridad de un banco e hiciera pública la «carta para ser leída en el centenario de mi muerte, o cuando alguien descubra mi implicación en Piltdown». No ha ocurrido nada de eso. Nadie ha planteado argumentaciones válidas en mi contra, pero tengo que admitir que tampoco ha aparecido nada demasiado importante en mi favor. Empecé el primer ensayo acerca de Piltdown (incluido en *El pulgar del panda*) antes de que mi interés por el papel de Teilhard fuera excesivo, con las palabras: «Nada resulta tan fascinante como un misterio añejo». Y eso sigue siendo Piltdown, aunque me gustaría añadir que nada me resultaría tan satisfactorio como una resolución definitiva.

18

Nuestro lugar en la naturaleza

Cuando Linneo intentó clasificar todos los seres vivos en 1758, puso a su gran obra el nombre de *Systema Naturae*, el «sistema de la naturaleza». Los biólogos de todas las generaciones posteriores a él han inundado la literatura científica de sistemas generales alternativos. El contenido cambia, pero la pasión por construir sistemas permanece. Nuestro impulso por buscarle sentido a la complejidad que nos rodea, de ponerlo *todo* junto, desborda nuestra precaución natural frente a tan sobrecogedor trabajo.

Esta tradición de construir sistemas generales en la biología se ve impregnada por una curiosa ironía. Los biólogos presentan sus sistemas o bien como verdades necesarias de una lógica superior, o como conclusiones ineluctables extraídas de unos poderes de observación incomparables; en otras palabras, como visiones objetivas de la naturaleza, no apreciadas hasta el momento. De hecho, estos sistemas comparten tan solo una propiedad, y esta no es ni la objetividad, ni una sabiduría superior. Son, en el fondo, intentos de resolver una (tal vez *la*) cuestión cardinal de la historia del intelecto: ¿cuál es el papel y la condición de nuestra propia especie, *Homo sapiens*, en la naturaleza y en el cosmos?

Los sistemas pueden utilizar dos estrategias en su intento de impregnar de sentido el «lugar del hombre en la naturaleza», por utilizar la frase de T. H. Huxley. Una estrategia, la de la verja, en mi propia terminología (véase el ensayo 12 en *El pulgar del panda*), imagina un orden generalizado para el resto de la naturaleza, pero dejando aparte a los seres humanos con una etiqueta de superioridad. Así, Charles Lyell visualizaba un mundo en continuo cambio y movimiento, pero que siempre seguía siendo el mismo: sustitución sin mejora. Solo el hombre, una imposición de perfección moral sobre un mundo estable, rompía el esquema de cambios sin progreso. A. R. Wallace atribuía todos los rasgos de los organismos al poder moldeador de la selección natural, a excepción de un producto de inspiración divina: el cerebro humano.

La segunda estrategia aborda la cuestión desde el lado opuesto, para perseguir el mismo objetivo: un lugar dentro de la naturaleza que dé algún sentido a nuestras vidas. Esta estrategia plantea que no existe separación alguna entre el hombre y la naturaleza. Estas teorías de la continuidad pueden dirigirse en dos direcciones, y discutiré un reciente ejemplo de cada una de ellas como representantes de una larga tradición de argumentos incorrectos. La primera visión (la denominaré zoocéntrica) construye principios generales a partir del comportamiento de otros animales y después incluye al hombre por completo en esos principios, ya que después de todo, e innegablemente, somos también animales. La segunda visión (que llamaré antropocéntrica) intenta incluir en nosotros a la naturaleza, considerando que nuestras peculiaridades son el objetivo de la vida desde sus comienzos.

La propia teoría evolutiva tiene un núcleo adecuadamente zoocéntrico. Los principios generales no pueden surgir del comportamiento de una única especie, y aun así todas las especies deben conformarse a esos principios. El papel de este suave zoocentrismo en el derribo de las sólidas verjas que existían antes de los tiempos de Darwin tiene la categoría de gran acontecimiento en la historia del pensamiento humano. Pero la visión zoocéntrica puede llegar demasiado lejos, convirtiéndose en una caricatura llamada la falacia del «tan solo» (los humanos son «tan solo» animales).

Las versiones simplistas de la sociobiología humana que hoy inundan la literatura de divulgación encarnan esta versión exagerada del zoocentrismo. La sociobiología no es simplemente cualquier afirmación de que la biología, la genética y la teoría evolutiva tienen algo que ver con el comportamiento humano. La sociobiología es una teoría específica acerca de la naturaleza de la aportación genética y evolutiva al comportamiento humano. Descansa sobre el criterio de que la selección natural es un arquitecto prácticamente omnipotente, que va construyendo los organismos pieza por pieza en forma de soluciones óptimas a los problemas de la vida en ambientes locales. Fragmenta los organismos en «características», explica su existencia como si fueran un conjunto de soluciones óptimas y argumenta que cada característica es un prodigio de la selección natural que actúa «en favor» de la forma o comportamiento en cuestión. Aplicado a los seres humanos, debe contemplar comportamientos *específicos* (no simplemente potenciales en general), adaptaciones construidas por la selección natural y arraigadas en determinantes genéticos, ya que la selección natural es la teoría del cambio genético. Así, se nos presentan unas especulaciones no demostradas e indemostrables acerca de la base adaptativa y genética de comportamientos humanos específicos: por qué algunas (o todas) las personas son agresivas, xenófobas, religiosas, codiciosas u homosexuales.

El zoocentrismo es la principal falacia de la sociobiología humana, ya que esta visión del comportamiento humano se basa en la argumentación de que si las acciones de los animales «inferiores», con sus sistemas nerviosos simples, surgen como productos genéticos de la selección natural, el comportamiento humano debería tener una base similar. Los seres humanos somos también animales, ¿no? Sí, pero animales con una diferencia. Y esa diferencia surge, en parte, como resultado de una enorme flexibilidad basada en la complejidad de un cerebro de gran tamaño y de la base, potencialmente cultural y no genética, de los comportamientos adaptativos; aspectos de la construcción humana que dejan de lado cualquier extrapolación zoocéntrica, desde el porqué algunos insectos se comen a su pareja, hasta el asesinato en las familias humanas.

Irónicamente, el zoocentrismo de la sociobiología humana es, a menudo, una ilusión que esconde un modo de razonamiento exactamente opuesto. Previamente he argumentado que los sistemas «objetivos» son, con frecuencia, mascaradas inconscientes que reflejan una imposición sobre la naturaleza de nuestros propios prejuicios y esperanzas. Buena parte de la sociobiología humana comercia con la idea de que, si pueden hallarse comportamientos humanos distintivos, aunque sea en forma rudimentaria, entre los animales «inferiores», entonces estos comportamientos deben ser también «naturales» en los seres humanos, un producto de la evolución biológica. Los sociobiólogos se ven frecuentemente engañados por similitudes equívocas, externas y superficiales, entre los comportamientos de los seres humanos y otros animales. Asignan nombres humanos a lo que hacen otras criaturas y hablan de esclavitud entre las hormigas, violación en los ánades reales y adulterio entre los ruiseñores azules montanos.* Dado que estas «características» se dan entre los animales «inferiores», pueden ser consideradas, entre los seres humanos, como naturales, genéticas y adaptativas.

---

* *Sialia currucoides.* (*N. del r.*)

Pero jamás han existido fuera del contexto humano. Si los machos de ánade real parecen obligar a las hembras, físicamente más débiles, a copular, ¿qué posible relación, al margen de las apariencias superficiales, por otra parte, totalmente carentes de significado, puede tener semejante acto con la violación en los seres humanos? Nadie puede argumentar que ambos comportamientos son realmente homólogos, esto es, que estén basados en los mismos genes heredados de un antepasado común. Si la similitud es significativa, tan solo podrá ser análoga, esto es, tan solo podrá reflejar un diferente origen evolutivo, aunque realice la misma función biológica. Y, no obstante, el comportamiento de los ánades en cuestión forma parte del repertorio normal, y parece tener una utilidad evidente en el incremento de la eficacia reproductiva de los machos; mientras que, por el contrario, la violación en los seres humanos constituye una patología social enraizada en el poder y en la impotencia, no en el sexo y la reproducción.

¿No es esto un mero refunfuñar pedante? ¿Acaso los términos humanos no constituyen una taquigrafía simpática, gráfica y aceptable de lo que todos reconocemos como una realidad más compleja? No, cuando un colega describe las respuestas agresivas de los machos de ruiseñores azules montanos hacia otros machos en las inmediaciones de su nido con las siguientes palabras: «El término —adulterio— es aquí empleado sin rubor [...] sin comillas, ya que creo que refleja una auténtica analogía con el concepto humano [...] También podemos profetizar que la aplicación continuada de este enfoque evolutivo iluminará, también considerablemente, varias debilidades humanas».

¡Qué historia tan vieja! Ponemos un espejo ante la naturaleza y nos vemos a nosotros mismos y a nuestros prejuicios reflejados en él. Los ejemplos históricos abundan. Aristóteles describía la gran abeja que encabeza el enjambre como el «rey», y esta errónea identificación de la única hembra sexual de los alrededores persistió durante casi dos mil años, al menos hasta un madrigal isabelino que estuve cantando la semana pasada: «En verdad te amo como a la primavera / o las abejas a su cuidadoso rey»* (cuidadoso en el sentido de ofrecer cuidados, de estar pendiente, no en el sentido de precavido). Los sistemas zoocéntricos fracasan, fundamentalmente, porque jamás son lo que pretenden ser. El comportamiento «objetivo» de los animales, en el que incluyen los actos humanos, es una imposición de las preferencias humanas, ya desde el primer momento.

---

* *[I do love thee as the spring / Or the bees their careful king.]*

Los más venerables sistemas antropocéntricos tienen, al menos, la virtud de reconocer explícitamente su naturaleza. Toman en serio a Protágoras en su afirmación de que «el hombre es la medida de todas las cosas», y tan solo vacilan ante la *hybris* de argumentar que la evolución abordó su elaborado trabajo, que llevó tres mil quinientos millones de años, para generar tan solo la pequeña ramita que llamamos *Homo sapiens*. Los sistemas antropocéntricos pasaron de moda entre los científicos, al menos en Inglaterra y Norteamérica, ya desde los tiempos de Darwin, pero hace unos pocos años apareció una versión que disfrutó de una popularidad espectacular: el sistema de un hombre del que hemos hablado en un contexto muy diferente, en otro lugar de esta sección: el sacerdote jesuita, y distinguido paleontólogo, Pierre Teilhard de Chardin.

A la muerte de Teilhard, en 1955, sus especulaciones evolutivas, prohibidas durante mucho tiempo por las autoridades eclesiásticas, salieron a la luz, y su éxito de ventas, *El fenómeno humano*, se convirtió en un libro de culto en la década de 1960. La prosa florida y mística de Teilhard resulta a menudo más difícil de descifrar que el papel que desempeñó en Piltdown, pero creo que las líneas generales de su argumentación pueden expresarse con sencillez. (Un teilhardiano convencido podría acusarme de ser un científico superficial y sin corazón. Pero la prosa difícil y enrevesada puede ser simplemente confusa, no profunda. La visión de Teilhard es rica en su alcance y su tradición —ya que no es más que una vieja argumentación revestida de una nueva terminología—, pero la esencia de su posición puede, no obstante, ser expresada en palabras propias del lenguaje cotidiano.)

Teilhard creía que la evolución se desarrolla en una dirección concreta e irreversible. Para comprender la naturaleza de ese movimiento no tenemos que echar la vista atrás hacia el origen de la vida y sus propiedades físicas, sino observar su producto más reciente: el propio *Homo sapiens*. La vida ha estado moviéndose en nuestra dirección en todo momento. El desarrollo de la vida muestra una predominancia, en continuo aumento, del espíritu sobre la materia. Este ineluctable incremento de la conciencia puede captarse estudiando dos de sus productos materiales: entre los animales inferiores, los sistemas nerviosos difusos y simples se transforman en órganos centralizados (cerebros) con partes subsidiarias; entre los animales superiores, los cerebros van aumentando de tamaño y complejidad a lo largo de la evolución. En un ensayo autobiográfico, Teilhard escribió:

En realidad, nunca, ni por un momento, puse en cuestión la idea de que la espiritualización progresiva de la materia (que tan claramente me demostraba la paleontología) pudiera ser otra cosa, o algo menos, que un proceso irreversible. Por su naturaleza gravitacional, vi que el universo estaba cayendo (cayendo hacia delante) en la dirección del espíritu, como si esa fuera su forma estable. En otras palabras, la materia no se veía ultramaterializada como en un principio hubiera pensado, sino que, por el contrario, se metamorfoseaba en psique.

La evolución humana es la culminación de este progreso psíquico. En la visión antropocéntrica, la vida solo tiene sentido en términos de su persecución del hombre. Somos parte inextricable de la naturaleza, porque ella nos ha venido añorando desde un principio. En un manuscrito de 1952, acerca de la socialización humana, Teilhard manifestaba:

La evolución humana no es más que la continuación natural, a nivel colectivo, del proceso perenne y acumulativo de disposición «psicogenética» de la materia a la que llamamos vida [...] La totalidad de la historia de la humanidad no ha sido más (y de ahora en adelante nunca será otra cosa) que un explosivo brote de cerebración cada vez mayor [...] La vida, plenamente entendida, no es un accidente en el universo, ni el hombre lo es en la vida. Por el contrario, la vida culmina físicamente en el hombre, del mismo modo que la energía culmina físicamente en la vida.

Dado que la evolución recorre un sendero dirigido, el árbol de la vida no es una red de ramificación aleatoria, sino un manojo de ramas atadas en su base por la genealogía, que divergen a lo largo de su historia y que, aun así, siempre se mueven básicamente en la misma dirección. La energía de la materia impone la divergencia; la fuerza de la conciencia creciente impone un avance común hacia arriba. Las especies emparentadas deberían formar un juego de *linajes múltiples paralelos*, cada uno de ellos divergiendo en su adaptación al ambiente local, pero cada uno mejorando continuamente su relación espíritu-materia. Teilhard escribió en 1922 que «la evolución [...] se resuelve en innumerables líneas que divergen hasta tal extremo, que parecen paralelas».

Con la aparición del hombre, la evolución ha alcanzado un punto crucial. Se ha acumulado el suficiente espíritu como para alcanzar la autoconciencia. De hecho, ha aparecido una nueva capa en la estructura concéntrica de la Tierra. Teilhard alababa al gran geólogo austríaco Eduard Suess por introducir el término «biosfera» como añadido a las capas concéntricas tradicionales de la litosfera y la atmósfera. Pero la conciencia, según Teilhard, ha añadido otra capa más: «la superficie humana psíquicamente reflexiva [...] la noosfera».

Teilhard describe la noosfera como una realidad física, como una capa delgada y frágil que hoy se extiende sobre toda la Tierra, tras la aparición de antecesores humanos procedentes de África y su subsiguiente migración a todos los continentes. En un manuscrito de 1952 escribió: «Por encima de la antigua biosfera se extiende hoy una "noosfera". En cuanto a la realidad material de este enorme acontecimiento, nadie estará en desacuerdo». En un ensayo póstumo, publicado cuatro años más tarde, describía la noosfera como «esa maravillosa sábana de materia humanizada y socializada que, a pesar de su increíble delgadez, ha de ser considerada, positivamente, como la unidad planetaria más nítidamente individualizada y más específicamente distintiva de todas las hasta ahora reconocidas».

La emergencia de una noosfera, ahora tan delgada y frágil, representa el punto crucial de la evolución universal. En 1930 Teilhard escribió:

> El fenómeno del Hombre representa nada menos que una transformación general de la Tierra, con el establecimiento sobre su superficie de una nueva capa, la capa pensante, más vibrante y más conductiva, en un sentido, que todos los metales; más móvil que todos los fluidos; más expandible que todos los vapores [...] Y lo que le da a esta metamorfosis toda su grandiosidad es que no se produjo como evento secundario o accidente fortuito, sino en forma de un punto crucial, esencialmente preordenado, desde el principio, por la naturaleza de la evolución general de nuestro planeta.

La evolución ha alcanzado ya su punto medio. Hasta aquí, a pesar del progresivo aumento de espíritu, la materia ha dominado y los linajes evolutivos, a pesar de moverse en la misma dirección general, han sido constantemente divergentes. Pero la noosfera señala el comienzo del dominio del espíritu sobre la materia. Al ir ganando predominancia el espíritu empezará la convergencia. La frágil noosfera se hará más gruesa. La dirección de mil millones de años se verá invertida y los linajes conscientes (al menos en el seno de *Homo sapiens*) empezarán a converger, al ir triunfando rápidamente el espíritu sobre la materia.

La convergencia ha comenzado ya en el proceso de la socialización humana. En términos de mecánica vulgar, la evolución cultural humana puede ser un proceso diferente a la evolución biológica darwiniana, pero ambas participan en una unidad superior como aspectos secuenciales de la dirección universal. La socialización humana, escribe Teilhard, ha engendrado «un proceso vasto y específico de convergencia físico-psíquica [...], cuya súbita aparición y aceleración en el curso del último siglo tal vez sea el acontecimiento más revolucionario registrado hasta el momento en la historia humana [...] El mundo humano está decididamente atrapado, hoy y para siempre, en una vorágine de unificación que se estrecha irresistiblemente».

La carrera hacia la convergencia debe concentrarse y acelerarse hasta que todo espíritu, más libre cada vez del lastre de la materia, se amalgame en un punto único que Teilhard denominó Omega, identificado con Dios y, por lo que yo sé, concebido como una realidad, no como una metáfora o un símbolo. Describe esta apoteosis gráficamente, si bien no con perfecta claridad, en *El fenómeno humano*:

> El movimiento convergente alcanzará tal intensidad y tal calidad que la humanidad, considerada como un todo, se verá obligada [...] a converger sobre sí misma en un punto único [...] a abandonar su adherencia órgano-planetaria, para poder proyectarse sobre el centro trascendente de su creciente concentración. Este será el fin y la apoteosis del espíritu en la Tierra.
>
> El fin del mundo: la introversión global interna sobre sí misma de la noosfera, que simultáneamente ha alcanzado el límite más alto de su complejidad y su neutralidad.
>
> El fin del mundo: el derrocamiento del equilibrio, liberando la mente, plena al fin, de su matriz material, para que por siempre descanse, con todo su peso, en Dios-Omega.

Y así, la evolución durante miles de millones de años, produjo tal vez un centenar de millones de especies de plantas, insectos y gusanos por el camino, todo para lograr, a través de una especie dotada de conciencia, la unión del espíritu con Dios en espléndida concentración en el punto Omega. Toda la vida anterior existió por nosotros y por aquello en lo que *nosotros* nos convertiríamos. Como el feto flotante que encarna la promesa del futuro al final de *2001: Una odisea del espacio*, nosotros (o más bien nuestra capa espiritual, cada vez más gruesa, proyectada hacia lo alto) somos los herederos y el propósito de toda vida anterior. Este es el colmo de la visión antropocéntrica.

¿Qué puede decirse sobre semejante planteamiento? ¿Sería acaso excesivamente literal y mezquino decir que parece fracasar en sus únicos puntos de contacto comprobable con el registro fósil? Pocos paleontólogos son capaces de discernir ninguna tendencia general, y mucho menos inevitable, hacia un incremento en la cerebración en la historia de la vida. La mayor parte de las especies animales son insectos, ácaros, copépodos, nematodos, moluscos, y sus primos; y yo, al menos, no consigo ver ninguna tendencia generalizada entre ellos hacia el dominio del espíritu sobre la materia. El árbol evolutivo me recuerda más un matorral complejo y enmarañado, que un manojo de ramas paralelas que crecen hacia arriba en una dirección definida. Por supuesto, soy consciente de que Teilhard utilizaba el término evolución en un sentido metafísico, para identificar las leyes del progreso cósmico, no en el sentido habitual en que lo usamos nosotros para especificar la mecánica del cambio orgánico (que Teilhard reconoció y estudió, pero al que llamó *transformismo*). Los trabajos técnicos de Teilhard en paleontología son sobrios y correctos, pero se ocupan del *transformismo*, y existen en un mundo discursivo totalmente distinto del de su visión antropocéntrica de la evolución cósmica.

Tal vez el problema de todas estas visiones, tanto zoocéntricas como antropocéntricas, sea nuestra inclinación a construir sistemas generales que lo abarquen todo. Tal vez simplemente no funcionen. Tal vez deban verse derrotados por la complejidad y ambigüedad inherentes a nuestro lugar en la naturaleza. ¿Cómo podemos erigir una verja, estando los seres humanos tan inextricablemente ligados a la naturaleza? ¿Cómo podemos optar por una continuidad completa, ya sea de abajo arriba, a partir de otros animales (zoocéntrica), o de arriba abajo, a partir de los seres humanos (antropocéntrica), cuando los seres humanos son tan especiales, para bien o para mal? No somos más que una ramita diminuta de un árbol que incluye, al menos, un millón de especies de animales; pero nuestro único gran invento evolutivo, la conciencia (un producto natural de la evolución, integrado en un marco temporal carente de méritos especiales), ha transformado la superficie de nuestro planeta. Echen un vistazo a la Tierra desde la ventanilla de un avión. ¿Ha habido alguna otra especie que haya dejado tantos signos visibles de su implacable presencia?

Vivimos en una tensión esencial e irresoluble entre nuestra unidad con la naturaleza y nuestra peligrosa unicidad. Los sistemas que intentan situarnos y extraer sentido de nosotros, concentrándose exclusivamente en la unicidad o en la unidad, están condenados al fracaso. Pero no debemos dejar de hacer preguntas porque las respuestas sean complejas y ambiguas. No podemos hacer nada mejor que seguir la recomendación de Linneo, encarnada en su descripción de *Homo sapiens* en el seno de su sistema. Él describió a las demás especies por el número de sus dedos, su tamaño, su color; para nosotros, en lugar de datos anatómicos, se limitó a repetir la máxima socrática: conócete a ti mismo.

Quinta parte

Ciencia y política

19

La evolución como hecho y como teoría*

Kirtley Mather, que murió el año pasado a los noventa años de edad, era un pilar tanto de la ciencia como de la religión cristiana en Norteamérica, y uno de mis amigos más queridos. La diferencia de edades de casi medio siglo se evaporaba frente a nuestros intereses comunes. La cosa más curiosa que compartíamos era una batalla que libramos cada uno de nosotros a la misma edad. Pues Kirtley había ido a Tennessee con Clarence Darrow para testificar en favor de la evolución en el caso Scopes de 1925. Cuando pienso que estamos de nuevo enzarzados en la misma lucha por uno de los conceptos mejor documentados, más convincentes y excitantes de toda la ciencia, no sé si reír o llorar.

De acuerdo con los principios idealizados del discurso científico, el despertar de cuestiones aletargadas debería representar la aparición de datos frescos, capaces de dar una vida renovada a ideas abandonadas. Aquellos que se encuentran fuera del debate actual pueden, por lo tanto, ser perdonados por pensar que los creacionistas han aparecido con algo nuevo, o que los evolucionistas se enfrentan a algún grave problema interno. Pero nada ha cambiado; los creacionistas no han presentado ni un solo dato o argumento más. Darrow y Bryan, al menos, resultaban más entretenidos que nosotros, pobres antagonistas de hoy. El ascenso del creacionismo no es más que, pura y simplemente, política; representa un tema (y ni mucho menos la principal preocupación) de la resurgente derecha evangélica. Las argumentaciones que hace tan solo

* Publicado en *Discover Magazine*, mayo de 1981.
El lector interesado en otros aspectos del debate creacionismo-evolucionismo en los Estados Unidos puede consultar los ensayos 28 y 30 de *«Brontosaurus» y la nalga del ministro*, del mismo autor (Crítica, Barcelona, 1993). (*N. del r.*)

una década parecían tonterías han vuelto a incorporarse a la corriente principal.

El ataque básico de los creacionistas se cae a pedazos por dos motivos generales, antes siquiera de que lleguemos a supuestos detalles factuales de su asalto a la evolución. En primer lugar, atacan a través de una malinterpretación vernácula de la palabra «teoría» para transmitir la falsa impresión de que nosotros, los evolucionistas, estamos encubriendo el podrido núcleo de nuestro edificio. En segundo lugar, hacen mal uso de una filosofía popular de la ciencia para argumentar que se comportan científicamente al enfrentarse a la evolución. Y, no obstante, esa misma filosofía demuestra que su propia creencia no es ciencia, y que «creacionismo científico» es una frase carente de significado y contradictoria en sí misma, un ejemplo de lo que Orwell llamó «novalingua» *[newspeak]*.

En vernáculo norteamericano, «teoría» suele significar «dato imperfecto»: parte de una jerarquía de confianza que va, en sentido descendente, de los hechos a la teoría, de ahí a las hipótesis, y de estas a la suposición. Así, los creacionistas pueden argumentar (y lo hacen): la evolución es «solo» una teoría, y hoy existen intensos debates en torno a multitud de aspectos de esa teoría. Si la evolución es algo menos que un hecho y los científicos ni siquiera son capaces de ponerse de acuerdo acerca de la teoría, entonces ¿cómo vamos a tener confianza en ella? De hecho, el presidente Reagan se hizo eco de esta argumentación ante un grupo de evangélicos de Dallas cuando dijo (en lo que espero que solo fuera retórica de campaña): «Bueno, es una teoría. Es solo una teoría científica y en los últimos años ha sido puesta en tela de juicio en el mundo de la ciencia; esto es, la comunidad científica no piensa que sea tan infalible como lo fue en tiempos pasados».

Bueno, la evolución *es* una teoría. Es también un hecho. Y los hechos y las teorías son cosas diferentes, no escalones de una jerarquía de certidumbre creciente. Los hechos son los datos del mundo. Las teorías son estructuras de ideas que explican e interpretan los hechos. Los hechos no se marchan mientras los científicos debaten teorías rivales para explicarlos. La teoría de la gravitación de Einstein reemplazó a la de Newton, pero las manzanas no se quedaron colgadas en medio del aire pendientes de este resultado. Y los seres humanos evolucionaron, a partir de antepasados simiescos, ya fuera por medio del mecanismo propuesto por Darwin o por algún otro, aún por descubrir.

Más aún, «hecho» no significa «certidumbre absoluta». Las pruebas finales de la lógica de las matemáticas fluyen deductivamente a partir de premisas planteadas y alcanzan la certidumbre tan solo porque *no* tratan el mundo empírico. Los evolucionistas no afirman estar en posesión de la verdad perpetua, aunque los creacionistas lo hacen a menudo (y después nos atacan por un tipo de argumentaciones que ellos mismos practican). En ciencia, «hecho» solo puede significar «confirmado hasta tal punto que sería perverso no ofrecer nuestro asentimiento provisional». Supongo que es posible que las manzanas empiecen a flotar hacia arriba mañana, pero semejante posibilidad no merece que se le dedique la misma atención en las clases de física.

Los evolucionistas hemos tenido clara esta distinción, entre hechos y teoría, desde el principio, aunque solo sea porque siempre hemos reconocido cuán lejos estamos de comprender completamente los mecanismos (teoría) por medio de los cuales la evolución (hecho) se ha producido. Darwin destacaba continuamente la diferencia entre sus dos grandes y separados logros: el establecimiento de la evolución como un hecho, y la proposición de una teoría (la selección natural) para explicar el mecanismo de la evolución. En *El origen del hombre* escribió: «Tenía dos objetivos distintos en mente: en primer lugar, mostrar que las especies no habían sido creadas por separado, y, en segundo lugar, que la selección natural había sido el principal agente del cambio [...] Por consiguiente, si he errado en [...] haber exagerado su poder [el de la selección natural] [...], espero al menos que habré hecho un buen servicio al ayudar a desbancar el dogma de las creaciones separadas».

Así, Darwin reconocía la naturaleza provisional de la selección natural, mientras afirmaba el hecho de la evolución. El fructífero debate teórico que Darwin inició no ha cesado en ningún momento. Desde la década de 1940 a la de 1960, la teoría de Darwin de la selección natural logró de hecho una hegemonía de la que jamás disfrutó en vida suya. Pero nuestra década viene caracterizada por la renovación de los debates y, mientras que ningún biólogo pone en cuestión la importancia de la selección natural, muchos dudan hoy de su ubicuidad. En particular, hay muchos evolucionistas que argumentan que existen cantidades sustanciales de cambio genético que pueden no estar sometidas a la selección natural y que pueden extenderse al azar a través de las poblaciones. Otros están poniendo en tela de juicio la ligazón que Darwin estableció entre la selección natural y el cambio natural e imperceptible, a través de todos los grados intermedios: argumentan que la mayor parte de los sucesos evolutivos pueden ocurrir mucho más rápidamente de lo que suponía Darwin.

Los científicos consideran los debates acerca de cuestiones fundamentales de la teoría como un signo de salud intelectual y como una fuente de emociones. La ciencia es (¿y de qué otro modo podría decirlo?) más divertida cuando juega con ideas interesantes, examina sus implicaciones y reconoce que la información anterior podría, ser explicada de formas sorprendentemente nuevas. La teoría evolutiva disfruta ahora de este infrecuente vigor. No obstante, entre todo este bullicio, ni un solo biólogo se ha visto llevado a dudar del hecho de que la evolución se ha producido; estamos debatiendo *cómo* ocurrió. Todos estamos intentando explicar la misma cosa: el árbol evolutivo que enlaza a todos los organismos por medio de la genealogía. Los creacionistas pervierten y caricaturizan este debate, olvidando convenientemente la convicción común que le subyace, y sugiriendo falsamente que dudamos del fenómeno mismo que intentamos comprender.

En segundo lugar, los creacionistas afirman que «el dogma de las creaciones separadas», como lo caracterizó Darwin hace un siglo, es una teoría científica merecedora de igual atención que la evolución en los planes de estudio de biología de los institutos. Pero un punto de vista popular entre los filósofos de la ciencia pone en su lugar esta argumentación creacionista. El filósofo Karl Popper lleva manteniendo desde hace décadas que el principal criterio de la ciencia es la falsabilidad de sus teorías. Nunca podemos demostrar absolutamente, pero podemos falsar. Una serie de ideas que no pueden, por principio, ser falsadas, no son ciencia.

Todo el programa creacionista incluye poco más que un intento retórico de falsar la evolución, presentando supuestas contradicciones entre sus defensores. Su modelo de creacionismo, según ellos, es «científico» porque sigue el modelo popperiano, al intentar demoler la evolución. Y no obstante, la argumentación de Popper debe aplicarse en las dos direcciones. Uno no se convierte en un científico por el simple acto de intentar falsar un sistema rival y verdaderamente científico; uno debe presentar un sistema alternativo que también se ajuste al criterio de Popper: también él debe ser falsable en principio.

«Creacionismo científico» es una frase que se contradice a sí misma; sin sentido, precisamente porque no puede ser falsada. Puedo imaginarme observaciones y experimentos capaces de falsar cualquier teoría evolutiva de las que conozco, pero no puedo imaginar qué datos potenciales podrían llevar a los creacionistas a abandonar sus creencias. Los sistemas imbatibles son dogma, no ciencia. En caso de que pueda parecer brutal o retórico, cito al principal intelectual del creacionismo, el doctor Duane Gish, en su reciente libro (1979) *Evolution? The Fossils Say No!* (¿Evolución? Los fósiles dicen: ¡No!):

> Por creación entendemos el dar existencia, por parte de un creador sobrenatural, a los tipos básicos de plantas y animales por el proceso de creación repentina o *fiat*. No sabemos cómo creó el Creador, qué procesos utilizó, *ya que Él hizo uso de procesos que no operan hoy en ningún lugar del universo natural*. Es por esto por lo que nos referimos a la Creación denominándola creación especial. No podemos descubrir, por medio de investigaciones científicas, nada acerca de los procesos creativos utilizados por el Creador [la cursiva es de Gish].

Díganos, por favor, doctor Gish, a la luz de su última frase, ¿qué es entonces el creacionismo «científico»?

Nuestra confianza en que la evolución tuvo lugar se centra en tres argumentaciones generales. En primer lugar, tenemos evidencias directas abundantes, procedentes de la observación, de la evolución en acción, tanto en el campo como en el laboratorio. Esta evidencia va desde incontables experimentos acerca del cambio, en casi cualquier cosa, en las moscas del vinagre sometidas a selección artificial en el laboratorio, hasta las famosas poblaciones de polillas británicas que se volvieron negras cuando el hollín industrial oscureció los árboles sobre los que descansan. (Las polillas obtienen protección frente a las aves depredadoras de vista aguda confundiéndose con el fondo.) Los creacionistas no niegan estas observaciones: ¿cómo iban a hacerlo? Los creacionistas han reajustado su actuación. Argumentan que Dios solo creó «tipos básicos», dejando un margen para un limitado vagabundeo evolutivo en su seno. Así, los perritos falderos y los grandes daneses proceden del tipo perro y las polillas pueden cambiar de color, pero la naturaleza no puede convertir un perro en un gato, ni un mono en un hombre.

El segundo y tercer argumentos en favor de la evolución (la tesis en favor de los grandes cambios) no implican una observación directa de la evolución en acción. Descansan sobre la inferencia, pero no por ello son menos seguros. Los grandes cambios evolutivos requieren demasiado tiempo para su observación directa, ya sea a la escala de la historia registrada o no. Todas las ciencias históricas reposan sobre la inferencia, y la evolución no difiere de la geología, la cosmología o la historia humana en este aspecto. Por principio, no podemos observar procesos que operaron en el pasado. Debemos inferirlos a partir de los resultados que aún nos rodean: organismos vivientes y fósiles, en el caso de la evolución; documentos y artefactos, en el de la historia humana; estratos y topografía, en el caso de la geología.

La segunda argumentación (que la imperfección de la naturaleza pone de relieve la evolución) le parece irónica a la mayor parte de la gente, ya que piensan que la evolución debería quedar exhibida con elegancia en la adaptación casi perfecta expresada por algunos organismos: la curvatura del ala de una gaviota, o las mariposas que no pueden verse sobre un fondo de hojas caídas por lo bien que las imitan. Pero la perfección podría ser impuesta indistintamente por un sabio creador o ser desarrollada por selección natural. La perfección borra los datos de la historia pasada. Y la historia pasada (la evidencia del origen) es la marca de la evolución.

La evolución queda expuesta en las *imperfecciones* que registran una historia de descendencias. ¿Por qué debería correr una rata, volar un murciélago, nadar un delfín, y yo escribir este ensayo con estructuras conseguidas con los mismos huesos, sino porque todos los heredamos de un antepasado común? Un ingeniero que partiera de cero podría diseñar unas extremidades mejores para todos y cada uno de los casos. ¿Por qué habrían de ser marsupiales todos los grandes mamíferos nativos de Australia, si no descendieran de un antecesor común aislado en este continente insular? Los marsupiales no son «mejores» ni están idealmente acondicionados a Australia; muchos han sido barridos por mamíferos placentarios, importados de otros continentes por el hombre. Este principio de la imperfección se extiende a todas las ciencias históricas. Cuando reconocemos la etimología de septiembre, octubre, noviembre y diciembre (séptimo, octavo, noveno y décimo), sabemos que el año, en otro tiempo, empezaba en marzo, o que debieron añadirse dos meses adicionales al calendario original de diez.

La tercera argumentación es más directa: en el registro fósil aparecen a menudo transiciones. Las transiciones conservadas no son comunes (y no deberían serlo, con arreglo a como comprendemos la evolución —véase la siguiente sección—), pero no faltan totalmente, como a menudo afirman los creacionistas. La mandíbula inferior de los reptiles contiene varios huesos. La de los mamíferos, uno solo. Los huesos mandibulares no mamiferianos van siendo reducidos paso a paso en los antepasados de los mamíferos, hasta que se convierten en diminutos huesecillos situados en la parte trasera de la mandíbula. El «martillo» y el «yunque» del oído de los mamíferos son descendientes de estos huesecillos. ¿Cómo pudo lograrse tal transición?, preguntan los creacionistas. Sin duda, un hueso o pertenece por completo a la mandíbula, o pertenece al oído. No obstante, los paleontólogos han descubierto dos linajes de transición de terápsidos (los llamados reptiles mamiferianos) con una doble articulación mandibular: una compuesta de los antiguos huesos cuadrado y articular (que pronto se habrían de convertir en el martillo y el yunque), y la otra formada por los huesos escamoso y dentario (como en los mamíferos modernos). Por otra parte, ¿qué mejor forma de transición podríamos esperar hallar que la del ser humano más antiguo, *Australopithecus afarensis*, con su paladar simiesco, su postura erguida humana y una capacidad craneana superior a la de cualquier simio del mismo tamaño corporal, pero nada menos que 1.000 centímetros cúbicos inferior a la nuestra? Si Dios hizo cada una de la media docena de especies humanas descubiertas en las rocas antiguas, ¿por qué las creó en una secuencia temporal continua de rasgos progresivamente más modernos: capacidad craneana creciente, cara y dientes más reducidos, mayor tamaño corporal? ¿Acaso creó para simular una evolución y poner así a prueba nuestra fe?

Enfrentados con estos datos de la evolución, y con la bancarrota filosófica de su propio credo, los creacionistas se apoyan en la distorsión y las insinuaciones para respaldar sus retóricas afirmaciones. Si les parece que lo que digo es agrio y cortante es que, en efecto, lo soy; y es que me he convertido en un blanco preferido de estas prácticas.

Me cuento entre los evolucionistas que defienden un ritmo de cambio a saltos, o episódico, más que uno suavemente gradual. En 1972, mi colega Niles Eldredge y yo desarrollamos la teoría del equilibrio puntuado. Planteábamos que dos datos destacados del registro fósil, el origen geológicamente «repentino» de nuevas especies y su ausencia de cambio posterior (estasis), reflejan las predicciones de la teoría evolutiva, no las imperfecciones del registro fósil. En la mayor parte de las teorías, la fuente de nuevas especies son pequeñas poblaciones aisladas, y el proceso de especialización precisa de miles o decenas de miles de años. Todo este tiempo, tan largo si lo comparamos con nuestras vidas, es un microsegundo geológico. Representa mucho menos de 1 % de la vida media de una especie fósil de invertebrado: más de diez millones de años. Por otra parte, no es de esperar que las especies grandes, muy extendidas y bien establecidas, cambien mucho. En nuestra opinión, la inercia de las grandes poblaciones explica la estasis de la mayor parte de las especies fósiles a lo largo de millones de años.

Propusimos la teoría del equilibrio puntuando en gran medida por ofrecer una explicación diferente a las tendencias que impregnan todo el registro fósil. Las tendencias, argumentábamos, no pueden atribuirse a la transformación gradual en el seno de los linajes, sino que deben surgir del éxito diferencial de ciertos tipos de especies. Una tendencia, argumentábamos, se parece más a subir un tramo de escaleras (puntuaciones y estasis) que a subir rodando por un plano inclinado.

Dado que propusimos el equilibrio puntuado para explicar las tendencias, resulta enfurecedor ser citado una y otra vez por los creacionistas (no sabría si intencionadamente o por estupidez) como si admitiéramos que el registro fósil no incluye formas de transición. Las formas de transición no existen normalmente a nivel de las especies, pero son abundantes entre los grupos mayores. Y, no obstante, un panfleto titulado «Científicos de Harvard reconocen que la evolución es un engaño», afirma: «Los hechos del equilibrio puntuado de Gould y Eldredge [...] están obligando a los darwinistas a comulgar con el cuadro pintado por Bryan, y que Dios nos ha revelado en la Biblia».

Continuando con la distorsión, varios creacionistas han equiparado la teoría del equilibrio puntuado con una caricatura de las creencias de Richard Goldschmidt, un gran genético de la primera época. Goldschmidt argumentaba, en un famoso libro publicado en 1940, que pueden aparecer nuevos grupos de golpe por medio de grandes mutaciones. Hacía referencia a estos organismos, súbitamente transformados, llamándolos «monstruos prometedores». (A mí me atraen algunos aspectos de la versión no caricaturizada, pero la teoría de Goldschmidt no tiene, a pesar de todo, nada que ver con el equilibrio puntuado; véanse los ensayos de la sección 3 y mi ensayo explícito acerca de Goldschmidt en *El pulgar del panda*.) El creacionista Luther Sunderland habla de la «teoría del equilibrio puntuado y los monstruos prometedores», y dice a sus esperanzados lectores que «equivale a una admisión tácita de que los antievolucionistas están en lo cierto, al afirmar que no existe evidencia fósil alguna que apoye la teoría de que toda vida está relacionada a través de un antepasado común». Duane Gish escribe: «Según Goldschmidt, y ahora, al parecer, también según Gould, un reptil puso un huevo del que salió la primera ave, con plumas y todo». Cualquier evolucionista capaz de creer semejante imbecilidad sería expulsado a carcajadas, con toda razón, del mundo intelectual; no obstante, la única teoría que podría visualizar semejante escenario para el origen de las aves es el creacionismo, con Dios actuando sobre el huevo.

Los creacionistas me irritan y me divierten a la vez; pero, fundamentalmente, me producen una profunda tristeza. Por muchas razones. Tristeza porque una gran cantidad de las personas que responden a la llamada creacionista están preocupadas por los motivos correctos, pero están desahogando su ira en el blanco equivocado. Es cierto que los científicos a menudo hemos sido dogmáticos y elitistas. Es cierto que con frecuencia hemos permitido que nos representara la imagen del hombre con la bata blanca que dice en los anuncios «los científicos dicen que la Marca X cura los sabañones diez veces más deprisa que...». No la hemos combatido adecuadamente, porque el aparecer como un nuevo sacerdocio nos otorgaba beneficios. También es cierto que el poder sin rostro y burocrático del Estado cada vez se entromete más en nuestras vidas y elimina opciones que deberían ser patrimonio de los individuos y las comunidades. Puedo comprender que los programas de estudio de las escuelas, impuestos desde arriba y carentes de aportaciones locales, puedan ser considerados como un insulto más, por este motivo. Pero el culpable no es, y no puede ser, la evolución ni ningún otro hecho del mundo natural. Hay que identificar y combatir a los verdaderos enemigos, por supuesto, pero nosotros no estamos entre ellos.

Me siento triste porque el resultado práctico de toda esta escandalera no será una expansión para incluir el creacionismo (también eso me entristecería), sino la reducción o la eliminación de la evolución de los planes de estudio de las escuelas superiores. La evolución es una de la media docena de «grandes ideas» desarrolladas por la ciencia. Habla de las profundas cuestiones de la genealogía que nos fascinan a todos: el fenómeno de las «Raíces» escrito con mayúsculas. ¿De dónde venimos? ¿Dónde surgió la vida? ¿Cómo se desarrolló? ¿De qué modo se hallan emparentados los organismos? Nos obliga a pensar, meditar y maravillarnos. ¿Debemos privar a millones de estudiantes de este conocimiento y volver a enseñar biología como una serie de datos aburridos e inconexos, sin el hilo que teje los diversos materiales en una unidad flexible?

Pero, más que ninguna otra cosa, me entristece una tendencia que empiezo a discernir entre mis colegas. Siento que muchos quieren ahora hacer enmudecer el sano debate en torno a la teoría que ha dado nueva vida a la biología evolutiva. Según ellos es llevar el agua al molino creacionista, aunque solo sea a través de la distorsión. Tal vez debiéramos agazaparnos y reunirnos en torno a la bandera del darwinismo estricto, al menos de momento; una especie de religión a la antigua que está de nuestra parte.

Deberíamos tomar prestada otra metáfora y reconocer que también nosotros tenemos que recorrer un sendero recto y estrecho, rodeado de caminos de perdición. Porque si en algún momento empezamos a suprimir nuestros intentos de comprender la naturaleza, a ahogar nuestra propia excitación intelectual en un malhadado esfuerzo por presentar un frente unido donde no solo no existe, sino que no debe existir, entonces estaremos definitivamente perdidos.

20

Una visita a Dayton

En su recapitulación ante el tribunal, Clarence Darrow habló durante tres días enteros para salvar las vidas de Nathan Leopold y Richard Loeb. Culpables, está claro que lo eran, y tal vez del asesinato más brutal y sin sentido de los años veinte. Al argumentar que eran víctimas de su educación, Darrow no perseguía más que mitigar su responsabilidad personal y cambiar la horca por una vida en la cárcel. Ganó, como solía hacer.

John Thomas Scopes, el acusado del siguiente caso famoso de Darrow, recordaba la teoría sobre el comportamiento humano de su abogado en las primeras líneas de una autobiografía publicada mucho tiempo después del famoso «juicio de los monos» (véase la Bibliografía): «Clarence Darrow pasó su vida argumentando, en realidad enseñando, [...] que un hombre es la suma de su herencia y su ambiente». El mundo puede parecer caprichoso, pero los acontecimientos tienen sus razones, por complejas que estas sean. Estas razones conspiran para llevar adelante los acontecimientos. Leopold y Loeb no eran agentes libres cuando mataron a golpes a Bobby Franks, embutiendo su cuerpo después en una alcantarilla, solo para poner a prueba la idea de que el crimen perfecto podía ser cometido por hombres de suficiente inteligencia.*

Deseamos encontrar razones para la insensatez manifiesta que nos rodea. Pero las teorías deterministas, como la de Darrow, dejan de lado la genuina aleatoriedad de nuestro mundo, una indeterminación que da sentido al antiguo concepto del libre albedrío. Muchos acontecimientos, aunque tras su inicio se desarrollan con creciente inevitabilidad, comien-

---

* Este caso inspiró la famosa narración novelada de Truman Capote *A sangre fría*. (*N. del r.*)

zan como una concatenación de asombrosas improbabilidades. Y así fue como empezamos todos, como un espermatozoide entre miles de millones buscando una entrada: un microsegundo más y yo podría haber sido la Stephanie que deseaba mi madre.

El juicio de Scopes en Dayton, Tennessee, tuvo lugar como resultado de una acumulación de improbabilidades. La ley Butler, promulgada por la legislatura y firmada por el gobernador Austin Peay el 21 de marzo de 1925, declaraba «ilegal que ningún profesor de cualquiera de las universidades, escuelas normales y todas las demás escuelas públicas del estado (que son financiadas en su totalidad o en parte por los fondos para la enseñanza pública del Estado), impartan cualquier teoría que niegue la historia de la Creación divina del hombre tal como la enseña la Biblia, y digan, en su lugar, que el hombre desciende de un orden inferior de animales». La ley podría haber sido rebatida sin problemas si la oposición se hubiera tomado la molestia de organizarse y oponerse a ella unificadamente (como había hecho el año anterior en Kentucky, cuando una ley similar, en circunstancias similares, fue fácilmente derrotada). El Senado la ratificó sin particular entusiasmo, dando por supuesto que se produciría un veto por parte del gobernador. Un miembro dijo, refiriéndose a míster Butler: «El caballero de Macon quería que fuera aprobado un proyecto de ley; no había obtenido muchos resultados en el transcurso de la sesión y esta no tenía la menor importancia. Que se quede con ella». Pero Peay, admitiendo lo absurdo de la ley y protestando porque la legislatura debería haberle ahorrado tanto embarazo echando abajo el proyecto, firmó la ley como si fuera una afirmación inocua de principios cristianos: «Tras un cuidadoso examen —escribió Peay—, no encuentro nada de especial importancia en los libros que se enseñan hoy en día en nuestras escuelas, con lo que esta ley pudiera interferir en lo más mínimo. Por consiguiente, no pondrá en peligro alguno a nuestros maestros. Probablemente, la ley jamás será aplicada [...] Nadie piensa que vaya a constituir un estatuto activo» (véase *Six Days or Forever?*, de Ray Ginger, para una magnífica narración del debate legislativo).

Si el propio proyecto de ley resultaba improbable, su puesta a prueba por Scopes resulta aún más inverosímil. La Unión Americana por las Libertades Civiles (ACLU) se ofreció para hacerse cargo de la defensa y de los costes legales de cualquier maestro dispuesto a desafiar la ley haciéndose acreedor a un arresto por dar clases de evolución. La prueba fue dispuesta en el favorable entorno urbano de Chattanooga, pero los planes fracasaron.

Scopes ni siquiera daba clase de biología en la pequeña, inapropiada y fundamentalista ciudad de Dayton, situada a unos sesenta kilómetros al norte de Chattanooga. Había sido contratado como entrenador de atletismo y profesor de física, pero había hecho una sustitución en biología cuando el profesor oficial (y director de la escuela) cayó enfermo. No había dado activamente clases de evolución, sino que simplemente había asignado las páginas ofensivas del texto como parte de un repaso para un examen. Cuando algunos promotores de la ciudad decidieron que poner a prueba la ley Butler podía darle cierta relevancia a Dayton (a nadie parecía preocuparle excesivamente los aspectos intelectuales de la cuestión), Scopes estuvo disponible solo por otra broma del destino. (No se lo hubieran pedido al director, un hombre mayor, conservador y apegado a su familia, pero sospecharon que Scopes, soltero y librepensador, tal vez se prestara al juego.) El curso había terminado, y Scopes tenía la intención de partir inmediatamente para pasar el verano con su familia. Pero se quedó porque tenía una cita con una «rubia preciosa» en una inminente fiesta social en la iglesia.

15. Robinson's Drug Store, donde empezó todo, se trasladó a su actual local a finales de la década de 1920 (fotografía de Deborah Gould).

Scopes estaba jugando al tenis una cálida tarde de mayo cuando un niño apareció con un mensaje de *Doc* Robinson, el farmacéutico local y propietario del centro social de Dayton, Robinson's Drug Store. Scopes acabó su partido, ya que no había urgencias en Dayton, y después fue paseando hasta Robinson's, donde se encontró con los ciudadanos más destacados de Dayton arremolinados en torno a una mesa, bebiendo sorbitos de cola y discutiendo acerca de la ley Butler. En pocos minutos, Scopes se ofreció como víctima propiciatoria. A partir de ese momento, los acontecimientos se aceleraron y empezaron a moverse por un camino predecible. William Jennings Bryan, que había emocionado a millones con su discurso de la «Cruz de Oro», y como consecuencia había estado a punto de convertirse en presidente, estaba pasando sus años otoñales como orador político fundamentalista («un papa de hojalata en el cinturón de la Coca-cola», como comentó H. L. Mencken). Ofreció voluntariamente sus servicios como acusador, y Clarence Darrow hizo lo propio como defensor. El resto, como suele decirse, es historia. Últimamente, y por desgracia, ha vuelto a convertirse en algo de actualidad.

Robinson's Drug Store sigue siendo el centro social de Dayton, aunque se trasladó en 1928 a su presente localización a la sombra del juzgado

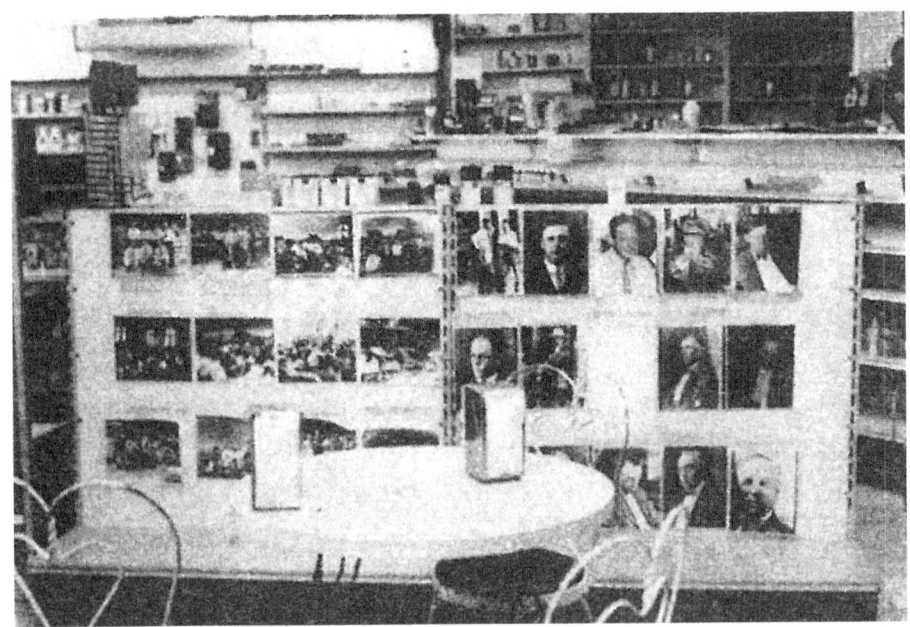

16. El interior de Robinson's está repleto de fotos y otros recuerdos del juicio de Scopes (fotografía de Deborah Gould).

del condado de Rhea, donde Scopes se enfrentó a la ira del dios de Bryan. *Sonny* Robinson, el hijo de Doc, lleva varias décadas a cargo del negocio, dispensando pildoras a la ciudadanía local y opiniones acerca del momento de fama de Dayton a los peregrinos y mirones que se paran a ver dónde empezó todo. La pequeña mesa redonda con sus sillas de respaldo metálico ocupa un lugar central, como lo hacía cuando Scopes, Doc Robinson y George Rappelyea (que fue quien realizó el «arresto» formal) trazaron sus planes en mayo de 1925. Las paredes están cubiertas de fotos y otros recuerdos, incluyendo el único recuerdo personal de Sonny Robinson del juicio: una fotografía de un niño de cinco años de edad sentado en un cochecito y haciendo pucheros porque un chimpancé había sido el destinatario de la Coca-Cola que esperaba recibir él. (El chimpancé era un miembro prominente de la variopinta corte de seguidores, muchos de una inteligencia comparable a la suya, que descendieron sobre Dayton durante el juicio más en busca de dinero que de una eterna iluminación.)

Estaba yo de visita en el Robinson's Drug Store en junio de 1981, cuando recibieron una llamada de un periódico de San Francisco solicitando fotos del Dayton moderno. Sonny Robinson, que afirma ser un hombre tímido, empezó un torbellino de llamadas para explotar el momento. Allá arriba, en el norte, en la gran ciudad, no podía hacerse esperar a la gente, al menos no sin previa petición o sin mediar una explicación: «Excúseme, sé que debe usted tener prisa, pero no le importaría, no tardaré más que unos cuantos minutos ...». Pero afuera la temperatura alcanzaba casi los 40 °C y en el almacén de Sonny Robinson se estaba fresco. ¿Dónde iba a ir uno en semejantes condiciones? Media hora más tarde, con sus personajes reunidos, Sonny Robinson sacó la famosa mesa y tres Coca-colas en unos vasos viejos de cinco centavos. Yo me senté en medio («el profesor de biología de Harvard que entró por casualidad», como le había dicho Robinson a los que le habían llamado). A un lado se sentó Ted Mercer, presidente del Bryan College, la escuela fundamentalista inaugurada como legado de la última batalla del «Gran Plebeyo». Al otro lado se sentó el señor Robinson, el hijo del hombre que había puesto todo en marcha, sentado a aquella misma mesa, cincuenta y seis años atrás. El editor fundamentalista del *Herald* de Dayton tomó nuestras fotos y nosotros bebimos sorbos de nuestras Coca-Colas.

Dayton ha seguido siendo una ciudad pequeña e inconspicua. Si viene usted de Knoxville por Decatur, aún hay que cruzar el río Tennessee en un transbordador con capacidad para seis automóviles. Las casas más antiguas están bien conservadas, con sus cuatro pilares blancos en

17. Una forma apropiada de tratar las cuestiones que nos dividen. Tres hombres, con puntos de vista divergentes, charlan y beben Coca-Cola en torno a la mesa «original» en Robinson's Drug Store. A la izquierda, Ted Mercer, presidente del fundamentalista Bryan College; en el centro, su seguro servidor; a la derecha, Sonny Robinson (fotografía de Deborah Gould).

la parte delantera, imitación local del estilo de las plantaciones. (Como indicador regional del Sur, estos pilares son el equivalente arquitectónico del muy fiable criterio gastronómico: la bebida que figura en el menú como «té» viene invariablemente servida con hielo.) H. L. Mencken, no conocido precisamente por sus alabanzas, confesó (sorprendido) que Dayton le gustaba:

> Había esperado encontrarme con un escuálido pueblito del Sur [...], con cerdos hozando bajo las casas y los habitantes infectados de malaria y lombrices intestinales. Lo que descubrí fue una ciudad rural, repleta de encanto e incluso de belleza [...] Las casas están rodeadas por bonitos jardines, con verdes y frescos céspedes y orgullosos árboles [...] Los almacenes tienen buenos productos y un aire metropolitano, especialmente el emporio de medicinas, libros, revistas, artículos deportivos y agua de soda del estimable Robinson.

Algunas cosas han cambiado, por supuesto. Las casas-remolque que están ahora ancladas sobre el césped y las casas de bloques de hormigón desnudo reflejan la duplicación en la población de Dayton a casi cuatro mil habitantes. Las antiguas certidumbres probablemente se hayan desgastado un poco. Un gran titular del *Herald* de Dayton de esta semana habla de la confiscación de una cosecha de marihuana de doscientos millones de dólares y de su posterior destrucción en el condado de Rhea y del vecino Bledsoe. Y por un cuarto de dólar se puede comprar un preservativo («vendido exclusivamente para la prevención de enfermedades», por supuesto) en las máquinas automáticas de los lavabos de las estaciones de servicio de la localidad. Por lo menos de eso no pueden echarle la culpa a la evolución, como hizo un ministro evangelista hace unos meses, al citar a Darwin como uno de los principales defensores de las cuatro P: prostitución, perversión, pornografía y permisividad. Antes de la llegada de John Scopes, en Dayton enseñaban creacionismo, y aún siguen haciéndolo hoy en día.

A pesar de todos estos cambios moderados, Dayton sigue siendo una ciudad de dos calles, empequeñecida en su cruce por el edificio del juzgado del condado de Rhea, de estilo Nuevo Renacimiento de la década de 1890, que parece excesivamente grande para una pequeña ciudad de un pequeño condado. Y, no obstante, incluso aquella sala de juicios fracasó en su momento de gloria, dado que el juez Raulston, al notar que el peso de los espectadores había abierto grietas en el techo de la sala de debajo, volvió a reunir a la corte en el césped lateral, donde Darrow interrogó* a Bryan al aire libre. (Es una ironía sin significado y tangencial, desde luego, pero me gustaría mencionarla. Rhea era hija de Urano y madre de Zeus. Su nombre se aplica también al ñandú o «avestruz» suramericano. En el viaje del *Beagle*, Darwin redescubrió una segunda especie, el ñandú menor, petizo o de Darwin, que vivía en una parte diferente de Suramérica. En una de sus primeras especulaciones evolutivas, Darwin supuso que la diferencia espacial entre aquellos dos ñandúes** podría ser análoga a la distinción temporal entre las especies extintas y sus parientes vivos.)

El juicio de Scopes está rodeado de ideas equivocadas, y su desvelamiento resulta un mecanismo tan bueno como cualquier otro para con-

---

* La frase original en inglés «where Darrow grilled Bryan» tiene un triple sentido intraducible: grill es a la vez asar a la parrilla, torturar con fuego o calor e interrogar severamente. Gould compara subliminalmente el juicio de Scopes a una barbacoa y a un tormento medieval. (*N. del r.*)

** *Rhea americana* y *Pterocnemia pennata*, respectivamente. (*N. del r.*)

18. El edificio de los juzgados del condado de Rhea, en Dayton, Tennessee,
escenario del juicio de Scopes (fotografía de Deborah Gould).

tar la historia de fondo. En la versión heroica, John Scopes fue procesa-
do, Darrow se alzó en defensa de Scopes y arrasó al antediluviano Bryan,
con lo que el movimiento antievolucionista se desvaneció o, al menos, se
detuvo por un tiempo. Las tres partes de esta versión son falsas.

En cuanto a la primera, hemos ya señalado que Austin Peay y los
legisladores de Tennessee no tenían intención de hacer cumplir la ley.
De hecho, el propio Bryan había negociado la legislatura (sin éxito),
recomendando que la ley no prescribiera penalización alguna en caso de
transgresión. Después de todo, no era más que una declaración de principios simbólica; si se introducían en ella rasgos penales podría ser abo-
lida por motivos constitucionales. La ACLU puso anuncios en los periódicos de Tennessee en busca de alguien dispuesto a poner a prueba la
ley. George Rappelyea leyó la oferta en el *Times* de Chattanooga y se
acercó a Robinson's con un plan. Más tarde, John Scopes recordaba:
«No fue más que una discusión de café que se salió de madre». Por una
vez la historia de los agitadores exteriores (incluso yanquis) cuenta al
menos parte de la verdad.

Bryan fue derrotado y avergonzado a lo largo del juicio, pero no fundamentalmente por Darrow. El juicio en sí, con su conclusión ya decidida de antemano, resultó bastante aburrido. (Scopes *había* violado la ley y la defensa deseaba una condena rápida para llevar el caso, con todas las ventajas, a instancias superiores.) Se arrastró a través de interminables forcejeos legales y tan solo tuvo dos momentos dramáticos. El primero se produjo en el transcurso de una discusión legal acerca de la admisibilidad del testimonio de expertos. La defensa había llevado a Dayton un impresionante grupo de prominentes expertos, tanto en biología evolutiva como en doctrina cristiana. El acusador exigía la exclusión de su testimonio. La ley prohibía, sin apelativos, la enseñanza de la evolución humana, y Scopes, también sin apelativos, había violado aquella ley. No se trataba de discutir lo que pudiera haber de verdad en la evolución. El juez Raulston estuvo de acuerdo con el acusador y el grupo de expertos se abalanzó sobre sus máquinas de escribir en lugar de testificar. Con el beneficio de disponer de un fin de semana para afilar sus afirmaciones, los expertos produjeron algunos documentos formidables. Fueron impresos en periódicos a todo lo ancho y largo del país, y el juez Raulston los admitió finalmente como parte del acta del juicio.

Bryan, que llevaba sentado en un insólito silencio varios días, utilizó este argumento de procedimiento como trampolín para su ataque, previamente elaborado, contra la evolución. En un grandilocuente discurso dirigido claramente a sus electores (los testigos observaron que se mantuvo de espaldas al juez), Bryan llegó prácticamente a negar que los seres humanos fueran mamíferos, argumentando que el caso de los señores Leopold y Loeb demostraba, más que suficientemente, que un exceso de conocimientos resulta peligroso. La refutación de la defensa supuso la primera humillación de Bryan; porque en esta tierra rural, antes de la llegada de la televisión, no había arte más respetado que el de la oratoria. Y Bryan fue derrotado, tanto en palabras, como en gestos, como en gritos (no por Darrow, sino por otro abogado de la defensa, Dudley Field Malone, un destacado jurista de Nueva York especializado en divorcios, anteriormente subordinado de Bryan en el Departamento de Estado, donde Bryan había sido secretario durante el mandato de Woodrow Wilson). H. L. Mencken escribió:

Dudo que jamás se haya escuchado en juzgado alguno un discurso de mayor volumen sonoro desde los tiempos de Gog y Magog. Salía, a través de las ventanas abiertas, el arrollador discurso como salvas de artillería, alarmando a los contrabandistas de licor y a los pumas de las lejanas montañas [...] En pocas palabras, Malone tenía una buena voz. Fue un gran día para Irlanda, y para la defensa. Porque Malone no solo gritó más que Bryan, sino que también superó sus aspavientos y sus argumentaciones [...] Conquistó incluso a los fundamentalistas. Al final del discurso le premiaron con una enorme ovación, una ovación cuando menos cuatro veces más fuerte que la que recibió Bryan. Y es que estos rústicos disfrutan grandemente de la oratoria, y saben distinguir cuándo es buena. La lógica del diablo no es capaz de arrastrarles, pero no están por encima de disfrutar voluptuosamente de sus frases lascivas.

No obstante, el juez Raulston dictaminó en contra de la defensa y excluyó la participación de los expertos en el testimonio del día siguiente. Era viernes y todo parecía haber terminado, incluidos los gritos. Scopes sería condenado sumariamente el lunes por la mañana; había violado la ley y el planteamiento cuidadosamente restringido de Raulston había dejado de lado cualquier otra cuestión. Prácticamente todos los periodistas, incluyendo a H. L. Mencken, abandonaron la ciudad para evitar tanto el aburrimiento de un receso de fin de semana, como el anticlimax posterior que todos esperaban. Así, cuando Darrow indujo a Bryan a subir al estrado de los testigos, a título de experto en la Biblia, este tuvo que hablar ante una escasa asistencia de público local y una presencia nominal de periodistas. La reconstrucción del libro *Inherit the Wind* y otras narraciones dramatizan lo que tan solo fue una idea de última hora.

Ni siquiera está muy claro por qué Raulston permitió aparecer a Bryan (dado que había conseguido excluir a los expertos de ideas opuestas). Los otros abogados acusadores intentaron disuadir a Bryan, y Raulston acabó por eliminar la totalidad de su declaración del acta. Bryan vio aquello como una ocasión a la desesperada de recobrarse del vapuleo recibido de Malone, pero Darrow le dejó en ridículo, como un estúpido pomposo. No obstante, el momento más famoso de la discusión (cuando Bryan abandonó los principios básicos del fundamentalismo estricto, para admitir que los días del Génesis podían haber durado algo más de veinticuatro horas) no fue, como quisiera la leyenda, una admisión a regañadientes arrancada por la implacable lógica de Darrow. Bryan ofreció libremente esta afirmación, como respuesta inicial a una serie de preguntas. No parecía darse cuenta de que los fundamentalistas locales la considerarían una traición, y el mundo en general una fatal inconsistencia.

La condena de Scopes fue finalmente revocada por una cuestión técnica. El juez Raulston había establecido una multa de cien dólares él mismo, pero la ley de Tennessee exigía que todas aquellas multas que superaran los cincuenta dólares fueran recomendadas por el jurado. Con la humillación de Bryan y la anulación de la condena, surgió la leyenda de la victoria de la defensa, completando así la versión heroica. Pero el juicio de Scopes fue una derrota (o una victoria hasta tal grado pírrica que difícilmente merece tal nombre) por varias razones. En primer lugar, Bryan devolvió el golpe adoptando, involuntariamente, la única alternativa que le quedaba para una recuperación inmediata de su prestigio: murió en Dayton una semana después de terminado el juicio. El Bryan College de Ted Mercer, una floreciente institución fundamentalista en Dayton, constituye su legado local. En segundo lugar, la revocación de la condena de Scopes fue un trago amargo para la defensa. Súbitamente no había caso contra el que apelar. Todos aquellos esfuerzos echados a perder por un error de cincuenta dólares de un juez.

La ley Butler permaneció en la legislación hasta su revocación en 1967. No era aplicada, pero ¿quién puede decir cuántos maestros disimularon o suprimieron sus puntos de vista, y cuántos niños jamás llegaron a aprender una de las más excitantes y expansivas ideas jamás desarrolladas por la ciencia? En 1973, un «proyecto de ley del Génesis» fue aprobado por el Senado de Tennessee, por sesenta y nueve votos a favor y dieciséis en contra. Disponía que deberían recibir igual atención en la enseñanza la creación y la evolución, y exigía también la renuncia de todos los textos en los que cualquier idea sobre «el origen de la creación del hombre y su mundo [...] no esté representado como un hecho científico». La Biblia, con todo, fue declarada obra de referencia, no libro de texto, y por consiguiente exenta de los requerimientos de una corrección impresa. Esta ley fue declarada anticonstitucional pocos años más tarde.

En tercer lugar, y tristemente, toda esperanza de que las cuestiones surgidas en el juicio de Scopes se hubieran visto arrumbadas en el reino de las nostálgicas tradiciones norteamericanas se ha visto frustrada por la actual reaparición del creacionismo: el clima que inspiró mi desvío hacia la otra orilla del río Tennessee.

Llegué a conocer a Kirtley Mather, profesor emérito de geología en Harvard, pilar de la Iglesia baptista, defensor solitario de la libertad académica durante los peores días del macartismo y, tal vez, uno de los mejores hombres que he conocido, cuando ya era casi un anciano. Kirt-ley fue también testigo de la defensa en Dayton. Todos los años, desde finales de la década de 1960 hasta mediados de la de 1970, Kirtley daba una conferencia a mi clase, recordando sus experiencias en Dayton. Pa-recía un magnífico eco de tiempos pasados, ya que Kirtley, cerca de los noventa años, aún seguía siendo capaz de derrotar, sin esfuerzo, a los mejores oradores de Harvard. La conferencia no cambiaba mucho de un año a otro. Al principio me parecía una encantadora evocación; pos-teriormente empecé a pensar que tan solo estaba ligeramente relaciona-da con asuntos del momento y, finalmente, la consideré un plantea-miento vital de realidades inmediatas. Este año pienso quitarle el polvo a la cinta de vídeo y pasársela a mi clase como disquisición acerca de los peligros inmediatos.

En 1965, John Scopes se permitió esta esperanza en retrospectiva:

> En mi opinión, el juicio de Dayton marcó el comienzo del declive del fun-damentalismo... Creo que las legislaciones restrictivas en torno a la liber-tad académica son algo del pasado para siempre; que la religión y la ciencia pueden ahora dirigirse la una a la otra, en una atmósfera de respeto mutuo y de búsqueda en común de la verdad. Me gustaría pensar que el juicio de Dayton tuvo algo que ver con el advenimiento de esta nueva era.

(Scopes, dicho sea de paso, fue posteriormente a la Universidad de Chicago y se hizo geólogo. Vivió tranquilamente en Shreveport, Loui-siana, la mayor parte de su vida, trabajando, como tantos otros geólo-gos, para la industria del petróleo. Este espléndido hombre, de tranqui-la integridad, se negó a capitalizar su fama transitoria y accidental en modo alguno. Su silencio no era expresivo de ninguna crisis de confian-za, ni ningún alejamiento de los principios que le llevaron a su momento de fama. Simplemente escogió abrirse camino por sus propios méritos.)

Hoy en día, Jerry Falwell ha recogido la antorcha de Bryan, y las esperanzas de Scopes de una «nueva era» se han visto frustradas. Por supuesto, no volveremos a interpretar el caso Scopes del mismo modo; algo hemos avanzado en cincuenta y seis años. La evolución es, hoy en día, una idea excesivamente poderosa como para poder ser totalmente excluida, y las actuales propuestas legislativas solicitan «igual atención» para la evolución y la vieja religión, disfrazada bajo el contradictorio título de «creacionismo científico». Pero las similitudes entre 1925 y 1981 son más desconcertantes que reconfortantes son las diferencias.

Al igual que en 1925, los creacionistas no plantean su batalla por la religión. Han sido desautorizados por autoridades religiosas de todas las tendencias, ya que desprestigian la religión tanto como malinterpretan la ciencia. Son, sin duda, una muchedumbre variopinta, pero su núcleo de apoyo práctico está en la derecha evangélica, y el creacionismo no es más que un pretexto o una cuestión subsidiaria en un programa político que desearía prohibir el aborto, eliminar los adelantos sociales y los triunfos políticos de las mujeres, reduciendo el concepto vital de la familia a un paternalismo arcaico, y restituyendo todo el jingoísmo y la desconfianza hacia el conocimiento que preparan a una nación para la demagogia.

Al igual que en 1925, utilizan el mismo método de citar en falso para imprimir una pátina «científica» al creacionismo. Yo mismo soy ahora una de las víctimas de estos esfuerzos, debido a que mis opiniones acerca de las explosiones evolutivas rápidas, seguidas de largos períodos de estasis, pueden ser distorsionadas para que parezcan respaldar la creación por decreto y la persistencia de tipos inmutables (véase el ensayo anterior). Por lo tanto, me divirtió (o alivió) el leer que, en 1925, Bryan y compañía utilizaban la misma estrategia para explotar el transparente discurso dirigido por William Bateson a la Asociación Americana para el Avance de las Ciencias en 1922. Bateson había expresado su confianza en el hecho de la evolución, pero había admitido, con toda honestidad, que, a pesar de la prepotencia y la palabrería de los libros de texto, sabíamos bastante poco acerca de los mecanismos del cambio evolutivo. Los acusadores de Scopes utilizaron citas de Bateson como «prueba» de que los científicos habían admitido la evanescencia de la propia evolución. En su declaración jurada escrita al juez Raulston, W. C. Curtis, un zoólogo de la Universidad de Missouri, incluía una carta de Bateson:

He revisado de nuevo mi discurso de Toronto. No veo en él nada que pueda interpretarse como una expresión de duda acerca del hecho básico de la evolución [...] Aproveché la ocasión para llamar la atención de mis colegas hacia las opiniones gratuitas y los supuestos sin demostrar que, hoy en día, son habituales en lo que a los procesos concretos de la evolución se refiere. Sabemos que las plantas y los animales, incluyendo, sin duda de ningún género, al hombre, han evolucionado a partir de formas de vida muy diferentes. En cuanto a la naturaleza de este proceso de la evolución, disponemos de multitud de conjeturas, pero de muy pocos conocimientos concretos.

Curtis incluía también una carta del antiguo jefe de Bryan, Woodrow Wilson: «Por supuesto, como toda persona inteligente y con educación, creo en la evolución orgánica. Me sorprende que a estas alturas puedan plantearse semejantes cuestiones». Ronald Reagan, a pesar de todo, las planteó desde el estrado ante una congregación fundamentalista en Dallas.

Mientras bebía aquella Coca-Cola, sentado a la mesa en el Robinson's Drug Store, en Dayton, descubrí, o más bien recordé algo que jamás debí haber olvidado. El enemigo no es el fundamentalismo, es la intolerancia. En este caso, la intolerancia es perversa, dado que se oculta bajo la retórica «liberal» de la «igual atención». Pero no nos confundamos. Los creacionistas están intentando imponer un punto de vista específicamente religioso, por decreto legislativo, a los maestros que lo rechazan, tanto por motivos de conciencia como por formación. A pesar de toda su palabrería acerca de ver las dos caras de la moneda (una mera cuestión de práctica política), también querrían sustituir la investigación científica libre por la autoridad bíblica como fuente de conocimiento empírico.

Todos los comentaristas de Dayton, incluyendo al propio H. L. Mencken, con toda su causticidad, percibieron que las personas de la localidad, a pesar de su adhesión a las creencias fundamentalistas, no mostraban ninguna intolerancia, ni siquiera descortesía hacia la oposición. Festejaron a Bryan cuando llegó a la ciudad, e hicieron un recibimiento de la misma categoría a Darrow. Aplaudieron a Malone por su discurso. Mencken escribió:

> Tampoco existe evidencia alguna en la ciudad de ese espíritu venenoso que habitualmente hace acto de presencia cuando los cristianos se reúnen para defender la gran doctrina de su fe. No he oído ni una palabra que sugiriera que Scopes pudiera estar recibiendo dinero de los jesuitas, o que estuviera respaldado por el consorcio del whisky, o que los judíos que producen películas lascivas sean quienes estén detrás suyo. Por el contrario, los evolucionistas y los antievolucionistas parecen llevarse excepcionalmente bien y, en grupo, resulta difícil distinguir a los unos de los otros.

La actitud transigente en Dayton persevera aún hoy en día. Yo me enfrenté con un cálido desacuerdo con mis puntos de vista evolutivos, pero no percibí ninguna falta de respeto por mis opiniones y ninguna inclinación a minimizarme como persona, por estar a mi vez en desacuerdo con la creencia predominante. Este tipo de actitud está muy extendida, pero, por desgracia, es muy frágil. Unas pocas semillas de cizaña y la intolerancia pueden llegar a cubrir todo el territorio. No tenemos nada que temer de la inmensa mayoría de los fundamentalistas que, como muchos ciudadanos de Dayton, viven acordes a una doctrina legítimamente propia de su área. Más bien debemos combatir a unos cuantos patanes que explotan los frutos de una pobre educación en busca de dinero y fines políticos de mayor alcance.

Bryan era presa fácil del ridículo debido a su estulticia política. En su prosa más acerba, Mencken escribió:

> En tiempos tuvo un pie en la Casa Blanca, y la nación temblaba bajo sus rugidos. Ahora es un papa de hojalata en el cinturón de la Coca-cola y un hermano de los solitarios pastores que predican ante mentecatos en tabernáculos de hierro galvanizado detrás de las estaciones de ferrocarril [...] Es, sin duda, una tragedia empezar la vida como un héroe y acabarla como un bufón.

Muchos creacionistas de hoy en día parecen igualmente dignos de compasión en sus pronunciamientos: ¿puede alguien tomarse en serio que exista alguna relación entre el darwinismo y las cuatro P del mal?

Pero Mencken comprendió también los peligros, ya que en sus últimas líneas escribió:

> Que nadie confunda esto con una comedia, por muy esperpéntico que pueda ser en todos sus detalles. Sirve como anuncio a la nación de que el hombre de Neandertal se está organizando en estos abandonados arrabales de nuestra tierra, guiado por un fanático carente de sentido común y de conciencia. Tennessee, al desafiarle de modo excesivamente timorato y al hacerlo demasiado tarde, ve ahora sus centros de justicia convertidos en mítines y su Declaración de Derechos burlada por sus guardianes jurados de la ley.

¿Acaso comienzan alguna vez los movimientos de intolerancia de otro modo, dada nuestra generalizada tendencia a la tolerancia? ¿Acaso no comienzan siempre de forma casi cómica y acaban siendo, si tienen éxito, una carnicería? ¿Quién no consideró a Hitler un penoso objeto de burla tras el *putsch* de la cervecería?* ¿Y quién puede leer las famosas palabras del teólogo protestante Martin Niemöller sin estremecerse?:

---

* Conspiración protagonizada por Hitler en Múnich en 1923 con el fin de derribar el régimen de Weimar. (*N. del r.*)

En primer lugar, los nazis fueron contra los judíos, pero yo no era judío, por lo que no reaccioné. Después la emprendieron contra los católicos, pero yo no era católico, por lo que no puse objeción alguna. Después empezaron a perseguir a los obreros, de modo que no me alcé. Después empezaron la persecución de los sacerdotes protestantes, y por aquel entonces era ya demasiado tarde para que nadie se alzara en contra de todo aquello.

Clarence Darrow comprendía demasiado bien cuáles eran las raíces de la intolerancia cuando dijo, en Dayton:

Si hoy en día puede tomarse algo como la evolución y convertir en un crimen el enseñarla en las escuelas públicas, mañana podrá ser un crimen enseñarla en las escuelas privadas y el año próximo lo será enseñarla en los municipios o en la iglesia. En la siguiente sesión podrían prohibirse los libros y los periódicos [...] La ignorancia y el fanatismo no descansan, y necesitan su alimento. Siempre están buscando y exigiendo más. Hoy son los maestros de las escuelas públicas; mañana serán los de las privadas; al otro día, los predicadores y los conferenciantes, las revistas, los libros, los periódicos. En poco tiempo, Su Señoría, esto será el enfrentamiento entre los hombres y entre los credos, hasta que con flameantes estandartes y rugir de tambores nos encontremos retrocediendo a los gloriosos tiempos del siglo XVI, cuando los intolerantes encendían antorchas para quemar a los hombres que osaban llevar la inteligencia, la ilustración y la cultura a la mente de todos.

Siempre cínico, H. L. Mencken evaluó así este apasionado alegato: «El efecto neto del gran discurso de Clarence Darrow de ayer parece haber sido el mismo que si lo hubiera gritado a través de una tormenta en medio de Afganistán». Más nos valdría proclamar ese mismo mensaje en forma de un torrente que resonara por toda la nación.

21

Moon, Mann y Otto

Little Rock, Arkansas
10 de diciembre de 1981

La *Arkansas Gazette* de esta mañana trae un dibujo con focos concentrados sobre un mapa del estado. El mapa no incluye datos de topografía o de fronteras políticas, tan solo contiene las palabras, grabadas en negro desde Oklahoma hasta el Mississippi: «Juicio de Scopes II. Notoriedad». Pasé la mayor parte del día de ayer (con un grado variable de satisfacción, de honestidad, incomodidad e incredulidad) en el estrado de los testigos, intentando convencer al juez federal William R. Overton de que todos los estratos geológicos de la Tierra no deben su formación al diluvio universal. Hemos llegado a la primera confrontación legal con la nueva oleada de leyes creacionistas que exigen igual atención o un «tratamiento equilibrado» para la evolución y una versión pobremente disfrazada del Génesis, literalmente interpretado, que además pretende ocultarse bajo la expresión sin significado de «ciencia de la creación». El juez, como mínimo, parecía ser receptivo a mis palabras y estar tan desconcertado como yo por el hecho de que semejante juicio pueda estar teniendo lugar a solo unos pocos meses de la celebración del centenario de la muerte de Darwin.

El juicio de John Scopes en 1925 ha proyectado una sombra tan larga hasta nuestros días, que el proceso de Little Rock sugiere, inevitablemente, todo tipo de comparaciones (véase el ensayo anterior). Yo aprecio la continuidad histórica, pero estoy más impresionado por las diferencias. Me siento a testificar dentro de un enorme edificio de alabastro, una mezcla de juzgado y central de correos, un edificio adusto y sin adornos, rodeado de tráfico, en el centro de Little Rock. El juzgado del condado de Rhea, en Dayton, Tennessee (el edificio que acogió a Scopes, Darrow y Bryan en 1925), es una estructura airosa, umbría y decorada estilo Nuevo Renacimiento, que domina el cruce de carreteras de su ciudad de dos calles. El juicio de Scopes fue iniciado directamente por los impulsores de Dayton para llamar la atención sobre su ciudad. Muchos, probablemente la mayor parte, de los ciudadanos de Arkansas se sienten medio avergonzados por el anacronismo que tienen a la puerta de sus casas. John Scopes fue condenado por atreverse a mencionar que los seres humanos descendían de «un orden inferior de animales»; en medio siglo algo hemos adelantado, y el clamor creacionista moderno en pos del reconocimiento oficial de su pseudociencia no incluye (al menos de momento) la exclusión de nuestras bien documentadas conclusiones.

Decidí ser paleontólogo a los cinco años de edad, tras un anonadador encuentro con un *Tyrannosaurus* en el Museo de Historia Natural de Nueva York. La fenomenología de las grandes bestias probablemente hubiera sido suficiente para mantener mi interés, pero confirmé mi elección de carrera seis años más tarde, cuando leí, demasiado pronto y comprendiéndolo solo a medias, *Meaning of Evolution*, de G. G. Simpson, y descubrí que había todo un cuerpo de excitantes ideas que daban sentido a todos aquellos cuerpos de hueso. Tres años más tarde, abordé mi primer curso de ciencias en el instituto con gran anticipación. En un año de biología, pensaba yo, sin duda lo averiguaría todo acerca de la evolución. Imagínense mi desilusión cuando la profesora dedicó al señor Darwin y su legado tan solo un par de tímidos días, justo al final de un año singularmente duro. Siempre me pregunté por qué, pero no me atreví a consultarlo. Después simplemente olvidé todo aquello y continué estudiando por mi cuenta.

Hace seis meses, en una tienda de libros de segunda mano, encontré una copia de mi antiguo libro de texto del instituto, *Modern Biology*, escrito por T. J. Moon, P. B. Mann y J. H. Otto. Todos sabemos lo poderosamente evocador que puede resultar un olor o una visión inesperada de «cosas ya pasadas». Supe lo que tenía entre manos en el momento mismo en que vi aquellas tapas rojas con su microscopio grabado en plata y su portada de colores chillones, en la que se veía a un castor afanándose. El libro, que había sido propiedad de un tal «Lefty»,* pronto fue mío por 95 centavos.

---

* Zurdo. (*N. del r.*)

Ahora, transcurrida más de media vida (estudié biología en el instituto en 1956), comprendo por fin por qué mistress Blenderman pasó por alto el tema que tan apasionadamente me interesaba. Yo había sido víctima del fantasma de Scopes (o más bien del de su adversario, Bryan). La mayor parte de la gente considera que el juicio de Scopes fue una victoria para la evolución, aunque solo fuera por lo bien que Paul Muni y Spencer Tracy sirvieron a Clarence Darrow en las versiones teatral y cinematográfica de *Inherit the Wind*, y porque el juicio disparó una cascada de literatura popular por parte de evolucionistas agraviados e iracundos. La condena de Scopes (posteriormente revocada por una cuestión técnica) había sido una simple formalidad; la batalla en favor de la evolución había triunfado en el tribunal de la opinión pública. ¡Ojalá fuera así! Como han demostrado varios historiadores, el juicio de Scopes fue una aplastante derrota. Ayudó a un movimiento fundamentalista en desarrollo y llevó directamente a la eliminación de la evolución o a su dilución en todos los textos de divulgación de los centros de enseñanza media en los Estados Unidos (véase la Bibliografía para los trabajos de Grabiner y Miller, así como los de Nelkin). Ninguna rama de la industria es tan cobarde y conservadora como las editoriales de textos para la enseñanza pública: no es fácil ignorar un mercado de millones de compradores potenciales. La situación no cambió hasta 1957, un año demasiado tarde para mí, cuando el Sputnik ruso fue causa de una profunda investigación acerca del vergonzoso estado de la educación científica en los institutos norteamericanos de enseñanza media.

Moon, Mann y Otto se llevaron la parte del león en el mercado de mediados de la década de 1950; los lectores de mi generación experimentarán probablemente ese excitante sentimiento de *déjà vu* tanto como yo. Al igual que muchos libros divulgativos, era el descendiente alterado de varias ediciones anteriores. La primera, *Biology for Beginners* de Truman J. Moon, fue publicada en 1921, antes del juicio de Scopes. En la portada aparecía el señor Darwin en lugar del industrioso castor, y su texto reflejaba una profunda inmersión en la evolución como punto focal de las ciencias de la vida. En su prefacio se proclamaba: «El curso destaca el hecho de que la biología es una ciencia unitaria, basada en la idea fundamental de la evolución, más que en la combinación forzada de fragmentos de botánica, zoología e higiene». Su texto contiene varios capítulos acerca de la evolución y destaca continuamente la afirmación fundamental de Darwin de que el *hecho* de la evolución está establecido más allá de toda duda razonable, aunque los científicos tengan mucho que aprender acerca del *mecanismo* del cambio evolutivo (véase el ensayo 19). El capítulo 35, dedicado a «El método de la evolución», comienza: «La prueba del *hecho* de la similitud existente entre las diversas formas de seres vivos, y de su muy evidente relación, deja por responder una pregunta más difícil: ¿*cómo* se produjo esta descendencia con modificación, por qué medios ha desarrollado la naturaleza una forma a partir de la otra?» (la cursiva es de Moon).

Examiné entonces mi adquisición con una creciente diversión teñida de repugnancia. El índice tenía apartados tan importantes como «cagadas de mosca, gérmenes patógenos en las», pero nada acerca de la evolución. De hecho, en todo el libro no aparece ni una sola vez la palabra evolución. El tema, no obstante, no está totalmente ausente. Recibe dieciocho pobres páginas en un libro de seiscientas sesenta y dos, como capítulo 58 entre 60 (pp. 618-636). En esta mutilada versión recibe el nombre de «La hipótesis del desarrollo racial». Moon, Mann y Otto habían escogido el camino post Scopes de todos los textos rentables: expurgar y no arriesgarse en absoluto. (Los que recuerden la realidad de los cursos del instituto recordarán también que muchos profesores ni siquiera llegaban a aquellos últimos capítulos.)

Este conciliador capítulo es tan desgraciado en su contenido como en su brevedad. Sus dos primeros párrafos son de un entreguismo vergonzoso y constituyen una estafa intelectual, en comparación con las claras palabras de Moon de 1921. El primer párrafo aporta una espléndida visión de la continuidad histórica y el cambio en los rasgos *físicos* de nuestro planeta:

Este es un mundo cambiante. Cambia de año en año, de día en día y de hora en hora. Los ríos van excavando gargantas cada vez más profundas y arrastrando más tierra al mar. Las montañas se elevan, solo para verse gradualmente desgastadas por los vientos y la lluvia. Los continentes se alzan y se hunden en el mar. Tales son los cambios graduales del mundo físico al ir convirtiéndose los días en años y los años en eras.

Ahora bien, ¿qué podría ser más natural y lógico que extender este mismo modo de razonamiento y este mismo estilo literario a la vida? El párrafo parece haber sido constituido precisamente para esa transición. Pero nótese cómo el tono del segundo párrafo cambia sutilmente para esquivar todo compromiso con la continuidad en el caso del cambio orgánico:

En el transcurso de estas eras aparecieron especies de plantas y animales, florecieron durante un tiempo y después perecieron al ir ocupando su lugar otras especies nuevas [...] Cuando una raza perdía en la lucha por la supervivencia, aparecía otra para ocupar su lugar.

Cuatro páginas más adelante obtenemos finalmente un atisbo de que la genealogía podría estar detrás de las transiciones orgánicas a lo largo del tiempo: «Esta historia geológica de las rocas, que muestra gradaciones fósiles de organismos simples a organismos complejos, es lo que podríamos esperar encontrar si se hubiera producido un desarrollo racial a todo lo largo del pasado». Más adelante, en la misma página, Moon, Mann y Otto se hacen la temida pregunta, e incluso se aventuran a escribir la palabra más cercana a «evolución» que se atreven a utilizar: «¿Son estas criaturas prehistóricas antepasados de los animales modernos?». Si uno lee cuidadosamente todas las cualificaciones que incluyen, ellos responden a su propia pregunta con un «*sí*» precavido; pero hay que leer con mucha atención.

Así, millones de niños se vieron privados de la oportunidad de estudiar una de las ideas más excitantes e influyentes de toda la ciencia, el tema central de toda la biología. Unos pocos cientos, yo incluido, poseíamos las motivaciones personales necesarias para trascender esta burla de la educación, pero citarnos a nosotros parece tan estúpido y tan cruel como el viejo argumento racista: «¿y qué hay de George Washington Carver o Willy Mays?», utilizado para refutar la afirmación de que la escasez de logros podría estar relacionada con las desventajas económicas y los prejuicios sociales.

Ahora podría expresar todos los argumentos grandilocuentes contrarios a semejante disolución de la educación: formaremos una generación incapaz de pensar por sí misma, debilitaremos el tejido económico y social de la nación si formamos una generación científicamente inculta, y así sucesivamente. Incluso creo que todos estos argumentos son ciertos. Pero no es eso lo que me preocupaba al leer el capítulo 58 de Moon, Mann y Otto, ni siquiera me irritó excesivamente; más bien me divirtió el torturado andar de puntillas y las flagrantes omisiones de los autores. Las cuestiones pequeñas con grandes implicaciones son mi alimento de cada día, como cualquier lector de estos ensayos habrá descubierto. No suelo reaccionar vehementemente ante las generalidades. Puedo ignorar una tendencia general que me desagrade. Pero soy incapaz de soportar la falsificación y la humillación de algo pequeño y noble. En realidad, no me sentí realmente estremecido hasta haber leído el último párrafo del capítulo 58, pero en ese momento surgió en mí una voz interior que empezó a elaborar este ensayo. Porque para poder exponer un punto válido en medio de su cobardía general, Moon, Mann y Otto habían pervertido (tal vez sin saberlo) una de mis citas favoritas. Si la cobardía es capaz de inspirar semejante envilecimiento, entonces deberá ser eliminada.

El último párrafo se titula: Ciencia y religión. Estoy totalmente de acuerdo con las dos primeras frases: «No hay nada en la ciencia que se oponga a la fe en Dios y a la religión. Aquellos que así lo crean están en un error, ya sea en su concepto de la ciencia, o en el de la teología, o en ambos». Pasan seguidamente a citar (con algunos errores sin importancia, que he corregido) una famosa afirmación de T. H. Huxley, utilizándola para plantear que un hombre puede ser a la vez darwinista y devotamente cristiano:

La ciencia, en mi opinión, enseña del modo más elevado y poderoso la gran verdad encarnada en el concepto cristiano de la entrega completa a la voluntad de Dios. Siéntate ante los hechos como un niño pequeño, estate dispuesto a prescindir de toda idea preconcebida, camina humildemente a cualquier lugar y cualesquiera abismos a los que la naturaleza te lleve, o no aprenderás nada. Solo desde que he resuelto actuar así, cueste lo que cueste, he empezado a conocer lo que es la tranquilidad y la paz conmigo mismo.

Ahora bien, un hombre puede ser un evolucionista y un cristiano devoto. Hay millones de personas capaces de yuxtaponer con éxito estos dos puntos de vista independientes, pero Thomas Henry Huxley no. Esta cita, en su contexto adecuado, habla, de hecho, del valeroso agnosticismo de Huxley. Aparece además en lo que es, en mi opinión, la carta más bella y emocionante jamás escrita por científico alguno.

Las circunstancias trágicas de esta larga carta explican por qué Huxley citaba, solo como analogía, cosa que no comprendieron Moon, Mann y Otto, «el concepto cristiano de la entrega completa a la voluntad de Dios». El joven hijo de Huxley, su favorito, acababa de morir. Su amigo, el reverendo Charles Kingsley (recordado hoy día como autor de *The Water-Babies* y *Westward Ho!*)* le había escrito una larga y amable carta de condolencia con una última línea de buen anglicano:

* Clásicos de la literatura juvenil inglesa. (*N. del r.*)

«Mira, Huxley, si tan solo fueras capaz de abandonar tu maldito agnosticismo y aceptar el concepto cristiano del alma inmortal, te sentirías reconfortado».

Huxley le respondió en un tono que me recuerda al del jefe de policía de *Pirates of Penzance*, de Gilbert y Sullivan, quien, al ser alabado por las hijas del general Stanley por la bravura que de él se esperaba en una inminente batalla, que probablemente le llevara a una muerte sangrienta, respondió:

> Aun así, tal vez sería sabio,
> no censurar o criticar,
> ya que es muy evidente
> que estas atenciones tienen buena intención.*

Huxley le agradece a Kingsley sus sinceras palabras de consuelo, pero después pasa a explicar a lo largo de varias páginas de apasionada prosa la razón por la que no puede alterar una serie de principios, establecidos tras mucha meditación y deliberación, con el simple propósito de paliar su dolor presente.

Él, sostiene, se ha comprometido con la ciencia como única guía segura hacia la verdad, en lo que a cuestiones de hecho se refiere. Dado que las cuestiones de Dios y el alma no caen dentro de ese ámbito, él no puede conocer las respuestas a afirmaciones específicas y, por consiguiente, debe seguir siendo agnóstico. «Ni niego ni afirmo la inmortalidad del hombre —escribe—. No veo razón alguna para creer en ella, pero, por otra parte, carezco de medios para demostrar lo contrario. Así —continúa—, no puedo aseverar la certidumbre de la inmortalidad para aplacar el dolor por mi pérdida.» Las convicciones incómodas, si son fundadas, son aquellas que requieren una reafirmación más asidua, como manifiesta justo antes del pasaje citado por Moon, Mann y Otto: «Mi trabajo es, pues, enseñar a mis aspiraciones a que se conformen a los hechos, no intentar hacer que los hechos armonicen con mis aspiraciones».

Más adelante, en la afirmación más conmovedora de la carta, habla del gran consuelo que su compromiso con la ciencia le ha proporcionado, un consuelo más profundo y duradero que el dolor que ahora le

---

* *[Still, perhaps it would be wise / Not to carp or criticise, / For it's very evident / These attentions are well meant.]*

inspira su incertidumbre sobre la inmortalidad. Entre tres agentes que dieron forma a sus más profundas convicciones, señala: «la ciencia y sus métodos me dieron un lugar de reposo, independiente de la autoridad y las tradiciones». (Los otros dos agentes que cita Huxley son «el amor», que «abrió para mí una visión de la santidad de la naturaleza humana», y su aceptación de que «un sentido religioso profundo era compatible con una ausencia total de teología».) Después escribe:

> Si en este momento no soy un inútil esqueleto desgastado y pervertido de lo que antes era un hombre, si ha sido, o será, mi destino el colaborar al avance de la causa de la ciencia, si siento que tengo motivos para esperar algo de amor de aquellos que me rodean, si en el momento supremo en el que miré la tumba de mi hijo mi dolor estaba lleno de aceptación y vacío de amargura, todo ello obedece a que estos agentes han actuado sobre mí, y no porque jamás me haya preocupado si mi pobre personalidad habrá de permanecer para siempre separada del Todo de donde vino y al que ha de retornar.
>
> Y así, mi querido Kingsley, comprenderá cuál es mi posición. Es posible que esté equivocado y, en tal caso, sé que habré de pagar mi culpa por estarlo. Pero solo puedo decir, como Entero, «Gott helfe mir, ich kann nichts anders» (Que Dios me ayude, no puedo hacer otra cosa).

Así comprendemos qué era lo que Huxley quería decir al hablar de «el concepto cristiano de la entrega completa a la voluntad de Dios», en el pasaje citado por Moon, Mann y Otto. Obviamente, no se trata, como estos autores dan a entender, de una profesión de fe cristiana, sino de una ardorosa analogía: del mismo modo que el cristiano ha aceptado su compromiso, igualmente he hecho yo con la ciencia. No puedo hacer otra cosa a pesar del consuelo inmediato que el cristianismo convencional me supondría en mi dolor presente.

Hoy estuve sentado en el juzgado de Little Rock, escuchando el testimonio de cuatro espléndidos hombres y mujeres que dan clases de ciencias en escuelas e institutos de Arkansas. Su declaración tuvo momentos de humor, como cuando un profesor describió un ejercicio que utiliza en el segundo grado. Tiende un cordel a través del aula para representar la edad de la Tierra y después pide a los estudiantes que se coloquen en diversas posiciones indicando acontecimientos tales como el origen de la vida, la extinción de los dinosaurios y la evolución de los seres humanos. ¿Qué haría usted, preguntó el ayudante del fiscal del estado en su interrogatorio, para que existiera un tratamiento equilibrado para la Tierra de diez mil años de edad como abogan los científicos creacionistas? «Supongo que tendría que buscarme un cordel cortito», contestó el maestro. La idea de veinte entusiastas alumnos de segundo grado apretujándose todos a lo largo de un milímetro de cordel creó una imagen visual que hizo que el tribunal estallara en carcajadas.

Pero el testimonio de los profesores también tuvo momentos de inspiración. Al escuchar sus motivos para oponerse a la «ciencia de la creación», pensé en T. H. Huxley y en el valor que han de tener las personas dedicadas que no están dispuestas, por parafrasear a Lillian Hellman, a adaptar sus convicciones para que encajen en las modas del momento. Del mismo modo en que Huxley se negaba a simplificar y envilecer sus ideas para hallar consuelo inmediato, estos maestros dijeron al tribunal que la aceptación mecánica de la ley de «tratamiento equilibrado», aunque es fácil de lograr, destruiría su integridad como enseñantes y violaría su responsabilidad para con los estudiantes.

Un testigo señaló un pasaje de su libro de texto de química que atribuía una gran antigüedad a los combustibles fósiles. Dado que la ley de Arkansas incluye específicamente «una edad relativamente reciente para la Tierra» entre las definiciones de la ciencia de la creación que requieren «un tratamiento equilibrado», aquel pasaje tendría que ser alterado. El testigo afirmó que no sabía de qué modo hacer semejante alteración. «¿Por qué no? —preguntó el ayudante del fiscal en su interrogatorio—; lo único que tenía que hacer era insertar una frase: "Algunos científicos, no obstante, creen que los combustibles fósiles son relativamente recientes".» Entonces, en la manifestación más impresionante de todo el juicio, el profesor respondió: «Podría —argumentó— insertar semejante frase en una aceptación mecánica de la ley. Pero no puedo, como enseñante consciente, hacerlo. Porque 'tratamiento equilibrado' tiene que significar 'igual dignidad' y, por consiguiente, tendría que justificar la inserción. Y esto es algo que no puedo hacer, ya que no conozco ni un solo argumento válido capaz de respaldar semejante posición».

Otro profesor habló acerca de dilemas similares para ofrecer un tratamiento equilibrado de un modo concienzudo y no mecánico. «Entonces —le preguntaron— ¿qué haría usted si la ley fuera ratificada?» Alzó la vista y dijo con voz tranquila y digna: «Mi tendencia sería no plegarme a ella. No soy un revolucionario ni un mártir, pero tengo unas responsabilidades ante mis alumnos y no puedo dejarlas de lado».

Que Dios bendiga a los maestros con dedicación de este mundo. Nosotros, los que trabajamos en escuelas universitarias privadas y universidades, lejos de toda amenaza, a menudo no apreciamos adecuadamente la difícil situación de estos colegas, o su valor al respaldar lo que deberían ser nuestros objetivos comunes. Lo que Moon, Mann y Otto hicieron con Huxley es el epítome del mayor peligro planteado por el antirracionalismo impuesto en las aulas: que uno debe simplificar mediante distorsión, y eliminar tanto la profundidad como la belleza para plegarse a la ley.

Como muestra de aprecio hacia los profesores de Arkansas, y por todos nosotros, una afirmación más, en conclusión, de la carta de Huxley a Kingsley:

> Si hubiera vivido un par de siglos antes, podría haberme imaginado que un diablo se burlaba de mí [...] y me preguntaba qué ventaja tenía el haberme desvestido de las esperanzas y los consuelos de la gran masa de la humanidad. Ante lo cual mi única respuesta sería, y es: ¡Oh, diablo! La verdad es mejor que muchos beneficios. He rebuscado una y otra vez en los pilares de mis creencias, y si, como penalización, hubiera de perder uno tras otro a mi esposa, mi hijo, mi nombre y mi fama, aun así, no mentiría.

Post scriptum

El 5 de enero de 1982 el juez del distrito federal, R. William Overton, declaró inconstitucional la ley de Arkansas, por obligar a los profesores de biología a enseñar religión en las clases de ciencias.

22

La ciencia y la inmigración judía

En abril de 1925, C. B. Davenport, uno de los principales genéticos de Norteamérica, escribió a Madison Grant, autor de *The Passing of the Great Race*, y el racista más notorio de la tradición gentil yanqui: «Nuestros antecesores empujaron a los baptistas de la bahía de Massachusetts a Rhode Island, pero nosotros no tenemos ningún lugar a donde echar a los judíos». Si Nortemérica estaba ya demasiado llena para suministrar lugares de almacenamiento aislado para indeseables, entonces debería dejárseles fuera. Davenport había escrito a Grant para discutir un importante problema político del momento: el establecimiento de cuotas de inmigración en Estados Unidos.

Los judíos representaban un problema en potencia a los restriccionistas ardorosos. A partir de 1890, el carácter de la inmigración norteamericana había sufrido un cambio acentuado. Los aceptables ingleses, alemanes y escandinavos, que habían predominado anteriormente, se habían visto reemplazados por hordas de personas más pobres, más oscuras y menos familiares, procedentes del sur y el este de Europa. El catálogo de estereotipos nacionales proclamaba que todas estas personas (fundamentalmente, italianos, griegos, turcos y eslavos) eran, tanto moral como intelectualmente, deficientes de forma innata. Las argumentaciones en favor de su exclusión podían basarse en la preservación eugenésica de una raza norteamericana amenazada. Pero los judíos planteaban un dilema. El mismo catálogo racista les atribuía una serie de rasgos indeseables, incluyendo la avaricia y la incapacidad de asimilación, pero no les acusaba de estupidez. Si la torpeza innata había de ser el motivo científico «oficial» para excluir a los inmigrantes procedentes del este y el sur de Europa, ¿cómo iban a dejar fuera a los judíos?

La posibilidad más atractiva estaba en afirmar que el viejo catálogo había sido demasiado generoso y que, contrariamente a su estereotipo popular, los judíos eran, después de todo, estúpidos. Varios estudios «científicos» realizados entre 1910 y 1930, momento álgido del gran debate de la inmigración, llegaron a esta tan devotamente deseada conclusión. Como ejemplos de la distorsión de los hechos para hacer que se ajusten a las expectativas, o de la ceguera ante alternativas obvias, carecen de parangón. Este ensayo es la historia de dos estudios famosos, de diferentes naciones y distinto impacto.

H. H. Goddard era el director de investigaciones del Instituto de Vineland para Chicas y Chicos Retrasados Mentales de Nueva Jersey. Se consideraba a sí mismo como un taxónomo de la debilidad mental. Se concentró en los «deficientes en grado sumo», que planteaban problemas especiales, dado que su condición inmediatamente inferior al límite de la normalidad hacía que su identificación resultara más difícil. Inventó el término «morón» (de una palabra griega que significa «tonto») para describir a las personas pertenecientes a esta categoría. Por aquel entonces pensaba, aunque cambió de opinión en 1928, que la mayor parte de los morones debían ser confinados de por vida en instituciones, que se les debía mantener contentos asignándoles tareas correspondientes a sus habilidades y, por encima de todo, que se debía impedir su reproducción.

El método general de Goddard para identificar un morón era la sencillez misma. Una vez suficientemente familiarizado con la bestia, no había más que mirar a una de ellas, hacer unas pocas preguntas y extraer las conclusiones evidentes. Si estaban muertas, hacías las preguntas a los vivos que las habían conocido. Si a su vez estos estaban muertos, o eran ficticios, uno se limitaba a mirar. Goddard atacó en una ocasión al poeta Edwin Markham por sugerir que «El hombre de la azada», inspirada por el famoso cuadro de Millet de un campesino, «llegó a su estado como resultado de las condiciones sociales que no le permitieron levantar cabeza, convirtiéndole en algo parecido a los terrones que volteaba». ¿Acaso Markham no era capaz de ver que el hombre de Millet era mentalmente deficiente? «El cuadro es un retrato perfecto de un imbécil», comentó Goddard. Pensaba que tenía buena vista, pero que la tarea principal de identificación de morones debía ser realizada por mujeres, porque, según Goddard, la naturaleza había dotado a estas de una intuición superior:

Una vez que una persona ha tenido considerable experiencia en este trabajo adquiere casi un sexto sentido acerca de lo que es una persona débil
mental, por lo que puede distinguirlas de lejos. Las personas que mejor
desempeñan este trabajo y que, en mi opinión, deberían hacerse cargo de
él, son las mujeres. Ellas parecen tener una capacidad de observación más
penetrante que los hombres.

En 1912, Goddard fue invitado por el Servicio de Sanidad Pública de
los Estados Unidos a que ejercitara sus habilidades en la identificación
de morones entre los inmigrantes que llegaban a Ellis Island. Tal vez
pudieran ser entresacados y devueltos a su lugar de origen, reduciendo
así la «amenaza de los subnormales». Pero en esta ocasión Goddard llevó consigo un nuevo método para suplementar sus identificaciones a
primera vista: las pruebas de inteligencia de Binet, que posteriormente
habrían de convertirse (en manos de Lewis M. Terman, de la Universidad de Stanford) en la escala Stanford-Binet, o sea, la medida convencional del C.I. Binet acababa de morir en Francia y jamás llegaría a ser
testigo de la distorsión de su mecanismo, ideado para la identificación de
niños necesitados de una ayuda especial en la escuela, que lo convertía en
un instrumento para marcar a las personas con un estigma permanente
de inferioridad.

Goddard quedó tan satisfecho con los resultados de sus pruebas
preliminares que consiguió algo de dinero y envió a dos de sus mujeres
de vuelta a Ellis Island para un estudio más detallado. En dos meses y
medio probaron a cuatro grupos principales: treinta y cinco judíos,
veintidós húngaros, cincuenta italianos y cuarenta y cinco rusos. Los
tests de Binet produjeron un resultado asombroso: un 83 % de los judíos, un 87 % de los rusos, un 80 % de los húngaros y un 70 % de los
italianos eran débiles mentales: esto es, estaban por debajo de los doce
años de edad mental (el límite superior del morón según la definición
de Goddard). Hasta el propio Goddard se sintió un tanto embarazado
por la exageración de su éxito. ¿No eran sus resultados demasiado buenos para ser verdad? ¿Iba a ser posible convencer a la gente de que las
cuatro quintas partes de cualquier nación eran subnormales? Goddard
manipuló un poco sus números y rebajó las cifras hasta el 40 o el 50 %,
pero aun así seguía sintiéndose perturbado.

La muestra de los judíos fue la que más atrajo su interés, por dos
motivos. En primer lugar, podría resolver el dilema de la supuesta inteligencia de los judíos y suministrar un motivo para mantener aquel gru-

po indeseable fuera del país. En segundo lugar, Goddard pensaba que no podían acusarle de prejuicios en la muestra de judíos. Los otros grupos habían sido interrogados por medio de intérpretes, pero él había dispuesto de un psicólogo que hablaba yiddish para los judíos.

Vistas retrospectivamente, las conclusiones de Goddard eran mucho más absurdas de lo que incluso él se permitió sospechar en momentos de ansiedad. Pocos años más tarde quedó claro que Goddard había elaborado una versión particularmente dura de las pruebas de Binet. Sus resultados estaban muy por debajo de los obtenidos por todas las demás versiones. La mitad de las personas que daban un coeficiente bajo, pero normal en la escala Stanford-Binet, daban un coeficiente de morón en la escala de Goddard.

Pero el mayor absurdo surgía de la extraordinaria falta de sensibilidad de Goddard a los efectos ambientales, tanto a largo plazo como inmediatos, sobre los resultados de las pruebas. Según su punto de vista, las pruebas de Binet medían, por definición, la inteligencia innata, dado que no requerían lectura o escritura y no hacían referencia explícita a ningún aspecto particular de culturas específicas. Atrapado en este círculo vicioso de razonamientos, Goddard quedó ciego a la realidad primaria que rodeaba a sus mujeres en Ellis Island. La formidable miss Kite se acerca a un grupo de hombres y mujeres asustados (en su mayor parte analfabetos, casi ninguno de ellos con conocimientos de inglés y todos recién salidos del barco tras un agotador viaje en el entrepuente), los va sacando de la fila y les pide que citen todos los objetos que puedan, en su propio idioma, en tres minutos. ¿Su mala actuación no podría reflejar miedo, confusión o debilidad física, en vez de estupidez? Goddard consideró la posibilidad, pero la rechazó:

> ¿Qué podemos decir del hecho de que solo un cuarenta y cinco por ciento sea capaz de articular quince palabras en tres minutos, cuando los niños normales de once años llegan, en ocasiones, a las doscientas en el mismo tiempo? Es difícil encontrar una explicación que no sea la falta de inteligencia [...] ¿Cómo podría una persona vivir, aunque solo fueran quince años, en cualquier ambiente, sin aprender cientos de nombres de los que, sin duda, podría recordar sesenta en tres minutos?

¿Podía su incapacidad de identificar la fecha, o incluso el año, atribuirse a algo que no fuera subnormalidad?

¿Debemos llegar nuevamente a la conclusión de que el campesinado europeo, del tipo que inmigra a Norteamérica, no presta atención al paso del tiempo? ¿Y que la dureza de su vida es tal que no le importa si es enero o julio, si vive en 1912 o en 1906? ¿Es posible que la persona sea de una inteligencia considerable y a pesar de todo, por la peculiaridad de su ambiente, no haya adquirido ese tipo tan ordinario de conocimiento, aunque el calendario no sea de uso general en el continente, o sea un tanto complicado en Rusia? De ser así, ¡qué ambiente debía ser!

Goddard se debatía con la cuestión de esta inundación de morones. Por una parte, podía ver en ella algunos beneficios:

Hacen una gran cantidad de trabajo que ninguna otra persona estaría dispuesta a hacer [...] Hay una inmensa cantidad de trabajos penosos que realizar, una inmensa cantidad de trabajo por el que no deseamos pagar lo suficiente como para obtener trabajadores más inteligentes [...] Podría ocurrir que el morón tenga su lugar.

Pero temía aún más el deterioro genético y, eventualmente, se regocijó ante el endurecimiento de los estándares que su programa había respaldado. En 1917 informó, con placer, que las deportaciones por deficiencia mental habían crecido en un 350 % en 1913 y en un 570 % en 1914, por encima de la media de los cinco años precedentes. Los morones podían ser identificados en los puertos de acceso y devueltos a casa, pero un procedimiento tan ineficiente y oneroso jamás podría ser instituido como una política general. ¿No sería mejor limitarse a restringir la inmigración procedente de países atestados de imbéciles? Goddard sugirió que sus conclusiones «aportan importantes consideraciones para futuras acciones, tanto de índole científica y social como legislativa». En el transcurso de diez años las restricciones basadas en cuotas nacionales se habían convertido en una realidad.

Mientras tanto, en Inglaterra, Karl Pearson había decidido también estudiar la aparente anomalía de la inteligencia de los judíos. El estudio de Pearson era tan ridículo como el de Goddard, pero no podemos atribuir sus errores (como podríamos hacer, si tuviéramos inclinaciones a sentirnos absurdamente caritativos, en el caso de Goddard) a la ingenuidad matemática, ya que Pearson virtualmente inventó la ciencia de la estadística. Pearson, el primer titular de la cátedra Galton de Eugenesia en el University College de Londres, fundó los *Annales of Eugenics* en 1925. Decidió lanzar el primer número con su estudio de la inmigración judía, considerándolo, por lo visto, como un modelo de ciencia sobria y de planificación social racional. En las líneas de introducción planteaba inequívocamente sus propósitos:

> El objetivo de esta memoria es discutir si es deseable en un país ya muy poblado, como Gran Bretaña, permitir una inmigración indiscriminada o, caso de que la conclusión fuera negativa, en qué terreno debería basarse la discriminación.

Si en un grupo considerado como intelectualmente capaz podía ser clasificado como inferior, la argumentación básica para la restricción se vería grandemente respaldada, ya que ¿quién defendería a los grupos que todo el mundo consideraba estúpidos? Pearson, no obstante, negaba a grandes voces todo intento de atribuir motivos o prejuicios a su estudio. No podemos por menos que recordar unas palabras de Shakespeare: «La dama protesta demasiado, diría yo».

> Solo hay una solución ante un problema de este tipo, y está en la fría luz de la indagación empírica [...] No tenemos grano que llevar a nuestro molino, no tenemos cuerpo gubernativo al que propiciar por medio de publicitados descubrimientos; nadie nos paga para que obtengamos resultados en un determinado sentido. No tenemos electores ni suscriptores a los que enfrentarnos en el mercado. Creemos firmemente carecer de prejuicios políticos, religiosos o sociales [...] Nos recreamos en los números y las cifras por sí mismos y, sometidos a la fiabilidad humana, recogemos nuestros datos (como han de hacer todos los científicos) para averiguar la verdad que contienen.

Pearson había inventado un procedimiento estadístico utilizado hoy día tan comúnmente que, probablemente, muchas personas piensen que ha existido desde el amanecer de las matemáticas: el coeficiente de correlación. Este estadístico mide el grado de relación entre dos rasgos en una serie de objetos: la altura frente al peso, o la circunferencia de la cabeza frente a la longitud de las piernas, en un grupo de seres humanos, por ejemplo. Los coeficientes de correlación pueden ir de 1,0 (si las personas más altas son invariablemente más pesadas en la misma proporción) hasta 0,0 si no existe correlación alguna (si un incremento en la estatura no aporta información alguna acerca del peso): una persona más alta puede pesar más, lo mismo, o menos, y no puede hacerse predicción alguna a partir tan solo del incremento en estatura. Los coeficientes de correlación pueden ser también negativos si el incremento en una variable lleva a un decrecimiento de la otra (si, por ejemplo, las personas más altas pesan en general menos). El estudio de Pearson de la inmigración judía implicaba la medición de correlaciones entre un amplio y variado grupo de caracteres físicos y mentales de hijos de inmigrantes judíos que vivían en Londres.

Pearson midió todo aquello que pensó que podía resultar importante en la evaluación del «mérito» de las personas. Estableció cuatro categorías de limpieza del pelo: muy limpio y cuidado, aceptablemente limpio, sucio y descuidado, y grasiento o con parásitos. Evaluaba tanto la ropa interior como la exterior con arreglo a una escala similar: limpia, algo sucia, sucia e infecta. Después computó los coeficientes de correlación entre todas las medidas y se sintió, en general, defraudado por los bajos valores obtenidos. No podía comprender, por ejemplo, por qué la limpieza del cuerpo y el cabello tenían una correlación de solo 0,2615 en los niños y 0,2119 en las niñas, y meditaba:

> Naturalmente habríamos supuesto que la limpieza del cuerpo y la pulcritud del cabello serían productos del ambiente materno y que por lo tanto estarían altamente relacionados. Resulta singular que no sea así. Tal vez haya madres que consideren fundamentalmente los signos externos y, por consiguiente, vigilen la pulcritud del pelo, pero resulta difícil imaginar que aquellas que presten atención a la limpieza del cuerpo pasen por alto la del pelo.

Pearson concluyó su estudio de mediciones físicas proclamando que los niños judíos eran inferiores a la población nativa en estatura, peso, susceptibilidad a la enfermedad, nutrición, agudeza visual y limpieza:

> Los niños judíos extranjeros no son superiores a los gentiles nativos. De hecho, en términos generales, no exageraríamos si afirmáramos que son inferiores en la inmensa mayoría de las categorías que hemos tratado.

La única justificación posible para admitirlos yacía en una inteligencia potencialmente superior, que pudiera compensar sus limitaciones físicas.

Pearson pasó por lo tanto a estudiar la inteligencia por medio del mismo tipo de escala breve y subjetiva que había caracterizado la medición de los rasgos físicos. Para la inteligencia, se basó en las calificaciones de sus profesores, ordenadas de la A a la G.* Al computar las medias brutas, descubrió que los niños judíos no eran superiores a los gentiles nativos. Los niños judíos daban una media un poco superior, pero las niñas daban un promedio notablemente inferior al de sus compañeras de clase inglesas. Pearson concluyó con una llamativa analogía:

> Por término medio, y considerando los dos sexos, esta población judía extranjera es un tanto inferior, física y mentalmente, a la población nativa [...] Sabemos, y admitimos, que algunos de los niños de estos judíos extranjeros han tenido una ejecutoria brillante desde el punto de vista académico; otra cuestión es saber si tienen o no la capacidad de perseverancia de la raza nativa. No obstante, ningún criador de ganado vacuno compraría todo un rebaño, por pensar que iba a hallar en él uno o dos especímenes magníficos; y aún menos si sus pastizales y sus establos estuvieran ya llenos.

Pero Pearson se daba cuenta de que le faltaba un argumento crucial. Había admitido ya que los judíos vivían en una relativa pobreza. Supongamos que la inteligencia sea más un producto del ambiente que un valor innato. ¿No representarían los valores medios obtenidos por los judíos sus vidas en inferioridad de condiciones? ¿No serían, después de todo, superiores, si vivieran tan bien como los ingleses nativos? Pearson reconocía que tenía que demostrar el carácter innato de la inteligencia para sacar adelante su argumentación en favor de una inmigración restringida, basada en una mediocridad irremediable.

Volvió de nuevo a sus coeficientes de correlación. Si un coeficiente bajo de inteligencia estaba correlacionado con las medidas de miseria (enfermedades, escualidez, bajos ingresos, por ejemplo), entonces podría argumentarse la existencia de una base ambiental. Pero si aparecían pocas correlaciones o ninguna, la inteligencia no se ve afectada por el entorno y debe ser innata. Pearson computó sus coeficientes de correlación y, al igual que con las medidas físicas, encontró muy pocos valores elevados, pero esta vez se alegró. ¡Las correlaciones produjeron poco más que el descubrimiento de que los niños inteligentes duermen menos y tienden a respirar más por la nariz! Concluyó triunfante:

* De las notas más altas (A) a las más bajas (G). (*N. del r.*)

No existe en el material ninguna correlación mínimamente relevante entre la inteligencia del niño y su físico, su salud, el cuidado de sus padres o las condiciones económicas y sanitarias de su hogar [...] La inteligencia, como algo distinto al mero conocimiento, destaca como carácter congénito. Admitamos, finalmente, que la mente del hombre es, en su mayor parte, un producto congénito y que los factores que la determinan son raciales y familiares [...] El material por nosotros recolectado no nos ofrece evidencia alguna de que una disminución de la pobreza de los extranjeros, una mejora en su alimentación, o un aumento de su limpieza, pueda alterar sustancialmente el grado medio de su inteligencia [...] Es procedente juzgar al inmigrante por lo que es cuando llega, y rechazarlo o aceptarlo en ese momento.

Pero las conclusiones basadas en evidencias negativas resultan siempre sospechosas. El que Pearson no registrara ninguna correlación entre la «inteligencia» y el ambiente podría sugerir una verdadera ausencia de toda relación. Pero también podría significar simplemente que sus mediciones eran tan infectas como el pelo de su categoría cuatro. Tal vez la evaluación de un maestro no registre nada con precisión y su incapacidad para estar en correlación con medidas ambientales no demuestre más que una inadecuación como índice de inteligencia. Después de todo, Pearson había ya admitido que las correlaciones existentes entre las medidas físicas habían resultado decepcionantemente pequeñas. Era un estadístico excesivamente bueno como para ignorar esta posibilidad, de modo que le hizo frente y la dejó de lado con una de las peores argumentaciones que yo jamás haya leído.

Pearson ofreció tres motivos para mantener su afirmación de que la inteligencia es innata. Las dos primeras son irrelevantes: que las evaluaciones de los profesores tienen una correlación positiva con los resultados de las pruebas de Binet, y que la existencia de correlaciones elevadas entre hermanos y entre padres e hijos prueban también que la inteligencia es innata. Pero Pearson no había hecho pruebas de Binet a los niños judíos, y no había medido la inteligencia de sus padres en modo alguno. Estas dos afirmaciones hacían referencia a otros estudios y no podían ser transferidas al caso presente. Pearson era consciente de esta debilidad y, por consiguiente, planteó una tercera argumentación basada en la evidencia interna: la inteligencia (la evaluación de los maestros) no tenía correlación con el ambiente, pero sí con otras medidas «independientes» del valor mental.

Pero ¿cuáles eran estas otras medidas independientes? Lo crean o no, Pearson escogió la «rectitud» (basándose también en las evaluaciones de los maestros y clasificada como aguda, media y baja), y el rango en la clase. ¿De qué otro modo evalúa la «inteligencia» un maestro, si no es (en gran parte) por la rectitud y el rango de la clase? Las tres medidas de Pearson: inteligencia, rectitud y rango en la clase, no eran más que evaluaciones redundantes de la misma cosa: la opinión de los profesores acerca del valor de sus alumnos. Pero no podemos saber si estas opiniones registran capacidades innatas, ventajas ambientales o prejuicios de los maestros. En cualquier caso, Pearson concluía solicitando que se prohibiera la entrada de todos, menos los más inteligentes de entre los judíos extranjeros:

> Para los hombres carentes de ninguna capacidad especial, sobre todo para aquellos hombres a los que la religión, los hábitos sociales o el lenguaje mantienen como una casta aparte, no debería haber lugar. No serán absorbidos ni reforzarán la población existente; se convertirán en una raza parásita.

Los estudios de Goddard y de Pearson compartían la propiedad de las contradicciones internas y un prejuicio evidente, suficiente como para rechazar todas sus afirmaciones. Pero difirieron en un aspecto importante: su impacto social. Gran Bretaña no dictó leyes para restringir la inmigración por orígenes raciales o nacionales. Pero en Norteamérica, Goddard y sus colegas ganaron. El trabajo de Goddard en Ellis Island había ya animado a los funcionarios de inmigración a rechazar gente por supuesta subnormalidad. Cinco años más tarde el ejército sometió a 1.750.000 reclutas de la primera guerra mundial a una prueba que Goddard ayudó a elaborar y que fue compuesta por una reunión de comité en su Escuela de Formación de Vineland. Las tabulaciones no identificaban a los judíos *per se*, pero calculaban la «inteligencia innata», según las medias nacionales. Estas pruebas absurdas, que medían la familiaridad lingüística y cultural con las costumbres norteamericanas (véase mi libro *The Mismeasure of Man*, W. W. Norton, 1981),* categorizaban a los inmigrantes recientes del sur y el este de Europa muy por debajo de los ingleses, alemanes y escandinavos, que habían llegado

* Hay edición castellana: *La falsa medida del hombre* (Antoni Bosch, Barcelona, 1984). (*N. del r.*)

mucho antes. El soldado medio de la mayor parte de las naciones del sur y el este de Europa obtuvo resultados de morón en las pruebas del ejército. Dado que la mayor parte de los inmigrantes judíos llegaban de naciones del este europeo, las cuotas basadas en el país de origen eliminaban a los judíos con la misma seguridad con que las cuotas colegiales basadas en la distribución geográfica les impidieron el ingreso, en tiempos, a los campus universitarios de élite.

Cuando se instauraron las cuotas para la Ley de Restricción de la Inmigración de 1924, fueron calculadas inicialmente en un 2 % de las personas de cada nación presente en Estados Unidos durante el censo de 1890, no en el recuento más reciente de 1920. Dado que en 1890 habían llegado muy pocos europeos del sur y del este, estas cuotas redujeron de manera efectiva, a un goteo, el influjo de eslavos, italianos y judíos. La restricción estaba en el aire, y en cualquier caso se hubiera producido. Pero el carácter peculiar y la intención de las cuotas de 1924 fueron, en gran medida, resultado de la propaganda publicada por Goddard y sus colegas eugenistas.

¿Qué efecto tuvieron estas cuotas, visto retrospectivamente? Alian Chase, autor de *The Legacy of Malthus*, el mejor libro acerca de la historia del racismo científico en Norteamérica, ha estimado que las cuotas impidieron la entrada de hasta seis millones de europeos del sur, del centro y del este, entre 1924 y el estallido de la segunda guerra mundial (asumiendo que la inmigración hubiera continuado al ritmo anterior a 1924). Sabemos lo que ocurrió a muchos que querían partir, pero no tenían a dónde ir. Los caminos que llevan a la destrucción a menudo son indirectos, pero las ideas pueden también ser sus agentes, además de las armas y las bombas.

23

La política del censo

En la Constitución de los Estados Unidos, el mismo pasaje que prescribe un censo cada diez años incluye también la infame afirmación de que los esclavos serán considerados como tres quintas partes de una persona. Irónicamente, y por diferentes que sean la situación y los motivos, los negros siguen siendo contados por debajo de su número real en el censo norteamericano, porque las personas pobres de las ciudades del interior son sistemáticamente pasadas por alto.

El censo siempre ha sido una fuente de controversias porque fue establecido como mecanismo político, no como un caro adorno para satisfacer curiosidades y alimentar las fábricas académicas. El pasaje constitucional que ordena el censo empieza diciendo: «El número de representantes y los impuestos directos serán distribuidos entre los diversos estados que sean incluidos en esta unión con arreglo a sus respectivas poblaciones».

La utilización política del censo se ha extendido a menudo más allá de la asignación de impuestos y la representación política. El sexto censo de 1840 engendró una inflamada controversia, basada en la suposición correcta de que, por una vez, se habían contado negros de más. Esta curiosa historia ilustra el principio de que la copiosidad de los números no garantiza la objetividad, y que incluso las prospecciones más cuidadosas y rigurosas solo valen lo que sus métodos y sus supuestos de partida. (William Stanton cuenta esta historia en *The Leopard's Spots*, un excelente libro acerca de las actitudes científicas respecto a la raza en la primera mitad del siglo XIX. He leído también los trabajos originales del principal protagonista, Edward Jarvis.)

El censo de 1840 fue el primero en incluir en su recuento a los deficientes y enfermos mentales, enumerados por raza y por estado. El doctor Edward Jarvis, por aquel entonces un joven médico que posteriormente se convertiría en una autoridad nacional en estadísticas médicas, se regocijaba de que las frustraciones debidas a datos inadecuados se verían pronto superadas. En 1844 escribió:

Las estadísticas acerca de la demencia están convirtiéndose, cada vez más, en objeto de interés para los filántropos, para los economistas políticos y los hombres de ciencia. Pero todas las investigaciones, realizadas por individuos o por asociaciones, han sido parciales e incompletas y han resultado muy poco satisfactorias [...] No eran capaces de cuantificar los grupos de personas, entre las cuales encontraron un número concreto de dementes, y por consiguiente, como campo de comparación de la incidencia de la demencia en un país comparada con la de otro, o en una clase o raza de personas comparada con otra, sus informes no satisfacían su propósito.

Jarvis pasaba entonces a alabar a los encargados del censo de 1840 como apóstoles del nuevo orden cuantitativo:

Dado que estos funcionarios recibieron orden de indagar casa por casa, y de no dejar alojamiento (ni mansión, ni cabaña), ni tienda ni barco, sin visitar y examinar, se supuso, razonablemente, que habría una evaluación completa y precisa de la incidencia de la demencia entre 17 millones de personas. Jamás había sido examinado un campo más amplio que este con tal fin en parte alguna de la Tierra, desde que el mundo es mundo [...] Jamás el filántropo se encontró con una mayor promesa de la verdad hasta entonces desconocida [...] Muchos procedieron a analizar inmediatamente las tablas para averiguar la incidencia de la demencia en diversos estados, y en las dos razas, que constituyen nuestra población.

Al escrutar las tablas académicos y biólogos de diverso pelaje, salió a la luz un hecho, de notable prominencia en aquellos tiempos difíciles. Entre los negros, la demencia atacaba a las personas libres en los estados del Norte con una frecuencia muy superior que a los esclavos del Sur. De hecho, uno de cada 172 negros estaba loco en los estados libres, pero solo uno de cada 1.558 en los estados esclavistas. Pero la libertad y el Norte no planteaban ningún terror mental para los blancos, ya que su estado mental no difería en el Norte y en el Sur.

Más aún, la demencia entre los negros parecía ir decreciendo con una gradación homogénea, desde el áspero Norte hasta el amable Sur.

Uno de cada 14 negros de la población de Maine estaba loco o era idiota; en New Hampshire, uno de cada 28; en Massachusetts, uno de cada 43; en Nueva Jersey, uno de cada 279. En Delaware, no obstante, la frecuencia de la demencia entre los negros disminuía abruptamente. Según escribe Stanton: «Parecía como si Mason y Dixon hubieran trazado una línea* no solo entre Maryland y Pennsylvania, sino también (sin duda involuntariamente) entre la cordura y el manicomio».

En su primera publicación acerca del censo de 1840, Jarvis sacó la misma conclusión que tantos otros blancos hubieran planteado: la esclavitud, si bien no es el estado natural de los negros, debe tener una incidencia notablemente beneficiosa sobre ellos. Debe ejercer «una maravillosa influencia en el desarrollo de las facultades morales y los poderes intelectuales». El esclavo gana en ecuanimidad al «rechazar muchas de las esperanzas y responsabilidades que las personas libres, pensantes, y que actúan por sí mismas, disfrutan y mantienen», ya que la esclavitud «les evita algunos de los riesgos y peligros de dirigir sus vidas por sí mismos».

El «hecho» básico de la existencia de diez veces más demencia en régimen de libertad que bajo la esclavitud fue ampliamente ensalzado por la prensa, a menudo con tonos espectaculares. Stanton cita a un colaborador del *Southern Literary Messenger* (1843) que, llegando a la conclusión de que los negros se vuelven «más viciosos en un estado de libertad», trazaba una terrible imagen de Virginia, caso de que alguna vez se convirtiera en un estado libre, con «el fin de toda simpatía por parte del amo hacia el esclavo». Se preguntaba:

> ¿Dónde encontraríamos penitenciarías para los miles de felones? ¿Dónde manicomios para las decenas de miles de maníacos? ¿Sería posible vivir en un país en el que el viajero sería recibido por maníacos y felones en cada cruce de caminos?

Pero Jarvis se sentía preocupado. La disparidad entre el Norte y el Sur tenía para él sentido, pero su extensión resultaba desconcertante. ¿Sería posible que la esclavitud pudiera suponer una diferencia tan enorme? Si la información no hubiera estado sellada con un imprimátur del gobierno, ¿quién la habría creído? Jarvis escribió:

---

* La línea limítrofe entre los estados citados, y que hasta la guerra civil norteamericana constituyó la separación entre el Norte y el Sur. (*N. del r.*)

Esto resultaba tan improbable, tan contrario a la experiencia común, había en ello una tan fuerte prueba suficiente a primera vista de error, que nada que no hubiera sido un documento respaldado por toda la autoridad del gobierno nacional y «corregido en el departamento de estado», podría haberle otorgado la más mínima credibilidad entre los habitantes de los estados libres, en los que la demencia parecía abundar tan asombrosamente.

Jarvis empezó, por lo tanto, por examinar las tablas y se quedó escandalizado por lo que descubrió. De algún modo, y de una forma que difícilmente podía obedecer a una serie de accidentes fortuitos, el número de negros dementes había sido absurdamente inflado en las cifras asignadas a los estados del Norte. Jarvis descubrió que había 25 ciudades en los 12 estados libres en las que no había un solo negro cuerdo. La cifra de «todos los negros» había sido obviamente trastocada o equivocadamente situada en la columna de «negros locos». Pero los datos correspondientes a 135 ciudades adicionales (incluyendo 39 en Ohio y 20 en Nueva York) no podían ser tan fácilmente explicados, ¡ya que a estas ciudades les había sido asignado un número de negros dementes superior al número total de ellos, ya estuvieran locos o cuerdos!

En unos pocos casos, Jarvis pudo localizar el origen del error. Worcester, Massachusetts, por ejemplo, tenía 133 dementes en una población negra total de 151. Jarvis hizo averiguaciones y descubrió que esas 133 personas eran pacientes blancos que vivían en el manicomio estatal allí localizado. Con esta única corrección, la primera entre muchas, la demencia entre los negros en Massachusetts bajó de uno por cada 43 a uno por cada 129. Jarvis, desmoralizado e iracundo, emprendió una década de lucha infructuosa para obtener una retractación oficial o una corrección del censo de 1840. Empezó:

Un documento como el que acabamos de describir, cargado de errores y falsas afirmaciones, en lugar de ser portador de la verdad al mundo, para iluminar su conocimiento y guiar sus opiniones, es, en lo que a la enfermedad humana se refiere, un portador de mentiras para confundir y equivocar.

Este debate estaba destinado a tener un fin más significativo que las persistentes discusiones en las revistas literarias y académicas. Los hallazgos de Jarvis llegaron a oídos de un hombre formidable: John Quincy Adams, por aquel entonces cercano a los ochenta años de edad, y a punto de rematar una distinguida carrera como líder de las fuerzas antiesclavistas en la Cámara de Representantes. Pero el oponente de Adams era también formidable. En aquel momento el censo se hallaba bajo la jurisdicción del Departamento de Estado, y su recién nombrado secretario no era otro que John C. Calhoun, el más astuto y vigoroso defensor de la esclavitud en Norteamérica.

Calhoun, en uno de sus primeros actos oficiales, utilizó las cifras incorrectas, pero oficiales, del censo para responder a la esperanza expresada por el secretario del Exterior británico lord Aberdeen, de que la esclavitud no fuera permitida en la nueva república (que pronto sería un estado) de Texas. El censo probaba, escribió Calhoun a Aberdeen, que los negros del Norte habían «caído invariablemente en el vicio y la pobreza, acompañados por las aflicciones corporales y mentales correspondientes», mientras que en los estados que habían retenido lo que Calhoun llamaba con elegante eufemismo «la antigua relación entre las razas» había una población negra que «había mejorado grandemente en todos los aspectos: en número, comodidades, inteligencia y moral».

Calhoun pasó entonces a eludir la requisitoria oficial de la Cámara; pasó por alto la moción de Adams de que el secretario de Estado informara acerca de los errores del censo y acerca de las medidas que habrían de tomarse para corregirlo. Adams abordó entonces a Calhoun en su despacho y registró la respuesta del secretario en su diario:

> Se retorcía como una serpiente de cascabel a la que hubieran pisado la cabeza, al ver descubierto su falso informe a la Cámara de que no se habían detectado errores materiales en el censo impreso de 1840, y dijo finalmente que había tal cantidad de errores que se equilibraban los unos a los otros, llevando a las mismas conclusiones que si todos ellos fueran correctos.

Jarvis, mientras tanto, había conseguido el apoyo de la Sociedad Médica de Massachusetts y la Asociación Estadística Norteamericana. Armado con nuevos datos y respaldos, Adams volvió a persuadir a la Cámara para que exigiera una explicación oficial a Calhoun. Y una vez más, Calhoun se escurrió, entregando finalmente un informe lleno de retórica y ofuscación, en el que seguía citando las cifras de 1840 acerca de la demencia como prueba de que la libertad sería «una maldición y no una bendición» para los esclavos negros. Jarvis vivió hasta 1884, y colaboró en los censos de 1850, 1860 y 1870. Pero jamás logró una rectificación oficial de los errores que había descubierto en el censo de 1840. Los datos manipulados, si no directamente fraudulentos, acerca de la demencia entre los negros, siguieron siendo citados como argumento en favor de la esclavitud al ir aproximándose la guerra civil.

Hay todo un mundo de diferencia entre la sobreevaluación de negros dementes en 1840 y la subevaluación de negros pobres (y otros grupos) en las ciudades interiores en 1980. En primer lugar, aunque jamás ha sido determinada la fuente de los errores del censo de 1840, podemos sospechar, con buenos motivos, la existencia de una manipulación sistemática, y tal vez consciente, por parte de los encargados de tabular los datos. Creo que podemos tener una razonable confianza en que, con los procesos automatizados y un mayor cuidado, los errores sistemáticos del censo de 1980 al menos sean errores involuntarios. En segundo lugar, la política de 1840 dejaba abiertos pocos canales para la crítica, y la cabezonería evasiva de Calhoun prevaleció al final. Hoy en día, prácticamente todos los censos se ven sometidos a un escrutinio legal y a la posibilidad de ser impugnados.

No obstante, tras todas estas batallas legales se encuentra el hecho de que seguimos sin saber cómo contar con precisión a la gente. Los números voluminosos y las tabulaciones extensivas no son una garantía de objetividad. Si uno no puede encontrar a la gente, no puede contarla. Y el censo norteamericano es, según la ley, un intento exhaustivo, no una operación estadística basada en muestreos.

Si fuera posible (por caro que resultara) contar a todo el mundo con absoluta confianza, no podría plantearse ninguna queja válida. Pero no lo es, y el mero intento de hacerlo engendra un error sistemático que garantiza el fracaso. Porque algunas personas son mucho más difíciles de encontrar que otras, bien sea por su resistencia a ser incluidas (inmigrantes ilegales, por ejemplo), o por el complejo de circunstancias desafortunadas que hace que los pobres sean más anónimos que el resto de los estadounidenses.

Las regiones en las que existe una concentración de gente pobre serán sistemáticamente subevaluadas, y tales regiones no están dispersas al azar por todos los Estados Unidos. Se encuentran en el corazón de nuestras principales ciudades. Un censo que evalúe la población por recuento directo será una fuente de contenciosos inacabables mientras el dinero federal y la representación en el Congreso lleguen a las ciudades como premio por su mayor población.

Los censos han sido siempre fuente de controversias, en especial dado que su propósito histórico ha implicado normalmente la contribución o el reclutamiento. Cuando David, embaucado por el propio Satanás, tuvo el atrevimiento de «numerar» Israel (I Crónicas, cap. 21), el Señor le castigó ofreciéndole algunas desagradables alternativas: tres años de hambre, tres meses de devastación por ejércitos enemigos, o tres días de pestilencia (todas ellas capaces de reducir la población, tal vez, hasta niveles en los que sería posible contarla). El legado de cada censo norteamericano parece consistir en diez años de contenciosos.

Sexta parte

Extinción

24

Disminución filática en el tamaño de las barritas Hershey

El solaz de mi juventud era una miserable mezcolanza de algo dulzón y pringoso, con una abundante dosis de cacahuetes, y rodeado de chocolate; verdadero chocolate, por lo menos. Se llamaba «Whizz» y costaba una moneda de cinco centavos. Grabado en el envoltorio estaba su orgulloso lema rimado:* «La mejor barra de cinco centavos que existe». Algún tiempo después de la guerra, las barras de dulce subieron a seis centavos durante un tiempo, y el lema cambió sin aspavientos: «La mejor barra que existe». ¿Cómo podía yo sospechar que se había iniciado un proceso evolutivo, persistente en su dirección y en aceleración constante?

Yo soy paleontólogo, uno de esos tipos raros que convirtieron su fascinación infantil por los dinosaurios en una carrera. Buscamos modelos repetidos en la historia de la vida, casi siempre sin éxito. Una generalidad que funciona más veces de las que fracasa es la denominada «regla de Cope del incremento filético en tamaño». Por razones que aún no han sido claramente especificadas, el tamaño corporal tiende a crecer con bastante regularidad en el seno de las líneas evolutivas. Algunos han citado las ventajas generales de un mayor tamaño corporal: capacidad de recorrer mayores distancias en busca de comida, mejores resultados reproductivos, una mayor inteligencia asociada con un mayor tamaño del cerebro. Otros afirman que los fundadores de linajes largos tienden a ser pequeños y que el incremento en tamaño es más una desviación de la estatura diminuta que el logro positivo de un tamaño mayor.

---

* La rima se pierde en la traducción: *Whizz, the best nickel candy there izz.* (*N. del r.*)

El fenómeno opuesto de un decrecimiento gradual en el tamaño es asombrosamente escaso. Hay un famoso foraminífero (un animal unicelular marino) que fue haciéndose cada vez más pequeño antes de desaparecer por completo. Un grupo extinto, pero importante en otros tiempos, los graptolites (organismos marinos coloniales flotantes, tal vez relacionados con los vertebrados), iniciaban su vida con un gran número de estipas (ramas portadoras de una hilera de individuos). El número de estipas fue declinando progresivamente en varios linajes a ocho, cuatro y dos, hasta que finalmente todos los graptolites supervivientes poseían una única estipa. Después desaparecieron. Les ocurrió como a *El increíble hombre menguante*, es decir, simplemente fueron disminuyendo de tamaño hasta la invisibilidad (ya que él, habiendo disminuido de tamaño lo suficiente como para salir a través de los agujeros de la malla de una pantalla en su debut cinematográfico, debe tener ya el tamaño de un muón; pero sospecho que sigue aún por ahí). O desaparecieron por completo como la legendaria Ave-Fu, que giraba en círculos cada vez más pequeños hasta que acabó volando a través de su propio ya-saben-ustedes-qué, y desapareció. ¿Qué aspecto tendría un graptolite de cero estipas? En cualquier caso, ya no forman parte de nuestro mundo.

Las rarezas de la naturaleza son a menudo lugares comunes en la cultura, y estamos rodeados de disminuciones en el tamaño filético en muchos de los productos de fabricación humana. Recuerden el reclamo publicitario de las cubiertas de los tebeos: «52 páginas, todas de historietas». Y costaban solo diez centavos. Y hubo una época en la que grande significaba grande, en lugar de ser el tamaño más pequeño de una secuencia de envases de detergente o de cereales que iban de grande a enorme y a gigante.

Consideremos la barrita Hershey: un portaestandarte enormemente digno del fenómeno general del decrecimiento filético en tamaño en los bienes de consumo. Es el símbolo no publicitado de la calidad norteamericana. Comparte con las Tiritas, el Kleenex, el Cello y el Danone* esa rara distinción de asociar su nombre comercial al producto genérico. También ha estado disminuyendo de tamaño a gran velocidad.

He venido controlando informalmente, y con creciente dolor, este proceso durante más de una década. Es obvio que también otros lo han

---

* Se ha sustituido la mayoría de las marcas norteamericanas que el autor cita en el original por otras más conocidas entre el público hispano, sin que ello implique preferencia o publicidad encubierta. (*N. del r.*)

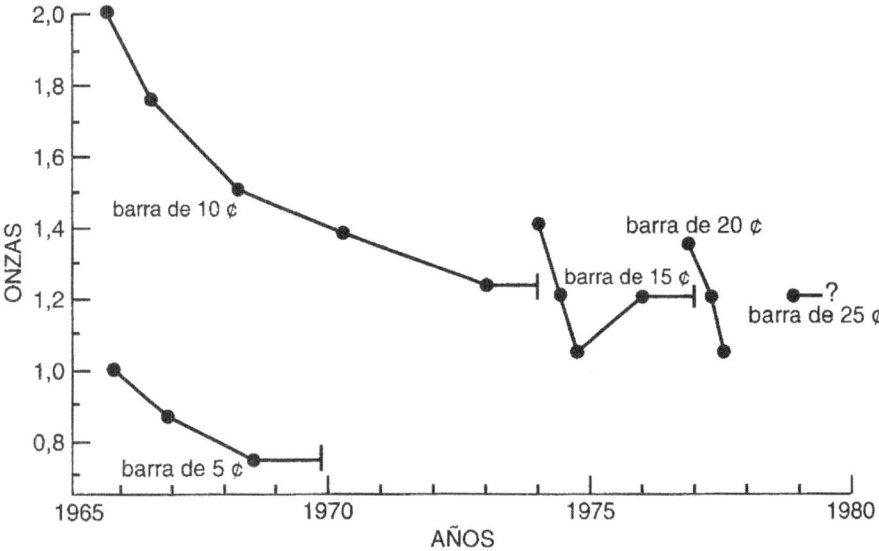

19. Las barritas Hershey caen por los suelos; una evaluación cuantitativa
(gráfico de L. Meszoly).

seguido. La cuestión ha llegado a ser lo suficientemente delicada como para que haya dado lugar a un memorándum oficial, en diciembre de 1978, procedente del cuartel general de la empresa, sito en 19 East Chocolate Avenue (en Hershey, Pennsylvania, por supuesto). En él, Hershey utilizaba el eslogan sin modificar y revelaba el secreto de forma inadvertida. Este documento de tres páginas lleva por título «¿Recuerdan la barrita de cinco centavos?» (desde luego que sí, y con mucho cariño, ya que empecé a comerlas con avidez a una edad de juvenil inocencia, mucho antes de que oyera hablar de la bolsita de cinco centavos).* Hershey defiende la disminución en el tamaño de sus barritas y el aumento de sus precios como una respuesta estrictamente promedia (o incluso ligeramente mejor que la promedio) a la inflación generalizada.

No es mi intención refutar esta afirmación, ya que utilizo la barrita como sinécdoque de una enfermedad generalizada: como un ejemplo medio, no como una muestra egregia.

He construido el gráfico a partir de la tabla de datos del memorándum de Hershey, que incluye toda la información desde mediados de

---

* Bolsita con un preservativo. (*N. del r.*)

1965 hasta hoy. Como paleontólogo habituado a interpretar las secuencias evolutivas, vislumbro ahora dos fenómenos generales: una disminución gradual en el tamaño filético en el seno de cada linaje de precios, y mutaciones ocasionales súbitas a un tamaño (y un precio) superiores tras una declinación previa hasta niveles peligrosos. Soy totalmente ignorante en el terreno de la economía, la ciencia deprimente. Para mí los toros y los osos tienen cuatro patas y reciben el nombre de *Bos taurus* y *Ursus arctos*. Pero creo que finalmente he comprendido lo que un evolucionista llamaría el «significado adaptativo» de la inflación. La inflación es un subproducto necesario de la lucha fructífera de un linaje por su existencia. Para aceptar esta explicación radical de la inflación, solo tienen que aceptarme una premisa: que los productos manufacturados de la cultura, como algo fundamentalmente no natural, tienden a seguir el curso de la vida a la inversa. Si los linajes orgánicos obedecen la regla de Cope y van aumentando de tamaño, los linajes fabricados tienen una propensión, igualmente fuerte, a disminuir de tamaño. Por consiguiente, o bien siguen los pasos del Ave-Fu y desaparecen, o se restituyen periódicamente por una mutación súbita a tamaños mayores (e, incidentalmente, a unos precios excesivos).

Podemos defender esta tesis extrapolando la tendencia de los linajes de precios del gráfico. La barrita de cinco centavos pesaba una onza (28,35 g) en 1949. Y seguía pesando una onza (tras algunos bajones temporales a 7/8 de onza) al comenzar nuestra historia en septiembre de 1965. Pero no podía retrasar más su tendencia natural y comenzó el declive, a 7/8 de onza en septiembre de 1966 y finalmente a 3/4 de onza en mayo de 1968, hasta su desaparición el 24 de noviembre de 1969, día que habrá de cubrirse de infamia. Pero no importa que haya sido así, ya que si extrapolamos su tasa media de reducción (un cuarto de onza en 32 meses), se hubiera extinguido de modo natural en mayo de 1976. La barrita de diez centavos siguió un camino similar, aunque empezó siendo más grande y, por consiguiente, sobrevivió más tiempo. Fue disminuyendo de tamaño a partir de dos onzas en agosto de 1965 hasta 1,26 onzas en enero de 1973. Dejó de producirse oficialmente el 1 de enero de 1974, aunque calculo que se hubiera extinguido el 17 de agosto de 1986. La barrita de quince centavos inició su andadura llena de esperanzas con 1,4 onzas en enero de 1974, pero después entró en declive a un ritmo alarmante, mucho más rápido que el de cualquier otro predecesor. Inesperadamente, se recuperó exhibiendo la única inversión (aunque menor) hacia un mayor tamaño en el seno de un linaje de precios desde el año 1965. A pesar de todo murió el 31 de diciembre de 1976 (y ¿por qué no?, si solo podría haber durado hasta el 31 de diciembre de 1988 y nadie habría pagado quince centavos por una migaja de dulce, que es lo que hubiera sido en sus años finales). La barrita de veinte centavos (espero no estar aburriéndoles) surgió con un peso de 1,35 onzas en diciembre de 1976, e inmediatamente experimentó el declive más rápido e irreversible de todos los linajes de precios. Morirá el 15 de julio de 1979. La barrita de veinticinco centavos, que tiene hoy en día unos pocos meses de edad, inició su andadura con un peso de 1,2 onzas en diciembre de 1978. *Ave atque vale.*

El gráfico muestra otra tendencia alarmante: cada vez que la barrita Hershey muta a un nuevo linaje de precios, se vuelve más grande, pero nunca tanto como el miembro fundador del linaje previo. La ley del decrecimiento del tamaño filético para los bienes manufacturados debe actuar entre los linajes emparentados, además de hacerlo en su seno; con lo que se frustra, en última instancia, la estrategia de la restauración por salto mutacional. La barrita de diez centavos empezó pesando dos onzas y aún se mantenía firme cuando comenzó nuestra historia a finales de 1965. La barrita de quince centavos apareció con un peso de 1,4 onzas. La barrita de veinte centavos lo hizo con 1,35 onzas y la de 25 centavos pesaba inicialmente 1,2 onzas. Podemos también extrapolar este ritmo de decrecimiento entre linajes hasta su solución final. Hemos visto un decrecimiento de 0,8 onzas en tres pasos a lo largo de trece años y cuatro meses. A este ritmo los cuatro escalones y medio que quedan llevarán otros veinte años. Y en diciembre de 1988 hará su aparición esa maravilla de maravillas, la barrita sin peso. Costará 47,5 centavos.

El personal de publicidad de Hershey mencionó algo acerca de una muestra gratis de 10 libras. Pero supongo que ya me la he cargado. Aun así, me gustaría recordarle a todo el mundo el comentario de Mark Twain de que existen «embustes, malditos embustes y estadísticas». Y me gustaría añadir, en favor de los buenos muchachos de Hershey, Pennsylvania, que el chocolate sigue siendo francamente bueno, lo que queda de él. La única rebaja en la calidad que he percibido ha sido la sustitución de las almendras enteras por almendras picadas, mientras que me estremezco solo con pensar de qué podrá estar hecha la «crema» del interior de un *devil dog** en estos días.

Aun así, supongo que lo he estropeado todo. Es una pena. Una barra de diez libras excita mis más salvajes fantasías. Sería algo tan bueno como

---

* Perrito caliente *(hot dog)* picante. (*N. del r.*)

el cromo de 1949 de Joe DiMaggio que jamás llegué a tener (dudo que hubiera ninguno en la colección). Y acabé con un enorme montón de fundas de chicle a cambio de mis esfuerzos. Pero esa es otra historia para ser contada, con la dentadura postiza colocada, en algún otro momento.

Post scriptum

Escribí este artículo (como cualquiera puede averiguar por la evidencia interna) a comienzos de 1979. Desde entonces, se han producido dos acontecimientos interesantes. El primero se ajustó a mis predicciones con asombrosa precisión. En cuanto al segundo, intervino ese espectro de todas las ciencias, la Gran Excepción (G mayúscula, E mayúscula) y me he visto frustrado. Y (como ávido devorador de barritas Hershey) no sé cómo explicarles lo contento que me he puesto.

La barrita de 25 centavos hizo prácticamente lo que yo había dicho que haría. Inició su andadura con un peso de 1,2 onzas en diciembre de 1978, donde la dejé, y después cayó en picado a 1,5 onzas en marzo de 1980, antes de extinguirse en marzo de 1982. Pero Hershey procedió a darle un toque inesperado a lo inevitable, al reemplazar su llorada barrita de 20 centavos por la inevitable barrita de 30. Anteriormente, todas las nuevas presentaciones habían emprendido camino con un peso inferior (a pesar de sus precios excesivos) que el primer artículo del linaje de precios anterior. (Basé mi extrapolación hasta la barrita sin peso en este esquema.) Pero, maravilla de maravilla y zalema a la Gran Excepción, la barrita de 30 centavos emprendió camino con el asombroso peso de 1,45 onzas, mucho mayor que nada que hayamos visto desde la barrita de diez centavos de mi ya distante infancia.

Como podrían esperar los lectores cínicos, tras esta singular jugada existe una historia. En el *Washington Post* del 11 de julio de 1982 (y gracias a Ellis Yochelson por enviarme el artículo), Randolph E. Bucklin lo explica todo bajo el encabezado: «La guerra de los dulces: la táctica de los precios de Hershey fracasa».

Al parecer, la buena gente de Mars (aunque son terrícolas),* fabricantes de Three Musketeers, Snickers y M & M's, que son los principales competidores de Hershey, habían realizado la maniobra sin prece-

---

* En inglés, Marte es Mars; de ahí la aclaración del autor, innecesaria en castellano. (*N. del r.*)

dentes de aumentar el tamaño de sus barritas de 25 centavos sin subir los precios. Al cabo de un tiempo, subieron el precio a 30 centavos, pero conservando el tamaño nuevo. Hershey intentó aguantar el tipo con sus menguantes barritas de 25 centavos. Pero miles de almacenes familiares no estaban dispuestos a tomarse la molestia de cobrar 25 centavos por algunas barritas y 30 por otras (y, además, no conseguían acordarse de cuáles eran de Hershey y cuáles de Mars); y, por consiguiente, cobraban 30 centavos tanto por las grandes barritas de Mars como por las minúsculas ofertas de Hershey. Las ventas de Hershey cayeron en picado; finalmente, capitularon frente a las tácticas de Mars, subiendo los precios a 30 centavos y aumentando el tamaño hasta el nivel de Mars, y por encima de las predicciones de la tendencia natural.

Como científico entrenado en los razonamientos espectaculares, tengo preparada una explicación de la Gran Excepción. Las tendencias generales tienen un carácter intrínseco; continúan siempre que las condiciones externas mantengan su constancia. Una catástrofe imprevista e impredecible, como el asteroide de finales del Cretácico del próximo ensayo, o las arteras tácticas de venta de Mars y Co., altera el sistema, con lo que todas las apuestas se cierran. No obstante, prevalecerá la mayor inevitabilidad. La barrita de 30 centavos irá en disminución y sus restituciones, a precios más elevados, también irán menguando. La barrita sin peso tal vez tarde en llegar unos cuantos años más que los que predije (puede incluso llegar en el nuevo milenio), pero sigo apostándoles a que les costará alrededor de 40 centavos.

25

El impacto de un asteroide

Las diez plagas de Moisés son los desastres arquetípicos del pensamiento occidental. Por consiguiente, no me sorprende que las explicaciones populares de las grandes catástrofes de la historia de la vida hayan tendido a seguir en espíritu sus escenarios. La más famosa extinción en masa (aunque no la más profunda) se produjo hace alrededor de sesenta y cinco millones de años, a finales del período Cretácico. Todos los dinosaurios supervivientes murieron, al igual que lo hicieron sus gigantescos primos del aire (pterosaurios) y de los mares (ictiosaurios, plesiosaurios, mosasaurios). El plancton oceánico desapareció prácticamente con espectacular rapidez, en una frontera que los geólogos llaman la línea del plancton. Perecieron varios grandes grupos de invertebrados, incluyendo todos los ammonites y los curiosos bivalvos rudistas que tenían aspecto de corales y formaban arrecifes.

Las evidencias en torno a la causa de esta gran hecatombe son tan escasas que la especulación campa por sus respetos. Los escenarios primigenios de Moisés se nos imponen. Las teorías acerca de pandemias desbocadas recuerdan la gran plaga que mató el ganado del faraón y las «pústulas y tumores en los hombres y en los ganados». El envenenamiento de los océanos por el cobre arrastrado desde la tierra o por una lente de agua dulce extendiéndose a partir de un lago ártico fracturado nos recuerda al Nilo convertido en sangre («Los peces que había en el río murieron, el río se inficionó...»). Un cambio espectacular en el clima conjura el recuerdo de la gran tormenta de granizo que cayó «sobre hombres y animales y sobre todas las verduras del campo...». Los voraces depredadores y las pestilencias de parásitos tienen su contrapartida en los sucesivos diluvios de ranas, piojos, moscas* y langostas que tuvo que soportar el Faraón. Incluso la matanza de niños nos recuerda la habitual especulación (aunque bastante tonta) acerca de los mamíferos primitivos, que supuestamente se comían alegremente los huevos de los dinosaurios. La única plaga mosaica que no ha sido bien representada en el catálogo de los desastres de finales del Cretácico es la gran oscuridad que cubrió Egipto durante tres días —«y hay tinieblas [...] tan densas, que se palpan».

Me alegra comunicarles que esta seria omisión ha sido por fin rectificada. Más aún, me satisface informarles de que esta última aportación se basa en una evidencia de un tipo totalmente nuevo. Ha legitimado, por vez primera, una gran clase de explicaciones que hasta el momento estaba caracterizada por su perfecta plausibilidad en teoría, combinada con la absoluta falta de evidencia que pudiera confirmarla: los acontecimientos extraterrestres. ¿Podrían ustedes creer en un asteroide tan grande que colisionó con la Tierra, produciendo una nube de polvo lo suficientemente espesa como para impedir por completo la fotosíntesis durante una década? El Faraón estuvo a punto de arrojar la toalla con solo tres días. Pero permítanme dejar de lado el asteroide durante unos cuantos párrafos, para discutir algunas reglas y principios básicos acerca de las extinciones en masa.

Las principales teorías acerca de las extinciones en masa pueden dividirse en dos grupos con arreglo a su actitud respecto a dos cuestiones: *origen* (dentro o fuera de la Tierra) y *ritmo* (realmente repentinas o solo relativamente rápidas). La propia Tierra es el origen de algunas causas propuestas, ya sea por medio de mecanismos físicos tales como el cambio de climas engendrado por el desplazamiento de continentes, o por factores biológicos tales como las enfermedades, la competencia, o el hundimiento de cadenas alimentarias. Las hipótesis extraterrestres han ido desde la variación en la producción de radiaciones solares a las radiaciones cósmicas procedentes de supernovas cercanas y hasta los impactos de cuerpos diversos. Con respecto al ritmo, algunas teorías plantean no simplemente un acontecimiento relativamente rápido en la

---

* Los piojos y moscas de la versión inglesa de la Biblia son mosquitos y tábanos en la española que se ha seguido para la traducción (*Sagrada Biblia*, versión de E. Nácar y A. Colunga, Biblioteca de Autores Cristianos, Madrid, 1972). En otras ocasiones, la cita textual por parte del autor de la Biblia inglesa no tiene equivalencia en castellano; es el caso de las ruedas del ensayo 12, que no aparecen en los versículos correspondientes de la versión castellana. (*N. del r.*)

inmensidad del tiempo, sino auténticos cataclismos, desastres en la corta escala de una vida humana: impactos de cuerpos extraterrestres, por ejemplo. Otras teorías invocan procesos que serían demasiado lentos como para ser percibidos en el transcurso de una vida humana, pero que realizan su trabajo con miles o incluso millones de años, sobre un telón de fondo de miles de millones de años. La mayor parte de estas teorías no catastróficas implican cambios del clima, incluyendo disminuciones en el nivel del mar y el crecimiento de glaciares.

Los geólogos, como todo el mundo, tienen sus prejuicios. Prefieren causas que emanen de su propio terreno, la Tierra. Desde tiempos de Lyell han venido siendo educados para considerar los grandes cambios como acumulación de pequeñas aportaciones basadas en procesos observables en el presente geológico relativamente tranquilo. Estas preferencias se han combinado para otorgarles un mal papel a las teorías cataclísmicas extraterrestres. Y, aun así, creo que pocos geólogos considerarían como algo inherentemente imposible, ni siquiera improbable, que la Tierra pudiera haber sufrido violentas agresiones cósmicas, a intervalos infrecuentes a lo largo de su dilatadísima historia.

Pero existe otra razón, mejor que los prejuicios tradicionales, que gobierna la baja estima en que se tienen las catástrofes extraterrestres. Los geólogos no han conocido, ni siquiera en principio, modo alguno de obtener evidencia directa en favor suyo. ¿Qué signo directo dejaría sobre la Tierra una supernova o una pronunciada variación en la intensidad solar? De hecho, el argumento tradicional del impacto de los rayos cósmicos, procedentes de supernovas, se basa en una falta total de evidencias: ¡en el hecho de la extinción en masa no acompañada de ningún agente geológico reconocido capaz de causarla! Así pues, muchos geólogos, yo mismo incluido, han pasado mucho tiempo en la incómoda posición de considerar inherentemente plausibles las catástrofes extraterrestres, mientras luchaban activamente en contra de ellas. Porque ¿para qué sirve una teoría, incluso una teoría correcta, que es incapaz de generar evidencia que la confirme? La teoría del asteroide ha cambiado todo eso.

Los datos de la extinción del Cretácico imponen limitaciones a las teorías que podemos proponer para explicarlos. Sabemos, por ejemplo, que las extinciones se produjeron en todo el mundo y en todos los grandes ambientes: tierra, aire y mar. Solo este hecho invalida prácticamente toda la panoplia de teorías populares que atribuyen la extinción de los dinosaurios a una causa relacionada tan solo con su supuesta torpe ineficiencia: los mamíferos se comían sus huevos; las plantas con flores lanzaban demasiado oxígeno a la atmósfera; el hiperpituitarismo, surgido a causa del gran tamaño y que les llevó a la esterilidad. Cualquier idea descabellada puede obtener notoriedad en un contexto de tal fascinación pública. Alguien propuso en una ocasión, y con toda seriedad, que los dinosaurios machos simplemente llegaron a ser demasiado pesados para montar a sus compañeras y fecundarlas, aunque jamás pude comprender porqué el pequeño *Velociraptor* se extinguió junto con sus primos gigantes (por no mencionar qué estuvieron haciendo los brontosaurios gigantes durante los aproximadamente cien millones de años de su éxito). El dato principal de la extinción de los dinosaurios es su situación en el tiempo como parte de una muerte en masa a nivel global. Necesitamos una teoría general, no una serie de fáciles especulaciones aplicables a grupos independientes.

Sabemos también que la extinción del Cretácico incluyó algunos aspectos de muerte geológicamente repentina, y otros de una duración algo más extensa. Para algunos grupos, la fase final del Cretácico parece haber actuado más como *coup de grace* que como ángel exterminador. Los dinosaurios y los ammonites llevaban en declive millones de años. La fauna de los dinosaurios de finales del Cretácico no incluía uno de cada uno de los que se congregan en torno a un pozo de agua (como sugiere el póster multicolor del cuarto de mi hijo), sino un conjunto muy reducido consistente en gran medida en *Tyrannosaurus, Triceratops* y unos pocos animales de menor tamaño. Podemos también correlacionar estos declives más lentos con algunos acontecimientos geológicos, a menudo implicados en las extinciones (pero recuerde, por favor, el lector que la correlación no implica necesariamente causalidad). El nivel del mar bajó de modo regular durante todo el Cretácico tardío; el canal marítimo continuo que había dividido en dos América del Norte, desde Alaska hasta el golfo de México, fue retirándose gradualmente en ambas direcciones. Al ir bajando el nivel del mar y aumentando la altura y la extensión de los continentes, las temperaturas empezaron un descenso general que continuó a lo largo de los siguientes 70 millones de años, culminando en el reciente (y aún incompleto) ciclo de eras glaciares.

La disminución en el nivel del mar ha acompañado prácticamente todas las extinciones en masa padecidas por la Tierra; esta correlación es prácticamente el único aspecto de las extinciones en masa que es aceptado universalmente por los geólogos. Su efecto negativo sobre la diversidad biológica también tiene sentido, ya que el descenso de los mares dejó secas las extensas, pero poco profundas, plataformas continentales, eliminando así una gran cantidad de espacio vital del dominio de los invertebrados de aguas someras, la fauna dominante de nuestro registro fósil. Seguidamente se extendieron por las tierras unas condiciones más duras a medida que iba predominando el clima cada vez más errático, y generalmente más frío, de una Tierra más «continental». Dudo que ningún dinosaurio se comiera jamás un ammonites (aunque los mosasaurios gigantes, lagartos varánidos crecidos, lo hacían), pero el declive coordinado de ambos grupos podría estar causalmente relacionado con la disminución del nivel del mar.

No obstante, no podemos atribuir la totalidad de la extinción del Cretácico a un clima que se deterioraba gradualmente. Tuvo que pasar algo más espectacular, como testifica la línea de plancton. Tal vez esta causa espectacular vio multiplicados sus efectos debido a que estaban en pleno declive más grupos de lo habitual, por lo que eran sensibles a un *coup de grace*. En este sentido, toda explicación completa de la extinción del Cretácico incluirá probablemente una compleja combinación entre un fin espectacular y un deterioro generalizado.

En cualquier caso, la evidencia geológica nos obliga a buscar una causa contribuyente de efectos mundiales, capaz de exterminar grupos en todos los grandes hábitats, y geológicamente repentina, al menos en lo referente a algunos de sus resultados. Lo que me trae de vuelta a los asteroides.

La teoría asteroidal, como otras tantas hipótesis interesantes de la ciencia, tuvo sus raíces en un estudio cuyos objetivos eran notablemente diferentes (no se puede buscar activamente lo totalmente inesperado). Un equipo encabezado por Luis y Walter Álvarez, de Berkeley, California, pensó en la posibilidad de utilizar la cantidad de iridio presente en los sedimentos como indicador de su tasa de deposición. El iridio, un elemento metálico escaso del grupo del platino, es de una a diez mil veces más abundante en los asteroides y los meteoritos que en la corteza y manto superior de la Tierra. (Dado que tanto la Tierra como los meteoritos se formaron de la misma fuente, debemos suponer que la Tierra, en su totalidad, contiene un porcentaje de iridio tan elevado como el de los meteoritos. Pero la Tierra se fundió y se diferenció, y los elementos pesados y no reactivos como el iridio se hundieron en el inaccesible núcleo central. Los cuerpos más pequeños que constituyen los meteoritos y los asteroides jamás se diferenciaron y conservan, por lo tanto, el iridio en su primigenia abundancia.) La mayor parte del iridio de los sedimentos de la Tierra procede, por lo tanto, de fuentes extraterrestres. Trabajando sobre el supuesto común de que los meteoritos y el polvo cósmico caen sobre la Tierra en forma de lluvia razonablemente constante, los Álvarez razonaron que los sedimentos con abundancia de iridio debieron formarse lentamente, dado que se habría acumulado relativamente menos sedimento terrestre para diluir el flujo cósmico.

Pero no estaban preparados para las concentraciones anormalmente altas de iridio que encontraron en dos lugares: en los Apeninos de Umbria en Italia y cerca de Copenhague. Los niveles de iridio eran 30 veces más elevados que la media en Italia y 160 veces más en Dinamarca. Más aún, un análisis de otros 27 elementos en la muestra italiana ponía de manifiesto que ningún otro se alejaba del «comportamiento medio» de los sedimentos ordinarios en más de un factor de dos. La anomalía solo hace referencia al iridio.

Los Álvarez se preguntaron si podría aplicarse el tipo de explicación que habían pensado en un principio: ¿podía haber sido la sedimentación lo suficientemente lenta en estos lugares, como para dar una concentración tan elevada de iridio, a partir tan solo de la lluvia cósmica normal? No pudieron encontrar evidencia alguna, ni siquiera se les ocurrió ninguna razón por la que se pudiera creer que aquellos sedimentos se habían formado durante una virtual interrupción de los procesos normales de deposición en el océano. Por el contrario, se vieron obligados a invertir su perspectiva: la sedimentación había sido más o menos normal; el iridio representaba una genuina aportación cósmica en cantidades insólitas, no una suave lluvia sin diluir. Los Álvarez disponían de otra razón espléndidamente buena para animarles a tal cambio de ideas. Ambas muestras procedían de arcillas finas depositadas en la parte correspondiente al último período del Cretácico, coincidiendo con la gran extinción.

Pero ¿qué fuente extraterrestre pudo haber producido a la vez el iridio y actuado como causa de la gran extinción? Los Álvarez contemplaron primero esa venerable teoría de entre las teorías cósmicas: la supernova que explotó cerca de la Tierra inundando nuestro planeta con tal cantidad de radiación cósmica que muchas criaturas mutaron hasta su desaparición. No obstante, tras juguetear con la idea (en parte, públicamente) durante algún tiempo, la dejaron de lado (con gran alegría por mi parte, ya que para mí nunca ha tenido sentido, biológicamente hablando, a pesar de su asombrosa popularidad en la «literatura del desastre»).

La radiación aumenta el ritmo de mutaciones y da una población con un mayor grado de variación. Pero una mayor variación *per se* no lleva ni a la extinción por la predominancia de monstruosidades, ni a unos ritmos de evolución desusadamente rápidos, ya que los ritmos evolutivos parecen estar controlados por una fuerza diferente: la selección natural. Las poblaciones normales poseen la suficiente variación (sin intromisiones externas) para permitir unos ritmos evolutivos tan rápidos que parecen instantáneos en una perspectiva geológica. Unas tasas de mutación tan elevadas como para matar a los animales directamente (no a través de la transmisión de genes defectuosos a la descendencia) requiere una supernova excesivamente próxima a nuestro Sol como para ser plausible, dadas las distancias entre las estrellas en nuestra parte de la galaxia.

Los Álvarez citan ahora tres motivos para su rechazo de una supernova:

1. Una supernova habría producido también una elevada concentración de un ion del plutonio (244Pu), y, no obstante, las arcillas italianas y danesas contienen unos niveles de este ion diez veces inferiores a los valores predichos para el caso de una supernova.
2. El iridio aparece en forma de dos isótopos comunes (^{191}Ir y ^{193}Ir). Dado que todos los objetos de nuestro sistema solar tuvieron un origen común, la relación entre estos dos isótopos debería ser la misma en los meteoritos y en la pequeña cantidad de iridio propio de la corteza terrestre. El iridio formado en otras estrellas podría exhibir una relación diferente. La relación en las muestras anómalas italianas y danesas se corresponde con la red del iridio indígena de la Tierra, y probablemente proceda de nuestro sistema solar.
3. Para poder anegar nuestra Tierra con todo el iridio que contienen las muestras italianas y danesas, la estrella en explosión tendría que haber estado tan cerca de nuestro Sol que la probabilidad de tal acontecimiento se vuelve excesivamente remota para ser creíble.

Dado que la relación entre los iones del iridio llevó a los Álvarez a buscar una fuente para ellos dentro de nuestro propio sistema solar, dirigieron su atención a los objetos que pudieran colisionar con la Tierra con una probabilidad razonable y hacer el daño suficiente. La mayor parte de los asteroides orbitan el Sol en el amplio espacio existente entre Marte y Júpiter, pero unos cuantos recorren caminos algo más erráticos, y algunos, llamados objetos Apolo, cruzan la órbita de la Tierra en sus vagabundeos. Desde el descubrimiento del asteroide Apolo en 1933, han sido observados otros veintisiete que cruzan la órbita de la Tierra. Los astrónomos descubren una media de cuatro más por año, mientras que dos estimaciones realizadas por fuentes distintas calculan en setecientos el número probable de asteroides Apolo de más de un kilómetro de diámetro. Los Álvarez concluyen que las colisiones ocasionales entre los asteroides Apolo y la Tierra son inevitables.

En pocas palabras, el escenario que ellos plantean para la gran extinción del Cretácico implica el impacto de un asteroide Apolo de unos diez kilómetros de diámetro. Calculan que un objeto así hubiera producido un cráter de más de ciento cincuenta kilómetros de diámetro y habría inyectado tal cantidad de polvo en la atmósfera, procedente tanto de su propia pulverización como de la de la Tierra en torno a su punto de impacto, que la totalidad de nuestro planeta quedó tan oscurecido como Egipto durante la ordalía del Faraón. La fotosíntesis pudo quedar completamente suprimida durante una década o más, lo que hubiera llevado a la muerte inmediata del plancton fotosintético (con su corto tiempo de generación, que se mide en semanas) y el subsiguiente hundimiento de la cadena alimentaria oceánica basada en él. La mayor parte de las especies de grandes plantas terrestres podrían haber sobrevivido a través de la latencia de sus semillas, pero las plantas adultas habrían muerto, llevándose consigo a los dinosaurios herbívoros que se alimentaban de ellas. Los Álvarez calculan que los asteroides Apolo de este tamaño podrían haber colisionado con la Tierra con la suficiente frecuencia como para causar las cinco grandes extinciones que han puntuado la historia de la vida desde la aparición de un registro fósil adecuado, hace alrededor de seiscientos millones de años.

Este escenario contiene también problemas importantes. Lo que más me preocupa son las argumentaciones especiales necesarias para hacer que el modelo de las extinciones tenga sentido. Puedo aceptar el argumento oceánico, pero me echo para atrás ante el intento de los Álvarez de explicar por qué hubo tres grupos terrestres que salieron relativamente indemnes de la gran oscuridad: plantas, pequeños vertebrados (mamíferos y aves) y vertebrados marinos costeros. En un caso clásico de nadar y guardar la ropa, permiten a los mamíferos sobrevivir comiendo semillas, y a pesar de todo utilizan esas mismas semillas para salvar a las especies de plantas que las engendraron. Su explicación, en el caso de los vertebrados costeros, está basada más en la esperanza que en la lógica: su supervivencia «podría deberse a su capacidad para utilizar cadenas alimentarias basadas en nutrientes procedentes de la descomposición de plantas terrestres arrastradas por los ríos a los mares poco profundos».

Los Álvarez padecen también de un exceso en lo que a su hallazgo se refiere, ya que los niveles de iridio de la muestra danesa resultan incómodamente elevados. Calculan que el iridio asteroidal medio, mezclado con alrededor de cien veces su masa en material terrestre (la cantidad necesaria para conjurar la gran nube de polvo), incrementaría los niveles medios de iridio en los sedimentos en tan solo una décima parte de la proporción danesa. Las muestras italianas entran en valores más próximos a los esperados.

Pueden aparecer otros problemas aún. Un estudio poco seguro argumenta, a partir de la magnífica estratigrafía de las inversiones magnéticas, que la línea del plancton no coincide con la extinción de los dinosaurios: un efecto pequeño para el concepto más relajado de la inmediatez geológica (que podría abarcar muchos miles de años), pero potencialmente fatal para el requerimiento de los Álvarez de una verdadera simultaneidad. En mi opinión, los Álvarez asumen la actitud adecuada respecto a este informe: lo reconocen sin reparo, señalan sus incertidumbres, admiten que su posterior confirmación podría debilitar mucho o destruir su hipótesis y después predicen (sobre la base de su teoría) que el informe probablemente esté equivocado y necesite un mayor estudio.

Pero no me preocupa gran cosa si el escenario del asteroide en sí es correcto. El aspecto notable del trabajo de los Álvarez (la parte que ha producido un murmullo de excitación entre mis colegas, en lugar del bostezo que normalmente acompaña a cada nueva vana aportación) yace en los datos sin procesar acerca del aumento del iridio al llegar al final del Cretácico. Por primera vez tenemos ahora la esperanza (de hecho, la expectación) de que puedan existir evidencias de causas extraterrestres para las extinciones en masa en el registro geológico. La vieja paradoja (de que debíamos erradicar una serie de teorías tan plausibles, porque no conocíamos ningún medio para obtener evidencia en su respaldo) ha desaparecido.

Cuando inicié mi carrera como paleontólogo, solía argumentar que las extinciones en masa podían ser extraordinariamente divertidas de discutir, pero que eran relativamente poco importantes para la disposición última de la vida y su historia. Por aquel entonces andaba yo cautivado por algunos prejuicios comunes, acerca del progreso inherente y majestuoso como clara rúbrica de la historia de la vida. Las extinciones en masa, pensaba yo, podrían interrumpir gravemente el proceso, echando atrás el reloj del progreso. Pero el tiempo (para un geólogo) no es una grave limitación; la vida se recuperaría y seguiría su camino como antes.

No consigo recordar ninguna otra idea que haya mantenido (a partir de los cinco años de edad) que considere hoy en día tan tonta (excepto la idea de que los Giants de Nueva York serían capaces de alcanzar a los Dodgers de Brooklyn en 1951, cosa que hicieron; gracias otra vez, Bobby Thomson). La historia de la vida tiene algunas débiles tendencias empíricas, pero no poseen ninguna dirección intrínseca específica. Las extinciones en masa no cambian de hora el reloj; crean un nuevo modelo. Eliminan grupos que podrían haber prevalecido durante incontables milenios, y crean oportunidades ecológicas para otros que tal vez jamás hubieran conseguido establecerse. Y causan su daño, en gran parte, sin ninguna clase de consideración por el grado de perfección o adaptación (el organismo planctónico fotosintético más maravillosamente diseñado no podría sobrevivir a una gran oscuridad, mientras que algún competidor marginal tal vez consiguiera hacerlo por los pelos, convirtiéndose en el progenitor del siguiente grupo dominante).

¿Quién sabe? Sin la gran extinción del Cretácico tal vez los dinosaurios se hubieran recuperado y dominarían aún la Tierra (llevaban ya viviendo mucho más de los sesenta y cinco millones de años transcurridos desde su desaparición). Los mamíferos podrían ser aún un pequeño grupo de animales parecidos a las ratas, en busca de un ocasional bocado de proteínas en un huevo de *Triceratops*.

Entre los mamíferos cretácicos que fueron testigos del gran acontecimiento, conocemos un único primate llamado *Purgatorius*. Pudo no haber sido el único miembro de nuestro orden, pero probablemente por aquellos tiempos no hubiera muchos de los nuestros. Supongamos que *Purgatorius* no hubiera conseguido salir del trance (y recuérdenlo, probablemente debió su permanencia a la suerte o a adaptaciones en nada relacionadas con los rasgos que valoramos en los primates, debido a que los hemos capitalizado). Los primates no hubieran vuelto a evolucionar. Tal vez habría ahora una jirafa en las llanuras observando la creación desde las alturas y considerándose, prepotentemente, la más magnífica de las criaturas de Dios. Nuestra existencia actual es una función extendida de enormes improbabilidades. Podemos deber nuestra evolución, en buena parte, a la gran extinción del Cretácico que abrió un camino, pero preservó la vida de nuestros antecesores para poder recorrerlo. Aquel asteroide bien pudo ser el *sine qua non* de nuestra existencia.

Post scriptum

Se ha escrito y discutido tanto acerca de la hipótesis de los Álvarez desde la aparición de este ensayo en junio de 1980, que cualquier intento de ponerlo al día de un modo completo (o incluso adecuado) requeriría todo un libro. Por lo tanto, decidí dejar que el ensayo quedara en gran medida igual que apareció; al menos pudo tener alguna virtud histórica como comentario acerca de la hipótesis, tal y como fue originalmente presentada. Desde entonces, la principal aportación en apoyo de los Álvarez ha sido el descubrimiento de capas de iridio justamente en los límites Cretácico-Terciario en otros muchos lugares aparte de los dos originales mencionados en el ensayo. Algunos incluyen ambientes muy diferentes (muestras de fondos marinos profundos) y lugares muy distantes (Nueva Zelanda, prácticamente en las antípodas de los dos lugares originales). Todo esto son buenos auspicios para una hipótesis que requiere un efecto a nivel mundial. La principal dificultad y fuente de debates ha resultado ser una cuestión destacadamente discutida en mi ensayo (una que cualquier paleontólogo profesional plantearía). En su artículo original (véase la Bibliografía), Álvarez *et al*. sugerían con énfasis que su asteroide podría suministrar una explicación completa del esquema de las extinciones de finales del Cretácico. No obstante, el registro paleontológico indica claramente (como han establecido innegablemente los críticos) que muchos de los grupos que llegaron a su fin en el Cretácico llevaban millones de años de declinación antes de que ningún desastre golpeara la Tierra en este período. Desde mi punto de vista, este hecho no reduce la significación de una potencial catástrofe a finales del Cretácico; ni siquiera reduce semejante catástrofe a la condición relativamente insignificante de *coup de grace*. Porque, como planteo en mi ensayo, estas decadencias graduales (de no haberse superimpuesto a ellas una catástrofe terminal) probablemente no habrían llevado a una gran extinción que cambió el esquema de la historia subsiguiente de la vida, incluyendo nuestra propia evolución. Necesitamos una teoría compleja y sinérgica de la extinción del Cretácico.

En octubre de 1981, prácticamente todos los principales expertos en impactos extraterrestres, capas de iridio, evidencias paleontológicas, etcétera, se reunieron en Snowbird, Utah, para discutir tanto la hipótesis de los Álvarez como la cuestión general del papel de las catástrofes extraterrestres en la historia geológica. Los resultados de esta conferencia serán publicados por la Sociedad Geológica de Norteamérica a finales de 1982 o principios de 1983. Este volumen constituirá una importante fuente de información para todo aquel lector que desee indagar más acerca de este fascinante tema.

26

Las riquezas del azar

En la literatura, la idea de azar va a menudo emparejada con la de caos, ausencia de leyes o desorden, para conjurar una visión de terror sin paliativos. En el *Ensayo sobre el hombre*, Alexander Pope evoca la imagen de todo un universo desmoronándose, si su orden legítimo se llegara a romper.

> Que la Tierra salida de su órbita vuele,
> los planetas y los soles corran proscritos a través de los cielos;
> que los ángeles gobernantes sean arrojados de sus esferas,
> ser tras ser destrozado, y mundo tras mundo;
> que los cimientos de los cielos se inclinen hacia su centro
> y la naturaleza tiemble hasta el trono de Dios.*

La fácil y esperanzada solución de Pope consistía en eliminar, por las buenas, la idea misma del azar por medio de un artículo de fe:

> Toda la naturaleza no es sino arte, desconocido para ti;
> toda la casualidad, dirección, que tú no puedes ver;
> toda la discordia, armonía no comprendida;
> toda maldad parcial, un bien universal.**

---

* [*Let earth unbalanc'd from her orbit fly, | Planets and suns run lawless thro' the sky; | Let ruling angels from their spheres be hurl'd, | Being on being wreck'd, and world on world; | Heav'n's whole foundations to their center nod, | An nature tremble to the throne of God.*]

** [*All nature is but art unknown to thee; | All chance, direction which thou canst not see; | All discord, harmony not understood; | All partial evil, universal good.*]

El azar también le trajo problemas a Darwin más de cien años después, cuando le otorgó un importante papel en su teoría evolutiva. Muchos críticos, impulsados por un negativismo reflejo hacia la aleatoriedad, no hicieron el más mínimo esfuerzo por comprender el papel estrictamente limitado que Darwin le había asignado. Argumentaban: Darwin tiene que estar equivocado; la naturaleza es tan armoniosa, los animales están tan bien diseñados. Este orden no puede ser obra del azar.

Darwin no hubiera estado en desacuerdo. Elaboró su teoría en dos partes, permitiendo que en la primera prevaleciera el azar, pero excluyéndolo estrictamente en la segunda, por la razón convencional de que el azar no podría, en su opinión, producir el orden tan presente en nuestro mundo. Según la teoría de Darwin, las poblaciones deben empezar por desarrollar una gran cantidad de variación heredable para suministrar materia prima a la posterior acción directora de la selección natural. Darwin consideraba este almacenamiento de variaciones como aleatorio respecto a la dirección del cambio adaptativo; esto es, si a una especie le resultara útil un tamaño menor, la variación tiende a aparecer con igual frecuencia en tamaños tanto mayores como menores a la media, en un momento dado. La materia prima para el cambio evolutivo (y solo la materia prima) surge por un proceso de mutación aleatoria.

Entonces hace su aparición en escena la selección natural para hacerse cargo del segundo acto, e interviene como una fuerza directora convencional y determinista. La selección natural da forma a la materia prima de la variación, preservando y apadrinando individuos que varían en direcciones adaptativas. Si en nuestra hipotética población los organismos pequeños consiguen, por término medio, crear una mayor descendencia, lenta, pero inexorablemente, el tamaño medio de los individuos de la población irá disminuyendo.

Darwin se expresó con admirable claridad y, a pesar de todo, los críticos llevan interpretando erróneamente este punto fundamental más de un siglo, desde el reverendo Adam Sedgwick (el mentor geológico de Darwin, y no un teólogo dogmático y anticientífico) hasta Arthur Koestler. Siempre se repite la misma letanía: Darwin tiene que estar equivocado; el orden no puede ser producto del azar. Una vez más, Darwin nunca afirmó que así fuera. El azar solo produce la materia prima. La selección natural dirige el cambio evolutivo.

La teoría evolutiva empieza a alejarse ahora del darwinismo estricto que ha prevalecido a lo largo de los últimos treinta años. Mientras que los críticos no han desafiado seriamente el mecanismo de Darwin en su terreno principal de explicar la adaptación, se han unido en una exigencia de pluralismo. ¿Debe considerarse todo cambio evolutivo como una adaptación y ser adscrito a la selección natural? La aleatoriedad se ha convertido en el blanco principal de los críticos, porque la estricta dicotomía de Darwin parece estar viniéndose abajo. La aleatoriedad puede actuar no solo en la generación de variaciones; puede también ser un importante agente del cambio evolutivo. El espectro del azar empieza ahora a entrometerse en verdad donde los críticos de Darwin lo habían detectado erróneamente en tiempos anteriores. Dadas tanto la sorprendentemente pobre reputación de la aleatoriedad en general, como la tradición darwiniana específica de limitar su papel a la producción de materia prima, este desarrollo de la teoría evolutiva resulta a la vez excitante y, para muchos, alarmante.

Debería incorporar algunas negaciones, aunque solo sea para minimizar la alarma. El azar está planteando su papel como agente del cambio evolutivo, pero no amenaza el papel de la selección natural en el terreno de la adaptación. La belleza y la eficacia de la dinámica del ala de un ave, la gracia y el buen diseño de las aletas de un pez, no son accidentes fortuitos. También utilizo el significado específico que el término «azar» ha venido manteniendo durante mucho tiempo en la teoría evolutiva: describir cambios que surgen sin orientación determinada. No lo utilizo como una metáfora general para referirme al caos, el desorden o la ininteligibilidad (hablaremos más acerca de esto).

La evolución actúa en tres niveles principales: las poblaciones cambian al ir volviéndose más o menos comunes determinados genes, por tener los individuos que los llevan más o menos éxito en la producción de descendencia; las especies nuevas surgen por la separación de las poblaciones descendientes de sus antecesores; y las tendencias evolutivas se producen porque algunas especies tienen más éxito que otras a la hora de ramificarse y persistir. El azar amenaza el determinismo de la selección natural como causa del cambio evolutivo a los tres niveles.

La estructura genética de las poblaciones. Cuando la selección natural opera del modo habitual, la variación genética se ve reducida: los adaptados surgen, en parte, por la eliminación de los no adaptados. La cantidad total de variación genética de una población debería representar un equilibrio entre la adición de nuevas variaciones por mutación y la eliminación de variantes no adaptadas, por selección natural. Dado que tenemos gran cantidad de datos acerca de los ritmos de mutación y selección, podemos predecir el límite superior de variación potencial de una población *si* la selección actúa sobre todos los genes.

Las técnicas para medir la cantidad de variación genética en las poblaciones naturales existen desde hace solo quince años. El primer resultado, y el más importante, supuso una sorpresa para muchos genéticos: la mayor parte de las poblaciones mantienen demasiada variación como para respaldar la afirmación habitual de que todos los genes son sometidos a escrutinio por parte de la selección natural.

Desde luego, la selección natural no siempre elimina. En algunos casos, puede actuar para incrementar o mantener la variación genética. El modo más común de mantenimiento es la llamada «ventaja heterozigótica» o «ventaja del heterozigoto». Supongamos que un gen existe en dos formas. Una dominante *A* y una recesiva *a*. En las especies sexuales, cada individuo tiene dos copias del gen, una procedente de cada progenitor. Supongamos que la mezcla, o sea, el llamado heterozigoto *Aa*, dispone de una ventaja selectiva sobre cualquiera de las dos formas puras, el doble dominante A4, o el doble recesivo *aa*. En este caso, la selección preservará tanto *A* como *a*, al favorecer a los individuos heterozigotos *Aa*.

Pero incluso estos modos de preservación tienen sus límites. Muchos genéticos opinan que las poblaciones siguen manteniendo una variación excesiva para el control selectivo. Si tienen razón (y la cuestión sigue sometida a un intenso debate), entonces tendremos que enfrentarnos a la posibilidad de que muchos genes permanezcan en la población porque la selección no puede «verlos», y por consiguiente no puede ni marcarlos para su eliminación ni eliminar otras variantes favoreciéndolos. En otras palabras, hay muchos genes que podrían ser *neutros*. Pueden ser invisibles para la selección natural y el aumento o disminución de su presencia ser tan solo resultado del azar.

Dado que «cambio de frecuencias genéticas en las poblaciones» es la definición «oficial» de la evolución, el azar ha transgredido las fronteras de Darwin y se ha instaurado como agente del *cambio* evolutivo. (Este proceso de aumento o reducción al azar de la frecuencia es denominado «deriva genética». El darwinismo contemporáneo siempre ha reconocido la deriva, pero la ha considerado un proceso infrecuente y sin importancia, confinado fundamentalmente a pequeñas poblaciones con pocas posibilidades de persistencia evolutiva. La teoría más reciente del neutralismo sugiere que muchos, si no la mayor parte, de los genes en las grandes poblaciones deben su frecuencia, fundamentalmente, a factores fortuitos.)

El origen de las especies. Las especies se definen como poblaciones reproductivamente aisladas de todas las demás. Puestas en contacto con otras poblaciones, las especies verdaderas se mantendrán como entidades evolutivas independientes y no se amalgamarán con ellas por hibridación. La pregunta clave acerca del origen de las nuevas especies es, por lo tanto: ¿cómo se produce el aislamiento reproductivo?

En la perspectiva tradicional, una población ancestral se ve dividida por una barrera geográfica (los continentes pueden separarse, pueden surgir cordilleras, o alterar su curso los ríos). Las dos poblaciones descendientes evolucionan entonces por selección natural, para adaptarse a los distintos ambientes locales. Con el transcurso del tiempo, las poblaciones se vuelven tan diferentes que, caso de volver a entrar en contacto, no podrían hibridarse. El aislamiento reproductivo es un subproducto de la evolución adaptativa por selección natural.

En el transcurso de la pasada década, la predominancia de este mecanismo fue puesta en duda por una serie de propuestas nuevas que defienden un interesante giro o inversión de la perspectiva. Todas ellas argumentan que el aislamiento reproductivo puede surgir rápidamente como resultado de accidentes históricos carentes de todo significado selectivo. En este caso, el aislamiento reproductivo viene en primer lugar. Al establecer unidades nuevas y discretas, aporta una oportunidad para que actúe la selección. El éxito último de una tal especie puede depender del desarrollo posterior de características seleccionadas, pero el acto de especiación en sí mismo puede ser un acontecimiento fortuito.

Consideremos, por ejemplo, el proceso denominado especiación cromosómica. Los taxónomos han descubierto que muchos grupos de especies íntimamente emparentadas no difieren gran cosa en forma y comportamiento, ni siquiera en composición genética general. Pero sí que exhiben notables diferencias en cuanto al número y forma de sus cromosomas. Estas diferencias producen el aislamiento reproductivo que las hace seguir siendo especies diferentes. Una hipótesis evidente, y antigua, sugiere que cada nueva especie surge cuando, por accidente, tiene lugar un cambio cromosómico importante que consigue establecer una nueva población.

Pero esta hipótesis muestra una dificultad evidente: el cambio importante surge en un único individuo. ¿Con quién podrá aparearse? La descendencia híbrida de este mutante y de un miembro normal de la población estará, casi con seguridad, sometida a una fuerte desventaja selectiva. La mutación será, por consiguiente, eliminada con toda rapidez.

Trabajos recientes acerca de la estructura de las poblaciones indican que algunas formas de organización social, razonablemente comunes, podrían facilitar el origen de nuevas especies por un cambio cromosómico accidental y rápido. Si las poblaciones son «panmícticas», esto es, si cada hembra tiene las mismas probabilidades de aparearse con cualquier macho disponible, entonces el mutante cromosómico no puede extenderse. Pero supongamos que las poblaciones están subdivididas en pequeños grupos consanguíneos que se cruzan, exclusivamente, entre sí, a lo largo de varias generaciones. Supongamos también que estos grupos consanguíneos son harenes, con un macho dominante que mantiene varias hembras y con un apareamiento entre hermanos en la descendencia.

Si surge una mutación cromosómica en el macho dominante, todos sus hijos llevarán tanto la forma mutante (de su padre) como la forma normal (de sus respectivas madres). Probablemente, estarán sometidos a una fuerte desventaja selectiva en relación a la descendencia normal de otros harenes. Pero esto podría no tener importancia, en especial si su contacto con otros grupos es limitado. La descendencia puede tener una mayor tasa de mortalidad, pero solo necesitamos que sobrevivan unos pocos para aparearse con sus hermanos igualmente afligidos.

La cuarta parte de esta descendencia de segunda generación será «pura» y contendrá dos copias de la mutación cromosómica. Si se pueden reconocer y aparearse preferentemente entre sí en la siguiente generación, toda su descendencia será imitantes puros y miembros ya de una nueva especie (si continúan apareándose entre sí y cualquier descendiente híbrido con formas normales padece una fuerte penalización selectiva). El cromosoma nuevo es selectivamente neutro; no aporta ni ventajas ni desventajas por sí mismo. Al establecerse rápida y accidentalmente en un pequeño grupo, permite la aparición de una nueva especie, una vez más por puro azar. La nueva especie puede requerir una remodelación adaptativa sustancial para su subsiguiente supervivencia, pero esto es una cuestión diferente y posterior.

Mi colega Guy Bush, de la Universidad de Texas, me dice que los caballos nos ofrecen, al menos circunstancialmente, un caso poderoso en favor de la especiación cromosómica. Todos ellos mantienen la estructura de harén de apareamiento consanguíneo. Sus siete especies vivientes (dos caballos, dos asnos y tres cebras) tienen todas un aspecto y un comportamiento muy similar, a pesar de algunas notables diferencias en lo que al color y el esquema exterior se refiere. Pero el número de sus cromosomas difiere mucho y de forma sorprendente, de 32 en una de las cebras a 66 en ese paradigma de lo impronunciable que es el caballo salvaje de Przewalski.

Principales pautas de ascenso y decadencia en la historia de la vida. Muchos lectores podrían estar dispuestos a aceptar el azar en los niveles inferiores. Un poco de cancha para los genes «invisibles» dentro de las poblaciones, y aparece alguna que otra especie accidental aquí y allá. Pero, sin duda, el gran flujo y reflujo de los grandes grupos en la historia de la vida debe estar gobernado por razones convencionales. Los trilobites no pueden estar tan bien adaptados como los artrópodos «avanzados» (camarones y sus afines) que hoy en día pueblan nuestros mares. Las hordas de braquiópodos de tiempos pasados debieron ser desalojadas por otros animales, en particular bivalvos, que tienen un aspecto parecido, pero funcionan mejor. Los dinosaurios debían hacer mal algo que los mamíferos hacen bien. A este nivel, debe reinar la selección natural y la vida debe ir mejorando.

Los hechos de las extinciones en masa ponen en evidencia la falacia de este argumento. Si unos grupos reemplazaron lentamente a otros, creciendo algunos de ellos en número de especies a lo largo de millones de años, mientras otros iban perdiéndolas igual de regularmente, un escenario controlado por la selección podría resultar aparentemente irresistible. Pero la mayor parte de los grupos desaparecieron durante los episodios de extinciones en masa que han puntuado la historia de la vida. Este hecho no es ninguna noticia nueva. Ha sido reconocido durante décadas, pero ha sido también explicado asumiendo que la mortalidad diferencial debe tener una base selectiva. Los grupos que rugieron (o incluso chillaron) durante un holocausto debieron sobrevivir por algún motivo. Eran los individuos duros, los buenos competidores. Pero algunos datos recientes acerca de la extensión de las extinciones en masa nos obligan a poner en cuestión esta reconfortante explicación.

El abuelo de todas las extinciones apareció hace alrededor de 225 millones de años, a finales del Pérmico. (No sabemos por qué, aunque la coalescencia de todos los continentes, aproximadamente por esa misma época, debió establecer las condiciones básicas.) Al eliminar muchos

grupos, debilitar permanentemente otros y permitir que algunos sobre-
vivieran relativamente indemnes, esta gran mortalidad instauró el esquema fundamental de la diversidad de la vida desde entonces. Pero
¿hasta qué punto fue profunda la extinción del Pérmico? Una vieja y
conocida cifra afirma que la mitad de las familias de organismos marinos (el 52 % para ser exactos) pereció en aquel momento. Pero las familias son abstracciones taxonómicas. ¿Qué significa para las especies
un 52 % de las familias, dado que las especies son las verdaderas
unidades de la naturaleza? (Las prácticas taxonómicas inconsistentes
y un registro fósil inadecuado impiden un recuento directo de las especies. Las familias, al ser unidades más grandes, son más difíciles de
pasar por alto.)

Podemos tener la seguridad de que la eliminación de la mitad de las
familias supone la muerte de un porcentaje mucho mayor de especies.
Una familia no desaparece hasta haber muerto todas sus especies, y
muchas familias contienen decenas o centenares de especies. La extinción de la mayor parte de las especies individuales no elimina una familia, del mismo modo que, por ejemplo, la eliminación al azar de un
único abonado en una guía telefónica rara vez supone la eliminación
total del nombre: habría que eliminar una gran cantidad de Smith.
¿Cuántas especies han de morir antes de que el 50 % de las familias haya
desaparecido?

David M. Raup, del Museo Field de Chicago, ha considerado recientemente esta cuestión (véase la Bibliografía). El problema no tiene una
solución fácil. Si todas las familias contuvieran aproximadamente el
mismo número de especies, sería suficiente una fórmula sencilla. Pero la
variación es enorme. Hay muchas familias que contienen una única especie. En este caso, la eliminación de la especie supone también la eliminación de la familia. Las guías de teléfono contienen sus Zzyzzymanski
además de sus Wong. Otras familias contienen más de cien especies.
Debemos conocer la distribución empírica de especies por familia antes
de poder hacer la estimación en condiciones. Y no podemos elaborar
una distribución empírica de las familias del Pérmico, dado que no podemos contar las especies directamente.

Raup elaboró, por consiguiente, tabulaciones para un grupo que conocemos bien, los equinoideos o erizos de mar. Los equinoideos incluyen 894 especies distribuidas en 222 géneros y 40 familias. ¿Cuántas especies, por término medio, habrá que eliminar al azar, para llegar a el
iminar el 52 % de las familias? Raup estudió esta cuestión, tanto empí-

rica como teóricamente, y obtuvo la asombrosa cifra de un 96 %. Si el resto de la vida mantiene una distribución de especies dentro de las familias similar a la de los equinoideos (y no disponemos de evidencia que muestre grandes diferencias en este esquema), entonces la debacle del Pérmico pudo eliminar hasta un 96 % de las especies.

Dado que las estimaciones de las especies supervivientes, a finales del Pérmico, van de 45.000 a 240.000, la eliminación de un 96 % de ellas dejaría tan solo entre 1.800 y 9.600 especies como salvaguardia de la continuidad de la vida. Más aún, como argumentaba Raup, carecemos de evidencias poderosas, a pesar de una búsqueda intensa y específica, en favor de una selectividad en las extinciones del Pérmico. La debacle no pareció favorecer a ningún tipo especial de animal: a los más grandes, a los habitantes de aguas poco profundas, a las formas más complejas, por ejemplo.

A mí no me convence por completo la cifra del 96 %. Los equinoideos pueden no ser un buen modelo sobre el que evaluar todos los seres vivos. Lo que es más importante, Raup asume que la cifra del 52 % no está siendo artificialmente hinchada por sesgos en el registro fósil. Sabemos, por ejemplo, que los sedimentos marinos de finales del Pérmico son relativamente escasos y tal vez estemos pasando por alto algunas familias de éxito, simplemente por haberse preservado tan pocos fósiles de finales del período. No obstante, hasta las cifras más conservadoras indican la desaparición de entre un 80 y un 85 % de todas las especies.

Creo que, por consiguiente, deberemos hacer frente a un hecho desagradable. Si murieron un número de especies que se aproxime en lo más mínimo al 96 %, dejando tan solo un par de miles de formas para propagar toda la vida subsiguiente, algunos grupos probablemente murieron y otros sobrevivieron sin motivo especial alguno. Los organismos pueden erigir pocas defensas ante una catástrofe de tal magnitud, y los supervivientes pueden simplemente pertenecer a un afortunado 4 %. Dado que la extinción del Pérmico instauró la pauta básica de la subsiguiente diversidad de la vida (desde entonces no se han originado nuevos *phyla*, y tan solo unas pocas clases), la actual panoplia de diseños básicos puede no representar una serie de adaptaciones óptimas, sino un grupo de supervivientes afortunados.

Si nos vemos obligados a admitir el azar como un importante agente del *cambio* evolutivo a todos los niveles, ¿qué conclusión debemos sacar? ¿Debemos acaso sumirnos en la desesperación y proclamar que la historia de la vida es, a la vez, caótica e incognoscible? Tal solución podría encarnar la ecuación de Pope del azar con el desorden, pero representaría una mala interpretación de lo que significa la aleatoriedad. Y por dos motivos.

En primer lugar, el azar puede perfectamente describir una secuencia de acontecimientos, sin implicar que cada elemento individual carezca de causas. Tomemos el clásico acontecimiento aleatorio, voltear una moneda o echar los dados. Yo me imagino que cada lanzamiento de la moneda tendría un resultado determinado si pudiéramos (cosa que nos es imposible) especificar toda la multitud de diversos factores que intervienen en él: altura sobre el nivel del suelo, fuerza del lanzamiento, qué cara estaba inicialmente hacia arriba, ángulo del primer contacto con el suelo, por ejemplo. Pero los factores son demasiado numerosos y no están bajo nuestro control. Una igualdad de oportunidades para cada resultado posible es la mejor predicción que podemos hacer a largo plazo.

Tal vez la extinción del Pérmico actuó como un juego de dados con pocas combinaciones ganadoras. Cada especie se extinguió por una razón local convencional: aquí se secó una charca, allí la salinidad de un estuario aumentó en exceso o sufrió la invasión de un depredador particularmente eficiente. Pero las razones son tan numerosas y están tan lejos de nuestro alcance que la asignación de una igualdad de oportunidades para la desaparición de cada una de las especies representa la mejor predicción que podemos hacer sobre el resultado global.

Solo así algunos inventores de la teoría de las probabilidades fueron capaces de digerir su propia creación, ya que eran creyentes convencionales en la causación determinista y teístas convencidos que no tenían el menor deseo de eliminar la finalidad en el mundo viviente. Charles Bell, autor de un famoso trabajo acerca de la mano del hombre como reflejo de la sabiduría de Dios a través de su intrincado diseño, escribió en 1833:

> Decimos, en lenguaje cotidiano, que al agitar juntos los dados es cuestión de azar, cuáles son las caras que saldrán. Pero si pudiéramos observar con precisión su posición en el cubilete antes de agitarlos, la dirección de la fuerza aplicada, su intensidad, el número de vueltas del cubilete y la curva con la que se realiza el movimiento, la forma de detenerlo y la línea a lo largo de la cual se arrojan los dados, el resultado de la tirada sería una cuestión predecible, con toda certidumbre.

Esta explicación puede ser reconfortante (y verdadera), pero, en mi opinión, debemos hacer frente a una segunda posibilidad. Tal vez la aleatoriedad no sea simplemente una descripción adecuada de causas complejas que no podemos especificar. Tal vez el mundo funcione realmente así, y multitud de acontecimientos carezcan de causa en cualquier sentido convencional de la palabra. Tal vez nuestra visceral sensación de que no puede ser así refleje tan solo nuestras esperanzas y nuestros prejuicios, nuestra desesperada lucha por sacar sentido de un mundo complejo y confuso, y no los caminos de la naturaleza.

¿Qué solaz podemos entonces obtener, si es que lo necesitamos? Una respuesta, creo, se encuentra en el rechazo de otra convicción tradicional, la falsa equiparación que Pope hace del azar con una hueste de terribles alternativas: desorden, caos, ausencia de leyes, impredecibilidad y destrucción. Porque contrariamente a lo que se cree, fortuito o aleatorio no significa nada de esto. Puede no implicar, como en el caso de los dados de Bell, una ausencia de causación. E incluso, si en muchos casos sí lo significara, un proceso aleatorio no tiene por qué engendrar un desorden impredecible. Los procesos aleatorios pueden producir un orden de gran complejidad. Disponemos de una elaborada teoría para predecir los resultados del voltear de una moneda, el proceso aleatorio arquetípico. Supongamos que volteamos seis monedas juntas una y otra vez; podemos predecir cuántas veces se producirá el resultado más común de tres caras y tres cruces y cuántas veces se dará el resultado infrecuente de todo cara o todo cruz. (Una de cada sesenta y cuatro veces para cada uno, o una de cada treinta y dos para cualquiera de las dos.)

Desde luego, esto es un orden diferente de predecibilidad. Solo sirve para experimentos repetidos y a largo plazo. Podemos asignar una probabilidad para cada lanzamiento individual, pero no podemos determinar un resultado específico. Con todo, el resultado final es ordenado y predecible. ¿Acaso este tipo de aleatoriedad no ofrece suficiente consuelo contra la amenaza del caos? ¿Acaso no hace que el mundo resulte incluso más intrigante? Después de todo, es el azar, en este sentido, el que da a nuestras vidas, y al curso de la historia humana, tanta riqueza e interés. Llámenlo por sus nombres antiguos de fortuna o libre albedrío, si así lo desean. ¿Debemos acaso negarle una riqueza similar al resto de la naturaleza?

27

¡Oh, tumba!, ¿dónde está tu victoria?

Bill Lee, sin duda alguna el más pintoresco, si no el más hábil, de los lanzadores de béisbol, comentó una vez que su pérdida de efectividad sobre el montículo podía atribuirse a la regla del «bateador designado». (Esta regla, para todos los no adeptos, permite a un entrenador de la liga norteamericana designar a un bateador de emergencia para sustituir a cualquier jugador de la alineación regular. Dado que la mayor parte de los lanzadores son unos bateadores infames, el bateador designado casi siempre actúa en lugar del lanzador y, por consiguiente, los lanzadores no batean ya.) «Todas las especies que se han extinguido —proclamaba Lee— lo han hecho por culpa de un exceso de especialización.»

En esta afirmación, este supuesto filósofo del béisbol, repite lo que probablemente sea el error de concepción más común acerca de la historia de la vida: que la extinción es la prueba última del fracaso. No parece existir estigma mayor que una desaparición irrevocable. Los dinosaurios dominaron la Tierra durante cien millones de años y, a pesar de todo, una especie que mide su vida sobre la Tierra en decenas de miles de años ha catalogado a los dinosaurios como un símbolo del fracaso. Hace dos años, por ejemplo, las buenas gentes de Audi afirmaron (en una nada sutil comparación con sus grandes competidores) que *Brontosaurus* era «posiblemente la criatura peor diseñada de todos los tiempos». «La evolución —continuaban— tiene un mecanismo infalible para la corrección de diseños defectuosos»: la extinción, por supuesto. Los paleontólogos se alzaron en protesta y Audi se retractó. «Pueden ustedes tener la seguridad de que trataremos a *Brontosaurus* con más respeto en el futuro», prometieron.

Creo que esta equiparación entre desaparición e incompetencia refleja un enfoque pasado de moda, basado en una falsa metáfora del progreso y en una visión excesivamente siniestra de la selección natural como una persistente e inacabable lucha a vida o muerte entre los competidores: una versión militar de expresiones darwinianas tales como «supervivencia del más apto» y «la lucha por la supervivencia». Si la vida se mueve continuamente hacia arriba y hacia delante por medio de una batalla sin cuartel y de la eliminación de los perdedores, la extinción debe ser el signo definitivo de la inadecuación. Pero la vida no es una historia de progresos; más bien es una historia de intrincadas ramificaciones y vagabundeos, con supervivientes momentáneos que se adaptan a unos ambientes locales cambiantes, sin acercarse siquiera a una perfección cósmica o de ingeniería. Y el éxito en la selección natural es menos el resultado del asesinato y la confusión que de la producción de más descendientes vivos.

La equiparación entre extinción e inadecuación no tiene sentido desde el punto de vista a largo plazo de la paleontología. La extinción es el destino final de todos los linajes y, aun así, no podemos argumentar que todas las especies estén, por consiguiente, mal diseñadas o insuficientemente adaptadas. La extinción no es ninguna vergüenza. Es, en un sentido, la fuerza capacitadora de la biosfera. Dado que la mayor parte de las especies son extraordinariamente resistentes a los grandes cambios evolutivos y que muchos hábitats están prácticamente llenos de especies, ¿cómo podría seguir adelante la evolución si la extinción no dejara espacio para las novedades? ¿Estaría yo escribiendo, o ustedes leyendo, si los dinosaurios hubieran sobrevivido y los mamíferos hubieran seguido siendo, como durante cien millones de años habían sido, un grupo menor de pequeños animales, viviendo en recovecos y grietas ecológicas en las que los dinosaurios no penetraban?

Si la mayor parte de las extinciones fueran el resultado directo de una competencia con especies superiores, o incluso si la mayor parte de ellas representara un inevitable fracaso a la hora de hacer frente al desafío de cambios ambientales menores (como afirmaba Bill Lee), entonces podría asignarse un estigma a la desaparición. Pero muchas, si no la mayor parte de las extinciones, son reacciones a retos ambientales tan severos e impredecibles que no tenemos derecho alguno a esperar una respuesta satisfactoria y, por consiguiente, no tenemos razones para «culpar» a una especie por su desaparición. Un pez de agua dulce podría nadar tan elegante y velozmente como para que un ingeniero proclamara que su anatomía era la óptima. Pero si los lagos y los ríos se secan, ¿de qué defensa dispone? ¿Serán las ballenas azules de un diseño menos exquisito si la rapaz humanidad elimina hasta la última de ellas? Algunas pólizas de seguro no ofrecen protección alguna contra cataclismos tan imponentes e inesperados que el lenguaje legal los denomina «actos de Dios». Las especies a menudo mueren por razones que están también más allá de todo cálculo o control.

Yo puedo plantear estos argumentos directamente, pero ustedes no tienen por qué aceptarlos a menos que pueda respaldarlos con pruebas y números. Durante la última década, un grupo de investigadores asentado en Chicago (pero que admite algunos extraños como yo como miembros marginales) ha estado trabajando para cuantificar las pautas de diversidad en la historia de la vida. Estos estudios han aportado los datos más extensos y consistentes de los que disponemos acerca de la extinción. Sus resultados respaldan mi afirmación central de que la extinción no constituye una desgracia, sino habitualmente el resultado inevitable de circunstancias que están más allá de toda respuesta razonable. Un par de artículos publicados en *Science* durante marzo de 1982 llegan a tres conclusiones fundamentales para esta discusión:

1. *Una cuantificación de las extinciones en masa.* Sabemos, desde el alba de la paleontología, que las extinciones no se distribuyen homogéneamente a lo largo del tiempo, sino que están concentradas en unos pocos y breves períodos de diezmación* enormemente acentuada y, a menudo, de alcance global: las llamadas extinciones en masa del registro geológico. Las fronteras de la escala temporal geológica se corresponden con estas épocas de extinción. (Cada año, cuando mis alumnos refunfuñan ante mi solicitud, o más bien mi orden, de que se aprendan de memoria la escala geológica del tiempo, les respondo que esos nombres tan divertidos —Cámbrico, Ordovícico, Silúrico— no son caprichosos instrumentos de tortura, sino registros de los acontecimientos fundamentales de la historia de la vida.)

D. M. Raup y J. J. Sepkoski han recogido y resumido los datos acerca de la longevidad geológica de todas las formas de vida marina. Su

---

* Mortandad en masa en la que desaparecen alrededor del 90 % de las especies de una fauna o flora, con lo que queda solo la décima parte (el diezmo). Véase en *La vida maravillosa* (Crítica, Barcelona, 1992), del mismo autor, una definición más extensa y la justificación de este neologismo en castellano. (*N. del r.*)

gráfica de tasas de extinción (familias de organismos desaparecidas por cada millón de años) frente al tiempo geológico ofrece pocas sorpresas en rasgos generales, pero aporta nuestra más importante y consistente narración de las *cantidades* implicadas. Cuatro breves períodos de extinción masiva destacan muy por encima de la tasa ordinaria, o «de fondo», de los tiempos normales. Y hay un quinto que casi alcanza el nivel de esos grandes episodios. Hay dos acontecimientos que marcan los bien conocidos límites de sus respectivas eras: la gran extinción del Pérmico, que pudo extirpar más del 90 % de las especies marinas de aguas poco profundas hace unos doscientos veinticinco millones de años (véase el ensayo 26), y la debacle del Cretácico, que borró de la faz de la Tierra a los dinosaurios que quedaban y a toda una hueste de organismos marinos hace unos sesenta y cinco millones de años (véase el ensayo 25). Los otros tres acontecimientos, aunque bien conocidos por los paleontólogos, no están grabados en la conciencia popular. Dos de ellos ocurrieron antes del Pérmico (Ordovícico y Devónico) y uno entre el Pérmico y el Cretácico (Triásico).

Raup y Sepkoski descubrieron que estas breves extinciones en masa fueron aún más pronunciadas de lo que los datos anteriores habían sugerido. La tasa media de fondo varía entre 2,0 y 4,6 familias por cada millón de años, mientras que las extinciones en masa alcanzan las 19,3 familias por cada millón de años. Los autores concluyen: «Nuestro análisis muestra que las grandes extinciones en masa son mucho más distintivas, con respecto a la extinción de fondo, de lo que indicaban los anteriores análisis y otros conjuntos de datos».

Las causas propuestas para explicar estas extinciones en masa (véanse los otros ensayos de esta sección) van desde la coalescencia continental y sus secuelas (para el Pérmico) al impacto de un asteroide (para el Cretácico); causas que se encuentran todas en la categoría de las fluctuaciones más allá de todo control o respuesta razonable y que, por consiguiente, no rodean a sus víctimas de un aura de humillación. Dado que estas extinciones en masa son aún más masivas de lo que se pensaba, el alcance de la extinción «libre de culpa» se ha visto grandemente ampliado.

2. *El caso, supuestamente clásico, de extinción debida a la inferioridad competitiva no puede sostenerse.* Durante la mayor parte de la era Terciaria (la «era de los mamíferos»), Suramérica era un continente insular (una especie de super Australia) con una fauna indígena que superaba

a los marsupiales australianos en interés y peculiaridades. La región australiana solo presenta un orden exclusivo de mamíferos: los Monotremas, ovíparos (los equidnas y el ornitorrinco, con su pico de pato). Suramérica alojó en tiempos varios órdenes exclusivos, con extraños animales que iban desde los toxodontes, semejantes a los rinocerontes, pero no emparentados con ellos, que Darwin descubrió durante su aprendizaje en el *Beagle*, hasta los litopternos, que llegaron a ser más caballos que los caballos, al reducir el número de sus dedos a uno, perdiendo incluso las astillas laterales (vestigios reducidos de los dedos), que conservan los caballos (véase el ensayo 14), hasta los perezosos gigantes y los gliptodontes. Otras rarezas pertenecían a órdenes que vivían en otros lugares, pero que expresaban un giro suramericano característico. Todos los grandes carnívoros mamíferos, por ejemplo, eran marsupiales e incluían animales tan destacados como *Thylacosmilus*, de dientes de sable.

Todos estos animales han desaparecido, víctimas de la mayor tragedia biológica de los últimos cinco millones de años. Por una vez, los seres humanos quedan absueltos, y en su lugar debemos citar al alzamiento del istmo de Panamá hace tan solo unos pocos millones de años. El istmo conectó Suramérica con la fauna, más cosmopolita, de los continentes del norte. Los mamíferos norteamericanos llegaron (paseándose sobre el istmo) y, según la versión tradicional, vieron y vencieron también. Lo que normalmente consideramos como la fauna «nativa» suramericana (desde las llamas a las alpacas, pasando por los jaguares, los tapires y los pécaris) son todos emigrantes relativamente recientes del norte.

La visión tradicional, con su aroma de metáfora racista, enfrenta a una fauna del norte elegante, armoniosa y rigurosamente adaptada, puesta a prueba en el crisol de los climas ásperos y la implacable competencia de anteriores oleadas de emigrantes asiáticos y europeos, con una fauna perezosa, estancada y nunca desafiada, nativa de Sudamérica. ¿Qué posibilidades tenían los pobres toxodontes y litopternos? Las formas superiores del norte cruzaron en gran número el istmo y los borraron del mapa. A cambio, solo unas pocas formas suramericanas inferiores consiguieron viajar en dirección contraria y sobrevivir. Obtuvimos los puercoespinos, las zarigüeyas y el armadillo de nueve bandas. Suramérica recibió un nuevo régimen completo.

Si esta historia fuera verdad, tal vez la lucha sea ley de vida y la extinción connote, efectivamente, derrota. Pero ¿es correcta? ¿Está respaldada por los números? ¿Fueron más formas del norte al sur que del sur al norte? ¿Fueron las tasas de extinción muy superiores para las formas suramericanas? L. G. Marshall y S. D. Webb se unieron a Raup y Sepkoski en un segundo artículo que aplica los mismos métodos cuantitativos a la historia reciente de la fauna de Suramérica. Llegan a la conclusión de que varios aspectos de la historia tradicional no son ciertos.

Para empezar, el intercambio fue sorprendentemente simétrico. Hoy día residen en Suramérica miembros de catorce familias de Norteamérica, lo que representa el 40 % de la diversidad suramericana de familias. Doce familias suramericanas viven hoy en Norteamérica, constituyendo un 36 % de las familias norteamericanas. En la escala más fina de los géneros, la reducción fue también equilibrada a ambos lados del istmo. Los géneros suramericanos nativos declinaron en un 13 % entre las faunas pre y postístmicas. Los géneros nativos de Norteamérica declinaron en un 11 % en ese mismo intervalo. Así pues, prácticamente el mismo número de familias se desplazaron con éxito en ambas direcciones y aproximadamente el mismo porcentaje de formas nativas se extinguieron a ambos lados tras el intercambio inicial. ¿Por qué, entonces, incorpora el registro su aparente mensaje de triunfo norteamericano y de hecatombe suramericana?

En mi opinión, hay tres razones principales que explican esta impresión: una social, una biológica, pero en gran medida espúrea, y una tercera auténtica e importante. Debemos considerar, en primer lugar, el chovinismo de la mayor parte de los anglohablantes de los Estados Unidos (¡cielos!, he estado a punto de poner americanos).* Todo lo que está al sur de Río Grande es hispanohablante y, por consiguiente, está culturalmente ligado a Suramérica. Pero una buena parte de América del Norte yace entre El Paso y Panamá, y la mayor parte de los migrantes suramericanos viven allí, no en los Estados Unidos o el Canadá. Después de todo, el ecuador pasa por Quito (en una nación muy apropiadamente llamada Ecuador), y Suramérica contiene más tierras tropicales que América del Norte. Por consiguiente, la mayor parte de las formas migratorias suramericanas son tropicales o subtropicales, en lo que a sus preferencias climáticas se refiere, y sus hogares naturales en el norte son México o América Central. La escasez de migrantes suramericanos

* En realidad, el autor utiliza con mucha frecuencia América y americanos en lugar de Estados Unidos y estadounidenses. (*N. del r.*)

en el patio trasero de mi casa (aunque una vez vi una zarigüeya) no es un argumento contra su abundancia o su vigor.

En segundo lugar, la estructura taxonómica de las formas suramericanas dictaba un mayor efecto sobre la diversidad global en el diseño para una reducción equivalente en porcentaje de géneros. Cuando se alzó el istmo, muchos de los grupos indígenas de Suramérica se habían visto reducidos ya a tan baja diversidad que la desaparición de uno o dos géneros suponía la extinción de todo el grupo. Pocos grupos norteamericanos estaban tan al borde del abismo. Si una fauna está compuesta por veinte grupos con un género cada uno y una segunda tiene dos grupos, con diez géneros cada uno, la eliminación de cuatro géneros de cada una de ellas eliminará cuatro de los grandes grupos de cada fauna y ninguno de la otra.

Finalmente, a pesar de que los migrantes se desplazaron con igual éxito en ambas direcciones y que las formas nativas declinaron en la misma medida, los migrantes norteamericanos sí tuvieron «mejor» suerte en un sentido diferente e interesante. Cuando contamos los géneros derivados de los migrantes, tras su llegada a sus nuevos hogares, nos encontramos con una diferencia destacada. En Norteamérica los géneros procedentes de Suramérica desarrollaron muy pocos géneros nuevos, mientras que las formas norteamericanas fueron notablemente prolíficas en Suramérica. Doce migrantes fundamentales de Suramérica desarrollaron tan solo tres géneros secundarios, mientras que veintiún migrantes norteamericanos dieron lugar a cuarenta y nueve géneros secundarios en Suramérica. Así pues, las formas norteamericanas radiaron vigorosamente en Suramérica, llenando el continente con su fauna moderna, mientras que las formas suramericanas tuvieron éxito en Norteamérica, pero no radiaron extensivamente.

¿Por qué esta diferencia? Los cuatro autores sugieren que una fase importante en la elevación de los Andes creó una barrera a la lluvia sobre la mayor parte de Suramérica que llevó a la sustitución de hábitats de tipo predominantemente sabana-bosque por bosques más secos y pampas y desiertos y por semidesiertos en algunas áreas. Tal vez las formas norteamericanas radiaran en un nuevo hábitat apropiado para sus anteriores estilos de vida, mientras que los habitantes suramericanos continuaron su decadencia al ir reduciéndose sus hábitats preferidos. O tal vez la explicación tradicional sea en parte verdad y las formas norteamericanas radiaran porque son, de algún modo no explicado, competitivamente superiores a las formas nativas suramericanas —aunque la mayoría de las versiones de la «superioridad competitiva» no expliquen unas tasas de especialización más elevadas, sino tan solo el éxito en la lucha (que llevaría a una mayor persistencia de los migrantes, concomitante con unas tasas de extinción más elevadas entre los vencidos, ninguna de las cuales es un componente de este relato). En cualquier caso, la vieja historia de «¡Salve, ahí viene el héroe conquistador!» (oleadas de migración diferencial y carnicería subsiguiente) ya no se sostiene.

3. *Un rayo de consuelo para los melioristas.* El gran naturalista francés del siglo XVIII George-Louis Buffon expresó en una ocasión el hecho de la extinción con una espléndida imagen literaria: «Han de morir porque el tiempo lucha en contra suya». Podemos decir hoy, haciendo uso de la misma licencia literaria, que tal vez los organismos estén devolviendo el ataque. Cuando Raup y Sepkoski recopilaron sus datos acerca del efecto cuantitativo de las extinciones en masa realizaron un interesante e inesperado descubrimiento acerca del nivel «de fondo» de los tiempos normales. Descubrieron que el nivel de fondo ha ido decreciendo, lenta pero homogéneamente, desde hace más de quinientos millones de años. A principios del Cámbrico, en el comienzo de nuestro registro fósil adecuado, hace unos seiscientos millones de años, el ritmo medio era de 4,6 familias extinguidas por cada millón de años. Desde entonces el ritmo ha ido en continua disminución hasta las 2,0 familias por millón de años de hoy día. Si el ritmo del Cámbrico hubiera persistido, se hubieran producido 710 extinciones suplementarias de familias. Resulta intrigante (aunque no sé qué significa) que el número total de familias marinas haya crecido en casi el mismo número (680 familias) desde el Cámbrico.

Debemos tener cuidado de no introducir un exceso de significado en esta fascinante conclusión, ya que, según nos recuerdan Raup y Sepkoski, los sesgos del registro fósil deben ser siempre sospechosos de ofrecer una causa artificial para tales pautas. Por ejemplo, la probabilidad de preservación crece para los fósiles en rocas progresivamente más jóvenes (una mayor extensión geográfica de los sedimentos, menos oportunidades para la destrucción de los fósiles por un posterior exceso de calor y de presión). Tal vez las familias más viejas parezcan vivir durante períodos más cortos solo porque los registros de su aparición temprana o tardía no quedan preservados. Pero si esta pauta refleja, de hecho, una realidad biológica, sugiere que las familias modernas son más resistentes a la extinción y que el aumento total de la diversidad de la vida puede ser un reflejo de esta creciente robustez general.

Aun así, por heroica que pueda ser la lucha (por utilizar una metáfora inapropiada), los organismos no pueden triunfar. La tasa de extinción de las familias puede haber quedado reducida a la mitad a lo largo de la historia registrada de la vida, pero ninguna especie es inmortal y todas deben perecer al final. La perfección de la adaptación inmediata no ofrece ninguna protección contra las fluctuaciones masivas del ambiente que, inevitablemente, en el transcurso de millones de años, afectan a todos los rincones del globo. Dado que los procesos darwinianos tan solo pueden mejorar las adaptaciones locales, y dado que las especies no consiguen prever el futuro (con una interesante pero imperfecta excepción), todas perecerán eventualmente, dejando como patrimonio potencial tan solo a los descendientes alterados que puedan ramificarse a partir de ellas.

Estuve esta primavera en la catedral de York, donde encontré la esencia de este tema expresada en un encantador verso burlesco sobre la tumba del siglo XVII de un tal William Gee. Sir William, al parecer, vivió una vida tan inmaculada que, si Dios hubiera deseado conferir la inmortalidad a alguna persona, su candidato había desde luego aparecido. Pero sir William murió, de modo que Dios no debía tener prevista esta opción:

Si una cultura universal, las lenguas, la ley,
la pura piedad, el sobrecogimiento reverencial por la religión,
los buenos amigos, la buena sucesión: si una esposa virtuosa,
una conciencia tranquila, una vida satisfecha,
las oraciones del clero o las lágrimas del hombre pobre
pudieran haber alargado los años de vida asignados al hombre,
tan seguro como el destino, al que por nuestras culpas tememos,
la orgullosa muerte jamás había logrado este trofeo.
Ve en él tu final, provee para tu tumba.

Sir William Gee disfrutaba de todas estas disculpas y, aun así, murió.*
(He modernizado la ortografía y la puntuación, pero no las palabras o la gramática. En el verso ocho lean «podría haber» en lugar del viejo

---

* *[If universal learning, language, law / Pure piety, religion's reverend awe, / Fair friends, fair issue: if a virtuous wife, / A quiet conscience, a contented life, / The clergy's prayers or the poor man's tears / Could have lent length to man's determined years. / Sure as the fate, which for our fault we fear, / Proud death had ne'er advanced this trophy here. / In it behold thy doom, thy tomb provide. / Sir William Gee had all these pleas, yet died.]*

subjuntivo «había». La «sucesión» de sir William son sus hijos, de modo que tal vez la estirpe familiar haya sobrevivido.)

Las cosas inevitables jamás deberían resultar deprimentes. Una antigua tradición filosófica, que se remonta al menos a Spinoza, proclama que la libertad es el reconocimiento de la necesidad. Si respetamos el intelecto, la verdadera libertad debe proceder del aprendizaje de los caminos del mundo (lo que se puede cambiar y lo que no se puede cambiar) y de la configuración de una vida llena de valor con arreglo a ello. Además, si las especies vivieran para siempre no dispondríamos de una ciencia de la paleontología, y yo podría haberme convertido en un bombero después de todo.

Séptima parte

Una trilogía sobre las cebras

28

¿Qué es, si es que es algo, una cebra?

Cada año los científicos profesionales ojean miles de títulos, leen cientos de resúmenes y estudian unos pocos artículos en profundidad. Dado que los títulos son la forma de contacto más común, y a menudo la única, entre los escritores y los lectores potenciales en el extensísimo surtido de la literatura científica, los títulos pegadizos son apreciados y recordados, pero desafortunadamente escasos. Todo científico tiene su título favorito. El mío fue pergeñado por el paleontólogo Albert E. Wood en 1957: «¿Qué es, si es que es algo, un conejo?».

La cuestión de Wood puede parecer una chanza, pero su conclusión era espectacular: los conejos y sus parientes forman un orden de mamíferos coherente y bien definido, no particularmente cercano a los roedores en su ascendencia evolutiva. Me acordé del título de Wood recientemente, al leer una seria amenaza a la integridad de uno de mis mamíferos favoritos: la cebra. Ahora no se inquieten. No estoy intentando poner patas arriba la opinión recibida. Es manifiesto que existen caballos con bandas. Pero ¿forman acaso una auténtica unidad evolutiva? Con el título «Las rayas no hacen a la cebra» (un título perfectamente respetable por derecho propio), Debra K. Bennett nos ha obligado a extender la pregunta de Wood a otro grupo de mamíferos. ¿Qué es, si es que es algo, una cebra?

Dado que el origen evolutivo es el criterio que seguimos para la ordenación biológica, definimos los grupos de animales por su genealogía. No unimos dos grupos lejanamente emparentados porque sus miembros hayan desarrollado independientemente algunos rasgos similares. Los seres humanos y los delfines mulares, por ejemplo, comparten la máxima posición en el tamaño cerebral entre los mamíferos. Pero no establecemos, por este motivo, el grupo taxonómico Psicozoos para alojar ambas especies, ya que los delfines están más cercanamente emparentados, por su origen, con las ballenas, y los seres humanos con los simios. Seguimos estos mismos principios en nuestra propia genealogía. Un muchacho con el síndrome de Down sigue siendo el hijo de sus padres y no está, por motivo de su aflicción, más íntimamente relacionado con otros niños con el mismo síndrome, por larga que sea la lista de semejanzas.

El dilema potencial en el caso de las cebras se plantea con sencillez: existen tres especies, todas ellas con rayas blancas y negras, desde luego, pero notablemente diferentes tanto en el número de sus rayas como en su dibujo. (Una cuarta especie, el cuaga, se extinguió a comienzos de este siglo; solo tenía rayas en el cuello y cuartos delanteros.) Estas tres especies son todas miembros del género *Equus*, al igual que los verdaderos caballos, los asnos y los burros (en este ensayo, utilizo el término «caballo» en sentido genérico, para especificar todos los miembros de *Equus*, incluyendo a los asnos y las cebras. Cuando quiera indicar que hablo de jamelgos y percherones, escribiré «verdaderos caballos»), La integridad de las cebras se articula, pues, en la respuesta a un único interrogante: ¿forman estas tres especies una unidad evolutiva única? ¿Quiere decir esto que comparten un antepasado común, que tan solo las produjo a ellas y no a otras especies de caballos? ¿O están unas cebras más íntimamente emparentadas por su origen con los verdaderos caballos o los asnos de lo que lo están con las otras cebras? Si esta segunda posibilidad es la real, como sugiere Bennett, entonces los caballos con rayas blancas y negras aparecieron más de una vez en el seno del género *Equus* y no existe, en un importante sentido evolutivo, lo que hemos venido llamando cebras.

Pero ¿cómo podemos averiguar esto, si nadie ha sido testigo del origen de las especies de cebras (o, al menos, los australopitecinos no se dedicaban a tomar notas por aquel entonces), y el registro fósil es, en este caso, excesivamente inadecuado como para identificar los acontecimientos a una escala tan fina? Durante los últimos veinte años se han codificado una serie de procedimientos dentro de la ciencia de la sistemática para resolver este tipo de cuestiones. El método, denominado cladística, es una formalización de procedimientos que los buenos taxónomos seguían intuitivamente, aunque sin expresarlo adecuadamente en palabras, lo que llevó a inacabables discusiones y a una gran indefinición de los conceptos. Un clado es una rama de un árbol evolutivo y la cladística intenta establecer el esquema de ramificación para una serie de especies relacionadas.

La cladística ha generado una jerga terrible, y muchos de sus principales exponentes en Norteamérica se encuentran entre los científicos más contenciosos que jamás haya conocido. Pero detrás de los nombres y la mala educación yace una importante serie de principios. No obstante, la formulación clara de los principios no garantiza una aplicación no ambigua en cada caso, como veremos en nuestras cebras.

Creo que podemos arreglarnos con solo dos de los términos ofrecidos por los cladistas dos linajes que comparten un antecesor común, del que no ha surgido ningún otro, forman un *grupo hermana*. Mi hermano y yo formamos un grupo hermana (perdonen la confusión de géneros) porque él es mi único hermano y ninguno de mis padres ha tenido más hijos.

Los cladistas intentan construir jerarquías de grupos hermana para especificar el orden temporal de ramificación en la historia evolutiva. Por ejemplo: los gorilas y los chimpancés forman un grupo hermana, porque ninguna otra especie de primates se ramificó a partir de su antepasado común. Podemos entonces tomar el grupo hermana chimpancé-gorila como una unidad y preguntarnos qué primate forma con él un

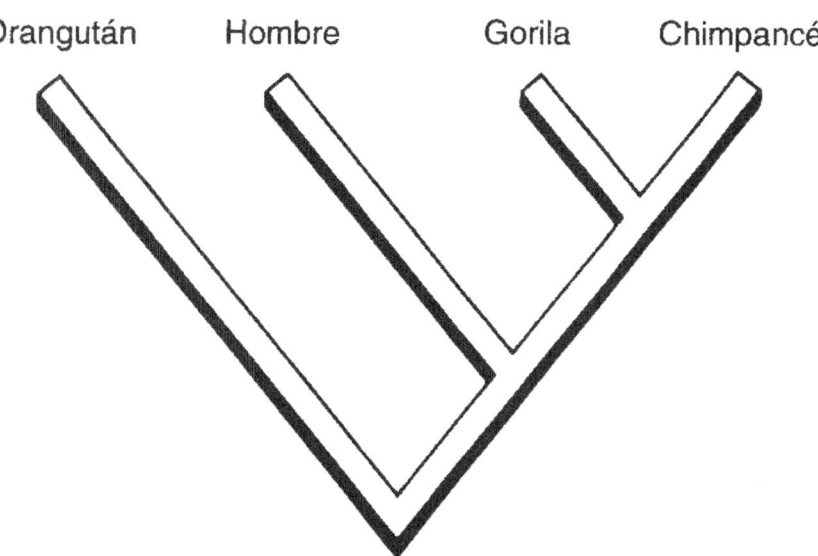

Orangután   Hombre   Gorila   Chimpancé

20. El esquema cladístico de los grandes simios y los seres humanos (reproducido de *Natural History*. Dibujo de Joe Le Monnier).

grupo hermana. La respuesta, según la mayor parte de los expertos, es que somos nosotros. Disponemos ahora de un grupo hermana de tres especies, cada una de ellas más íntimamente emparentada con sus dos compañeras que con cualquier otra especie.

Podemos extender este proceso indefinidamente, para formar una tabla de parentescos ramificados denominada cladograma. Pero consideremos tan solo un paso más: ¿qué especie de primates es el grupo hermana de la unidad hombre-chimpancé-gorila? La sabiduría convencional cita al orangután, y lo añadimos a nuestro cladograma.

Este cladograma de primates «superiores» contiene una interesante implicación: no existe eso que llamamos un simio, al menos tal y como lo definimos habitualmente. Varias especies de primates pueden balancearse a través de los árboles, comer plátanos en los zoos y constituir buenos prototipos para varios estilos de ciencia ficción. Pero los orangutanes, los chimpancés y los gorilas (los «simios» en lengua vernácula) no son una unidad genealógica porque los orangutanes están cladísticamente más alejados de los chimpancés y los gorilas que los seres humanos; y originalmente definimos el término simio para contrastar algunas formas inferiores con nuestro exaltado estado, ¡no para incluirnos!

Podemos situar también en este contexto el problema de las cebras. Si las tres especies de cebras forman un grupo hermana (como hacen los seres humanos, los chimpancés y los gorilas, en nuestro cladograma), entonces cada una de ellas está más íntimamente emparentada con sus dos compañeras que con cualquier especie de caballo, y las cebras forman una auténtica unidad evolutiva. Pero si las cebras son como los «simios», y existen otras especies de caballos en el seno del cladograma de las cebras (del mismo modo que los seres humanos yacen en el seno del cladograma de los simios tradicionales), entonces los caballos rayados pueden compartir algunas llamativas similitudes, merecedoras de un término vulgar común (como cebra), pero no son una unidad genealógica.

Pero ¿cómo identificamos correctamente los grupos hermana? Los cladistas argumentan que debemos buscar (y aquí viene el segundo término) *caracteres derivados compartidos* (llamados técnicamente sinapomorfismos). Los caracteres primitivos son rasgos presentes en un antecesor común remoto; pueden perderse o verse modificados independientemente en varios linajes subsiguientes. Debemos tener cuidado de evitar los caracteres primitivos en la búsqueda de rasgos comunes para la identificación de grupos hermana, ya que lo único que ofrecen son problemas y errores. Los seres humanos y muchas salamandras tienen cinco dedos; los caballos solo uno. No podemos, a partir de esto, afirmar que los seres humanos estén más íntimamente relacionados con las salamandras que con los caballos y que el concepto de «mamífero» es, por consiguiente, una ficción. Más bien, la existencia de cinco dedos es un carácter primitivo inadmisible. El antepasado común de todos los vertebrados terrestres tenía cinco dedos. Las salamandras y los seres humanos han conservado el número original. Los caballos (y las ballenas, y las vacas, y las serpientes, y toda una hueste de otros vertebrados) han perdido algunos dedos, o todos.

Los caracteres derivados, por otra parte, son rasgos que están presentes *solamente* en miembros de linajes inmediatos. Son únicos y están recién evolucionados. Todos los mamíferos, por ejemplo, tienen pelo; ningún otro vertebrado lo tiene. El pelo es un carácter derivado para la clase Mamíferos debido a que evolucionó una única vez en el antepasado común de los mamíferos y, por lo tanto, identifica una verdadera rama en el árbol familiar de los vertebrados. Los caracteres derivados compartidos son comunes a dos o más linajes y pueden ser utilizados para especificar los grupos hermana. Si deseamos identificar el grupo hermana entre los atunes, las focas y los linces, podemos utilizar el pelo como carácter derivado compartido, para unir los dos mamíferos y eliminar el pez.

En el caso de las cebras, la pregunta se plantea, pues, así: ¿son sus rayas un carácter derivado compartido de las tres especies? Si es así, las especies forman un grupo hermana y las cebras constituyen una unidad genealógica. Si no es así, como plantea Bennett, las cebras son un grupo dispar de caballos con algunas similitudes que confunden.

El método de la cladística es a la vez sencillo y sensato: establecer secuencias de grupos hermana por medio de la identificación de caracteres derivados compartidos. Por desgracia, la elegancia conceptual no garantiza una fácil aplicación. El punto de fricción en este caso se encuentra en la determinación de qué es y qué no es un carácter derivado compartido. Disponemos de algunas guías aproximadas y algunas opiniones intuitivas, pero no de fórmulas infalibles. Si los caracteres derivados son lo suficientemente «complejos», por ejemplo, empezamos a confiar en que no podrían haber evolucionado independientemente en linajes separados, y que su mutua presencia indica, por lo tanto, una ascendencia común.

Los chimpancés y los gorilas comparten una serie de modificaciones complejas, y aparentemente independientes, en varios de sus cromosomas (en su mayor parte «inversiones», esto es, la inversión de parte de un cromosoma tras su fractura, un giro y una posterior reunificación del cromosoma). Dado que estos cambios cromosómicos son complejos y no parecen representar modificaciones «fáciles» tan adaptativamente necesarias como para que linajes separados pudieran desarrollarlas independientemente, las consideramos caracteres derivados compartidos, presentes en el antepasado común de los chimpancés y los gorilas, y en ningún otro primate. Por ello identifican a los chimpancés y los gorilas como un grupo hermana.

Desafortunadamente, la mayor parte de los caracteres derivados son más ambiguos. Tienden a ser o bien fáciles de construir, o bien, en muchos otros casos, tan ventajosos que podrían ser desarrollados independientemente por selección natural en varios linajes. Muchos mamíferos, por ejemplo, desarrollan una cresta sagital: una cresta de hueso que recorre la parte superior del cráneo, de adelante hacia atrás, y sirve como punto de anclaje para músculos. La mayor parte de los primates no tiene cresta sagital, en parte debido a que su gran cerebro hace que el cráneo se hinche y no deje ni lugar ni material para la construcción de tal estructura. Pero una regla general acerca de la escala del cerebro en los mamíferos mantiene los animales grandes tienen cerebros relativamente más pequeños que sus parientes de menor tamaño corporal (véanse ensayos en *Desde Darwin* y *El pulgar del panda*). Así, los primates más grandes tienen una cresta sagital, porque su cerebro, relativamente pequeño, no impide su formación. (Esta argumentación no se aplica al gran excéntrico, *Homo sapiens*, que tiene un enorme cerebro a pesar de su cuerpo de grandes dimensiones.) El australopitecino de mayor tamaño, *Australophitecus boisei*, tiene una cresta sagital pronunciada, mientras que los miembros de menor tamaño del mismo género carecen de ella. Los gorilas tienen también una cresta sagital, mientras que la mayor parte de los primates de menor tamaño no la tienen. Cometeríamos un grave error si, utilizando la cresta sagital como carácter derivado compartido, uniéramos a un australopitecino con un gorila en un grupo hermana, enlazando a otros australopitecinos de menor tamaño con los tities, los gibones y los macacos. La cresta sagital es un carácter «simple», que probablemente forme parte del repertorio potencial de desarrollo de cualquier primate. Aparece y desaparece en el transcurso de la evolución, y su mera presencia no indica ascendencia común.

Bennett basa su análisis cladístico del género *Equus* en caracteres esqueléticos, fundamentalmente del cráneo. Todos los caballos se pare-

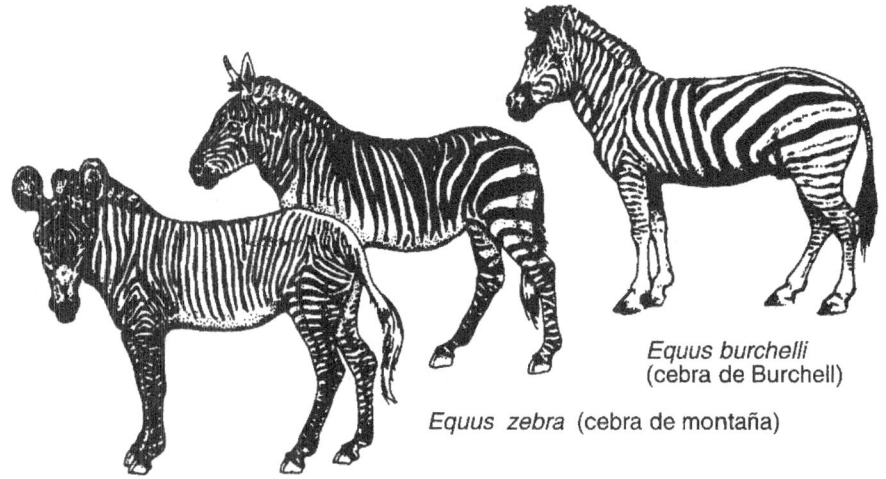

Equus burchelli (cebra de Burchell)

Equus zebra (cebra de montaña)

Equus grevyi (cebra de Grevy)

21. El género *Equus* según Bennett.

cen mucho por debajo de la piel, y Bennett no ha encontrado ningún carácter derivado compartido tan convincente como las similitudes cromosómicas entre los chimpancés y los gorilas. La mayor parte de los caracteres por ella elegidos son, por propia confesión, como la cresta sagital; de ahí la naturaleza provisional de sus conclusiones.

Bennett argumenta que el género *Equus* tiene dos principales grupos cladísticos: los burros y los asnos, por un lado, y los caballos verdaderos y las cebras por el otro. Así pues, las cebras superan la primera comprobación para ser consideradas como una unidad genealógica. Desgraciadamente (o no, dependiendo del punto de vista del lector), Bennett afirma que no pasan la segunda prueba. Identifica, efectivamente, a las cebras de Burchell y de Grevy (*Equus burchelli* y *E. grevyi*) como grupo hermana. Pero en su esquema, la tercera especie, la cebra de montaña o de Hartmann (*E. zebra*) no se une a sus primas para formar un grupo hermana más amplio. ¡En su lugar, la especie hermana de la cebra de montaña es nuestro viejo hermano de granjas y sendas, el caballo verdadero (*E. caballus*)! Así pues, las cebras de montaña se juntan con los verdaderos caballos antes de conectar con las otras cebras. El viejo caballo se ve inextricablemente intercalado en el cladograma de las cebras. Y, dado que, por definición, no es una cebra, ¿qué es, si es que es algo, una cebra?

Pero el análisis de Bennett se basa tan solo en tres caracteres, ninguno de ellos muy seguro. Todos son potencialmente simples modificaciones en la forma o en la proporción, no presencias o ausencias de estructuras complejas. Todas ellas, como la cresta sagital, podrían aparecer y desaparecer. Solamente un carácter derivado compartido potencial une a los verdaderos caballos con *E. zebra*: la «orientación de las barras postorbitarias, con relación al plano horizontal» (una posición relativamente menos inclinada de una barra de hueso situada en el cráneo detrás de los ojos; no exactamente el tipo de material del que se extraen conclusiones seguras). Solo dos caracteres derivados compartidos potenciales unen a la cebra de Burchell con la de Grevy: la presencia de un abovedamiento frontal (hinchazón de la parte superior del cráneo) y la anchura relativa del mismo (estas dos cebras tienen un hocico largo y estrecho). Desafortunadamente, sabemos que al menos uno de estos caracteres no funciona bien para el esquema cladístico de Bennett, ya que esta autora admite que un miembro de su otro linaje (un caballo con el nombre peculiar* de asno salvaje asiático o kiang, *E. hemionus*) ha desarrollado, independientemente, un hocico largo y estrecho. Si ha ocurrido dos veces, ¿por qué no iba a ocurrir tres?

Cuando buscamos corroboración en un lugar obvio (en el número de cromosomas) nos vemos defraudados una vez más. Como discutía en el ensayo 26, las diversas especies de caballos, a pesar de sus notables similitudes en la forma, difieren mucho en su número de cromosomas. La fusión o la fisión de los cromosomas puede ser un mecanismo importante para la especiación en los mamíferos, y estas diferencias pueden, por consiguiente, tener un gran significado evolutivo. Todas las cebras, y solo las cebras, tienen menos de 50 pares de cromosomas (32 en la cebra de Hartmann y hasta 46 en la cebra de Grevy). Todos los demás caballos tienen más de 50 (desde 56 en *Equus hemionus*, hasta 66 en el caballo de Przewalski). El reducido número en las cebras podría marcarlas como grupo genealógico, si el carácter es derivado y compartido, y no primitivo o desarrollado en más de una ocasión. La hipótesis de Bennett puede sostenerse todavía argumentando que los números bajos son primitivos para todos los caballos y que los asnos y los verdaderos caballos adquirieron números superiores por rutas evolutivas independientes; o que linajes diferentes de cebras desarrollaron números bajos de cromosomas por rutas evolutivas independientes. Aun así, dado que

---

* Peculiar, porque *hemionus* significa medio asno, que en inglés es *half ass*; *ass* es también un vulgarismo: culo, trasero, de modo que el *kiang* o *half-ass* es «medio asno», pero también «medio trasero». (*N. del r.*)

no tenemos razones para asociar las rayas con un número bajo de cromosomas, su presencia en todas las cebras puede ser interpretada de la mejor manera como un signo de su genealogía. Cuantos más caracteres complejos comparta un grupo, tanto más probable es que el grupo sea genealógico; a menos que tengamos buenas razones para considerar todos los caracteres como primitivos (cosa que no ocurre en este caso).

Mi conclusión es que la propuesta de Bennett es interesante, pero está por demostrar. Supongamos, no obstante, que esta autora esté en lo cierto. ¿Qué sería entonces una cebra? O más específicamente, ¿cómo obtuvieron sus rayas blancas y negras caballos cladísticamente no emparentados? Existen dos posibilidades: o bien el antepasado común de las cebras y los verdaderos caballos tenía rayas y los verdaderos caballos las perdieron, mientras las tres especies de «cebras» las retuvieron pasivamente; o bien el rayado es una capacidad de desarrollo heredada de todos los caballos y no constituye un carácter tan complejo como parece. En tal caso, varios linajes separados adquirirían sus rayas independientemente. Las cebras serían entonces caballos que han hecho realidad un camino potencial de desarrollo que, probablemente, sea común a muchos de los miembros del género Equus (véase el siguiente ensayo).

Esta historia particular de las cebras tal vez no se sostenga, pero los mensajes radicales de la ordenación cladística están seguros en muchos casos. Algunos de nuestros grupos más comunes y reconfortantes, si las clasificaciones deben basarse en los cladogramas, no existen. Con mis excusas a míster Walton,* y a otros tantos compatriotas de la costa de Nueva Inglaterra, lamento informarles de que, desde luego, no existe eso a lo que se le llama un pez. Hay alrededor de 20.000 especies de vertebrados que tienen escamas y aletas y viven en el agua, pero no forman un grupo cladístico coherente. Algunos (en particular los peces pulmonados y los celacantos) están genealógicamente próximos a los animales que se arrastraron sobre la tierra para transformarse en anfibios, reptiles, aves y mamíferos. En una ordenación cladística de las truchas, los peces pulmonados y cualquier ave o mamífero, los peces pulmonados deben formar un grupo hermana con los gorriones o los elefantes, dejando a los truchones en su arroyo. Los caracteres que forman el concepto vernáculo de «pez» son todos primitivos compartidos y, por consiguiente, no especifican grupos cladísticos.

---

* Izaak Walton (1593-1683), hagiógrafo inglés autor de *The Compleat Angler* [*El pescador de caña perfecto*], un hito en la literatura haliéutica. (*N. del r.*)

En este punto, muchos biólogos se rebelan, y con razón, a mi modo de ver. El cladograma de la trucha, el pez pulmonado y el elefante es sin duda cierto como expresión de su orden de ramificación en el tiempo. Pero ¿deben basarse las clasificaciones solo en información cladística? Un celacanto parece un pez, sabe como un pez, actúa como un pez y por consiguiente (en algún sentido legítimo, más allá de la tradición inflexible) *es* un pez.

No ha habido ningún debate más intenso en el seno de la teoría evolutiva en la última década que el desafío planteado por los cladistas a los sistemas tradicionales de clasificación. El problema surge de la complejidad del mundo, no del aspecto borroso del pensamiento humano (aunque este también ha hecho su habitual contribución). Debemos reconocer que nuestro concepto de «similitud» entre organismos tiene dos componentes bastante distintos; y las clasificaciones están pensadas para que reflejen grados relativos de similitud. Pero ¿qué hay de la idea vaga y cualitativa, pero no por ello intrascendente, de la similitud global en forma, función o papel biológico? El celacanto, digámoslo de nuevo, parece un pez y actúa como un pez, aunque sus parientes cladísticos más próximos sean mamíferos. Otra teoría de la clasificación, denominada fenética (procedente de una palabra griega que significa 'aspecto'), se centra en la similitud global exclusivamente e intenta huir de la acusación de subjetividad insistiendo en que las clasificaciones fenéticas se basan en grandes grupos de caracteres, todos ellos expresados numéricamente y procesados por un ordenador.

Por desgracia, estos dos tipos de información (el orden de ramificación y la similitud global) no siempre dan resultados congruentes. Los cladistas rechazan la similitud global como una trampa y una ilusión y trabajan exclusivamente con el orden de ramificación; los fenéticos intentan trabajar exclusivamente con la similitud global e intentan medirla en una vana búsqueda de objetividad. El sistema tradicional intenta equilibrar los dos tipos de información, pero a menudo cae en una confusión imposible porque realmente ambos entran en conflicto. Los celacantos son como los mamíferos en cuanto a su orden de ramificación, y como las truchas en cuanto a su papel biológico. Así, los cladistas obtienen objetividad potencial a cambio de ignorar una información biológicamente importante, y los tradicionalistas aderezan confusión y subjetividad, en un intento de equilibrar dos fuentes de información legítimas, aunque a menudo dispares. ¿Qué se puede hacer?

No puedo dar respuesta a esta pregunta, ya que plantea cuestiones de estilo, costumbres y metodología más que cuestiones sustanciales demostrables. Pero puedo al menos comentar cuál es el origen de este agrio debate, un punto un tanto simple que de algún modo se perdió entre tanta agitación. En un mundo ideal no habría conflicto alguno entre las tres escuelas (cladística, fenética y tradicional) y todas producirían la misma clasificación de un grupo de organismos. En este mundo fantástico descubriríamos una perfecta correlación entre la similitud fenética y la proximidad de los antepasados comunes (orden de ramificación); esto es, cuanto más tiempo hiciera que dos grupos de organismos se hubieran separado a partir de un antepasado común, tanto más diferentes serían ahora, tanto en su aspecto como en su papel biológico. Los cladistas establecerían un orden de ramificación en el tiempo, catalogando los caracteres derivados compartidos. Los fenéticos atestarían sus ordenadores favoritos con sus numerosas mediciones de similitud y darían con el mismo orden, porque los organismos más distintos tendrían los antepasados comunes más antiguos. Los tradicionalistas, al ver una congruencia completa entre sus dos fuentes de información, se unirían a la coreada armonía de aceptación.

Pero dejemos que el sueño se desvanezca. El mundo es mucho más interesante que ideal. La similitud fenética a menudo se correlaciona muy escasamente con la distancia al antepasado común. Nuestro mundo ideal requiere una total constancia de la tasa evolutiva en todos los linajes. Pero las tasas son enormemente variables. Algunos linajes no cambian en absoluto durante decenas de millones de años; otros experimentan alteraciones notables en tan solo mil. Cuando los antecesores de los vertebrados terrestres se separaron por vez primera de su antepasado común con el celacanto, seguían siendo inequívocamente peces en lo que a su aspecto se refiere. Pero han evolucionado, a lo largo de numerosos linajes y en el transcurso de unos 250 millones de años, transformándose en ranas, dinosaurios, flamencos y rinocerontes. Los celacantos, por otra parte, siguen siendo celacantos. Por orden de ramificación, el moderno celacanto puede estar más próximo a un rinoceronte que a un atún. Pero mientras que los rinocerontes, miembros de una línea de evolución rápida, son hoy notablemente diferentes de aquel lejano antepasado común, los celacantos todavía parecen peces y actúan como peces; y más vale que lo digamos. Los cladistas los agruparán con los rinocerontes, los fenéticos con los atunes; los tradicionalistas afinarán su retórica para defender una decisión necesariamente subjetiva.

La naturaleza ha impuesto este conflicto a la ciencia al decretar, a través de los mecanismos de la evolución, unas tasas tan desiguales de cambio entre linajes y una tan pobre correlación entre la similitud fenética y la proximidad al antepasado común. No creo que la naturaleza nos frustre por designio, pero, aun así, me regocijo con su intransigencia.

29

Cómo obtiene sus rayas la cebra

Algunas preguntas persistentes no respondidas acerca de la naturaleza poseen una especie de majestuosa intratabilidad. ¿Tiene el universo un comienzo? ¿Hasta dónde se extiende? Otras se niegan a desaparecer porque excitan una curiosidad pedestre, pero parecen calculadas, en su propia formulación, para que produzcan discusiones en lugar de inspirar soluciones. Como prototipo de la segunda categoría, me gustaría nominar a la pregunta «¿Es la cebra un animal blanco con rayas negras, o un animal negro con rayas blancas?». En una ocasión me enteré de que el vientre blanco de la cebra había decidido la cuestión en favor de las rayas negras sobre un torso descolorido. Pero, para ilustrar una vez más que los «hechos» no pueden divorciarse de los contextos culturales, descubrí hace poco que la mayor parte de los pueblos africanos consideran a las cebras animales negros con rayas blancas.

En un poema acerca de los monos, Marianne Moore hablaba de algunos compatriotas residentes en el zoológico, y contrastaba a los elefantes y sus «apéndices estrictamente prácticos» con las cebras «supremas en su anormalidad». Y aun así, en el ensayo 28 descubrimos que las tres especies de cebras pueden no formar un grupo de parentesco muy próximo; y que las rayas o bien evolucionaron más de una vez, o representan un esquema ancestral de los progenitores de las cebras y los caballos verdaderos. Si las rayas no son los indicadores de unos pocos seres excéntricos emparentados, sino un esquema básico en el seno de un grupo de animales, los problemas de su aparición y su significado adquieren un interés general mayor. J. B. L. Bard, un embriólogo de Edimburgo, ha analizado recientemente las rayas de las cebras en el contexto amplio de los modelos de color en todos los mamíferos. Detectó una unidad en el desarrollo que subyacía a los diferentes esquemas de estriado de los adultos en nuestras tres especies de cebras, e, *inter alia*, propuso incluso una respuesta para la gran cuestión del blanco y el negro en favor del punto de vista africano.

Los biólogos se ajustan a toda una serie de estilos intelectuales. Algunos se deleitan con la diversidad por sí misma y emplean toda una vida en descubrir intrincadas variaciones sobre temas comunes. Otros pugnan por descubrir una unidad subyacente tras las diferencias que separan estos pocos temas comunes en más de un millón de especies. Entre los buscadores de unidad, ocupa un lugar especial el biólogo escocés y eminente erudito clásico D'Arcy Wentworth Thompson (1860-1948). D'Arcy Thompson pasó toda su vida fuera de las corrientes principales, dedicado a su propia clase de platonismo y acumulando ideas en su obra clásica de mil páginas, *Sobre el crecimiento y la forma*, un libro de tan amplio atractivo que le hizo merecedor de un título honorífico en Oxford y que, treinta años más tarde, fue incorporado al *Whole Earth Catalog* como «un clásico paradigmático».

D'Arcy Thompson luchó por reducir expresiones diversas a unas pautas generadoras comunes. Estaba convencido de que las propias pautas básicas tenían una especie de inmutabilidad platónica como diseños ideales y de que las formas de los organismos solo podían incluir una serie de variaciones limitadas sobre las pautas básicas. Desarrolló una teoría de «coordenadas transformadas» para ilustrar las variaciones como expresiones de un único modelo transformado y distorsionado de formas diversas. Trabajó antes de que los ordenadores estuvieran disponibles para expresar tales transformaciones en términos numéricos, y su teoría tuvo poco impacto porque nunca llegó mucho más allá de la producción de imágenes bonitas.

Como pensador sutil, D'Arcy Thompson comprendió que el énfasis en la diversidad o en la unidad no representa diferentes teorías acerca de la biología, sino diferentes estilos estéticos que influyen tremendamente en la práctica de la ciencia. Ningún estudioso de la diversidad niega la existencia de pautas generadoras comunes, y ningún buscador de la unidad deja de apreciar la unicidad de determinadas expresiones particulares. Pero la adhesión a uno u otro estilo dicta, a menudo de manera sutil, el modo en que los biólogos ven los organismos y lo que deciden estudiar. Debemos dar la vuelta a la máxima del padre réprobo que enseña moralidad a su hijo (haz lo que yo digo, no lo que yo hago) y reconocer que las fidelidades biológicas no están tanto en las palabras como en las acciones y en los temas de investigación elegidos. Toma nota de lo que hago, no de lo que digo. D'Arcy Thompson escribió lo siguiente acerca del «taxónomo puro», el que describe la diversidad:

> Al comparar un organismo con otro, describe las diferencias existentes entre ellos, punto por punto y «carácter» por «carácter». Si de cuando en cuando se ve obligado a admitir la existencia de una «correlación» entre los caracteres [...] reconoce este hecho de la correlación un tanto vagamente, como un fenómeno debido a causas que, salvo en raras ocasiones, difícilmente podría esperar descubrir; y cae fácilmente en el hábito de pensar y hablar acerca de la evolución como si se hubiera desarrollado según las líneas de su propia descripción, punto por punto y carácter por carácter.

D'Arcy Thompson reconocía, con tristeza, que se había hablado mucho del tema de la unidad subyacente, pero que se había hecho poco por aplicarlo. Las diferencias entre los trazados de las rayas de nuestras

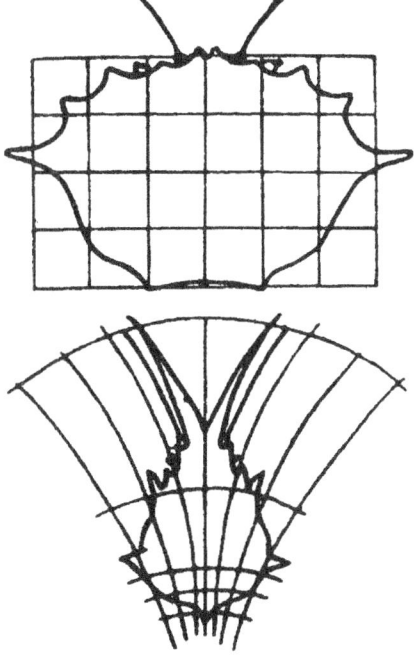

22. «Coordenadas transformadas» sobre los caparazones de cangrejos de dos géneros diferentes, que demuestran la unidad de su forma. De *Sobre el crecimiento y la forma*, de D'Arcy Thompson.

tres especies de cebras habían sido minuciosamente descritas, y se había invertido gran cantidad de energía en especulaciones acerca del significado adaptativo de las diferencias. Pero muy pocos investigadores se habían preguntado si todas aquellas pautas podrían reducirse a un único sistema de fuerzas generadoras. Y pocos parecían percibir el significado que tal prueba de unidad podría poseer para la ciencia de la forma orgánica.

La versión vulgar del darwinismo (no la de Darwin) mantiene que la selección natural es tan poderosa y universal en su escrutinio de cada variación y en la construcción de diseños óptimos que los organismos se convierten en colecciones de partes perfectas, cada una de ellas minuciosamente diseñada para su papel específico. Si bien no niega la correlación en el desarrollo, ni la unidad subyacente en el diseño, el darwiniano vulgar relega estos conceptos a la irrelevancia, ya que la selección natural puede siempre alterar una correlación o remodelar un diseño heredado.

El darwiniano vulgar puro posiblemente sea una ficción; nadie puede ser tan tonto. Pero los biólogos evolutivos a menudo se han deslizado hacia la práctica del darwinismo vulgar (rechazando simultáneamente sus preceptos), al adherirse a las estrategias de investigación reduccionistas de analizar los organismos parte por parte e invocar a la selección natural como explicación preferida para todas las formas y las funciones: el *quid* de la profunda afirmación de D'Arcy Thompson que citábamos más arriba. Solo así puedo comprender el curioso hecho de que la unidad de diseño haya recibido tan poca atención en la práctica de la investigación (aunque se hable mucho de ella en los libros de texto) en el transcurso de los últimos cuarenta años, mientras que los biólogos evolutivos han preferido, en términos generales, una construcción bastante estricta del darwinismo en sus explicaciones de la naturaleza.

Por muchos motivos, que van de la probable neutralidad de buena parte de la variación genética al carácter no adaptativo de muchas tendencias evolutivas, esta construcción estricta está viniéndose abajo, y las cuestiones de la unidad empiezan a recibir de nuevo atención. Se están redescubriendo viejas ideas; D'Arcy Thompson, aunque nunca haya dejado de reeditarse, a menudo está agotado en las librerías (incorporándose a las bibliotecas personales). Un antiguo y prometedor tema subraya los efectos correlacionados de los cambios en la sincronización de los acontecimientos en el desarrollo embrionario. Un pequeño cambio de sincronización, resultado tal vez de una modificación genética pequeña, puede tener profundos efectos sobre toda una serie de caracteres adultos si el cambio acaece al principio del desarrollo embrionario y sus efectos se acumulan a partir de ahí.

La teoría de la neotenia humana, a menudo discutida en mis ensayos (véase mi disquisición acerca de Mickey Mouse en *El pulgar del panda*), es una expresión de este tema. Mantiene que un retardo en la maduración y las tasas de desarrollo ha llevado a la expresión en los seres humanos adultos de muchos rasgos que normalmente aparecen en los embriones o las fases juveniles de otros primates. No hay por qué considerar todos estos factores como adaptaciones directas elaboradas por selección natural. Muchos de ellos, como la distribución «embrionaria» del vello corporal en la cabeza, los sobacos y la región púbica, o la preservación de una membrana embrionaria, el himen, durante la pubertad, pueden ser circunstancias no adaptativas de una neotenia básica, que es adaptativa por otros motivos: el valor de una maduración lenta en un animal que está realizando su aprendizaje, por ejemplo.

La proposición de Bard de «una unidad subyacente a los diferentes modelos de rayado de las cebras» sigue la idea de D'Arcy Thompson de un motivo básico estirado y alargado en diferentes direcciones por fuerzas cambiantes del crecimiento embrionario. Estas fuerzas que varían surgen porque el modelo básico se desarrolla en *momentos diferentes* del desarrollo embrionario de las tres especies. Bard combina así el tema de las coordenadas transformadas con la idea de que puede producirse una evolución sustancial por medio de cambios en la sincronización del desarrollo.

El modelo básico es la simplicidad misma: una serie de rayas paralelas perpendiculares a una línea que recorre la espalda de la cebra embrionaria de la cabeza a la cola: cuelguen una sábana de un alambre tenso y pinten rayas verticales a cada lado. Estas tiras se trazan inicialmente con un tamaño constante, sin importar el tamaño del embrión que las forma. Están a una distancia de 0,4 mm, o aproximadamente a veinte diámetros de célula las unas de las otras. Cuanto mayor sea el embrión, mayor será el número inicial de rayas. (Debería señalar aquí que la argumentación de Bard no es más que un modelo provocativo que ha de ser puesto a prueba, no una serie de observaciones. Nadie ha seguido la pista de modo directo a la embriología de las rayas de la cebra.)

Las tres especies de cebras difieren tanto en el número como en la configuración de sus rayas. Según la hipótesis de Bard, estas complejas variaciones surgen tan solo porque se desarrolla el mismo esquema básico (las rayas paralelas de espaciamiento constante) durante la quinta semana de crecimiento embrionario en una especie, durante la cuarta en otra y durante la tercera en la última especie. Dado que el embrión experimenta cambios complejos de forma en el transcurso de esas semanas, el esquema básico se ve distendido y distorsionado de diversos modos, lo que lleva a las principales diferencias en el rayado de los adultos.

Las tres especies difieren de modo más notable en los esquemas de rayas en la grupa y las patas traseras (véase la figura del ensayo anterior). La cebra de Grevy (*Equus grevyi*) tiene multitud de rayas delgadas y básicamente paralelas en esta región trasera. En el modelo de Bard, las rayas debieron formarse cuando la parte trasera del embrión era relativamente grande. (Cuanto más grande la parte, más rayas recibe, ya que estas se forman inicialmente con un tamaño y un espaciamiento constantes.) En la embriología de los caballos, las regiones trasera y caudal se expanden acentuadamente durante la quinta semana *in utero*. Si los adultos poseen numerosas bandas delgadas traseras, estas deben formarse tras la expansión embrionaria de los cuartos traseros (desgraciadamente, nadie ha estudiado jamás directamente la embriología temprana de las cebras, y Bard asume que los modelos de crecimiento intrauterino de los verdaderos caballos son seguidos también por sus parientes rayados. Dado que los rasgos básicos de la embriología temprana tienden a ser altamente conservadores en la evolución, los verdaderos caballos probablemente constituyan un modelo adecuado para las cebras).

La cebra de montaña, *Equus zebra*, es parecida a *E. grevyi* hasta que llegamos a las ancas, donde tres rayas anchas sustituyen a las numerosas rayas delgadas de la cebra de Grevy. La existencia de rayas anchas en los adultos indica una formación inicial sobre una parte pequeña del embrión (en la que pudieran encajar pocas rayas), y un posterior crecimiento rápido de la parte en cuestión (ensanchando las rayas al expandirse la superficie). Si un embrión forma rayas en su cuarta semana, justo antes de la expansión posterior que deja lugar para las muchas rayas delgadas de la cebra de Grevy, dará lugar al esquema de la cebra de montaña en el transcurso de su posterior crecimiento embrionario.

La cebra de Burchell, *Equus burchelli*, tiene también pocas rayas anchas en las ancas. Pero mientras que la cebra de montaña tiene rayas delgadas sobre la mayor parte de la espalda y rayas anchas solo en las ancas, las rayas anchas de la cebra de Burchell empiezan en mitad del abdomen y se repliegan hacia atrás sobre la grupa. Este esquema sugiere una formación inicial de rayas durante la tercera semana del crecimiento embrionario. En esta etapa temprana, el embrión tiene un dorso corto y compacto que posteriormente se expande hacia atrás en una amplia curva en forma de arco, mientras el abdomen permanece corto. Una raya que inicialmente corriera verticalmente desde el abdomen hasta la espina dorsal se vería estirada hacia atrás al expandirse la superficie superior del embrión, mientras su abdomen crecía poco. Una raya de adulto sometida a tal deformación en su vida embrionaria sería ancha y subiría desde el abdomen hasta pasar por encima de la grupa, como en la cebra de Burchell.

Así pues, Bard puede explicar las diferencias en el rayado trasero de las tres especies como resultado de la deformación del mismo esquema inicial en momentos diferentes del desarrollo embrionario normal. Su hipótesis recibe un respaldo sorprendente de otro origen: el número total de rayas. Recordemos que Bard asume un tamaño y un espaciamiento comunes para las rayas en su formación inicial. Así, cuanto mayor sea el embrión al formarse las rayas, mayor será el número de ellas. La cebra de Grevy, que presumiblemente forma sus rayas como un embrión de cinco semanas y de alrededor de 32 mm de longitud, tiene alrededor de 80 rayas como adulto (lo que corresponde a unos 0,4 mm por raya). Las cebras de montaña, con un embrión de cuatro semanas de entre 14 y 19 mm de longitud, tienen alrededor de 43 rayas (una vez más alrededor de 0,4 mm por raya). La cebra de Burchell tiene entre 25 y 30 rayas; si se forman en un embrión de tres semanas, de unos 11 mm de longitud, obtenemos el mismo valor: unos 0,4 mm por raya.

Como apoyo adicional, y como adorable ejemplo de la diferencia entre la apariencia superficial y el conocimiento de las causas subyacentes, consideremos una vieja paradoja que implica a los descendientes híbridos entre las cebras y los verdaderos caballos. Estos animales tienen casi siempre más rayas que su progenitor cebra. El «sentido común», basándonos en la apariencia superficial, nos dice que este resultado es desconcertante. Después de todo, el estado intermedio entre la presencia de rayas y su ausencia es la presencia de pocas rayas. Pero si Bard está en lo cierto acerca de las causas subyacentes al rayado, este resultado paradójico tiene sentido. El estado intermedio entre la presencia y la ausencia de rayas puede ser perfectamente un *retraso* en la formación embrionaria de estas. Si las rayas empiezan entonces a formarse, según su tamaño y espaciamiento comunes, sobre un embrión de mayores dimensiones, el adulto tendrá *más* rayas.

Si la diversidad del rayado de las cebras descansa sobre una unidad de arquitectura básica, entonces debemos sospechar que nos enfrentamos a un esquema general en la naturaleza, no simplemente a la «suprema anormalidad» que describía Marianne Moore. Darwin examinó a los caballos a la luz de esta idea y reconoció que la capacidad de mostrar rayado en todos los caballos suponía un poderoso argumento en favor de la propia evolución. Si las cebras son unas adaptaciones extrañas y perfectas para el camuflaje, Dios podría haberlas hecho tal y como las encontramos, pero si las cebras se limitan a poner de manifiesto y exagerar una propiedad potencial de todos los caballos, entonces la aparición ocasional de rayados en otros caballos (donde no pueden ser considerados como una adaptación perfeccionada, ordenada por Dios) deberá indicar una comunidad de origen evolutivo.

Darwin dedicó mucho espacio en el capítulo 5 de *El origen de las especies* a una tabulación exhaustiva de los rayados ocasionales en otros caballos. Los asnos, según descubrió, a menudo tienen «rayas transversales muy distintivas [...] como las de las patas de una cebra». Los verdaderos caballos poseen a menudo una raya dorsal, y algunos tienen también rayas transversales en las patas. Darwin encontró un poní galés con tres rayas paralelas en cada hombro. Y señaló que los híbridos (sin progenitores cebra) a menudo estaban fuertemente rayados, un ejemplo de la observación común y aún misteriosa de que los híbridos a menudo exhiben reminiscencias ancestrales ausentes en sus progenitores. «Vi una vez una mula —escribe Darwin— con las patas tan rayadas que, a primera vista, cualquiera hubiese pensado que debía ser el producto de una cebra.»

A partir de esta ilustración de modelos comunes y, a menudo, no adaptativos en los caballos, Darwin extrajo una de sus argumentaciones más poderosas y apasionadas en favor de la evolución, digna de ser citada *in extenso*:

Aquel que crea que cada especie equina fue creada independientemente afirmará, supongo, que cada especie ha sido creada con una tendencia a variar, tanto bajo la naturaleza como bajo la domesticación, de este modo particular, por lo que a menudo aparecen rayadas como otras especies del género; y pensará también que cada una de ellas ha sido creada con una fuerte tendencia a ser cruzada con especies procedentes de lugares distantes del mundo, a producir híbridos que, en lo que a sus rayas se refiere, se parecen, no a sus parientes, sino a otras especies del género. El admitir esta perspectiva es, a mi modo de ver, rechazar una causa real por una irreal o al menos desconocida. Hace que los trabajos de Dios sean una mera burla y engaño; casi preferiría creer, con los antiguos e ignorantes cosmogonistas, que las conchas fósiles jamás habían vivido, sino que fueron creadas en la piedra como imitación burlona de las conchas que hoy viven en la playa.

Este mismo tema sugiere también una respuesta al título del ensayo 28: «¿Qué es, si es que es algo, una cebra?». Planteé la argumentación de que las cebras podrían no formar un grupo de parientes muy próximos, sino representar una serie de caballos diferentes que o bien habían desarrollado sus rayas independientemente, o las habían heredado de un antecesor común (mientras los asnos y los caballos verdaderos las perdieron). La hipótesis de Bard respalda esta conjetura, ya que sugiere que el esquema subyacente del rayado de las cebras puede ser tan simple como para que todos los caballos lo incluyan en su repertorio de desarrollo. Las cebras, entonces, podrían ser la realización de un potencial que poseen todos los caballos.

Finalmente, pasando de lo sublime a lo simplemente interesante, Bard propone una solución al gran dilema básico y argumenta que las cebras son animales negros con rayas blancas, después de todo. El abdomen blanco constituye un argumento infame, ya que gran cantidad de mamíferos totalmente coloreados son blancos por debajo. El color puede verse inhibido en esa región por razones por el momento desconocidas. Los mamíferos no tienen sus colores pintados sobre un fondo blanco. La cuestión básica puede ser replanteada entonces del siguiente modo: ¿resulta el rayado de una inhibición o de una deposición de melanina? Si la respuesta es que, de una inhibición, las cebras son animales negros; en caso contrario, son blancos con rayas negras.

Los biólogos a menudo observan las teratologías o anormalidades del desarrollo para resolver estas cuestiones. Bard ha descubierto una cebra anormal cuyas «rayas» son hileras de puntos y manchas discontinuas, en lugar de líneas coherentes de color. Los puntos y las manchas son blancos sobre un fondo negro. Bard escribe: «Solo podemos comprender este esquema si las rayas blancas no se han formado correctamente, y, por consiguiente, el color "por omisión" es el negro. El papel del mecanismo de rayado consiste, pues, en la inhibición de la formación de pigmento natural, en lugar de en su estimulación». La cebra, en otras palabras, es un animal negro con rayas blancas.

30

Cuagas, ostras enrolladas y hechos endebles

Al catalogar Darwin casos de caballos y asnos rayados para ilustrar su origen común con el de las cebras (véase el ensayo anterior), se encontró inevitablemente con uno de los más famosos animales de la historia natural del siglo XIX: la yegua del conde Morton. Darwin escribió en *El origen de las especies*: «En el famoso híbrido de una hembra castaña y un cuaga macho de lord Moretón [*sic*], el híbrido, e incluso la descendencia pura producida subsiguientemente por el cruce de la yegua con un macho árabe negro, tenían unas rayas transversales en las patas mucho más nítidas que incluso las del cuaga puro».

El cuaga, una cebra con las rayas restringidas al cuello y las patas delanteras, está hoy extinto. No le iba tampoco muy bien a comienzos del siglo XIX, cuando el buen conde intentó salvar la especie domesticándola. Consiguió un macho para su noble propósito, pero jamás consiguió obtener una hembra. Por consiguiente, cruzó su cuaga macho con «una joven yegua castaña con siete octavas partes de sangre árabe», y obtuvo un híbrido con «muy claras indicaciones de su origen mixto». Hasta aquí no hay nada de sorprendente.

Pero el desilusionado lord Morton, incapaz de encontrar más cuagas, vendió su hembra árabe a sir Gore Ouseley, que la apareó con «un magnífico caballo árabe negro». Cuando lord Morton visitó a su amigo, viendo los dos potrillos de padres árabes con *pedigree*, quedó asombrado al notar en ellos lo que le pareció «un asombroso parecido con el cuaga». De algún modo, el padre cuaga había influido en la subsiguiente descendencia de otros machos años después de su permanente alejamiento de la yegua de lord Morton. ¿Cómo podía mantenerse semejante influencia mucho después de interrumpido el contacto físico?

La yegua de lord Morton fue el caso más celebrado, aunque en absoluto el único, de un fenómeno que el biólogo alemán August Weismann denominó posteriormente «telegonía», palabra de raíces griegas que significa «descendencia a distancia», o la idea de que los padres podían influir sobre la progenie subsiguiente no producida por ellos. Dado que el supuesto fenómeno resultó ser una ilusión, la telegonía reposa hoy, como un elemento olvidado más, en la pila de cenizas de la historia, y ni lord Morton ni su yegua retuvieron su fama.

Pero el historiador de la ciencia Richard W. Burkhardt, Jr., que escribió recientemente un excelente artículo acerca de la telegonía y la yegua de lord Morton en particular (véase la Bibliografía), ha demostrado que la telegonía fue en otro tiempo un tema de investigación importante e «inspiró el trabajo más extensivo en crianza experimental de animales realizado en Gran Bretaña entre la muerte de Darwin en 1882 y el redescubrimiento de la ley de Mendel en 1900». El propio Darwin era un importante defensor de la telegonía.

Si las causas supuestas de la telegonía son un poco misteriosas, las razones de Darwin para adherirse a la idea pueden resultar igualmente difíciles de comprender. Después de todo, discutió por primera vez la progenie de la yegua de lord Morton en un contexto que implicaba una explicación opuesta a la telegonía. Como escribí en los dos primeros ensayos de esta trilogía, Darwin había catalogado todos los casos que pudo nombrar de asnos y caballos verdaderos con rayas. Utilizaba estos caballos rayados como argumento efectivo en favor de la evolución: si Dios había creado los verdaderos caballos, los asnos y las cebras como formas separadas, ¿por qué habríamos de hallar ocasionalmente individuos rayados en especies en las que normalmente no existen? ¿Acaso no indica esta tendencia latente al rayado en todos los caballos (realizada permanentemente solo en las cebras) una ascendencia común? Entonces ¿por qué implicó Darwin al anterior padre cuaga en el rayado de los descendientes subsiguientes de la yegua de lord Morton? En su primera discusión, en *El origen de las especies*, Darwin se lanzó a demostrar que los caballos verdaderos y los asnos pueden desarrollar rayas *sin* ninguna influencia por parte de una cebra. Como veremos, esta explicación original probablemente fuera la correcta.

Burkhardt argumenta que Darwin cambió de opinión y respaldó la telegonía por lo bien que encajaba con la teoría (irónicamente) «no darwiniana» de la herencia que desarrolló en 1868. Bajo esta «hipótesis provisional de pangénesis», como la llamó Darwin, todas las células del cuerpo producen partículas diminutas llamadas gémulas que recorren todo el cuerpo, se reúnen en las células sexuales y eventualmente transmiten los caracteres de los padres a la descendencia. Dado que las gémulas podrían verse alteradas si las células que las producen fueran alteradas por la influencia del ambiente o la propia actividad de los animales, los caracteres adquiridos pueden heredarse y la evolución adquiere un importante aspecto lamarckiano.

La telegonía encajaba bien en la pangénesis, ya que las gémulas incluidas en el esquema del cuaga hubieran permanecido en el cuerpo de la yegua de lord Morton, extendiendo su influencia a sus subsiguientes crías. (Darwin incluso especuló en una ocasión que las gémulas transmitidas por el esperma podrían explicar por qué algunas mujeres llegan a parecerse a sus maridos. En cuanto a por qué tantas personas se parecen a sus perros, Darwin mantuvo un discreto silencio.)

La telegonía se vino finalmente abajo al aparecer una nueva teoría de la herencia que la excluía. August Weismann, que defendía el darwinismo estricto de la selección natural frente a todas las formas de herencia lamarckiana (incluida la pangénesis del propio Darwin), argumentaba a favor de lo que él llamaba «la continuidad del plasma germinal». Mantenía que las células reproductivas están completamente aisladas del resto del cuerpo, y no pueden verse influidas por cualesquiera fuerzas que moldean y alteran otros órganos y tejidos. Los caracteres adquiridos no pueden afectar a la siguiente generación, porque no pueden atravesar el «estuche» que contiene las células reproductivas, y se transmiten *in toto* de generación en generación. (El óvulo fecundado, por supuesto, se forma por la unión de dos células reproductivas. Al empezar a dividirse, no obstante, se forman las células no reproductivas, se transforman en el cuerpo del organismo y quedan rígidamente segregadas del linaje continuo de células germinales. La telegonía no tiene sentido porque, aun suponiendo que existieran, las gémulas del macho en el cuerpo de una hembra no podrían llegar hasta las células germinales; a menos que consiguieran llegar a los propios ovarios y modificar los óvulos inmaduros.)

La telegonía estuvo rondando por la literatura científica durante setenta años, desde la nota de Morton a la Royal Society en 1820 hasta la refutación de Weismann. Cuando este propuso la continuidad del plasma germinal, la telegonía se convirtió en una amenazadora anomalía que exigía su afirmación o rechazo. Se realizaron multitud de experimentos y la telegonía fracasó miserablemente en todos. En particular,

J. C. Ewart, profesor regio de Historia Natural en Edimburgo, intentó repetir el experimento del propio Morton. Dado que los cuagas se habían reunido con el *Eohippus* en el reino de los caballos desaparecidos, Ewart apareó 20 hembras de diferentes razas y crianzas con un macho de cebra de Burchell. El primer híbrido, nacido en 1896, tenía rayas como se esperaba. Ewart apareó entonces la yegua con un segundo macho, un semental árabe. Su descendencia tuvo también rayas, si bien poco destacadas, y la telegonía quedó aparentemente vindicada, pero Ewart sabía que necesitaba controles y, por consiguiente, cruzó aquel mismo macho árabe con otras yeguas que «ni siquiera habían llegado a ver una cebra». La descendencia de estos apareamientos estaba tan abundantemente listada como el potrillo de la hembra que se había apareado anteriormente con una cebra. Darwin había estado en lo cierto al principio. Las rayas no aparecen por una misteriosa influencia de la cebra anterior; representan una ruta de desarrollo potencial de todos los caballos.

No he relatado esta historia de la telegonía por su valor en sí mismo, ya que las meditaciones de anticuario solo excitan a los profesionales o a los aficionados a las trivialidades. Más bien, como subraya Burkhardt, la historia encarna una cuestión más amplia, preocupante y de importancia en relación con la naturaleza de los hechos en la ciencia. La telegonía, por lo que podemos saber, estaba equivocada; a pesar de todo, permaneció en la literatura como un hecho prístino, no refutado en general, durante setenta años. En una inversión del estereotipado escenario, en el que un único y sólido hecho hace su aparición destruyendo todo un edificio de teorías, el «hecho» de la telegonía apareció primero, se atrincheró, y solo se vio seriamente cuestionado cuando una teoría (la continuidad del plasma germinal de Weismann) lo convirtió en algo anómalo. Burkhardt señala que en el modelo habitual «una teoría largo tiempo aceptada se ve derribada por un hecho recientemente descubierto y aparentemente anómalo. En el caso de la telegonía, por contraste, un "hecho" mucho tiempo aceptado se vio desacreditado al ser confrontado con una teoría nueva y aparentemente contradictoria con él».

En parte, sugiere Burkhardt, la telegonía obtuvo su aceptación porque encajaba con una serie de supuestos decimonónicos, que iban de la dominancia «natural» de los machos sobre las hembras hasta el respaldo de la separación de las razas por la argumentación de que el contacto sexual con una raza inferior podría extender su dañina influencia más allá de las consecuencias inmediatas del acto en sí. En parte, la telegonía no era lo suficientemente controvertida, y nadie se tomó la molestia de poner a prueba la improbable afirmación de lord Morton. Al ser puesta a prueba, la telegonía se vino abajo, y en esta medida el modelo habitual de la ciencia como experimentación objetiva se vio vindicado. Pero otro aspecto de la visión convencional no era aplicable: el hecho no actuó como la escoba barredora de teorías pasadas de moda. Más bien, un «hecho» falso perduró durante un tiempo incómodamente largo, hasta que una teoría hizo necesario que fuese cuestionado. ¿Qué nos cuenta esta historia acerca de la relación entre los hechos y la teoría en la ciencia y acerca del papel de los hechos únicos y aislados en primer lugar? Volveremos sobre estas generalidades, pero antes veamos otra historia similar.

En 1922, el paleontólogo británico A. E. Trueman publicó el trabajo más famoso de nuestro siglo acerca de un linaje supuestamente ininterrumpido de fósiles en evolución. Argumentaba que las ostras planas habían evolucionado lentamente hasta convertirse en ostras enrolladas del género *Gryphaea*. Aunque el enrollamiento era originalmente ventajoso, al alzar a las ostras sobre un fondo marino cada vez más cenagoso, la tendencia, una vez puesta en marcha, no podía detenerse. *Gryphaea* elaboraba una valva enrollada y una plana que yacía como una tapa sobre su compañera helicoidal. Eventualmente, la valva enrollada creció por encima de la tapa, apretándola con fuerza. Incapaz de abrir la concha, *Gryphaea* pereció, aprisionada en su propio abrazo.

Cuando Trueman publicó su trabajo, la mayor parte de los paleontólogos no eran darwinianos. La teoría de la ortogénesis o de la evolución en «línea recta», que obligaba a los organismos a seguir caminos predeterminados, seguía siendo popular. Una tendencia inexorable, que la selección natural no podía detener, y que llevaba a la desaparición de un linaje, constituía un fenómeno esperado. Así pues, la historia de Trueman no fue rebatida por los paleontólogos y, al igual que el impacto de la cebra en la hembra de lord Morton, la *Gryphaea* sobreenrollada se convirtió en un hecho establecido.

A finales de la década de 1930, tras una gestación de casi un centenar de años, después de la gran visión de Darwin y a los ochenta años de su publicación, la selección natural triunfó finalmente como teoría aceptada del cambio evolutivo y *Gryphaea* se convirtió en una anomalía. ¿Cómo podía un linaje evolucionar *activamente* hasta la extinción si el cambio evolutivo está dirigido por la selección natural y, por consiguiente, solo puede producirse en direcciones que adapten a los organis-

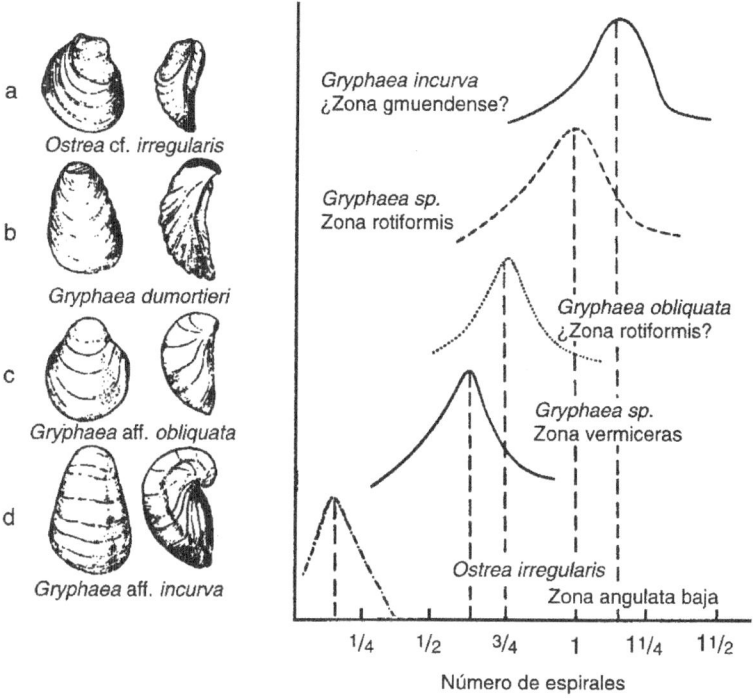

23. Supuesto incremento del enrollamiento en *Gryphaea* según Trueman.
A la izquierda, de los antepasados (*arriba*) a los descendientes enrollados (*abajo*)
en los dibujos de ostras. *A la derecha*, de los antepasados (*abajo*)
a los descendientes enrollados (*arriba*) en los gráficos de variación en el número
de vueltas (reproducido de K. Joysey, *Biological Reviews*, vol. 34, 1959).

mos a sus ambientes locales? (La extinción basada en la incapacidad de
cambiar lo suficientemente deprisa frente a una perturbación ambiental
es otra cuestión, y perfectamente ortodoxa en un mundo darwiniano.)

Los darwinianos reaccionaron ante *Gryphaea* en toda una variedad
de formas, pero todos se sintieron profundamente perturbados. Algunos, como J. B. S. Haldane, simplemente admitieron su desconcierto:
«El exagerado enrollamiento de *Gryphaea* no puede explicarse por el momento con ningún grado de verosimilitud». Otros, como G. G. Simpson,
intentaron esquivar el problema con sugerencias vagamente plausibles,
pero evidentemente *ad hoc*: dado que el sobreenrollamiento solo afectaba
a los individuos más viejos y, probablemente, posreproductivos, podía
incluso haber beneficiado a la población para eliminar a los individuos
viejos dejando espacio libre para los jóvenes y vigorosos. Aun así, a
través de todos estos esfuerzos por salvar a la selección natural, a nadie

se le ocurrió hacer la pregunta más básica: ¿es todo esto verdad, para empezar? El excesivo enrollamiento en *Gryphaea* se había convertido en un hecho.

Pero no es verdad; el sobreenrollamiento en *Gryphaea* es tan quimérico como la supuesta influencia del cuaga de lord Morton en la ulterior progenie de su yegua. En 1959, Anthony Hallam, hoy un buen amigo mío y profesor de geología en Birmingham, pero por aquel entonces un osado estudiante licenciado, escribió un trabajo iconoclasta con dos controvertidas afirmaciones: en primer lugar, que *Gryphaea* no había evolucionado en absoluto a partir de las ostras planas, sino que había emigrado al sur de Inglaterra desde alguna parte; y, en segundo lugar, que *Gryphaea* llegó a Inglaterra todo lo enrollada que llegaría a estar jamás, y que no podía demostrarse en absoluto ninguna tendencia a un incremento en el enrollamiento en el seno de *Gryphaea*. La conclusión de Hallam escandalizó a muchos científicos mayores que habían conocido a Trueman. H. H. Swinnerton, decano de la paleontología británica, escribió una repulsa irritada, acusando a Hallam tanto de «pecado» como de «error monstruoso», un extraño par de acusaciones para un trabajo científico.

Veinte años más tarde, el polvo por fin se había posado, y no creo que nadie dude ya del destronamiento del que fue artífice Hallam. En cuanto a la primera afirmación de Hallam (que *Gryphaea* no evolucionó a partir de las ostras planas), H. B. Stenzel escribió una impresionante monografía (*Treatise on invertebrate paleontology*, parte N, 1971) que ha demostrado que los linajes de las ostras planas (género *Ostrea*) y de las ostras enrolladas (género *Gryphaea*) han estado separados desde su primera aparición, que *Gryphaea* es un poco más antigua que *Ostrea*, y que los antepasados enrollados de la *Gryphaea* de Trueman vivían en Groenlandia antes de que *Ostrea* hiciera su aparición en Inglaterra.

En cuanto a su segunda afirmación (que *Gryphaea* no aumentó su enrollamiento en el transcurso de su evolución), he vuelto a examinar todos los datos publicados, llegando a la conclusión de que, si bien *Gryphaea* experimentó un aumento en su tamaño corporal, su grado de enrollamiento en los adultos permaneció constante. Irónicamente, esto significa que las *Gryphaea* más recientes estaban enrolladas más holgadamente que los especímenes anteriores del mismo tamaño corporal, ya que el enrollamiento aumenta con el crecimiento, y si un descendiente adulto más grande ha de alcanzar el mismo grado de enrollamiento que su antecesor adulto de menor tamaño, entonces la concha del descendiente deberá estar enrollada más holgadamente, al ser aún un individuo juvenil, del mismo tamaño que un adulto ancestral. (He reeditado todos los principales trabajos acerca del gran debate de *Gryphaea* en un volumen titulado *The Evolution of Gryphaea*, Arno Press, 1980.)

Si el edificio de Trueman se derrumbó tan fácilmente, ¿por qué su «hecho» fue tan rápidamente aceptado desde el primer momento? Cabría sospechar que el enrollamiento de *Gryphaea* había disfrutado de una documentación extensa y compleja, por poco fiable que pudiera haber sido, y que Trueman simplemente abrumó a sus críticos potenciales. En absoluto. La evidencia original era endeble, casi hasta lo increíble. En su trabajo de 1922, Trueman mostraba cómo la mayor parte de las *Gryphaea* adultas *evitan* un calamitoso sobreenrollamiento disminuyendo lo apretado de su espiral en las últimas etapas del crecimiento.

La definición del sobreenrollamiento por parte de Trueman se basaba en un único espécimen, el espécimen «tipo» (o portador del nombre) de la especie *Gryphaea incurva*. Examiné este espécimen en el Museo Británico en 1971. A primera vista, la valva enrollada sí parece apretar con fuerza la valva plana. Pero el espécimen fue hallado en barros de grano muy fino del mismo color que la propia concha. Después de hurgar un poco se descubrió (y las radiografías posteriores lo confirmaron) que el supuesto «cerrojo» de la valva plana no había sido formado por la valva enrollada, sino por barro que se había incrustado en el espacio que había entre la valva plana y la enrollada (el espacio que permitía abrirse a la concha) tras la muerte del animal.

Si la telegonía y el sobreenrollamiento son «hechos» falsos, ¿por qué consiguieron ambos tanto prestigio y no inspiraron el más mínimo intento de refutación durante tanto tiempo? Creo, en primer lugar, que la reputación de los hechos falsos se ve incrementada por la ingenua creencia de que los hechos son partículas de información pura extraídas de la naturaleza por un proceso objetivo de observación pura o por inferencia científica. Pero los hechos surgen en contextos de expectativas, y tanto el ojo como la mente son instrumentos notoriamente falibles. (Todo aquel que crea que las afirmaciones de observación directa poseen alguna condición especial e irrefutable, debería leer el espeluznante libro de Elizabeth Loftis acerca de testimonios directos.) Los paleontólogos, al aceptar la realidad de la ortogénesis, estaban ya condicionados para creer en el sobreenrollamiento de *Gryphaea*; la telegonía pareció razonable hasta que Weismann la puso en cuestión setenta años más tarde. En segundo lugar, los hechos alcanzan una condición casi inmortal una vez que pasan de ser información primaria a fuentes secundarias, particularmente libros de texto. No hay publicación tan conservadora como un libro de texto; los errores son copiados de una generación a otra, y parecen obtener apoyo de la mera repetición. Nadie vuelve atrás para descubrir la fragilidad de las argumentaciones originales.

No estoy intentando transmitir el mensaje de que todo conocimiento es relativo y que los hechos jamás pueden lograr una aprobación universal; todo lo contrario. Más bien tenemos que distinguir entre los tipos de afirmaciones de hechos que pueden lograr una aceptación y aquellas que deben permanecer en el limbo. Los hechos más problemáticos son casos únicos: la descendencia de la yegua de lord Morton, el sobreenrollamiento de una única *Gryphaea*. Como recomendaba William Bateson, debemos «atesorar nuestras excepciones». Pero debemos ser también conscientes de que los casos únicos son frágiles y que los hechos de peso representan pautas generalizadas en la naturaleza, no peculiaridades individuales. La mayor parte de las «historias clásicas» de la ciencia están equivocadas.

La necesidad de distinguir el hecho sólido (pauta general) de una afirmación factual endeble (casos únicos con documentación dudosa) jamás me ha resultado más evidente que en el actual debate entre los evolucionistas y los llamados «creacionistas científicos». El hecho de la evolución es tan sólido como cualquier otra afirmación de la ciencia. Su solidez reside en una pauta general detectada por varias disciplinas: por ejemplo, la edad de la Tierra y la vida, tal y como la afirman la astronomía y la geología, y la pauta de imperfecciones en los organismos que registra una historia de descendencia física.

Frente a esta pauta, los creacionistas aplican un enfoque destructivo, forzado. No ofrecen ninguna alternativa demostrable, sino que lanzan andanadas de críticas retóricas en forma de afirmaciones de hechos inconexos y endebles: un popurrí (literalmente, una marmita podrida en este caso) de estupideces que atrae a muchas personas porque se disfraza de hechos y comercia con el falso prestigio de una observación supuestamente pura.

Las afirmaciones individuales son fáciles de refutar con un poco de investigación. Los propios creacionistas se han visto obligados a renunciar a sus planteamientos más embarazosos. El notorio creacionista Henry Morris, por ejemplo, ha citado a menudo las supuestas huellas de dinosaurios y seres humanos aparecidas juntas en las rocas del río Paluxy, de Texas. Pero el creacionista Leonard Brand atribuye algunas de las huellas «humanas» a la erosión y otras a un dinosaurio de tres dedos. Añade también: «Sabemos que hubo un individuo durante la Depresión que cincelaba huellas».

Y, no obstante, cada vez que destruimos un «hecho» creacionista se inventan otros dos para ocupar su lugar. Hércules mató finalmente a la hidra de Lerna, una bestia con tendencias similares a la proliferación tras su destrucción parcial. Podemos privar al creacionismo de toda respetabilidad intelectual (aunque no, por desgracia, de cierto atractivo popular) recordando que los hechos sólidos se construyen a partir de modelos ampliamente extendidos y que la coherencia en la estructura es el signo de los argumentos y las teorías poderosos. Desconectados, los elementos individuales siguen siendo endebles hasta que forman un modelo o hasta que logran una confianza en las documentaciones individuales que ni la telegonía ni el sobreenrollamiento (por no mencionar ninguna afirmación creacionista) lograron jamás.

Si las afirmaciones de hechos endebles fueran siempre fáciles de desbaratar, este ensayo podría terminar con una nota puramente optimista. Pero la telegonía duró setenta años, y el fantasma de William Jennings Bryan recorre de nuevo nuestra nación. Si concluyo con un optimismo mesurado, no obstante, lo hago pidiendo que nos concentremos en la segunda frase de lo que podría ser la afirmación más famosa de Darwin (de *El origen del hombre*): «Los hechos falsos resultan altamente dañinos para el progreso de la ciencia, ya que a menudo sobreviven mucho tiempo; pero los puntos de vista falsos, si están respaldados por alguna evidencia, hacen poco daño, ya que todo el mundo se deleita demostrando su falsedad».

Bibliografía

Adams, M. B. (1978), «Nikolay Ivanovich Vavilov», *Dictionary of Scientific Biography*, 15, pp. 505-513, Charles Scribner's Sons, Nueva York.

Adler, J. (1976), «The sensing of chemicals by bacteria», *Scientific American*, 234 (4), pp. 40-47.

Agassiz, E. C. (1895), *Louis Agassiz: his life and correspondence*, Houghton, Mifflin, Boston.

Agassiz, L. (1874), «Evolution and permanence of type», *Atlantic Monthly*.

— (1885), *Geological sketches*, Houghton, Mifflin, Boston (reimpresión de ensayos, en su mayoría de la década de 1860).

Alcock, J. (1975), *Animal behavior, an evolutionary approach*, Sinauer Associates, Sunderland, Mass, (hay trad, cast.: *Comportamiento animal. Enfoque evolutivo*, Salvat, Barcelona, 1978).

Álvarez, L. W., W. Álvarez, F. Asaro y H. V. Michel (1980), «Extraterrestrial cause for the Cretaceous-Tertiary extinction», *Science*, 208, pp. 1095-1108.

Aristóteles (ed. 1960), *Organon* (Posterior analytics), trad. ing. de H. Tredennick, Loeb Classical Library Number 391, Harvard University Press, Cambridge, Mass.

— (ed. 1965), *Historia animalium*, 3 vols., trad. ing. de A. L. Peck, Loeb Classical Library Numbers 437-439, Harvard University Press, Cambridge, Mass.

Barash, D. P. (1976), «Male response to apparent female adultery in the mountain bluebird: an evolutionary interpretation», *American Naturalist*, 110, pp. 1097-1101.

Bard, J. B. L. (1977), «A unity underlying the different zebra striping patterns», *Journal of Zoology (London)*, 183, pp. 527-539.

Bateson, W. (1894), *Materials for the study of variation*, MacMillan, Londres.

Bennett, D. K. (1980), «Stripes do not a zebra make», *Systematic Zoology*, 29, pp. 272-287.

Berg, H. C. (1975), «How bacteria swim», *Scientific American*, 229 (6), pp. 24-37.

— , y R. A. Anderson (1973), «Bacteria swim by rotating their flagellar filaments», *Nature*, 245, pp. 380-392.

Boule, M. (1921), *Les hommes fossiles*, Masson, Pan's.

Britten, R. J., y E. H. Davidson (1971), «Repetitive and non-repetitive DNA sequences and a speculation on the origins of evolutionary novelty», *Quarterly Review of Biology*, 46, pp. 111-133.

Buckland, W. (1836), *Geology and mineralogy considered with reference to natural theology*, ed. 1841, Lea and Blanchard, Filadelfia.

Bulliet, R. W. (1975), *The camel and the wheel*, Harvard University Press, Cambridge, Mass.

Burkhardt, R. W., Jr. (1979), «Closing the door on Lord Morton's mare: the rise and fall of telegony», *Studies in the History of Biology*, 3, pp. 1-21.

Chase, A. (1977), *The legacy of Malthus*, A. Knopf, Nueva York.

Costello, P. (1981), «Teilhard and the Piltdown hoax», *Antiquity*, 45, pp. 58-59.

Crick, F. (1981), *Life itself*, Simon and Schuster, Nueva York.

Cuénot, C. (1965), *Teilhard de Chardin, a biographical study,* Helicon, Baltimore (hay trad. cast.: *Pierre Teilhard de Chardin. Las grandes etapas de su evolución*, Taurus, Madrid, 1967).

Cuvier, G. (1812), *Recherches sur les ossements fossiles des quadrupèdes*, 4 vols., Deterville, París.

—(1817), *Essays on the theory of the earth*, con ilustraciones geológicas del profesor Jameson, Edimburgo.

Darwin, C. (1842), *The structure and distribution of coral reefs*, Smith, Elder, Londres.

—(1859), *On the origin of species by means of natural selection*, John Murray, Londres (hay trad. cast.: *El origen de las especies*, Grijalbo, México, D. F., 1957).

—(1862), *On the various contrivances by which British and foreign orchids are fertilized by insects*, John Murray, Londres.

—(1871), *The descent of man and selection in relation to sex*, John Murray, Londres (hay trad. cast.: *El origen del hombre y la selección en relación al sexo*, Bruguera, Barcelona, 1980).

—(1881), *The formation of vegetable mould, through the action of worms*, John Murray, Londres.

Davies, G. L. (1969), *The earth in decay, a history of British geomorphology 1578-1878*, American Elsevier, Nueva York.

Dawkins, R. (1976), *The selfish gene*, Oxford University Press, Nueva York (hay trad. cast.: *El gen egoísta*, Labor, Barcelona, 1979).

Doolittle, W. F., y C. Sapienza (1980), «Selfish genes, the phenotype paradigm, and genome evolution», *Nature*, 284, pp. 601-603.

Eldredge, N., y S. J. Gould (1972), «Puntuated equilibria: An alternative to phyletic gradualism», en T. J. M. Schopf, ed., *Models in Paleobiology*, Freeman, San Francisco, pp. 82-115.

Fabre, J. H. (1901), *Insect life*, MacMillan, Londres (hay trad. cast.: *La vida de los insectos*, Espasa-Calpe, Madrid, 1951).

—(1918), *The wonders of instinct*, T. Fisher Unwin Ltd., Londres.

Geikie, A. (1905), *The founders of geology*, MacMillan, Londres.

Ghiselin, M. (1974), *The economy of nature and the evolution of sex*, University of California Press, Berkeley.

Ginger, R. (1958), *Six days or forever?*, Beacon Press, Boston.

Gish, D. T. (1979), *Evolution? The fossils say no!*, Creation-Life Publishers, San Diego.

Goddard, H. H. (1913), «The Binet test in relation to immigration», *Journal of Psycho-Asthenics*, 18, pp. 105-107.

—(1917), «Mental tests and the immigrant», *Journal of Delinquency*, 2, pp. 243-277.

Goldschmidt, R. (1940), *The material basis of evolution*, Yale University Press, New Haven (reimpreso en 1982, con introducción de S. J. Gould).

Gould, S. J. (1972), «Allometric fallacies and the evolution of *Gryphaea*: A new interpretation based on White's criterion of geometric similarity», en T. Dobzhansky *et al.*, eds., *Evolutionary Biology*, vol. 6, pp. 91-118.

—(1977), *Ever Since Darwin*, W. W. Norton, Nueva York (hay trad. cast.: *Desde Darwin*, Hermann Blume, Madrid, 1983).

—(1980), *The Panda's Thumb*, W. W. Norton, Nueva York (hay trad. cast. revisada: *El pulgar del panda*, Crítica, Barcelona, 1994).

—, y R. C. Lewontin (1979), «The spandrels of San Marco and the Panglossian paradigm: a critique of the adaptationist programme», *Proceedings of the Royal Society, London*, B205, pp. 581-598.

—, y Elisabeth S. Vrba (1982), «Exaptation—a missing term in the science of form», *Paleobiology*, 8 (1), pp. 4-15.

Grabiner, J. V., y P. D. Miller (1974), «Effects of the Scopes Trial», *Science*, 185, pp. 832-837.

Hallam, A. (1959), «On the supposed evolution of *Gryphaea* in the Lias», *Geological Magazine*, 96, pp. 99-108.

Hampé, A. (1959), «Contribution a l'étude du développement et de la regulation des déficiences et des excédents dans la patte de l'embryon de poulet», *Archives d'anatomie et de microscopic morphologique*, 48, pp. 345-478.

Harrison Matthews, L. (1939), «Reproduction in the spotted hyena *Crocuta crocuta* (Erxleben)», *Philosophical transactions of the Royal Society*, serie B 230, pp. 1-78.

—(1981), «Piltdown man—the missing links», artículos semanales en *New Scientist*, 30 de abril-2 de julio.

Hutton, J. (1788), «Theory of the earth; or an investigation of the laws observable in the composition, dissolution, and restoration of land upon the globe», *Transactions of the Royal Society of Edinburgh*, 1, pp. 209-304.

—(1795), *Theory of the earth, with proofs and illustrations*, Edimburgo.

Huxley, J. (1942), *Evolution, the modern synthesis*, George Allen and Unwin, Londres.

Huxley, T. H. (1893), «Evolution and ethics», en *Evolution and ethics and other essays*, vol. 9 (1894) de los *T. H. Huxley's Collected Essays*, D. Appleton and Company, Nueva York.

Jarvis, E. (1842), «Statistics of insanity in the United States», *Boston Medical and Surgical Journal*, 27, pp. 116-121 y 281-282.

—(1844), «Insanity among the colored population of the free states», *American Journal of the Medical Science*, n. s. 7, pp. 71-83.

Kirby, W.,y W. Spence (1856), *An introduction to entomology* (7.a ed.), Longman, Green, Longman, Roberts and Green, Londres.

Kollar, E. J., y C. Fisher (1980), «Tooth induction in chick epithelium: expression of quiescent genes for enamel synthesis», *Science*, 207, pp. 993-995.

Kruuk, H. (1972), *The spotted hyena*, University of Chicago Press, Chicago.

Lewis, E. B. (1978), «A gene controlling segmentation in *Drosophila*», *Nature*, 276, pp. 565-570.

Lukas, M. (1981a), «Teilhard and the Piltdown hoax: A playful prank gone too far? Or a deliberate scientific forgery? Or, as it now appears, nothing at all?», *America* (23 de mayo), pp. 424-427.

—(1981b), «Gould and Teilhard's "fatal error"», *Teilhard Newsletter*, 14, pp. 4-6. Lurie, E. (1960), *Louis Agassiz, a life in science*, University of Chicago Press, Chicago. Lyell, C. (1830-1833), *Principles of geology*, 3 vols., John Murray, Londres.

Lysenko, T. D. (1954), *Agrobiology, essays on problems of genetics, plant breeding and seed growing*, Foreign Languages Publishing House, Moscú (reimpresión de todos los artículos citados en el ensayo sobre Vavilov).

Marsh, O. C. (1892), «Recent polydactyle horses», *American Journal of Science*, 43, pp. 339-355.

Marshall, L. G., S. D. Webb, J. J. Sepkoski, Jr., y D. M. Raup, «Mammalian evolution and the great American interchange», *Science*, 215, pp. 1351-1357.

McPhee, J. (1981), *Basin and range*, Farrar, Straus and Giroux, Nueva York.

Mivart, St. G. (1871), *On the genesis of species*, MacMillan, Londres.

Moon, T. J., P. B. Mann y J. H. Otto (1956), *Modern biology*, Henry Holt and Company, Nueva York.

Nelkin, D. (1977), *Science textbook controversies and the politics of equal time*, Massachusetts Institute of Technology Press, Cambridge, Mass.

Nelson, J. B. (1968), *Galapagos: Islands of birds*, Londres.

—(1978), *The Sulidae: gannets and boobies*, Oxford University Press, Oxford.

Ohno, S. (1970), *Evolution by gene duplication*, Springer, Nueva York.

Oliver, J. H., Jr. (1962), «A mite parasitic in the cocoons of earthworms», *Journal of Parasitology*, 48, pp. 120-123.

Orgel, L. E., y F. H. C. Crick (1980), «Selfish ONA: the ultimate parasite», *Nature*, 284, pp. 604-607.

Ouweneel, W. J. (1976), «Developmental genetics of homoeosis», *Advances in Genetics*, 18, pp. 179-248.

Pearson, K., y M. Moul (1925), «The problem of alien immigration into Great Britain, illustrated by an examination of Russian and Polish Jewish children», *Annals of Eugenics*, 1, pp. 5-127.

Pietsch, T. W. (1976), «Dimorphism, parasitism, and sex: reproductive strategies among deep sea ceratioid anglerfishes», *Copeia*, 4, pp. 781-793.

Quinn, T. C., y G. B. Craig, Jr. (1971), «Phenogenetics of the homeotic mutant proboscipedia in *Aedes albopictus*», *Journal of Heredity*, 62, pp. 1-12.

Racey, P. A., y J. D. Skinner (1979), «Endocrine aspects of sexual mimicry in spotted hyenas *Crocuta crocuta*», *Journal of Zoology, London*, 187, pp. 315-326.

Ralls, K. (1976), «Mammals in which females are larger than males», *Quarterly Review of Biology*, 51, pp. 245-276.

Raup, D. M. (1979), «Size of the Permo-Triassic bottleneck and its evolutionary implications», *Science*, 206, pp. 217-218.

—, y J. J. Sepkoski, Jr. (1982), «Mass extinctions in the marine fossil record», *Science*, 215, pp. 1501-1503.

Regan, C. T. (1925), «Dwarfed males parasitic on the females in oceanic anglerfishes (Pediculati: Ceratioidea)», *Proceedings of the Royal Society*, serie B 97, pp. 386-400.

— (1926), «The pediculate fishes of the suborder Ceratioidea», Dana Reports, volumen 2.

Schmitz-Moorman, K., ed. (desde 1960), *Pierre Teilhard de Chardin — l'oeuvre identifique*, edición facsímil de la obra científica de Teilhard en 14 volúmenes, Walter-Verlag, Olten y Friburgo.

— (1981), «Teilhard and the Piltdown hoax», *Teilhard Newsletter*, 14, pp. 2-4.

Scopes, J. (1967), *Center of the storm*, Holt, Rinehart and Winston, Nueva York.

Simmons, K. E. L. (1970), «Ecological determinants of breeding adaptations and social behavior in two fish-eating birds», en J. H. Crook, ed., *Sodal behavior in birds and mammals*, Academic Press, Londres.

Stanton, W. (1960), *The leopard's spots: scientific attitudes towards race in America 1815-1859*, University of Chicago Press, Chicago.

Steno, N. (1669), *De solido intra solidum naturaliter contento dissertationis prodromus*, traducido por J. G. Winter, 1916, como «The prodromus of Nicolaus Steno's dissertation», MacMillan, Nueva York.

Stenzel, H. B. (1971), *Oysters. Treatise on Invertebrate Paleontology Part N, Volume 3, Mollusca 6, Bivalvia*, Geological Society of America and the University of Kansas.

Struhl, G. (1981), «A gene product required for correct initiation of segmental determination in *Drosophila*», *Nature*, 293, pp. 36-41.

Tamm, S. (1978), «Relations between membrane movements and cytoplasmic structures during rotational motility of a termite flagellate. Abstracts», Cold Spring Harbor Cytoskeleton Meetings, p. 89.

Teilhard de Chardin, P. (1920), «Le cas de l'homme de Piltdown», *Revues des questions scientifiques*, 27, pp. 149-155.

— (desde 1955), edición completa de las cartas y trabajos generales (en francés), Editions du Senil, París (13 volúmenes hasta el momento).

— (1959), *The phenomenon of man*, Harper and Brothers, Nueva York (hay trad. cast.: *El fenómeno humano*, Taurus, Madrid, 19868).

— (1965), *Lettres de Hastings et de París, 1908-1914*, Aubier, Editions Montaigne, Paris (hay trad. cast.: *Cartas de Hastings y de Paris (1908-1914)*, Taurus, Madrid, 1968).

Thompson, D. W. (1942), *On growth and form*, Cambridge University Press, Cambridge (hay trad. cast.: *Sobre el crecimiento y la forma*, Blume, Madrid, 1980).

Thorpe, W. H. (1956), *Learning and instinct in animals*, Harvard University Press, Cambridge, Mass.

Trueman, A. E. (1922), «On the use of *Gryphaea* in the correlation of the Lower Lias», *Geological Magazine*, 59, pp. 256-268.

Vavilov, N. I. (1922), «The law of homologous series in variation», *Journal of Genetics*, 12, pp. 47-89.

Weiner, J. S. (1955), *The Piltdown forgery*, Oxford University Press, Londres.

Winchell, A. (1870), *Sketches of creation*, Harper and Brothers, Nueva York.

Wood, A. E. (1957), «What, if anything, is a rabbit?, *Evolution*, 11, pp. 417-425.

Índice alfabético

Índice

Tercera parte
ADAPTACIÓN Y DESARROLLO

Cuarta parte
TEILHARD Y PILTDOWN

Quinta parte
CIENCIA Y POLÍTICA

Sexta parte
EXTINCIÓN

Séptima parte
UNA TRILOGÍA SOBRE LAS CEBRAS